高新科技译丛

装备科技译著出版基金

稀疏与冗余表示——理论及其在信号与图像处理中的应用

Sparse and Redundant Representations From Theory to Applications in Signal and Image Processing

[以色列] Michael Elad 著

曹铁勇 杨吉斌 赵 斐 李 莉 译

国防工业出版社

·北京·

著作权合同登记　图字：军-2012-229 号

图书在版编目（CIP）数据

稀疏与冗余表示：理论及其在信号与图像处理中的应用/（以色列）埃拉德（Elad,M.）著；曹铁勇等译. —北京：国防工业出版社，2015.5（2017.1 重印）

书名原文：Sparse and Redundant Representations-From Theory to Applications in Signal and Image Processing

ISBN 978-7-118-09988-1

Ⅰ. ①稀…　Ⅱ. ①埃…　②曹…　Ⅲ. ①稀疏矩阵－应用－信号处理　②冗余编码－应用－信号处理　③稀疏矩阵－应用－图像处理　④冗余编码－应用－图像处理　Ⅳ.①TN911.7

中国版本图书馆 CIP 数据核字（2015）第 093077 号

Translation from the English language edition:
Sparse and Redundant Representations—From Theory to Applications in Signal and Image Processing by Michael Elad

※

国防工業出版社 出版发行

（北京市海淀区紫竹院南路 23 号　邮政编码 100048）

北京嘉恒彩色印刷有限责任公司

新华书店经售

*

开本 710×1000　1/16　印张 20　字数 375 千字

2017 年 1 月第 1 版第 2 次印刷　印数 2501—4500 册　定价 89.90 元

（本书如有印装错误，我社负责调换）

国防书店：（010）88540777　　发行邮购：（010）88540776

发行传真：（010）88540755　　发行业务：（010）88540717

给我深爱的家人：

我的父母，Rita 和 Shmuel Elbaz，

是他们给我指引道路；

我的孩子 Sharon，Adar 和 Yuval，

是他们给我意志和决心；

我的妻子，Ritta，

她用爱和理解，坚定地为我铺平道路。

前　言

为了强调自古以来就流传的关于哲学和艺术的原则，英国奥卡姆的威廉在很久以前就提出了吝啬（“简单有效”）原理，即现在众所周知的奥卡姆剃刀定律：“如无必要，勿增实体。”这个原则使得科学家们可以选择“最好的”物理定律和理论来解释宇宙运行的奥秘，并进而指导科学研究，得到完美的结果，例如统计推断里的最小描述长度，以及模式识别中相应的 Kolmogorov 复杂度方法。

然而，复杂度和描述长度都是主观概念，在表示相关的理论和结果时都必须依赖于“口语”的描述。近来，稀疏表示领域正经历着“宇宙大爆炸”式的发展，显然它涉及到了简洁的描述与所使用的“语言”或“字典”之间的“阴阳”互动关系，并且已成为当前一个令人兴奋的研究热点。这个领域中的数学研究已经取得了丰硕的收获，并且这些深刻而完美的结论正快速转化成实用工程的宝贵财富。

你手里拿到的是关于稀疏域的第一本指导书，我确信，在本书中你不但能看到你所熟悉的内容，而且还能领略到令人赞叹的新美景，同时还能得到有助于找到更多宝藏的指南。敬请享受稀疏域的旅程！

海法，以色列

Alfred M. Bruckstein

2009.12

译 者 序

20 世纪以来，信号和信息处理已成为科学界一个重要的研究领域。有关信号和信息的诸多性质成为理论界、工程界都十分关注的问题。基于信号和信息的各种性质，时域、频域、小波域等处理方法层出不穷，极大的促进了科学技术的全面发展。其中，关于信号稀疏性的研究一直受到了理论研究人员的关注。例如，典型的图像压缩算法 JPEG 就是利用图像在 DCT 域中的稀疏性来实现图像的压缩处理。进入 21 世纪之后，特别是 2006 年 Candes、Romberg、陶哲轩、Dohono 等人系统提出压缩感知的理论基础以来，信号的稀疏性分析与应用成为一个新的研究热点，众多研究人员都投入到对稀疏和冗余表示的研究中，从信号的稀疏性出发，重新认识了传统的信号和信息压缩、信号检测和识别等问题。近 10 年来，关于信号的稀疏和冗余表示的研究不断深入，取得了一系列的成果，解决了一些传统方法难以克服的困难，并在各个领域都得到了越来越广泛的应用。同时，人们对稀疏和冗余的思想、算法和技术做深入了解和系统研究的欲望也越来越强。

Michael Elad 教授撰写的《稀疏与冗余表示》正好符合了大家在这方面的需要。本书作者是以色列科技学院（Technion-Israel Institute of Technology）计算机科学系的教授，他长期从事信号处理、图像处理、计算机视觉处理以及数值分析、机器学习算法等领域的相关技术研究工作，先后发表了论文 160 余篇，出版专著 1 本，并参与撰写和编辑了论文集 10 余部，在稀疏和冗余表示相关理论、技术等方面享有很高的国际声誉。

本书系统阐述了稀疏概念的由来、稀疏解的唯一性和不确定性问题、求解算法（精确求解和近似求解）、性能分析等一系列基础问题，并利用相当的篇幅探讨了实际的应用，给出了信号和图像处理中的大量实例。本书的内容全面深入，概念清晰，同时作者从实际应用的需求出发，遵循目标需求、方法选择、结果比较等实际研究的思路，凝练了理论推导过程，带着读者去学习、了解稀疏和冗余表示的思想，更便于读者理解稀疏和冗余表示的思想内涵。书中仿真实例充实、参考资料丰富，是近来难得的一本稀疏和冗余基础理论著作。本书不仅可以作为从事信号与图像处理研究与设计的科研及工程技术人员的参考用书，也适合于作为信号处理等相关专业高年级本科生、研究生的教学用书。

本书的翻译由曹铁勇教授、杨吉斌副教授、赵斐讲师和李莉讲师共同完成，其中前言、第 1 章、第 14 章～第 16 章由曹铁勇翻译，第 3 章～第 8 章和第 13 章由杨吉斌翻译，第 2 章、第 9 章～第 11 章和第 15 章的 15.4 节由赵斐翻译，第 12 章由李莉翻译。全书由杨吉斌统稿，张雄伟教授审校了全文。在翻译过程中，刘常昱博士、孙蒙博士、曾理博士、黄建军博士和研究生吴海佳、闵刚、陈栩杉、查绎、李轶南、马振等都参与了译稿资料整理，提供了积极的帮助。国防工业出版社的张冬晔编辑为本书的顺利翻译和出版做了大量准确细致的工作，他的工作令人钦佩。此外，本书的出版得到了装备科技译著出版基金、国家自然科学基金（61471394）和江苏省自然科学基金（BK2012510）的资助。在此一并表示诚挚的感谢！

在本书的翻译过程中，我们力求忠实于原文，准确地将原文的内涵用朴实的中文进行表述，但由于译者水平有限，书中难免会出现错误和不准确之处，可能有的地方也不太符合中文的表述习惯，恳请广大读者批评指正，并欢迎与译者直接沟通交流。

书中的仿真代码可以在 http://www.cs.technion.il/~elad/software/中得到。

译　者
yjbice@sina.com
2014 年 12 月于南京

序

本书最初是为以色列科技学院工程学研究生而写的，用作一门一学期（14 次课，每次课 2h）的高年级课程的教材。它主要基于我与 Alfred M. Bruckstein，David L. Donoho 发表的一篇总结性文章，该文刊登在 2009 年 2 月份的 *SIAM Review* 上。我们对文章内容进行了大幅度的修改和扩充，以适用于高年级研究生课程。在本书中，我介绍了稀疏和冗余表示这个主题，展示了该领域的问题和相应的答案，描绘了该领域的研究现状、研究人员等。我期望能给本书的读者（和该课程的学生）展现这个领域的美妙之处，以及在各学科中的发展潜力。

那么，到底都是些什么内容呢？这个领域内活跃的数学家们（有很多）会在他们的回答中提到这个脱颖而出的领域和调和分析、逼近理论、小波等领域之间的深刻关联。但这不是我的回答。作为一个工程师，我更加注重这个领域的实际应用，我学习稀疏和冗余表示的全部动力来自于它在信号和图像处理中的应用。这并不是说，我对稀疏和冗余表示在理论方面的研究毫无兴趣，而是说应该在广泛的现实中去考虑这些理论的结果。

在我看来，这个领域完全是关于信号源的一个特定数学模型。在信号和图像处理中对信源建模非常关键。只要有一个恰当的模型，那我们就可以完成各种任务，比如去噪、复原、分离、内插和外插、压缩、采样、分析和综合、检测、识别等。实际上，如果仔细研究信号和图像处理的文献，我们会发现这些模型及其应用都在不断演变发展。本课程就是关于某个模型的，我将其简称为**稀疏域**。这个特定模型非常吸引人，因为它的理论基础非常完美，在各种应用中具有超常的表现，对多种数据源具有普适性，并具有统一的建模观点，这都使得上述信号处理任务简单明了。

处于该模型核心的，是在线性代数中已被长期研究过的简单线性系统方程。由满秩矩阵 $\boldsymbol{A} \in \Re^{n \times m}$ $(n < m)$ 生成的用线性方程 $\boldsymbol{Ax} = \boldsymbol{b}$ 描述的欠定系统具有无穷多解。我们有志于寻找最稀疏的解，即拥有最少非零项的解。这样的解是唯一的吗？如果是的，什么时候唯一？怎样在合理的时间内找到这个解呢？令人难以置信的是，这些问题以及类似问题已成为这个模型的核心动力，并且已在周边形成了广阔的研究领域。近年来，对这些问题已经给出了积极并有建设性的回答，它们展现出了大量令人惊讶的现象，也给**稀疏域**的实用提供了舞台。很显然，这个领域的研究需要对线性代数、优化、科学计算等知识都要有透彻的了解和应用。

这个领域还比较年轻。1993 年其核心思想显现于 Stephane Mallat 和 Zhifeng

Zhang 所做的开创性工作中——他们引入了字典的概念，以替代更传统的和临界采样的小波变换。他们的工作推动了一些核心思想的发展，这些思想后来成为这个领域的中心，例如逼近欠定线性系统稀疏解的贪婪追踪技术，利用相关性度量的字典描述等。

第二个关键的贡献是由 Scott Shaobing Chen，David Donoho 和 Michael Saunders 在 1995 年做出的，他们引入了另一种利用 ℓ_1-范数来衡量稀疏性的追踪技术。令人惊讶的是，他们已经证明，对最稀疏解的求解可以作为一个凸规划任务来处理，一般能够得到正常解。

有了这两个基础，深入分析这些算法和开展应用的舞台就出现了。朝向这目标的关键一步是 2001 年由 Donoho 和 Huo 所发表的文章。他们在文中大胆地定义并（部分）回答了这样一个后来成为该领域关键的问题：我们能不能保证追踪技术成功？在何种情况下可以成功？这个分析后来始终贯穿于该领域，为**稀疏域**模型提供了必需的理论支撑。近年来，该领域的研究发展之快、之大令人惊叹，有许许多多的研究人员参与其中，同时出现了大量的研讨会、小型集会和会议，论文数量也呈指数增长。

世界上主要大学和研究机构中各学科的顶尖科学家都展开了该领域的研究。由于这项研究处于信号处理和应用数学的交叉点上，因此活跃在该领域的是对逼近理论感兴趣的数学家，对调和分析感兴趣的应用数学家、统计学家，还有各行各业的工程师（计算科学、电子工程、地球物理学等）。

简单介绍下我自己：David Donoho 曾短暂访问过科技学院，期间就前面所提的论文成果做过一次讲座，我在此之后开始该领域的研究。很惭愧我没有参加那次讲座！但是我的好友和导师 Freddy Bruckstein 有幸参与。在科技学院，Freddy 早就以他对重要研究方向的第六感而闻名，这次也不例外。Freddy 坚持我们应该在 Donoho 成果的基础上加以改进，短短几个月后，我们也有了最初的研究成果。正是这项工作使得我可以在斯坦福大学博士后期间可以和 Donoho 一起开展联合工作，而且我发现自此就深深地迷上了这项研究。

我的本行是工程师，与杰出数学家一起工作这件事让我对这个领域有了一个独特的视角，我将在本书中对此进行展示。我的描述结构清晰、条理分明、叙述流畅，包括稀疏和冗余表示的理论基础、数值工具、实用算法，以及受益于此的信号和图像处理方面的应用。需要强调的是，我并未试图给出关于整个领域的均衡观点，我只是给出**自己的观点**。特别的，本书中的知识并非我一人所为，原因是：①不可能覆盖到所有方面；②对于我必须介绍的内容来说，并不是所有的细节都那么重要；③每天都有新的研究成果出现，所以不可能给出最新的观点；④我不得不承认，我并没有理解该领域的所有研究成果。

压缩感知（Compressed-Sensing，CS）是最近从稀疏和冗余表示中分离出来的分支，本身已成为研究热点。相对于经典的 Nyquist-Shannon 采样，利用信号的稀疏表示，可以使得采样效率更高。在 2006 年的研究中，Emmanuel Candes，Justin

Romberg，Terence Tao，David Donoho 以及随后的其他人完美地构造了该领域的理论和实践方法，激励了众多的研究人员和业界人士。在信息论专家、杰出数学家等人的热情投入下，这个领域的影响十分巨大。**压缩感知**发展劲头之足，以至于让人误以为它就是稀疏表示模型的全部。在本书中，我很简洁地讨论了 CS 分支的工作，主要是将它与稀疏表示理论更一般的结果联系起来。我深信，仅压缩感知方面的知识就够轻松地单独出一本书。

以色列科技学院，计算机科学系

Michael Elad

2009.9

致　谢

如果没有周边许多好友、同事的鼓励和帮助，本书可能还不能问世。首先，也是最重要的，我要感谢我的导师和好友 Freddy Bruckstein，David Donoho 和 Gene Golub。正是他们的鼓励和指导，让我成长到今天。Gene 3 年前已经辞世（2007 年 11 月 16 日），但他永远都陪伴着我。

本书是对过去10年间令人激动的稀疏和冗余表示建模领域中一系列研究成果的整理。其中大量的成果是由我以及与我合作过的杰出的研究人员、学生、好友和同事们共同努力完成的。

我要感谢我的硕士生和博士生 Amir Adler，Michal Aharon，Zvika Ben-Haim，Raviv Brueler，Ori Bryt，Dima Datsenko，Tomer Factor，Raja Giryes，Einat Kidron，Boaz Matalon，Matan Protter，Svetlana Raboy，Ron Rubinstein，Dana Segev，Neta Shoham，Yossi Shtok，Javier Turek 和 Roman Zeyde。我十分感激与他们一起研究、学习时间，从他们的身上我受益良多。

我要感谢我的同事和朋友们，他们乐于和我共事，帮助我，原谅我的缺点并耐心地陪伴我。他们是 Yonina Eldar，Arie Feuer，Mario Figueiredo，Yakov Hel-Or，Ron Kimmel，Yi Ma，Julien Mairal，Stephane Mallat，Peyman Milanfar，Guillermo Sapiro，Yoav Schechner，Jean-Luc Starck，Volodya Temlyakov，Irad Yavneh 和 Michael Zibulevsky。对我的朋友和同事 Remi Gribonval，Jalal Fadili，Ron Kimmel，Miki Lustig，Gabriel Peyre，Doron Shaked，Joel Tropp 和 Pierre Vandergheynst，我要表达我的感激之情，感谢这些年中他们一贯的深知卓见，以及对我的长期帮助。

最后，特别要感谢 Michael Bronstein，他设计了本书的封面，以及 Allan Pinkus，她校对了全书，并提出了一些有益的建议，改善了本书的可读性。

更广泛一点，虽然这里不再增加更多的名字，我还是要补充一下，就是在这个领域中进行研究，本身就意味我是这个组织良好的研究团体中的一员。我非常幸运能属于这个多样的、活跃的、还在不断成长的温暖大家庭，这让我的工作十分愉快。

目 录

第一部分 稀疏和冗余表示——理论和数值基础

第一部分　稀疏和冗余表示——理论和数值基础

第1章　引　　言

经典线性代数的一个重要成就，就是对求解线性系统方程这一问题进行了彻底研究。所得到的结果明确、永恒而又深刻，使得该问题看起来已得到了彻底解决。在许多工程研发与方案制定中，由方程来描述的线性系统是其核心，而且有关这个系统的诸多理论已经在实际中得到了成功的应用。令人惊讶的是，在这个已被深入研究的领域中，还存在着一个有关线性系统稀疏解的基础性问题，直到最近才得到深入的探索。我们将发现，该问题具有惊人的答案，并影响到了众多的应用领域。本章中我们将重点对该问题进行缜密的定义，为在后续章节中寻求其答案提供基础。

1.1　欠定线性系统

考虑一个矩阵 $\boldsymbol{A} \in \mathbf{R}^{n \times m}$，$n < m$，并定义由方程组 $\boldsymbol{Ax} = \boldsymbol{b}$ 描述的欠定线性系统。在这个系统中，未知量多于方程数，因此，如果 $\boldsymbol{b}$ 不在矩阵 $\boldsymbol{A}$ 列向量的张成空间中，则这个系统无解；反之则有无穷解。为避免无解这种异常情况，本书中自此设定 $\boldsymbol{A}$ 是一个满秩矩阵，即其列向量张成为整个 $\mathbf{R}^n$ 空间。

工程上，我们经常会遇到类似的用方程组所表示的欠定线性系统问题。比如图像处理中的上采样问题，一幅未知图像 $\boldsymbol{x}$ 经过模糊和下采样后，将得到一幅低质量的小图像 $\boldsymbol{b}$。矩阵 $\boldsymbol{A}$ 代表了这种退化操作，我们的目标就是从观测 $\boldsymbol{b}$ 中重构出原始图像 $\boldsymbol{x}$。显然，存在着无数幅的图像 $\boldsymbol{x}$ 能够用来“解读” $\boldsymbol{b}$，其中有一些看起来会更好。问题是我们怎样去寻找最准确的 $\boldsymbol{x}$ 呢？

1.2　正则化

无论是上面的例子还是其他可设定为同样公式的问题，我们都希望能够得到唯一解，但我们面临的最大障碍就是可能存在无穷多个解。为了将选择范围缩小为一个满意解，就必须增加条件。一个熟知的加条件方法就是正则化（regularization），即引入一个对 $\boldsymbol{x}$ 的候选解进行合理性评价的函数 $J(\boldsymbol{x})$，并期望其值越小越好。对常规的优化问题 (P_J) 作如下的定义

$$(P_J):\ \min_{\boldsymbol{x}} J(\boldsymbol{x}) \quad \text{s.t.} \quad \boldsymbol{b} = \boldsymbol{Ax} \tag{1-1}$$

现在可用 $J(\boldsymbol{x})$ 来约束可能解的类型。回到图像上采样的例子，此时使用的典型函

数 $J(\boldsymbol{x})$ 一般用来表征 $\boldsymbol{x}$ 的光滑度，或者为达到更好的效果，用来表征 $\boldsymbol{x}$ 的分段光滑度。

最常见的 $J(\boldsymbol{x})$ 函数是欧几里德范数的平方 $\|\boldsymbol{x}\|_2^2$。事实上这种选择带来的 (P_2) 问题有唯一解 $\hat{\boldsymbol{x}}$——称之为最小范数解。使用拉格朗日乘子，我们定义拉格朗日公式

$$\mathcal{L}(\boldsymbol{x}) = \|\boldsymbol{x}\|_2^2 + \lambda^{\mathrm{T}}(\boldsymbol{A}\boldsymbol{x} - \boldsymbol{b}) \tag{1-2}$$

这里 λ 为约束集合所对应的拉格朗日乘子。考虑 $\mathcal{L}(\boldsymbol{x})$ 关于 $\boldsymbol{x}$ 的导数，我们得到以下的等式

$$\frac{\partial \mathcal{L}(\boldsymbol{x})}{\partial \boldsymbol{x}} = 2\boldsymbol{x} + \boldsymbol{A}^{\mathrm{T}}\lambda \tag{1-3}$$

由此得到的解如下[①]

$$\hat{\boldsymbol{x}}_{\mathrm{opt}} = -\frac{1}{2}\boldsymbol{A}^{\mathrm{T}}\lambda \tag{1-4}$$

将这个解代入约束条件 $\boldsymbol{A}\boldsymbol{x} = \boldsymbol{b}$，得到

$$\boldsymbol{A}\hat{\boldsymbol{x}}_{\mathrm{opt}} = -\frac{1}{2}\boldsymbol{A}\boldsymbol{A}^{\mathrm{T}}\lambda = \boldsymbol{b} \to \lambda = -2(\boldsymbol{A}\boldsymbol{A}^{\mathrm{T}})^{-1}\boldsymbol{b} \tag{1-5}$$

将该结果代入式（1-4）就得到常见的闭合形式的伪逆解

$$\hat{\boldsymbol{x}}_{\mathrm{opt}} = -\frac{1}{2}\boldsymbol{A}^{\mathrm{T}}\lambda = \boldsymbol{A}^{\mathrm{T}}(\boldsymbol{A}\boldsymbol{A}^{\mathrm{T}})^{-1}\boldsymbol{b} = \boldsymbol{A}^{+}\boldsymbol{b} \tag{1-6}$$

注意到我们已设定 $\boldsymbol{A}$ 是满秩的，因此矩阵 $\boldsymbol{A}\boldsymbol{A}^{\mathrm{T}}$ 是正定的，因而是可逆的。我们也注意到，对于更常见的形式 $J(\boldsymbol{x}) = \|\boldsymbol{B}\boldsymbol{x}\|_2^2$（这里 $\boldsymbol{B}^{\mathrm{T}}\boldsymbol{B}$ 可逆），同样存在闭合形式的解

$$\hat{\boldsymbol{x}}_{\mathrm{opt}} = (\boldsymbol{B}^{\mathrm{T}}\boldsymbol{B})^{-1}\boldsymbol{A}^{\mathrm{T}}(\boldsymbol{A}(\boldsymbol{B}^{\mathrm{T}}\boldsymbol{B})^{-1}\boldsymbol{A}^{\mathrm{T}})^{-1}\boldsymbol{b} \tag{1-7}$$

其推导遵循同样的步骤。

ℓ_2 被广泛地应用于各个工程领域中，这主要是因为其比较简单，能够给出上述闭合形式的唯一解。在信号和图像处理中，这种正则化处理被广泛应用于各种逆问题、信号的表示等领域。然而，这绝不是表明在用其解决的各种问题中，ℓ_2 就是真正的最佳选择。很多时候，ℓ_2 在数学上的简明性会误导工程师不再去寻找最佳的 $J(\cdot)$。事实上，在图像处理领域，30 多年来人们一直想要顺当地使用（基于 ℓ_2-范数的）维纳滤波器，但最终认识到这个问题的解答依赖于选择一类不同的 $J(\cdot)$，这类函数在本书中将经常看到，它们具有统计学上的鲁棒性。

1.3 凸的魅力

只要选择任意一个严格凸的函数作为 $J(\cdot)$，都能保证解的唯一性，ℓ_2 能够带来唯一解就是其中的一例。让我们回顾一下凸的定义，首先是凸集，然后是凸函数。

---

① 本书在这里和以后都使用矩阵计算公式。

定义 1.1 对于集合 Ω，若 $\forall \boldsymbol{x}_1, \boldsymbol{x}_2 \in \Omega$ 且 $\forall t \in [0,1]$，凸组合 $\boldsymbol{x} = t\boldsymbol{x}_1 + (1-t)\boldsymbol{x}_2$ 也在 Ω 中，则该集合是凸集。

根据上述定义，很容易得出集合 $\Omega = \{\boldsymbol{x} \mid \boldsymbol{A}\boldsymbol{x} = \boldsymbol{b}\}$ 为凸集的结论。因此，式（1-1）中优化问题可行解的集合是一个凸集。为保证上述优化问题总体上是凸的，我们必须对惩罚函数 $J(\boldsymbol{x})$ 增加凸性的要求。这个性质的核心定义如下所示：

定义 1.2 一个函数 $J(\boldsymbol{x})$：$\Omega \to \mathbf{R}$ 是凸的，则 $\forall \boldsymbol{x}_1, \boldsymbol{x}_2 \in \Omega$ 且 $\forall t \in [0,1]$，凸组合点 $\boldsymbol{x} = t\boldsymbol{x}_1 + (1-t)\boldsymbol{x}_2$ 满足：

$$J(t\boldsymbol{x}_1 + (1-t)\boldsymbol{x}_2) \leqslant tJ(\boldsymbol{x}_1) + (1-t)J(\boldsymbol{x}_2) \tag{1-8}$$

另一个理解上述定义的表述为：$J(\boldsymbol{x})$ 的上境图（epigraph，按如下方法定义的区域：$\{(\boldsymbol{x}, y) \mid y \geqslant J(\boldsymbol{x})\}$）在 $\mathbf{R}^{m+1}$ 空间是一个凸集。

如果 $J(\cdot)$ 是二次连续可微的，则其导数可用来给出凸集的另一种定义：

定义 1.3 一个函数 $J(\boldsymbol{x})$：$\Omega \to \mathbf{R}$ 是凸的，$\forall \boldsymbol{x}_1, \boldsymbol{x}_2 \in \Omega$ 当且仅当

$$J(\boldsymbol{x}_2) \geqslant J(\boldsymbol{x}_1) + \nabla J(\boldsymbol{x}_1)^T (\boldsymbol{x}_2 - \boldsymbol{x}_1) \tag{1-9}$$

或者，当且仅当 $\nabla^2 J(\boldsymbol{x}_1)$ 是正定的。

根据 Hessian 阵正定的定义，可以很简单地证明 ℓ_2-范数的平方是凸的，因为 $\nabla^2 \|\boldsymbol{x}\|_2^2 = 2\boldsymbol{I} \succeq \boldsymbol{0}$（矩阵中的各项均大于零，译者注）。事实上，由于对任意的 $\boldsymbol{x}$ 而言，ℓ_2-范数的平方的 Hessian 阵都是严格正定的，因此它是严格凸的。回到式（1-2）所表述的问题，由于约束集为凸集且惩罚函数也是严格凸的，因此可以确保得到唯一解。

至此，我们已经详细讨论了函数 $J(\boldsymbol{x}) = \|\boldsymbol{x}\|_2^2$ 这种选择。但是，还存在许多可选的凸函数或严格凸函数 $J(\boldsymbol{x})$。即使选择这些 $J(\boldsymbol{x})$ 难以导出闭合形式的解，但它们是严格凸的这点本身就意味着存在唯一解①。或许更重要的是，利用经过精心选择的优化算法来求解式（1-2），能够保证收敛到这种优化问题的全局最小值。

这些性质使得凸问题通常对于工程应用来说非常吸引人，特别是对于信号与图像处理。当然，这并不意味着非凸问题毫无价值——只是在处理非凸的优化任务时，必须了解由其缺陷所带来的问题。

对凸函数来说，最令人感兴趣的是所有 $p \geqslant 1$ 的 ℓ_p-范数（可用 Hessian 阵来验证）。它们的定义为

$$\|\boldsymbol{x}\|_p^p = \sum_i |x_i|^p \tag{1-10}$$

实际上，ℓ_∞-范数（显然没有 p-阶幂②）和 ℓ_1-范数非常有趣，因而受到了更多关注；ℓ_∞ 考虑的是向量 $\boldsymbol{x}$ 的最大元，ℓ_1 考虑的是所有元的绝对值之和。我们对 ℓ_1 更感兴

---

① 对于非严格凸集，不能保证具有唯一解。

② ℓ_p 范数（$1 \leqslant p < \infty$）在没有 p-阶幂的情况下是非严格意义下的凸函数。这是由于这些函数表现的类似于具有线性斜面的锥面，这意味着存在精心选择的数据对（两个尺度调整的点），使得式（1-8）能取得等号。

趣，因为其具有让解变得稀疏的倾向——本书将进一步讨论和确立这个事实。

1.4 ℓ_1最小化的进一步讨论

$J(\boldsymbol{x})=\|\boldsymbol{x}\|_1$是凸的，但不是严格凸的，易于验证如下：若$\boldsymbol{x}_1$和$\boldsymbol{x}_2$处于同一象限（即它们的符号模式相同），则在式（1-8）中其凸组合将出现等号。因而如下的问题

$$(P_1)\text{：}\min_{\boldsymbol{x}}\|\boldsymbol{x}\|_1 \quad \text{s.t.} \quad \boldsymbol{b}=\boldsymbol{A}\boldsymbol{x} \tag{1-11}$$

可能具有多个解。不过，即使该问题存在无穷多的解，我们还是可以断言：①这些解聚集在有界的凸集中；②这些解中，至少有一个最多只包含 n 个非零值（与约束数一样）。

解集的凸性（性质 1）是显然的，可由以下事实直接推出：所有最优解都有相同的惩罚（这里是ℓ_1-长度）；同时，由于$J(\boldsymbol{x})=\|\boldsymbol{x}\|_1$是凸的，任意两个最优解的凸组合必然具有相同或更低的惩罚；此时由于所选的两个解都是最优的，因此不存在更低的惩罚。所以，任意两个最优解的凸组合仍然是最优解。

解集是有界的这一结论来自于下列事实的直接推理：所有最优解的惩罚强度相同：$v_{\min}=\|\boldsymbol{x}_{\text{opt}}\|_1<\infty$。对于任意两个最优解$\boldsymbol{x}_{\text{opt}}^1$和$\boldsymbol{x}_{\text{opt}}^2$，它们之间的距离满足

$$\|\boldsymbol{x}_{\text{opt}}^1-\boldsymbol{x}_{\text{opt}}^2\|_1 \leqslant \|\boldsymbol{x}_{\text{opt}}^1\|_1+\|\boldsymbol{x}_{\text{opt}}^2\|_1=2v_{\min}$$

这表明所有的解都是相邻的。

为了证明性质 2（稀疏趋向），我们假设已经找到了(P_1)的一个最优解$\boldsymbol{x}_{\text{opt}}$，具有$k>n$个非零值。显然由$\boldsymbol{x}_{\text{opt}}$线性组合成的$k$列是线性相关的，因此存在一个非平凡向量$\boldsymbol{h}$，能够将这些列组合成零向量（即$\boldsymbol{h}$的支撑包含于$\boldsymbol{x}_{\text{opt}}$的支撑中），$\boldsymbol{A}\boldsymbol{h}=\boldsymbol{0}$。

我们考虑这样一个向量$\boldsymbol{x}=\boldsymbol{x}_{\text{opt}}+\epsilon\boldsymbol{h}$，其中$\epsilon$为很小的值，以确保新向量中各元的符号不变。任意满足$|\epsilon|\leqslant \min_i |x_{\text{opt}}^i|/|h^i|$的值都是合适的。首先，显然这个向量必然满足线性约束$\boldsymbol{A}\boldsymbol{x}=\boldsymbol{0}$，因此，它也是$(P_1)$的一个可行解。此外，由于假设$\boldsymbol{x}_{\text{opt}}$为最优解，我们也须假设

$$\forall |\epsilon|\leqslant \min_i \frac{|x_{\text{opt}}^i|}{|h^i|} \quad \|\boldsymbol{x}\|_1=\|\boldsymbol{x}_{\text{opt}}+\epsilon\boldsymbol{h}\|_1 \geqslant \|\boldsymbol{x}_{\text{opt}}\|_1$$

下面我们证明上面的不等式实际上是等式。在ℓ_1函数连续可微的区域内，无论ϵ是正是负，上述关系式应该都成立（因为所有的向量$\boldsymbol{x}_{\text{opt}}+\epsilon\boldsymbol{h}$都具有同样的符号模式）。这样一来正如之前说的那样，这一点成立的唯一途径就是上述不等式中等号成立。这就表明，在该情况下对$\boldsymbol{h}$做加减运算并不改变解的ℓ_1长度。作为一个例

子，若 $\boldsymbol{x}_{\text{opt}}$ 的元全为正，那么 $\boldsymbol{h}$ 的元应该有正有负且总和为 0。更一般地，我们应该要求 $\boldsymbol{h}^{\mathrm{T}}\text{sign}(\boldsymbol{x}_{\text{opt}})=\boldsymbol{0}$。

我们的下一个步骤是调整 ϵ 以使得 $\boldsymbol{x}_{\text{opt}}$ 的一个元为零，同时保持解的 ℓ_1-长度不变。我们选择 $|x_{\text{opt}}^i|/|h^i|$ 比值最小的系数 i，并令 $\epsilon=-x_{\text{opt}}^i/h^i$。这样向量 $\boldsymbol{x}_{\text{opt}}+\epsilon\boldsymbol{h}$ 中的第 i 元就是零，同时其他元的符号不变，并且 $\|\boldsymbol{x}_{\text{opt}}+\epsilon\boldsymbol{h}\|_1=\|\boldsymbol{x}_{\text{opt}}\|_1$。通过这种方式，我们得到了一个最多包含 $k-1$ 个非零值的新的最优解（因为有可能不止一个元素同时归零）。这个过程可以不断重复，直到 $k=n$。此后，只有当 $\boldsymbol{A}$ 中的列线性相关时，才可能产生新的零元，但这是不成立的。

由上可知，ℓ_1-范数具有导出稀疏解的倾向。我们所证明的特性众所周知，且被认为是线性规划的基本特性——即倾向于得到基本（稀疏）解。后面将看到，虽然我们十分看重稀疏性，但对于我们的需求来说，n 个非零值还是太稠密了，还需要更进一步探索更好的稀疏性。

1.5 (P_1)转换为线性规划

假设在 (P_1) 中，未知向量 $\boldsymbol{x}$ 由 $\boldsymbol{x}=\boldsymbol{u}-\boldsymbol{v}$ 代替，其中 $\boldsymbol{u},\boldsymbol{v}\in\mathbf{R}^n$，且都为非负向量。$\boldsymbol{u}$ 拥有 $\boldsymbol{x}$ 中所有的正元，其他元为零；$\boldsymbol{v}$ 拥有 $\boldsymbol{x}$ 中所有负元的绝对值，其他元也为零。通过这种替换，并用 $\boldsymbol{z}=[\boldsymbol{u}^{\mathrm{T}},\boldsymbol{v}^{\mathrm{T}}]^{\mathrm{T}}\in\mathbf{R}^{2n}$ 表示拼接向量，很容易看出[①] $\|\boldsymbol{x}\|_1=\mathbf{1}^{\mathrm{T}}(\boldsymbol{u}+\boldsymbol{v})=\mathbf{1}^{\mathrm{T}}\boldsymbol{z}$，以及 $\boldsymbol{A}\boldsymbol{x}=\boldsymbol{A}(\boldsymbol{u}-\boldsymbol{v})=[\boldsymbol{A},-\boldsymbol{A}]\boldsymbol{z}$。这样，式（1-11）中的 (P_1) 优化问题可以重写如下

$$\min_{\boldsymbol{z}}\mathbf{1}^{\mathrm{T}}\boldsymbol{z}\quad \text{s.t.}\quad \boldsymbol{b}=[\boldsymbol{A},-\boldsymbol{A}]\boldsymbol{z}\quad \boldsymbol{z}\geqslant\boldsymbol{0} \tag{1-12}$$

这样一来，我们面临的不再是 ℓ_1-范数最小化的问题，而是一个具有典型线性规划（Linear-Programming，LP）结构的新问题。为了让这两个问题（P_1 和 LP）等价，我们必须证明有关 $\boldsymbol{x}$ 分解为正元与负元两个部分的假设没有问题，并且式（1-12）的解不会导致 $\boldsymbol{u}^{\mathrm{T}}\boldsymbol{v}\neq 0$（即 $\boldsymbol{u}$ 和 $\boldsymbol{v}$ 的支撑交叠）。

这可以简单地通过观察得到验证：对于式（1-12）给定的最优解，如果 $\boldsymbol{u}$ 和 $\boldsymbol{v}$ 中的第 k 元都是非零的（根据最后一个约束可知都为正值），那么将这两个系数添加上不同的符号同时乘以 $\boldsymbol{A}$ 中相同的列。不失一般性，假设 $u_k>v_k$，则将这两个元分别用 $u_k'=u_k-v_k$ 和 $v_k'=0$ 代替，此时依然能够满足元素为正和线性约束；同时由于 $u_k-v_k>0$ 而降低了惩罚，这与最初解的最优性相矛盾。因此，$\boldsymbol{u}$ 和 $\boldsymbol{v}$ 的支撑不交叠，且 LP 实际上与 (P_1) 等价。

---

① 符号 **1** 表示具有特定长度的全 1 向量。

1.6 提升解的稀疏性

在从 ℓ_2 正则化转向 ℓ_1 后，我们得到了更稀疏的解。据此推衍，我们完全可以考虑 $p<1$ 时 ℓ_p -“范数”的情况。但必须注意到，由于 $p<1$，这种 ℓ_p 不再是规范的范数，因为它已不满足三角不等式①。尽管如此，我们仍将对这些函数使用范数的定义，同时谨记这种限制。

这些范数是否能带来更稀疏的解呢？为了解这些范数的作用，我们考虑以下问题：设已知 $\boldsymbol{x}$ 具有单位 ℓ_p-长度，我们寻找其中具有最短 $\ell_q(q<p)$ 长度的向量，将其看作一个优化问题，可以写成如下形式

$$\min_{\boldsymbol{x}}\|\boldsymbol{x}\|_q^q \quad \text{s.t.} \quad \|\boldsymbol{x}\|_p^p=1 \tag{1-13}$$

我们假设 $\boldsymbol{x}$ 中的前 a 个元为非零值（我们还可以进一步假设所有的值都为正的，因为它们的符号并不影响后续的分析），其余元都为 0。定义如下的拉格朗日函数

$$\mathcal{L}(\boldsymbol{x})=\|\boldsymbol{x}\|_q^q+\lambda(\|\boldsymbol{x}\|_p^p-1)=-\lambda+\sum_{k=1}^{a}(|x_k|^q+\lambda|x_k|^p) \tag{1-14}$$

这个函数是可拆分的，$\boldsymbol{x}$ 中的项可以相互独立地处理。最优解可以按如下方式给出：对于所有 k，$x_k^{p-q}=$ 常数，也就是说所有的非零元都假设相同。由约束条件 $\|\boldsymbol{x}\|_p^p=1$ 得到 $x_k=a^{-1/p}$，此时这个解的 ℓ_q-范数为 $\|\boldsymbol{x}\|_q^q=a^{1-q/p}$。因为 $q<p$，这意味着 $a=1$ 时可以获得最小的 ℓ_q-范数，此时 $\boldsymbol{x}$ 中只有一个非零元。

以上的结论表明，当 $q<p$ 时，对于任意一对 ℓ_p-范数和 ℓ_q-范数，当 ℓ_p-范数为单位长度的向量为可能的最稀疏解时，其 ℓ_q-范数也是最短的。对上述分析的几何解释如下：$\mathbf{R}^m$ 空间中的一个单位 ℓ_p-长度的球面给出了由式（1-13）所表述问题的可行集。我们在同一个空间中“吹”一个 ℓ_q “气球”，并寻找其与 ℓ_p 球面的第一个相交点。结果表明这个点是沿着轴向产生的，该点所有的元非 0 即 1，如图 1.1 所示。

另一个阐明 ℓ_p-范数令结果趋向稀疏的方法如下：

$$(P_p)：\min\|\boldsymbol{x}\|_p^p \quad \text{s.t.} \quad \boldsymbol{A}\boldsymbol{x}=\boldsymbol{b} \tag{1-15}$$

构成约束的线性方程集定义了该问题的一个可行解集，这个集合位于一个仿射子空间中（经过平移一个常数向量得到的子空间）。这个常数向量可以是该系统的任意一个可能解 $\boldsymbol{x}_0$。$\boldsymbol{x}_0$ 和 $\boldsymbol{A}$ 的零空间中任意一个向量进行线性组合也可以构成

---

① 范数需要满足的特性有：零向量：$\|\boldsymbol{v}\|=0$，当且仅当 $\boldsymbol{v}=\boldsymbol{0}$；绝对齐次性：$\forall t\neq 0$，$\|t\boldsymbol{u}\|=|t|\|\boldsymbol{u}\|$；三角不等性：$\|\boldsymbol{u}+\boldsymbol{v}\|\leqslant\|\boldsymbol{u}\|+\|\boldsymbol{v}\|$。注意从前 2 个特性可以引申出范数是一个凸函数，因为对于所有的 $t\in[0,1]$，有 $\|t\boldsymbol{u}+(1-t)\boldsymbol{v}\|\leqslant t\|\boldsymbol{u}\|+(1-t)\|\boldsymbol{v}\|$，意即具有凸性。

一个可行解。从几何角度来看，这个集合表现为一个内嵌在$\mathbf{R}^m$空间中的$\mathbf{R}^{m-n}$维超平面。

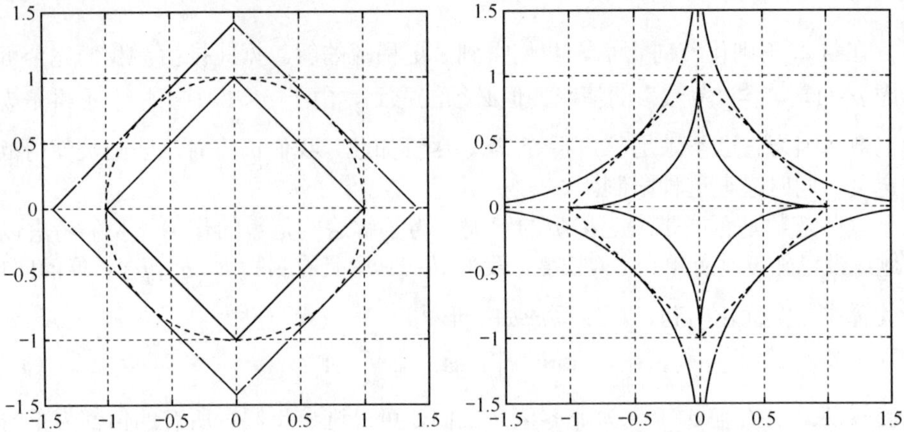

图 1.1　如下事实的图示：一个单位ℓ_p-长度的向量（虚线表示），当它可能最稀疏时其ℓ_q-范数$(p>q)$（实线表示）最短。左边示例中p=2，q=1；右边示例中p=1，q=0.5。两幅图中的点划虚线给出了反例的结果，即最大化ℓ_q-的长度将导致最不稀疏的结果

我们就是要在这个空间中，寻找(P_p)问题的解。从几何角度来说，解决(P_p)问题如同再次“吹”一个中心位于原点的ℓ_p-球，当碰到可行集时即停止膨胀。问题是用什么来刻画这样一个相交点？图 1.2 中是用一个倾斜的超平面（代表约束集）和几个不同的p值（2，1.5、1 和 0.7）来表现该过程的一个简单示例。能够看出，范数在$p \leqslant 1$时，其交集点趋向于出现在球的轴向角落上。这表明三个坐标中有两个为 0，这正是我们所谈论的稀疏倾向性。与此相反，ℓ_2甚至$\ell_{1.5}$给出的交集点是非稀疏的，三个坐标都非零。

从更一般的意义上来说，在$p \leqslant 1$时，我们期望一个仿射子空间与ℓ_p-球的交集落在轴上，从而产生一个稀疏解。甚至ℓ_1-球也能满足这个特性，并且事实上，只有当仿射子空间的夹角十分特殊的情况下，才会无法得到稀疏解。

另一个提升稀疏性的相似测度是弱ℓ_p-范数。用$N(\epsilon, \boldsymbol{x})$表示$\boldsymbol{x}$中大于$\epsilon$的元的数量，我们定义弱$\ell_p$-范数如下

$$\|\boldsymbol{x}\|_{w\ell_p}^p = \sup_{\epsilon>0} N(\epsilon, \boldsymbol{x}) \cdot \epsilon^p \tag{1-16}$$

与前面相同，这里$0<p \leqslant 1$是我们感兴趣的范围，因为它们能够给出很强的稀疏性测度。弱ℓ_p-范数是一种在数学分析领域中普遍采用的稀疏性测度。一般的ℓ_p-范数和它基本上是等价的，事实上，当一个向量的能量均匀分布在其非零元上时，这两种范数是相同的。普通的ℓ_p更易于使用，因此在大多数应用中会更受欢迎。

根据上面的讨论，我们很自然地试图解决以下形式的问题

$$(P_p): \min\|\boldsymbol{x}\|_p^p \quad \text{s.t.} \quad \boldsymbol{Ax}=\boldsymbol{b} \tag{1-17}$$

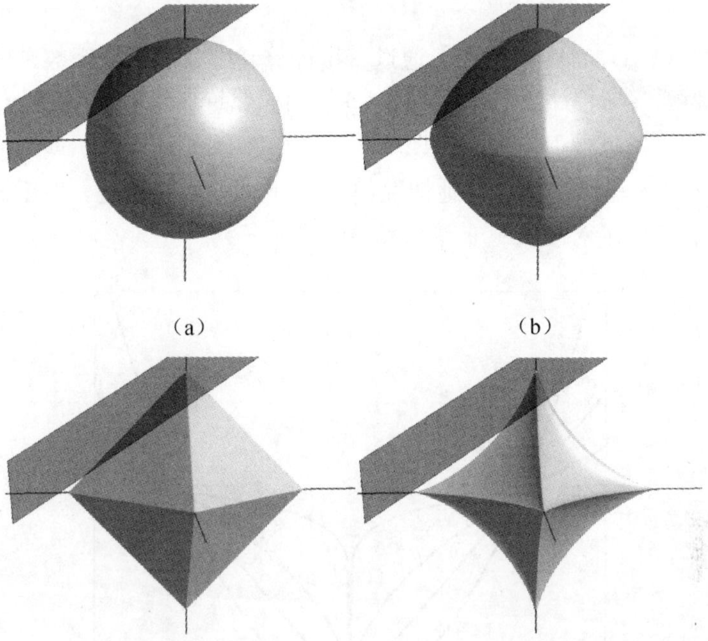

（a）（b）（c）（d）

图 1.2　ℓ_p-球和 $\boldsymbol{Ax}=\boldsymbol{b}$ 集间的交集定义了 (P_p) 的解。这里交集以 3D 的形式表现出来，$p=2$（a），$p=1.5$（b），$p=1$（c），$p=0.7$（d）。当 $p\leqslant 1$ 时，交集位于球的一角，得到了稀疏解。

例如，让 $p=2/3$，$p=1/2$，甚至是趋向于 0 的更小值。不幸的是，每一次 $0<p<1$ 的选择都导致一个非凸的优化问题，而之前也提到，这将增加我们的困难。尽管如此，从工程的角度而言，如果需要稀疏特性，而我们又知道 ℓ_p 在这方面不错，那么无论其有多少缺点，我们能够也必须要去解决这个问题。

以上的讨论都着眼于 ℓ_p-范数，当然同时还存在着其他 $\boldsymbol{x}$ 函数同样能促进得到稀疏结果。实际上，对于任意函数 $J(\boldsymbol{x})=\sum_i \rho(x_i)$，若 $\rho(x)$ 具有对称性，且在 $x\geqslant 0$ 时单调非减，同时其导数单调非增时，都能产生同样的倾向于稀疏的效果。典型的，我们可以考虑 $\rho(x)=1-\exp(|x|)$，$\rho(x)=\log(1+|x|)$，以及 $\rho(x)=|x|/(1+|x|)$。

1.7　ℓ_0-范数及推论

在所有产生稀疏的范数中，一个极端情况就是 $p\to 0$。我们将 ℓ_0-范数表示如下[①]

① 更准确的表示应是 $\|\boldsymbol{x}\|_0^0$，但我们将采用上面的表示，以与文献统一。

$$\|\boldsymbol{x}\|_0 = \lim_{p\to 0}\|\boldsymbol{x}\|_p^p = \lim_{p\to 0}\sum_{k=1}^{m}|x_k|^p = \#\{i : x_i \neq 0\} \tag{1-18}$$

这是一个非常简单和直观的测度，通过直接计算其中非零项的个数来度量向量 $\boldsymbol{x}$ 的稀疏性。为观察这种计数的效果，图 1.3 给出了标量加权函数 $|x|^p$——范数运算的核——在取不同 p 值时的情况。图中表明，当 p 趋向于 0 时，曲线成为一个指标函数，即对于 $x=0$ 时为 0，其他情况都为 1。因此，如前所述，对于 $\boldsymbol{x}$ 中所有元的度量总和就成为了对向量中非零元素的计数。

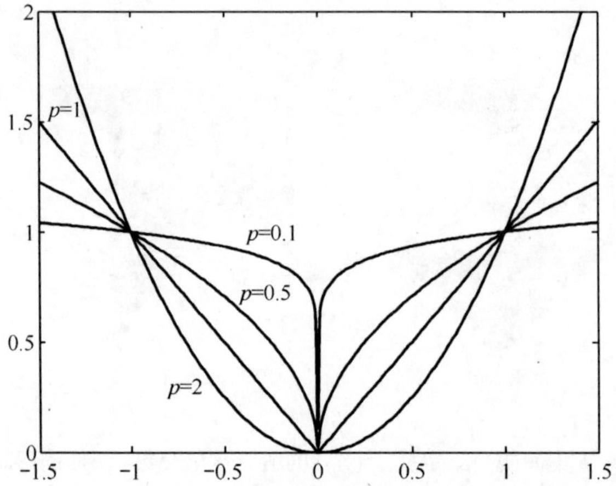

图 1.3　不同 p 值的 $|x|^p$。当 p 趋向于 0 时，$|x|^p$ 接近于指标函数，即当 $x=0$ 时为 0，其他为 1。

术语 ℓ_0-范数容易引起误解，因为这个函数并不满足范数定义的所有公认要求。更确切地说，如果将 ℓ_0 考虑为当 $p\to 0$ 时 ℓ_p-范数的延续，那么为了观察其表现，我们必须计算它的 0 次根[①]，而这是不可能的。另一方面，我们可以简单地将函数 $\|\boldsymbol{x}\|_0$ 看做范数表示的一个备选。虽然这个函数满足三角不等式 $\|\boldsymbol{u}+\boldsymbol{v}\|_0 \leqslant \|\boldsymbol{u}\|_0 + \|\boldsymbol{v}\|_0$，但无法满足齐次性要求：当 $t\neq 0$ 时，$\|t\boldsymbol{u}\|_0 = \|\boldsymbol{u}\|_0 \neq t\|\boldsymbol{u}\|_0$。这种在尺度灵敏度上的缺陷将会不时地带给我们麻烦。

必须看到的是，尽管 ℓ_0-范数提供了一种非常易于掌握的稀疏概念，但对于实际工作来说它并不是一个必然合适的概念。真实的数据向量很少可以用系数大部分为零的向量来描述。更宽泛的稀疏概念需要而且也必须建立在这样的概念基础上，即能用少量非零项的向量进行近似描述；这就可以用上面讨论的弱 ℓ_p-范数和一般的 ℓ_p-范数来量化。尽管如此，后续的相关讨论依然基于以下假设，即 ℓ_0 是对我们感兴趣量的一种测度。

---

① 公式（1-10）中的函数的 p 次根，其齐次性和三角不等性都得到了检验。

1.8 (P_0)问题——我们的主要兴趣

考虑对于常见形式(P_J)选择$J(\boldsymbol{x}) = J_0(\boldsymbol{x}) \equiv \|\boldsymbol{x}\|_0$时得到的问题$(P_0)$，此时问题表示如下

$$(P_0):\ \min_{\boldsymbol{x}} \|\boldsymbol{x}\|_0 \quad \text{s.t.}\ \boldsymbol{A}\boldsymbol{x} = \boldsymbol{b} \tag{1-19}$$

式（1-19）问题的稀疏优化表面上看类似于ℓ_2-范数最小化问题(P_2)，但是符号的相似掩盖了一些深刻的差异。(P_2)的解总是唯一的，并且能够利用现有的线性代数标准计算工具计算得到。多年来，(P_0)问题也经常被认为是一个可实现的目标，但其带来的诸多概念上的挑战，妨碍了对其广泛的研究与应用。其根本原因主要在于ℓ_0-范数固有的离散性和不连续性；并且用于支撑(P_2)分析的标准凸分析思想并不适用于ℓ_0-范数。关于(P_0)的许多根本性问题无法避免地集中于以下方面：

（1）是否存在解的唯一性？在何种情况下可以得到？

（2）如果存在一个候选解，我们能否通过简单的测试来确定其确实是(P_0)的全局最小解？

可能在某些情况下，对于非常特殊的矩阵$\boldsymbol{A}$和等号右边的$\boldsymbol{b}$，这些问题很容易回答，但对于一般情况下的$(\boldsymbol{A},\boldsymbol{b})$，问题的回答最初都被认为是不可能的。

除了解的唯一性和可验证性这样的概念性问题外，求解(P_0)的困难性也是一个明显的阻碍。这是一个典型的组合搜索问题：每次都必须穷举所有可能的稀疏子集，生成出相应的子系统$\boldsymbol{b} = \boldsymbol{A}_S\boldsymbol{x}_S$，其中$S$为序号集，$\boldsymbol{A}_S$表示依据$|S|$从矩阵$\boldsymbol{A}$中选出相应列构成的矩阵；同时检查$\boldsymbol{b} = \boldsymbol{A}_S\boldsymbol{x}_S$是否能够求解。

下面的简单例子可以说明该问题的复杂性：假设矩阵$\boldsymbol{A}$的大小为 500×2000（n=500，m=2000），并假设我们知道(P_0)的最稀疏解有$|S|=20$个非零值。我们希望找到相应的$|S|$列。因此，我们需要遍历所有的$\binom{m}{|S|} \approx 3.9\times10^{47}$个选项，并对每个小线性系统$\boldsymbol{b} = \boldsymbol{A}_S\boldsymbol{x}_S$进行等式测试。假设每次小系统检测需要 1ns。经过简单计算就可知道完成所有这些测试将需要超过12×10^{31}年!!!

穷举搜索的复杂度与m成指数关系，事实上，已经证明了一般意义上(P_0)问题是 NP 难问题[①]。由此，一系列无法回避且至关紧要的问题出现了：(P_0)能够采用其他方法来高效解决吗？能否接受近似解？它们的精确度如何？哪种近似是有

① 译者注：NP 难问题，即非确定多项式（Non-Deterministic Polynomial）难问题，是指可以在多项式时间内被非确定机解决的问题。与之相对应的是多项式（Polynomial，P）问题，即指可以在多项式时间内被确定机（通常意义下的计算机）解决的问题。在大量的计算问题中，有的问题是确定性的，例如加减、乘除之类。但有的问题是无法按部就班的直接计算出来，例如找大素数问题。这类问题的答案无法直接计算得到，只能通过间接的“猜算”来得到结果，这就是非确定性问题。这些问题通常会有个算法，虽然不能直接获得答案，但可以知道可能的结果是正确的还是错误的，如果这个可以“猜算”答案是否正确的算法能在时限内计算出来，就叫做非确定性多项式问题。

效的？这些正是我们试图在本书中回答的问题。

1.9 信号处理的观点

与几年前不同，现在我们寻找欠定线性系统稀疏解的工作能够做得更好，并且更有现实意义。与此发展相随的是，在信号与图像处理领域也正发展出另一类理念，因为已经发现许多媒体类型（静态图片，视频，声信号）都可以采用变换域理论来进行稀疏表示，并且实际上，许多类似媒体的处理工作都可看作是求解欠定线性方程系统的稀疏解过程。许多读者应该熟悉媒体编码标准 JPEG 以及其后继者 JPEG2000。这两个标准都基于能够得到稀疏表示的变换编码的理念。

因此，我们可以在上述的代数讨论和信号表示问题间作如下形式的简单关联。设 $\boldsymbol{b}$ 代表的是描述信号/图像值的表示向量；设 $\boldsymbol{A}$ 为矩阵，其列为表示中使用的各种不同的基。公式（1-1）所表述问题的目标是在 $\boldsymbol{b}$ 的多种可能表示中找到一个表示。当使用 ℓ_2-范数测度时，结果就是一个线性算子 $\boldsymbol{A}^+$ 乘以 $\boldsymbol{b}$——这就是著名的得到冗余表示的框架步骤，无论是进行正向变换（从 $\boldsymbol{b}$ 到 $\boldsymbol{x}$）还是逆向变换（从 $\boldsymbol{x}$ 到 $\boldsymbol{b}$）都是线性操作。

从另一个极端来看，公式（1-19）表述的 (P_0) 问题对信号内容提供了确实是“稀疏”的表示。按照这种方式，虽然逆向变换是线性的，其正向变换却是高度非线性的，且通常都非常复杂。这种变换的魅力就在于其可以提供紧凑的表示。这个特点激起了对上述数学问题的深入研究。我们将在本书第二部分进一步讨论这种联系，并将探索如何将对线性方程系统稀疏解的理解应用于信号和图像处理中。

延伸阅读

[1] Bertsekas D P. Nonlinear Programming[M], 2nd Edition. Athena Scientific, 1999.

[2] Boyd S, Vandenberghe L. Convex Optimization[M]. Cambridge University Press, 2004.

[3] Bruckstein A M, Donoho D L, Elad M. From sparse solutions of systems of equations to sparse modeling of signals and images[J]. SIAM Review, 2009, 51（1）:34–81.

[4] Chen S S, Donoho D L, Saunders M A. Atomic decomposition by basis pursuit[J]. SIAM Journal on Scientific Computing, 1998, 20（1）:33–61.

[5] Chen S S, Donoho D L, Saunders M A. Atomic decomposition by basis pursuit [J]. SIAM Review, 2001, 43（1）:129–159.

[6] Daniel C, Wood F S. Fitting Equations to Data: Computer Analysis of Multifactor Data[M]. 2nd Edition. John Wiley and Sons, 1980.

[7] Davis G, Mallat S, Zhang Z. Adaptive time-frequency decompositions[J]. Optical-Engineering, 1994, 33（7）:2183–2191.

[8] Golub G H, Van Loan C F. Matrix Computations[M]//Johns Hopkins Studies in Mathematical Sciences, Third edition. Johns Hopkins University Press, 1996.

[9] Horn R A, Johnson C R. Matrix Analysis[M]. New York: Cambridge University Press, 1985.

[10] Jain A K. Fundamentals of Digital Image Processing[M]. Englewood Cliffs, NJ: Prentice-Hall, 1989.

[11] Luenberger D. Linear and Nonlinear Programming[M]. 2nd Edition. Reading, Massachusetts : Addison-Wesley, Inc., 1984.

[12] Mallat S. A Wavelet Tour of Signal Processing[M]. Academic-Press, 1998.

[13] Mallat S, LePennec E. Sparse geometric image representation with bandelets[J]. IEEE Trans. on Image Processing, 2005, 14（4）:423–438.

[14] Mallat S, Zhang Z. Matching pursuits with time-frequency dictionaries[J]. IEEE Trans. on Signal Processing, 1993, 41（12）:3397–3415.

[15] Marcus M, Minc H. A Survey of Matrix Theory and Matrix Inequalities[M]. Dover : Prindle, Weber & Schmidt, 1992.

第2章 唯一性和不确定性

回到基本的问题(P_0)，这将是我们下面讨论的核心

$$(P_0):\ \min_{x} \|\boldsymbol{x}\|_0 \quad \text{s.t.} \quad \boldsymbol{b} = \boldsymbol{A}\boldsymbol{x}$$

虽然我们把这个问题作为主要目标进行研究，但我们十分清楚，在推导实用工具中它存在两个主要的缺点：

（1）相等约束$\boldsymbol{b} = \boldsymbol{A}\boldsymbol{x}$过于严格，因为用$\boldsymbol{A}$中少量的列来表示任意向量$\boldsymbol{b}$是非常困难的事，如果允许存在少量的偏差就可能会容易些。

（2）稀疏测度对于$\boldsymbol{x}$中（数值）非常小的元过于敏感，一个比较好的测度方法是对这些小的元采取更宽松的方法。

以上两点都将在下面的分析中进行考虑，为了成功，我们将从该问题的(P_0)规范化版本开始。

对于欠定线性系统方程$\boldsymbol{A}\boldsymbol{x} = \boldsymbol{b}$（满秩矩阵$\boldsymbol{A} \in \mathbf{R}^{n \times m}$，$n < m$），我们提出如下问题：

（1）什么情况下才能断定最稀疏解的唯一性？

（2）能否验证一个可能解的（全局）最优性？

本章将对这些问题以及相关扩展进行讨论。我们不直接回答上述问题，而是先讨论特殊的矩阵$\boldsymbol{A}$，然后再扩展到一般矩阵，这样分析起来更容易些。在此过程中，我们将仍然采用这个问题的最初研究者所使用的方法。

2.1 双正交情况的讨论

首先对上述的(P_0)问题进行讨论，设定如下：令$\boldsymbol{A}$是两个正交矩阵$\boldsymbol{\Psi}$和$\boldsymbol{\Phi}$的拼接。举一个经典的例子，我们可以考虑单位阵和傅里叶阵的组合矩阵$\boldsymbol{A} = [\boldsymbol{I}, \boldsymbol{F}]$。在这种情况下，系统$\boldsymbol{b} = \boldsymbol{A}\boldsymbol{x}$是欠定的这一事实，表明存在很多种方法，可以将一个给定信号$\boldsymbol{b}$表示成冲激信号（即单位阵中的列）和正弦曲线（即傅里叶矩阵中的列）的叠加。这个系统的稀疏解就是用少量正弦信号和少量冲激信号的叠加构成的表示。当第一次注意到稀疏解时，它的唯一性好像很不可思议。

2.1.1 测不准原理

在讨论线性系统$[\boldsymbol{\Psi}, \boldsymbol{\Phi}]\boldsymbol{x} = \boldsymbol{b}$的稀疏解之前，我们先来考虑一个（看起来）不

同的问题，这个问题由经典的测不准原理引出。毫无疑问，读者们都知道，经典的测不准原理指出两个共轭变量（比如位置和动量，或者通过傅里叶变换构成的任意一对其他变量），不能够同时以任意精确度进行测量。利用数学公式来说，测不准原理说明的是任意函数 $f(x)$ 和它的傅里叶变换 $F(\omega)$ 都必须遵守下面的不等式①

$$\int_{-\infty}^{\infty} x^2 \left|f(x)\right|^2 \mathrm{d}x \cdot \int_{-\infty}^{\infty} \omega^2 \left|F(\omega)\right|^2 \mathrm{d}\omega \geqslant \frac{1}{2} \tag{2-1}$$

这里我们假设函数是 ℓ_2-归一的，即

$$\int_{-\infty}^{\infty} \left|f(x)\right|^2 \mathrm{d}x = 1$$

这个式子说明信号不能同时在时间和频率上高度集中，而且时间分布和频率分布的乘积存在一个下限。

有个类似的专门术语说明这个问题，即信号不能同时在时间和频率上稀疏表示。我们现在进一步讨论这种严谨的观点，这对理解下面的讨论有帮助。假设有一个非零向量 $\boldsymbol{b} \in \mathbf{R}^n$（即一个信号）和两个正交基 $\boldsymbol{\varPsi}$ 和 $\boldsymbol{\varPhi}$。$\boldsymbol{b}$ 可以用 $\boldsymbol{\varPsi}$ 或者 $\boldsymbol{\varPhi}$ 中的列进行线性组合得到

$$\boldsymbol{b} = \boldsymbol{\varPsi}\alpha = \boldsymbol{\varPhi}\beta \tag{2-2}$$

显然 α 和 β 都是唯一确定的。有一种特别重要的情形，即 $\boldsymbol{\varPsi}$ 是单位阵，$\boldsymbol{\varPhi}$ 是傅里叶变换矩阵。此时 α 就是 $\boldsymbol{b}$ 在时间域的表示，而 β 则是频域表示。

对于任意一对基 $\boldsymbol{\varPsi}$ 和 $\boldsymbol{\varPhi}$，有趣的情况发生了：要么 α 是稀疏的，要么 β 是稀疏的，但不可能两个同时都是稀疏的！当然，这种说法显然跟 $\boldsymbol{\varPsi}$ 和 $\boldsymbol{\varPhi}$ 之间的距离有关，如果两者是一样的，我们可以很容易地用 $\boldsymbol{\varPsi}$ 中的某一列来构造 $\boldsymbol{b}$，并且 α 和 β 的势同时达到最小的可能值（是 1）。下面，我们通过两个基的**互相关**来定义它们的近似程度。

定义 2.1　对于构造矩阵 $\boldsymbol{A}$ 的任意一对正交基 $\boldsymbol{\varPsi}$ 和 $\boldsymbol{\varPhi}$，互相关 $\mu(\boldsymbol{A})$ 定义为这两个基中各列之间的最大内积即

$$\text{proximity}(\boldsymbol{\varPsi},\boldsymbol{\varPhi}) = \mu(\boldsymbol{A}) = \max_{1\leqslant i,j\leqslant n} \left|\psi_i^{\mathrm{T}} \phi_j\right| \tag{2-3}$$

双正交矩阵的**互相关**满足 $1/\sqrt{n} \leqslant \mu(\boldsymbol{A}) \leqslant 1$，某些特定的正交基对，可以得到式中的下界，比如单位阵和傅里叶阵，单位阵和哈达玛阵等。为了确信这就是相关性的下界，我们只要稍加注意 $\boldsymbol{\varPsi}^{\mathrm{T}}\boldsymbol{\varPhi}$ 是一个单位正交阵，其每列中各项的平方和为 1。因此每一列中的各项不能都小于 $1/\sqrt{n}$，否则各项的平方和就会小于 1。使用上面的定义式（2-1），我们得到如下的不等式：

定理 2.1　对于任意一对互相关为 $\mu(\boldsymbol{A})$ 的正交基 $\boldsymbol{\varPsi}$ 和 $\boldsymbol{\varPhi}$，任意的非零向量 $\boldsymbol{b} \in \mathbf{R}^n$ 在这两个正交基中分别用 α 和 β 来表示，有下面的不等式成立，即

---

① 这里的边界 0.5 依赖于傅里叶变换的具体定义。

$$\text{测不准原理（不确定性）1：}\ \|\alpha\|_0 + \|\beta\|_0 \geqslant \frac{2}{\mu(\boldsymbol{A})} \tag{2-4}$$

证明：不失一般性，此后都假设$\|\boldsymbol{b}\|_2 = 1$，由于$\boldsymbol{b} = \boldsymbol{\Psi}\alpha = \boldsymbol{\Phi}\beta$，$\boldsymbol{b}^{\mathrm{T}}\boldsymbol{b} = 1$，有

$$1 = \boldsymbol{b}^{\mathrm{T}}\boldsymbol{b} = \alpha^{\mathrm{T}}\boldsymbol{\Psi}^{\mathrm{T}}\boldsymbol{\Phi}\beta = \sum_{i=1}^{n}\sum_{j=1}^{n}\alpha_i\beta_j\psi_i^{\mathrm{T}}\phi_j \leqslant \mu(\boldsymbol{A})\cdot\sum_{i=1}^{n}\sum_{j=1}^{n}|\alpha_i|\cdot|\beta_j| \tag{2-5}$$

这里我们已经运用了两个基之间相关性的定义。由这个不等式可以得到

$$1 \leqslant \mu(\boldsymbol{A})\cdot\sum_{i=1}^{n}\sum_{j=1}^{n}|\alpha_i|\cdot|\beta_j| = \mu(\boldsymbol{A})\|\alpha\|_1\|\beta\|_1 \tag{2-6}$$

这也可以解释为ℓ_1-范数情况下的另一种测不准原理，意思就是两种表示的ℓ_1-范数不能同时是很短的。实际上，使用几何均值和代数均值间的关系($\forall a,b \geqslant 0$, $\sqrt{ab} \leqslant (a+b)/2$)，可以得到

$$\|\alpha\|_1\|\beta\|_1 \geqslant \frac{1}{\mu(\boldsymbol{A})} \Rightarrow \|\alpha\|_1 + \|\beta\|_1 \geqslant \frac{2}{\sqrt{\mu(\boldsymbol{A})}} \tag{2-7}$$

但是，这偏离了我们的证明目标，我们还是回到ℓ_0-范数下的测不准原理。

让我们考虑下面的问题：对于所有可能的表示α，若满足$\|\alpha\|_2 = 1$，并且有A个非零值（即$\|\alpha\|_0 = A$），那么其中哪一个具有最长的ℓ_1-范数？这定义了如下形式的优化问题。

$$\max_{\alpha}\|\alpha\|_1 \quad \text{s.t.} \quad \|\alpha\|_2^2 = 1,\ \|\alpha\|_0 = A \tag{2-8}$$

假设这个问题有一个解$g(A) = g(\|\alpha\|_0)$，同样的，针对有B个非零值的β，定义相同的问题，得到的结果为$g(\|\beta\|_0)$。这样一来，根据式（2-6），我们得到如下不等式，即

$$\frac{1}{\mu(\boldsymbol{A})} \leqslant \|\alpha\|_1\|\beta\|_1 \leqslant g(\|\alpha\|_0)\cdot g(\|\beta\|_0) \tag{2-9}$$

式中每个ℓ_1-范数都被上界所取代。这个不等式就是我们的目标，公式（2-8）的答案就是所需的结果。

不失一般性，我们假设α中前A个元素非零，其余都是零。并进一步假设所有非零元素都是严格正的（因为这个问题中只使用了绝对值）。使用拉格朗日乘法，这时ℓ_0-范数的约束消失了，我们得到

$$\mathcal{L}(\alpha) = \sum_{i=1}^{A}\alpha_i + \lambda\left(1 - \sum_{i=1}^{A}\alpha_i^2\right) \tag{2-10}$$

对上式求导

$$\frac{\partial\mathcal{L}(\alpha)}{\partial\alpha_i} = 1 - 2\lambda\alpha_i = 0 \tag{2-11}$$

得到最优值是$\alpha_i = 1/2\lambda$，并且所有的项都相等。这表明最优值（根据ℓ_2-约束）是$\alpha_i = 1/\sqrt{A}$，这样$g(A) = A/\sqrt{A} = \sqrt{A}$是向量$\alpha$的最大$\ell_1$-范数。应用这个结果以及

关于 β 的类似结果，代入式（2-9）得到

$$\frac{1}{\mu(\boldsymbol{A})} \leqslant \|\alpha\|_1 \|\beta\|_1 \leqslant g(\|\alpha\|_0) \cdot g(\|\beta\|_0) = \sqrt{\|\alpha\|_0 \|\beta\|_0} \tag{2-12}$$

再次使用几何均值-代数均值间的关系，我们得到前述的结果，即

$$\frac{1}{\mu(\boldsymbol{A})} \leqslant \sqrt{\|\alpha\|_0 \|\beta\|_0} \leqslant \frac{1}{2}(\|\alpha\|_0 + \|\beta\|_0) \tag{2-13}$$

下面是另一个更简单的证明方法（由 Allan Pinkus 给出）：因为 $\boldsymbol{\Psi}$ 和 $\boldsymbol{\Phi}$ 是酉矩阵，有 $\|\boldsymbol{b}\|_2 = \|\alpha\|_2 = \|\beta\|_2$。这里用 I 来表示 α 的支撑集。根据 $\boldsymbol{b} = \boldsymbol{\Psi}\alpha = \sum_{i\in I} \alpha_i \psi_i$，我们有

$$\left|\beta_j\right|^2 = \left|\boldsymbol{b}^{\mathrm{T}}\phi_j\right|^2 = \left|\sum_{i\in I} \alpha_i \psi_i^{\mathrm{T}} \phi_j\right|^2 \leqslant \|\alpha\|_2^2 \cdot \left|\sum_{i\in I} (\psi_i^{\mathrm{T}}\phi_j)^2\right| \leqslant \|\boldsymbol{b}\|_2^2 \cdot |I| \cdot \mu(\boldsymbol{A})^2 \tag{2-14}$$

这里我们使用了 Cauchy-Schwartz 不等式①和互相关的定义。对上式中所有属于 β 支撑集 J 的项 $j \in J$ 求和，可以得到

$$\sum_{j\in J} \left|\beta_j\right|^2 = \|\boldsymbol{b}\|_2^2 \leqslant \|\boldsymbol{b}\|_2^2 \cdot |I| \cdot |J| \cdot \mu(\boldsymbol{A})^2 \tag{2-15}$$

这样就得到了式（2-13）中的不等式，从而证明了该定理。

这个结果表明，如果两个基的互相关很小，那么 α 和 β 不可能同时稀疏。举一个前面的例子，如果 $\boldsymbol{\Psi}$ 是单位阵，$\boldsymbol{\Phi}$ 是傅里叶矩阵，则其互相关 $\mu([\boldsymbol{\Psi}, \boldsymbol{\Phi}]) = 1/\sqrt{n}$。它遵循一个原则，即信号在时域和频域上的非零值个数总和不能少于 $2\sqrt{n}$ 个。我们知道，这种情况是个紧关系，因为均匀间隔为 $\sqrt{n}$（假定这是个整数）的梳状信号，经过傅里叶变换后（根据泊松公式），得到的是同样信号，这样累计共有 $2\sqrt{n}$ 个非零值。图 2.1 即为此信号。

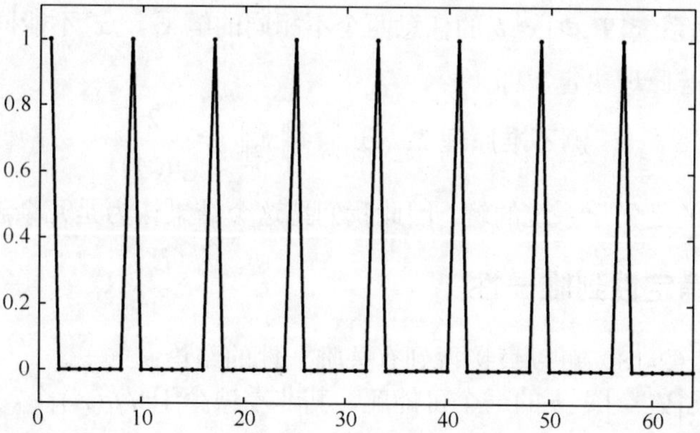

图 2.1　$n = 64$ 的梳状信号，有 8 个均匀分布的非零值，高度相同，这个信号的 DFT 与之相同

① Cauchy-Schwartz 不等式如下：$\left|\boldsymbol{x}^{\mathrm{T}}\boldsymbol{y}\right|^2 \leqslant \|\boldsymbol{x}\|_2^2 \cdot \|\boldsymbol{y}\|_2^2$。当且仅当 $\boldsymbol{x}$ 和 $\boldsymbol{y}$ 线性相关时取等号。

在离散情况下，经典的 Heisenberg 测不准原理可以表述为：如果将α和β视为概率分布（取各元素的绝对值并进行归一化），那么它们方差的乘积满足$\sigma_\alpha^2\sigma_\beta^2 \geqslant \text{const}$。作为比较，式（2-4）给出了其非零值个数总和更低的边界，但此时与它们的位置无关。

2.1.2 冗余解的不确定性

现在我们来考虑与唯一性问题之间的联系。考虑测不准原理式（2-4）下$\boldsymbol{Ax}=[\boldsymbol{\Psi},\boldsymbol{\Phi}]\boldsymbol{x}=\boldsymbol{b}$的求解问题。假设这个基本的线性系统有两个解$\boldsymbol{x}_1$，$\boldsymbol{x}_2$，其中的一个非常稀疏。我们将会发现另一个不可能是非常稀疏的。而且可以肯定的是，二者之差$\boldsymbol{e}=\boldsymbol{x}_1-\boldsymbol{x}_2$必然落在$\boldsymbol{A}$的零空间里。分别把$\boldsymbol{e}$的前$n$项和后$n$项划分成两个子向量$\boldsymbol{e}_\Psi$和$\boldsymbol{e}_\Phi$。可以得到

$$\boldsymbol{\Psi}\boldsymbol{e}_\Psi=-\boldsymbol{\Phi}\boldsymbol{e}_\Phi=\boldsymbol{y}\neq\boldsymbol{0} \tag{2-16}$$

式中向量$\boldsymbol{y}$是非零的，因为$\boldsymbol{e}$是非零的，而且$\boldsymbol{\Psi}$和$\boldsymbol{\Phi}$都是非奇异的。引用式（2-4）得到

$$\|\boldsymbol{e}\|_0=\|\boldsymbol{e}_\Psi\|_0+\|\boldsymbol{e}_\Phi\|_0\geqslant\frac{2}{\mu(\boldsymbol{A})} \tag{2-17}$$

由于$\boldsymbol{e}=\boldsymbol{x}_1-\boldsymbol{x}_2$，可以得到

$$\textbf{测不准原理 2：}\ \|\boldsymbol{x}_1\|_0+\|\boldsymbol{x}_2\|_0\geqslant\|\boldsymbol{e}\|_0\geqslant\frac{2}{\mu(\boldsymbol{A})} \tag{2-18}$$

这里我们对ℓ_0-范数使用了三角不等式$\|\boldsymbol{x}_1\|_0+\|\boldsymbol{x}_2\|_0\geqslant\|\boldsymbol{x}_1-\boldsymbol{x}_2\|_0$，该式可以简单地通过计算两个向量的非零个数进行证明，不过需要考虑支撑集没有交叠（对应相等的情况）和有交叠（对应不相等的情况）的两种情况。总结一下，我们已经证明了如下的结果：

定理 2.2 线性系统$[\boldsymbol{\Psi},\boldsymbol{\Phi}]\boldsymbol{x}=\boldsymbol{b}$的任意两个不相同的解$\boldsymbol{x}_1$，$\boldsymbol{x}_2$不能同时是稀疏的，这由如下测不准原理决定，即

$$\textbf{测不准原理 2：}\ \|\boldsymbol{x}_1\|_0+\|\boldsymbol{x}_2\|_0\geqslant\frac{2}{\mu(\boldsymbol{A})}$$

由于这里讨论的是欠定系统的解，因此我们把这个结果认为是冗余解的不确定性。

2.1.3 从不确定性到唯一性

从不等式（2-18）可以直接得到有关唯一性的结论：

定理 2.3 如果$[\boldsymbol{\Psi},\boldsymbol{\Phi}]\boldsymbol{x}=\boldsymbol{b}$的一个可能解，其非零项少于$1/\mu(\boldsymbol{A})$个，那么它必然是最稀疏的，而且任何其他的解都一定“更稠密”。

这个看上去很简洁的结论非常棒也非常强大。至少对于这里讨论的特殊情况$\boldsymbol{A}=[\boldsymbol{\Psi},\boldsymbol{\Phi}]$，我们对本章最初提出的两个问题都有了全面的回答。也就是说，我们可以认定足够稀疏的解具有唯一性，而且一旦给定这样一个足够稀疏的解，马上

就可以认定其全局最优性。注意在一般的非凸优化问题中，最多只能证明给定解的局部最优性，而这里我们可以证明全局最优性。

前面讨论的一直是双正交的情况，现在是时候采用相同的办法去挑战一般矩阵 $\boldsymbol{A}$ 了。但是很明显，我们无法类似地得到定理 2.1 中提出的不确定性结果，而必须另辟蹊径。

2.2 一般情况下的唯一性分析

2.2.1 唯一性和稀疏度

对于唯一性的研究来说，矩阵 $\boldsymbol{A}$ 的**稀疏度**（spark）这一关键性质非常重要，这个术语由 Donoho 和 Elad 在 2003 年提出并给出了定义。**稀疏度**是一种使用 ℓ_0-范数来描述矩阵 $\boldsymbol{A}$ 的零空间的方法。我们先从下面的定义开始。

定义 2.2 对于一个给定矩阵 $\boldsymbol{A}$，它的稀疏度是该矩阵 $\boldsymbol{A}$ 中线性相关的最小列数。

回顾一下，矩阵 $\boldsymbol{A}$ 的秩定义为矩阵中线性**无关**的**最大**列数。很明显，这两个定义有类似之处——用最小替换最大，用相关替换无关，就得到了**稀疏度**的定义。然而，稀疏度比秩更难得到，因为它需要对 $\boldsymbol{A}$ 中列的所有子集进行组合搜索。

早在 1998 年，Rao 和 Gorodnitsky 已经解释了对于研究稀疏解的唯一性来说，稀疏度这个矩阵性质的重要性。有趣的是，这个性质（称为 Kruskal rank）早先在心理测试学中就已经出现过，用于张量分解的唯一性研究。**稀疏度**还与拟阵理论（matriod theory）中的一些概念有关：它在形式上正好是由 $\boldsymbol{A}$ 定义的线性拟阵的周长，即该拟阵中环的最短长度。最后，考虑编码理论，由于编码理论中矩阵乘积的算术运算不是定义在实数或者复数域中，而是定义在整数模 q 的环域中，因此可以得到同样用于计算码字最小码距的参量。所有这些概念的类同之处是显著的，并且具有启发性。

稀疏度给稀疏解的唯一性提供了一个简洁的标准。根据定义，矩阵零空间 $\boldsymbol{Ax}=\boldsymbol{0}$ 中的向量必须满足 $\|\boldsymbol{x}\|_0 \geqslant \mathrm{spark}(\boldsymbol{A})$，因为这些向量对 $\boldsymbol{A}$ 中的列进行线性组合会得到零向量，那么根据定义线性相关的列至少有**稀疏度**这么多。利用**稀疏度**，我们得到如下结论：

定理 2.4（唯一性——稀疏度）：对于线性系统方程 $\boldsymbol{Ax}=\boldsymbol{b}$，如果有一个解 $\boldsymbol{x}$ 满足 $\|\boldsymbol{x}\|_0 < \mathrm{spark}(\boldsymbol{A})/2$，那么这个解必然是最稀疏的可能解。

证明：考虑满足相同线性系统 $\boldsymbol{Ay}=\boldsymbol{b}$ 的另外一个解 $\boldsymbol{y}$。这意味着 $\boldsymbol{x}-\boldsymbol{y}$ 一定在 $\boldsymbol{A}$ 的零空间里，即 $\boldsymbol{A}(\boldsymbol{x}-\boldsymbol{y})=\boldsymbol{0}$。根据**稀疏度**的定义，有

$$\|\boldsymbol{x}\|_0+\|\boldsymbol{y}\|_0 \geqslant \|\boldsymbol{x}-\boldsymbol{y}\|_0 \geqslant \mathrm{spark}(\boldsymbol{A}) \tag{2-19}$$

式中左侧的不等号表明，差分向量 $\boldsymbol{x}-\boldsymbol{y}$ 的非零项个数不能超过向量 $\boldsymbol{x}$ 和 $\boldsymbol{y}$ 的非零项个数的和——即三角不等式。既然有一个解满足 $\|\boldsymbol{x}\|_0 < \mathrm{spark}(\boldsymbol{A})/2$，我们可以

推断出其他任意的可能解都必然拥有多于 $\text{spark}(\boldsymbol{A})/2$ 的非零项。

这是个非常基本的结论，但是却让人惊讶，因为在印象里 (P_0) 是高度复杂的组合优化任务。在一般的组合优化问题中，在考虑一个参考解时，人们只能指望检验它的局部最优性，也就是说，简单的修正得不到更好的结果。这里我们发现，对解的稀疏性进行简单的验算，并与**稀疏度**相比较，就可以验证全局最优性。

显然，**稀疏度**的值包含了丰富的信息，而大的**稀疏度**则明显非常有用。**稀疏度**能大到什么程度呢？根据定义，**稀疏度**的取值范围①是 $2 \leqslant \text{spark}(\boldsymbol{A}) \leqslant n+1$。举例来讲，如果 $\boldsymbol{A}$ 包含独立同分布的随机项（比如 Gaussian 分布），那么 $\text{spark}(\boldsymbol{A}) = n+1$ 的概率为 1，这意味着不存在 n 个线性相关的列。由 m 个不同的标量构造的 Vandermonde 矩阵的稀疏度也是 $n+1$。在这些情况中，每个具有 $n/2$ 个或者更少非零项的解，其唯一性都得到了保证。类似的，采用泊松公式可以知道，单位阵-傅里叶矩阵对构成的双正交阵的**稀疏度**②是 $2\sqrt{n}$ ——将两个梳状信号拼接，每个信号具有 $\sqrt{n}$ 个尖峰并且均匀分布，这样得到的信号是在矩阵 $[\boldsymbol{I},\boldsymbol{F}]$ 的零空间中可能得到的最稀疏向量。

2.2.2 由互相关得到的唯一性

求解**稀疏度**的值跟求解 (P_0) 问题一样难。因此，我们很希望能找到更加简单的方法来保证解的唯一性。一种利用矩阵 $\boldsymbol{A}$ 的互相关来计算的方法非常简单，其中互相关的定义是对双正交情况的推广。在双正交情况下，计算 Gram 矩阵 $\boldsymbol{A}^{\mathrm{T}}\boldsymbol{A}$ 得到

$$\boldsymbol{A}^{\mathrm{T}}\boldsymbol{A} = \begin{bmatrix} \boldsymbol{I} & \boldsymbol{\Psi}^{\mathrm{T}}\boldsymbol{\Phi} \\ \boldsymbol{\Phi}^{\mathrm{T}}\boldsymbol{\Psi} & \boldsymbol{I} \end{bmatrix} \tag{2-20}$$

这样，之前定义的互相关可以定义为这个 Gram 矩阵的最大非对角项（的绝对值）。同样的，我们提出该定义的一般情形如下：

定义 2.3 矩阵 $\boldsymbol{A}$ 的互相关是 $\boldsymbol{A}$ 中不同列的归一化内积的绝对值中的最大值。用 $\boldsymbol{a}_k$ 表示 $\boldsymbol{A}$ 的第 k 列，则互相关为

$$\mu(\boldsymbol{A}) = \max_{1 \leqslant i,j \leqslant m, i \neq j} \frac{\left|\boldsymbol{a}_i^{\mathrm{T}}\boldsymbol{a}_j\right|}{\left\|\boldsymbol{a}_i\right\|_2 \cdot \left\|\boldsymbol{a}_j\right\|_2} \tag{2-21}$$

互相关是刻画矩阵 $\boldsymbol{A}$ 的列之间相关性的方法。对于酉矩阵来说，它的列是两两正交的，所以互相关为零。对于列数大于行数的一般矩阵，$m > n$，μ 必然是严格正的，我们希望得到最小的 μ 值，以尽可能地逼近酉矩阵所表现出来的性质。

我们已经看到对于结构化的双正交矩阵 $\boldsymbol{A} = [\boldsymbol{\Psi},\boldsymbol{\Phi}]$，互相关满足 $1/\sqrt{n} \leqslant \mu(\boldsymbol{A}) \leqslant 1$。Donoho 和 Huo 的研究表明，大小为 $n \times m$ 的随机正交矩阵趋向于不相

---

① 如果 $\boldsymbol{A}$ 中有列为零的话，**稀疏度**可以低至 1，但这跟我们的研究没什么关系。

② 如果 n 是素数，单位阵-傅里叶矩阵对的稀疏度是 $n+1$，因为梳状信号不再有效了。

关，随着 $n \to \infty$，$\mu(\boldsymbol{A}_{n,m})$ 与 $\sqrt{\log(nm)/n}$ 成正比。已经证明，对于 $n \times m$ 的满秩矩阵，互相关的下界为

$$\mu \geqslant \sqrt{\frac{m-n}{n(m-1)}}$$

称为 Grassmannian Frames 的矩阵族满足上式中的等号。这族矩阵中的列称为等角线。事实上，这族矩阵的稀疏度是最大可能值，$\operatorname{spark}(\boldsymbol{A}) = n+1$。Tropp 等人利用在凸集（有时候不一定是）中进行迭代投影的方法给出了这种矩阵的数值构造方法。我们将在本章结束的时候再讨论这个问题。

我们也注意到 Calderbank 在量子信息理论中的工作，他采用具有最小相关性的正交基的集合来构造纠错码，在正交基混合的互相关上得到了相同的界。Sochen，Gurevitz 和 Hadani 在这一领域内做出了最新贡献，他们构造的信号集在位移后的相关性很低。

互相关相对来说比较容易计算，这样，我们就能给出通常很难计算的稀疏度下界。

引理 2.1　对于任意矩阵 $\boldsymbol{A} \in \mathbf{R}^{n\times m}$，都有如下关系

$$\operatorname{spark}(\boldsymbol{A}) \geqslant 1 + \frac{1}{\mu(\boldsymbol{A})} \tag{2-22}$$

证明：首先，对矩阵 $\boldsymbol{A}$ 进行修正，将各列的 ℓ_2-范数归一化，得到 $\tilde{\boldsymbol{A}}$。这个操作保持稀疏度和互相关的值不变。所得到的 Gram 矩阵 $\boldsymbol{G}=\tilde{\boldsymbol{A}}^{\mathrm{T}}\tilde{\boldsymbol{A}}$ 的项满足以下性质

$$\left\{G_{k,k}=1:1\leqslant k\leqslant m\right\},\ \left\{\left|G_{k,j}\right|\leqslant \mu(\mathbf{A}):1\leqslant k,j\leqslant m,k\neq j\right\}$$

考虑 $\boldsymbol{G}$ 中任意一个 $p\times p$ 大小的主子阵，它是通过选择 $\tilde{\boldsymbol{A}}$ 中 p 列并计算它们的子 Gram 矩阵得到的。依据 Gershgorin 圆盘理论①，如果这个子阵是对角线显著的（diagonally-dominant）——即，对于每个 i，$\sum_{j\neq i}\left|G_{i,j}\right| < \left|G_{i,i}\right|$——那么这个 $\boldsymbol{G}$ 的子矩阵是正定的，因而 $\tilde{\boldsymbol{A}}$ 中 p 列是线性无关的。条件：$1 > (p-1)\mu \ \to\ p < 1+1/\mu$ 意味着每个 $p\times p$ 子矩阵都是正定的。这样，$p = 1+1/\mu$ 是可能线性相关的最小列数，从而 $\operatorname{spark}(\boldsymbol{A}) \geqslant 1+1/\mu$

下面的定理跟前面的唯一性定理类似，但是是基于互相关的。

定理 2.5（唯一性——互相关）：如果线性系统方程 $\boldsymbol{Ax}=\boldsymbol{b}$ 存在一个解 $\boldsymbol{x}$，满足 $\|\boldsymbol{x}\|_0 < \frac{1}{2}(1+1/\mu(\boldsymbol{A}))$，这个解必然是最稀疏的可能解。

比较定理 2.4 和定理 2.5。它们在形式上是类似的，但有着不同的假设。通常，定理 2.4 使用**稀疏度**，比定理 2.5 更加准确也更加有效，而定理 2.5 使用了相关，只能给出低于**稀疏度**的界。相关无论如何都不会小于 $1/\sqrt{n}$，因此，定理 2.5 中势

① 对于一个 $n\times n$ 的一般矩阵 $\boldsymbol{H}$（可能是复数矩阵），Gershgorin 圆盘是由圆心为 $h(i,i)$ 和半径 $\sum_{j\neq i}|h(i,j)|$ 确定的 n 个圆盘。这个定理说明 $\boldsymbol{H}$ 的所有特征值都必须在这些圆盘的并集内。

的界永远不会大于 $\sqrt{n}/2$ 。但是**稀疏度**可以很容易达到 n，这样定理 2.4 给出的界就可以达到 $n/2$ 。

事实上，对于特定矩阵 $\boldsymbol{A}=[\boldsymbol{\Psi},\boldsymbol{\Phi}]$，我们也得到了这样的规律。有趣的是，通常情况的下界是 $\frac{1}{2}(1+1/\mu(\boldsymbol{A}))$ ，而特殊的双正交情况则有一个更强的（也就是更大的）下界。通常情况的界大概比式（2-18）小 2 倍，因为式（2-18）是针对特殊矩阵 $\boldsymbol{A}=[\boldsymbol{\Psi},\boldsymbol{\Phi}]$ 的。

2.2.3 由 Babel 函数得到的唯一性

在引理 2.1 的证明中，我们考虑的是从归一化矩阵 $\tilde{\boldsymbol{A}}$ 的 Gram 矩阵中抽取的 $p\times p$ 子式。所有这些子式都是正定的，意味着任意 p 个列都是线性无关的。但为了简化分析，我们用单一的值 $\mu(\boldsymbol{A})$ 来限定 $\boldsymbol{G}$ 中的所有非对角项，这样就忽略了该矩阵中可能存在的少量极端项，也就失去了鲁棒性。

由于需要验算这些子式的每一行中 $p-1$ 个非对角项的和是否小于 1（为了确保 Gershgorin 性质成立），我们沿用 Tropp 的方法，定义以下 **Babel 函数**：

定义 2.4 对于给定的各列归一化的矩阵 $\tilde{\boldsymbol{A}}$，考虑其中 p 列构成的子集 Λ，计算它们与该子集外某列的内积绝对值，并对结果求和。对于子集 Λ 与子集之外的列 j，计算它们之间最大的内积绝对值之和，我们得到 Babel 函数为

$$\mu_1(p)=\max_{\Lambda,|\Lambda|=p}\ \max_{j\notin\Lambda}\sum_{i\in\Lambda}\left|\tilde{\boldsymbol{a}}_i^{\mathrm{T}}\tilde{\boldsymbol{a}}_j\right| \tag{2-23}$$

显然，$p=1$ 时，我们得到 $\mu_1(1)=\mu(\boldsymbol{A})$ 。对于 $p=2$ ，上式意味着我们需要遍历所有可能用来计算内积的三元组，其中包括子集 Λ 中的两项，以及位于计算内积的子集外的第三个向量。这个定义意味着这个函数是单调非减的，与原生的相关性测度相比，这个函数增长越缓慢，对分析越有利。

对于大的 p 值，这个函数的计算量看起来是指数级的，并不可行，但事实并非如此。通过计算 $|\boldsymbol{G}|=\left|\tilde{\boldsymbol{A}}^{\mathrm{T}}\tilde{\boldsymbol{A}}\right|$ ，并把每一行按降序排列，我们得到矩阵 $\boldsymbol{G}_S$ 。作为主对角项，每一行的第一项都为 1，因此需要被忽略。计算每行中前 p 项的和（从第二项开始），对每一个 j 得到上面定义中最差的 Λ 的集合，我们从中选择最大的一个，有

$$\mu_1(p)=\max_{1\leqslant j\leqslant m}\sum_{i=2}^{p+1}\left|G_S(j,i)\right| \tag{2-24}$$

注意到对每一个 p ，都有 $\mu_1(p)\leqslant p\cdot\mu(\boldsymbol{A})$，而对于 Grassmannian 矩阵，由于其 Gram 矩阵的所有非对角项的幅度相同，因此上式取等号。

怎样用 **Babel 函数**更好地评估唯一性呢？很明显，如果 $\mu_1(p)<1$ ，我们可以推断出由 $p+1$ 个列构成的集合都是线性无关的。因此，**稀疏度**的下界应为

$$\operatorname{spark}(\boldsymbol{A})\geqslant\min_{1\leqslant p\leqslant n}\left\{p\,\middle|\,\mu_1(p-1)\geqslant 1\right\} \tag{2-25}$$

下面马上就能得到不确定性和唯一性了。

2.2.4 稀疏度的上界

通常无法估算**稀疏度**的大小，甚至比求解 (P_0) 问题还要困难。因为求取稀疏度需要遍历 $\boldsymbol{A}$ 中具有不同势的所有可能的列组合，并寻找这些列的线性相关子集。这是具有指数 m 复杂度的组合型搜索。

虽然这种困难使得用互相关替代**稀疏度**很必要，但代价是丢失了唯一性结果的紧致度，而我们又难以承受这种代价。这激发了另一种逼近稀疏度的方法，不过这次使用上界。上界值意味着我们不能通过得到的结果来保证唯一性，但可以粗略地估算出唯一性的区域。

为了推导出上界，我们重新定义**稀疏度**为 m 个优化问题 (P_0^i) $(i=1,2,\cdots,m)$ 的结果，形式如下

$$(P_0^i):\ \boldsymbol{x}_{\text{opt}}^i = \arg\min_{\boldsymbol{x}} \|\boldsymbol{x}\|_0 \quad \text{s.t.} \quad \boldsymbol{A}\boldsymbol{x}=\boldsymbol{0} \quad x_i = 1 \tag{2-26}$$

每个问题都假设 $\boldsymbol{A}$ 的零空间中最稀疏的向量使用了第 i 项元素。通过求解这一系列的类 (P_0) 问题，$\left\{\boldsymbol{x}_{\text{opt}}^i\right\}_{i=1}^m$ 中最稀疏的结果给出了**稀疏度**

$$\text{spark}(\boldsymbol{A}) = \min_{1\leqslant i\leqslant m} \left\|\boldsymbol{x}_{\text{opt}}^i\right\|_0 \tag{2-27}$$

由于 (P_0^i) 问题的集合过于复杂，我们定义另一类问题集合，用 ℓ_1-范数替代 ℓ_0-范数

$$(P_1^i):\ \boldsymbol{z}_{\text{opt}}^i = \arg\min_{\boldsymbol{x}} \|\boldsymbol{x}\|_1 \quad \text{s.t.} \quad \boldsymbol{A}\boldsymbol{x}=\boldsymbol{0} \quad x_i = 1 \tag{2-28}$$

在第一章中我们已看到，这些问题具有线性规划架构，它们是凸的，并且可以在合理的时间内求解。进一步看，显然对于每个 i，有 $\left\|\boldsymbol{x}_{\text{opt}}^i\right\|_0 \leqslant \left\|\boldsymbol{z}_{\text{opt}}^i\right\|_0$，因为根据定义，$\left\|\boldsymbol{x}_{\text{opt}}^i\right\|_0$ 是该问题最稀疏的可能解，因此，我们有如下可信的上界

$$\text{spark}(\boldsymbol{A}) \leqslant \min_{1\leqslant i\leqslant m} \left\|\boldsymbol{z}_{\text{opt}}^i\right\|_0 \tag{2-29}$$

数值试验表明这个边界非常紧，非常接近真实的**稀疏度**。

2.3 构造 Grassmannian 矩阵

大小为 $n\times m$, $m\geqslant n$ 的 Grassmannian（实）矩阵 $\boldsymbol{A}$ 是各列都归一化的矩阵，其 Gram 矩阵 $\boldsymbol{G}=\boldsymbol{A}^{\mathrm{T}}\boldsymbol{A}$ 满足

$$\forall k \neq j, \left|G_{k,j}\right| = \sqrt{\frac{m-n}{n(m-1)}} \tag{2-30}$$

如前所述，这是有可能取到的最小互相关值。这样的矩阵并不一定必然存在，只有在 $m<\min(n(n+1)/2,(m-n)(m-n+1)/2)$ 这样的特殊情况下才可能存在。

Grassmannian 矩阵的特殊性在于，其中任意两列之间的夹角都相同，并且这

个夹角也是可能取到的最小角。这种矩阵的构造与在$\mathbf{R}^n$空间中进行向量/子空间的组合有着密切的联系。虽然 Grassmannian 矩阵在$m=n$时退化为很容易构建的酉矩阵，但构造一般性的矩阵非常困难。Tropp 等人提出了一种数值算法，在这里作为一种设计过程实例进行介绍。要补充的是，虽然该矩阵的构造在图像处理中没什么用，但在信道编码、无线通信等问题上都有重要的应用。

该算法的关键思想是在矩阵必须满足的约束条件上迭代投影。从任意矩阵$\boldsymbol{A}$开始，投影应满足以下约束：

（1）$\boldsymbol{A}$中的列是ℓ_2-归一化的：这可以通过对每一列进行归一化得到。

（2）由式（2-30）可知，我们需要计算$\boldsymbol{G}=\boldsymbol{A}^{\mathrm{T}}\boldsymbol{A}$，检测出大于某一阈值的非对角项并将它们减去。同样，由于在 Gram 矩阵中，太小的值也不符合要求，因此对太小的非对角项就增大一些。

（3）$\boldsymbol{G}$的秩不应超过n：前面的调整使得$\boldsymbol{G}$是一个满秩矩阵，对其进行奇异值分解（SVD）并截取前n个奇异值，使新的 Gram 矩阵具有合适的秩。

这个过程能够也必须重复多次。该过程并不保证收敛，或者一定能得到 Grassmannian 矩阵，但实验说明利用这个数值方法，可以比较接近这种矩阵。按照这个思路，图 2.2 给出了实现这个算法的 Matlab 代码。

```
D=randn(N,L);    % 初始化
D=D*diag(1./sqrt(diag(D'*D)))；    % 对列归一化
G=D'*D;      %  计算 Gram 矩阵
mu=sqrt((L-N)/N/(L-1));
for k=1:1:Iter
%  对大的内积进行收缩
      gg=sort(abs(G(:)));
      pos=find(abs(G(:))>gg(round(dd1*(L*L-L)))&abs(G(:))<1;
      G(pos)=G(pos)*dd2;
      % 将秩降为 N
      [U,S,V]=svd(G);
      S(N+1:end,1+N:end) = 0;
      G = U*S*V';
      % 归一化列
      G=diag(1./sqrt(diag(G)))*G*diag(1./sqrt(diag(G)));
      % 显示状态
      gg = sort(abs(G(:)));
      pos = find(abs(G(:))>gg(round(dd1*(L*L-L)))&abs(G(:)))<1;
      disp([k,mu,mean(abs(G(pos))),max(abs(G(pos)))]);
end
[U,S,V]=svd(G);
D=sqrt(S(1:N,1:N))*U(:,1:N);
```

图 2.2 构造 Grassmannian 矩阵的 Matlab 代码

图 2.3 给出了这个程序的结果①。对于大小为50×100的矩阵，其可能的最小互

① Joel Tropp 友情提供。

相关是$\sqrt{1/99}=0.1005$。图 2.3 给出的是初始 Gram 矩阵和经过 10,000 次迭代后得到的 Gram 矩阵，其中$dd1=dd2=0.9$。图 2.4 给出的是这两个 Gram 矩阵经过排序后的非对角线项，显而易见，迭代过程很成功地得到了非常接近 Grassmannian 矩阵的矩阵。实际上，在这个过程中，最大的非对角线项是 0.119。图 2.5 展示了迭代过程中互相关值的变化。

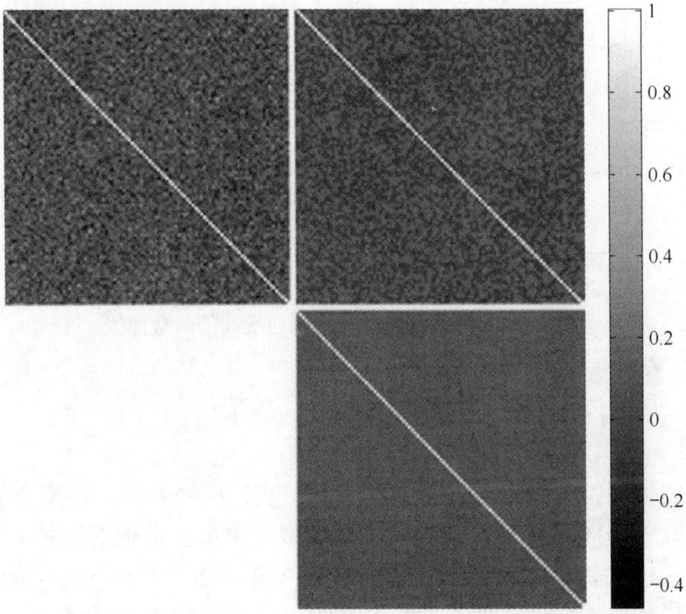

图 2.3 训练大小为 50×100 的 Grassmannian 矩阵时的初始矩阵（左上）和最终矩阵（右上）；下图显示了最终 Gram 矩阵的绝对值，可以看出非对角线上的元素大小趋向于相同，和所要求的一样

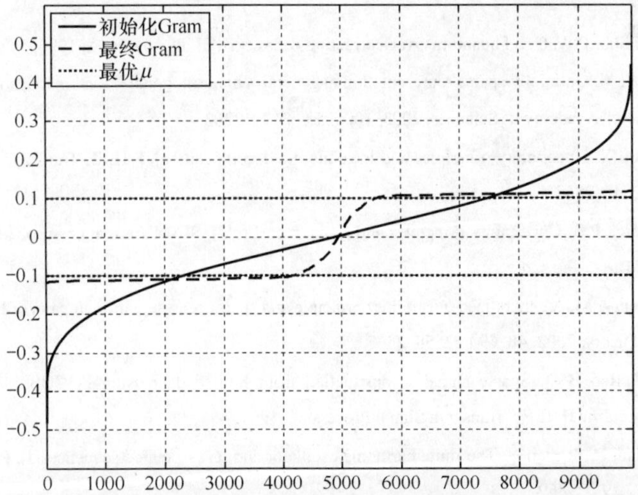

图 2.4 初始 Gram 矩阵和最终矩阵经过排序后的非对角线项

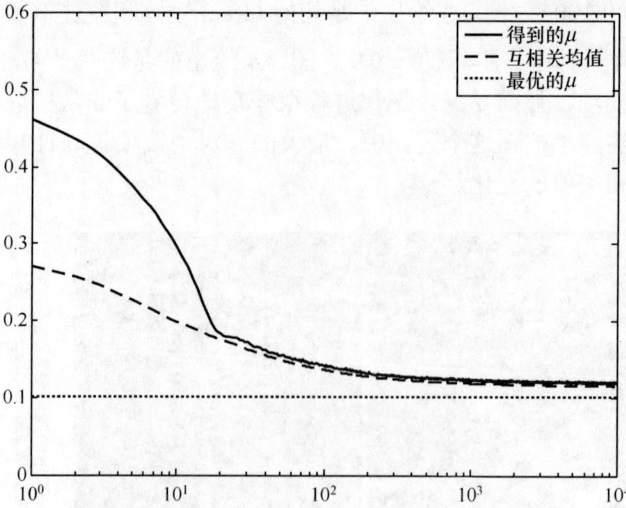

图 2.5 矩阵的互相关值与迭代次数的函数曲线

2.4 总 结

现在我们来回答本章开始时提出的问题。我们已经看到，在所有的可能解中，充分稀疏的解可以保证是唯一的。因此，任意一个足够稀疏的解都必然是(P_0)的全局最优解。这些结论表明，寻找稀疏解将会是一个有着严谨表述的问题，同时也会具有一些有趣的性质。现在我们将开始讨论寻求(P_0)解的实用方法。

延 伸 阅 读

[1] Calderbank A R, Shor P W. Good quantum error-correcting codes exist[J]. Phys. Rev. A, 1996, 54（2）:1098–1105.

[2] Donoho D L, Elad M. Optimally sparse representation in general（nonorthogonal）dictionaries via l1 minimization[J]. Proc. of the National Academy of Sciences, 2003, 100（5）:2197–2202.

[3] Donoho D L, Huo X. Uncertainty principles and ideal atomic decomposition[J]. IEEE Trans. On Information Theory, 1999, 47（7）:2845–2862.

[4] Donoho D L, Starck P B. Uncertainty principles and signal recovery[J]. SIAM Journal on Applied Mathematics, 1989, 49（3）:906–931.

[5] Elad M, Bruckstein A M. A generalized uncertainty principle and sparse representation in pairs of bases[J]. IEEE Trans. On Information Theory, 2002, 48（9）:2558–2567.

[6] Gorodnitsky I F, Rao B D. Sparse signal reconstruction from limited data using FOCUSS: A re-weighted norm minimization algorithm[J]. IEEE Trans. On Signal Processing, 1997, 45（3）: 600–616.

[7] Gurevich S, Hadani R, Sochen N. The finite harmonic oscillator and its associated sequences[J]. Proc. Natl. Acad. Sci. USA, 2008, 105（29）:9869–9873.

[8] Gurevich S, Hadani R, Sochen N. On some deterministic dictionaries supporting sparsity[J]. Journal of Fourier

Analysis and Applications, 2008, 14（5-6）:859–876.

[9] Gribonval R, Nielsen M. Sparse decompositions in unions of bases[J]. IEEE Trans. on Information Theory, 2003, 49（12）:3320–3325.

[10] Heisenberg W. The physical principles of the quantum theory [M]. Eckart C, Hoyt F C trans. Chicago IL: University of Chicago Press, 1930.

[11] Horn R A, Johnson C R. Matrix Analysis[M]. New York: Cambridge University Press, 1985.

[12] Huo X. Sparse Image representation Via Combined Transforms[D]. Stanford, 1999.

[13] Kruskal J B. Three-way arrays: rank and uniqueness of trilinear decompositions, with application to arithmetic complexity and statistics[J]. Linear Algebra and its Applications, 1977, 18（2）:95–138.

[14] Lemmens P W H, Seidel J J. Equiangular lines[J]. Journal of Algebra, 1973, 24（3）:494–512.

[15] Liu X, Sidiropoulos N D. Cramer-Rao lower bounds for low-rank decomposition of multidimensional arrays[J]. IEEE Trans. on Signal Processing, 2001, 49（9）:2074–2086.

[16] Natarajan B K. Sparse approximate solutions to linear systems[J]. SIAM Journal on Computing, 1995, 24（2）:227–234.

[17] Peterson W W, Weldon Jr E J. Error-Correcting Codes[M] , 2nd edition. Cambridge, Mass. : MIT Press, 1972.

[18] Pinkus A. N-Width in Approximation Theory[M]. Berlin : Springer, 1985.

[19] Strohmer T, Heath R W. Grassmannian frames with applications to coding and communication[J]. Applied and Computational Harmonic Analysis, 2004, 14（3）:257–275.

[20] Tropp J A. Greed is good: Algorithmic results for sparse approximation[J]. IEEE Trans. On Information Theory, 2004, 50（10）:2231–2242.

[21] Tropp J A, Dhillon I S, et al. Designing structured tight frames via alternating projection[J]. IEEE Trans. Info. Theory, 2005, 51（1）:188–209.

第3章 搜索算法——实践

现在是时候来考虑可以可靠求解 (P_0) 问题的有效方法了，因为直接的方法好像无望解决。我们现在讨论的方法虽然看上去好像没用——但是在特定的条件下还是有效的。考虑 (P_0) 问题

$$(P_0):\ \min_{\boldsymbol{x}} \|\boldsymbol{x}\|_0 \ \text{ s.t. } \boldsymbol{b} = \boldsymbol{A}\boldsymbol{x}$$

可以看到，未知量 $\boldsymbol{x}$ 由两个待确定的有效部分组成——解的支撑集，以及支撑集上的非零值。因此一种计算 (P_0) 数值解的方法就是聚焦于支撑集，并认为，一旦确定了支撑集，$\boldsymbol{x}$ 的非零值可以很容易地用简单最小二乘估计得到。由于支撑集天生是离散的，搜索它的算法也是离散的。按照这个推理思路自然得到下面将要给出的一系列贪婪算法。

(P_0) 问题的另一种解决思路是不考虑支撑集，而将未知量作为一个连续统[①]中的向量 $\boldsymbol{x} \in \mathbf{R}^m$ 来考虑。这时可以采用连续优化的观点，通过平滑惩罚函数 $\|\boldsymbol{x}\|_0$ 来求解 (P_0)。本章后面提到的松弛方法采用这种观点，通过采用不同的形式来平滑 ℓ_0-范数，并利用平滑优化方法来处理修正后的问题。

3.1 贪婪算法

3.1.1 核心思想

假设矩阵 $\boldsymbol{A}$ 的稀疏度 $\text{spark}(\boldsymbol{A}) > 2$，优化问题 (P_0) 的值 $\text{val}(P_0) = 1$（优化解的情况），此时 $\boldsymbol{b}$ 就是一个标量与矩阵 $\boldsymbol{A}$ 的某个列相乘的结果，并且已知这个解是唯一的。我们可以通过对 $\boldsymbol{A}$ 的每一列做验算来确定这个列，总共需要检验 m 次。第 j 次检验可以通过最小化 $\epsilon(j) = \|\boldsymbol{a}_j z_j - \boldsymbol{b}\|_2$ 来实现，可以得到 $z_j^* = \boldsymbol{a}_j^{\mathrm{T}}\boldsymbol{b} / \|\boldsymbol{a}_j\|_2^2$。代入到误差表示中，误差就变为

$$\epsilon(j) = \min_{z_j} \|\boldsymbol{a}_j z_j - \boldsymbol{b}\|_2^2 = \left\| \frac{\boldsymbol{a}_j^{\mathrm{T}}\boldsymbol{b}}{\|\boldsymbol{a}_j\|_2^2}\boldsymbol{a}_j - \boldsymbol{b} \right\|_2^2 = \|\boldsymbol{b}\|_2^2 - 2\frac{(\boldsymbol{a}_j^{\mathrm{T}}\boldsymbol{b})^2}{\|\boldsymbol{a}_j\|_2^2} + \frac{(\boldsymbol{a}_j^{\mathrm{T}}\boldsymbol{b})^2}{\|\boldsymbol{a}_j\|_2^2} = \|\boldsymbol{b}\|_2^2 - \frac{(\boldsymbol{a}_j^{\mathrm{T}}\boldsymbol{b})^2}{\|\boldsymbol{a}_j\|_2^2} \quad (3\text{-}1)$$

---

① 译者注：连续统是一个数学概念，与区间（0,1）对等的集合就叫做连续统，也就是说，可以找到一个映射，使得两个集合之间的元素满足一一映射。

如果误差为 0，我们就找到了合适的解。此时只需做简单的验算$\|\boldsymbol{a}_j\|_2^2\|\boldsymbol{b}\|_2^2=(\boldsymbol{a}_j^{\mathrm{T}}\boldsymbol{b})^2$（这个表述等价于 Cauchy-Schwartz 不等式中等号满足的条件），这表明$\boldsymbol{b}$和$\boldsymbol{a}_j$是平行的。这个过程需要$O(mn)$次操作，可以认为是合理的。

继续同样的推理，假设$\boldsymbol{A}$的稀疏度$\mathrm{spark}(\boldsymbol{A})>2k_0$，并且已知这个优化问题的值为$\mathrm{val}(P_0)=k_0$。则$\boldsymbol{b}$就是矩阵$\boldsymbol{A}$中最多$k_0$个列的线性组合。推广前面的结论，可以考虑枚举$\boldsymbol{A}$中包含$k_0$个列的所有$\begin{pmatrix} m \\ k_0 \end{pmatrix}=O(m^{k_0})$个子集，每个子集逐个检验。枚举计算需要$O(m^{k_0}nk_0^2)$次操作，在很多情况下这将慢得让人无法接受。

贪婪策略利用一系列局部优化的单项更新来避免费时的全面搜索。从$\boldsymbol{x}^0=\boldsymbol{0}$开始，通过保持一组有效的列，迭代构造包含$k$项的近似$\boldsymbol{x}^k$——开始集合是空的——随后通过每步增加一列的方式来扩展该集合。为了逼近$\boldsymbol{b}$，在当前有效列的基础上，每一步都选择能最大程度减少ℓ_2-残差的列。每增加一个新列得到近似后，再计算ℓ_2-残差；如果误差减少到低于某个设定的阈值，算法结束。

3.1.2 正交匹配追踪

图 3.1 给出了该策略的正式描述和相关的符号。这个过程在信号处理文献中被称为**正交匹配追踪**（Orthogonal-Matching-Pursuit，OMP），但在其他领域中其他的名字更有名（而且使用的更早）——如下所述。

注意到**遍历**阶段给出了下面形式的误差值，与我们在式（3-1）中看到的公式非常相似，即

$$\begin{aligned}\epsilon(j)&=\min_{z_j}\|\boldsymbol{a}_j z_j-\boldsymbol{r}^{k-1}\|_2^2=\left\|\frac{\boldsymbol{a}_j^{\mathrm{T}}\boldsymbol{r}^{k-1}}{\|\boldsymbol{a}_j\|_2^2}\boldsymbol{a}_j-\boldsymbol{r}^{k-1}\right\|_2^2\\&=\|\boldsymbol{r}^{k-1}\|_2^2-2\frac{(\boldsymbol{a}_j^{\mathrm{T}}\boldsymbol{r}^{k-1})^2}{\|\boldsymbol{a}_j\|_2^2}+\frac{(\boldsymbol{a}_j^{\mathrm{T}}\boldsymbol{r}^{k-1})^2}{\|\boldsymbol{a}_j\|_2^2}=\|\boldsymbol{r}^{k-1}\|_2^2-\frac{(\boldsymbol{a}_j^{\mathrm{T}}\boldsymbol{r}^{k-1})^2}{\|\boldsymbol{a}_j\|_2^2}\end{aligned} \tag{3-2}$$

因此，搜寻最小误差实际上等同于搜寻残差$\boldsymbol{r}^{k-1}$与矩阵$\boldsymbol{A}$中的归一化向量的最大内积（绝对值形式）。

在**更新临时解**的步骤中，我们在支撑集为S^k的条件下针对$\boldsymbol{x}$对$\|\boldsymbol{A}\boldsymbol{x}-\boldsymbol{b}\|_2^2$进行最小化。我们将由$\boldsymbol{A}$中属于这个支撑集的列构成的矩阵记为$\boldsymbol{A}_{S^k}$，其大小为$n\times|S^k|$。此时，需要求解的问题是最小化$\left\|\boldsymbol{A}_{S^k}\boldsymbol{x}_{S^k}-\boldsymbol{b}\right\|_2^2$，其中$\boldsymbol{x}_{S^k}$是向量$\boldsymbol{x}$中的非零部分。将这个二次型的导数置零可以得到最小化问题的解为

$$\boldsymbol{A}_{S^k}^{\mathrm{T}}\left(\boldsymbol{A}_{S^k}\boldsymbol{x}_{S^k}-\boldsymbol{b}\right)=-\boldsymbol{A}_{S^k}^{\mathrm{T}}\boldsymbol{r}^k=0 \tag{3-3}$$

这里我们使用了第k次迭代的残差公式，$\boldsymbol{r}^k=\boldsymbol{b}-\boldsymbol{A}\boldsymbol{x}^k=\boldsymbol{b}-\boldsymbol{A}_{S^k}\boldsymbol{x}_{S^k}$。上述关系表明

$\boldsymbol{A}$ 中属于支撑集 S^k 部分的列必然与残差 $\boldsymbol{r}^k$ 正交。因此，这也表明在下次迭代（以及后续步骤）中，这些列不会再被选到支撑集中。这个正交化过程就是这个算法命名为正交匹配追踪的原因。

（1）**任务**：近似求解 (P_0) 问题：$\min_x \|\boldsymbol{x}\|_0$ s.t. $\boldsymbol{Ax}=\boldsymbol{b}$。

（2）**参数**：给定矩阵 $\boldsymbol{A}$，向量 $\boldsymbol{b}$ 和误差阈值 ϵ_0。

（3）**初始化**：初始设置 $k=0$，并设置：

①初始解为 $\boldsymbol{x}^0=\boldsymbol{0}$；

②初始残差为 $\boldsymbol{r}^0=\boldsymbol{b}-\boldsymbol{Ax}^0=\boldsymbol{b}$；

③初始解的支撑集为 $S^0=\text{support}\{\boldsymbol{x}^0\}=\varnothing$。

（4）**主要迭代**：每次 k 加 1，并执行下列步骤：

①**扫描**：对所有的 j，利用优化的参数选择 $z_j^*=\boldsymbol{a}_j^{\mathrm{T}}\boldsymbol{r}^{k-1}/\|\boldsymbol{a}_j\|_2^2$ 去计算误差 $\epsilon(j)=\min_{z_j}\|\boldsymbol{a}_j z_j^*-\boldsymbol{r}^{k-1}\|_2^2$；

②**更新支撑集**：确定 $\epsilon(j)$ 取最小值的点 j_0，$\forall j\notin S^{k-1}$，$\epsilon(j_0)\leqslant\epsilon(j)$，并更新支撑集 $S^k=S^{k-1}\cup\{j_0\}$；

③**更新临时解**：在支撑集 $\text{support}\{\boldsymbol{x}\}=S^k$ 条件下，计算使得 $\|\boldsymbol{Ax}-\boldsymbol{b}\|_2^2$ 最小化的值 $\boldsymbol{x}^k$；

④**更新残差**：计算 $\boldsymbol{r}^k=\boldsymbol{b}-\boldsymbol{Ax}^k$；

⑤**停止条件**：如果 $\|\boldsymbol{r}^k\|_2\leqslant\epsilon_0$，停止迭代。否则，继续迭代。

（5）**输出**：在 k 次迭代后获得的优化解 $\boldsymbol{x}^k$。

图 3.1　正交匹配追踪——近似求解 (P_0) 问题的贪婪算法

可以考虑上述算法的一种更复杂、但性能也更好的变形，即在扫描步骤中将所有已累计的列和备选的一列放在一起进行验算，并按照完整的最小二乘来处理，每次都对所有的系数进行求解。和 OMP 一样，该算法第 k 步迭代需要执行 $m-|S^{k-1}|$ 次 LS 计算。本方法称为 LS-OMP。LS 步骤可以使用下式进行高效计算

$$\begin{bmatrix}\boldsymbol{M} & \boldsymbol{b}\\ \boldsymbol{b} & c\end{bmatrix}^{-1}=\begin{bmatrix}\boldsymbol{M}^{-1}+p\boldsymbol{M}^{-1}\boldsymbol{b}\boldsymbol{b}^{\mathrm{T}}\boldsymbol{M}^{-1} & -p\boldsymbol{M}^{-1}\boldsymbol{b}\\ -p\boldsymbol{b}^{\mathrm{T}}\boldsymbol{M}^{-1} & p\end{bmatrix} \tag{3-4}$$

式中 $p=1/(c-\boldsymbol{b}^{\mathrm{T}}\boldsymbol{M}^{-1}\boldsymbol{b})$。将包含了 $\boldsymbol{A}$ 中已选定的 $k-1$ 个列的子矩阵记为 $\boldsymbol{A}_s$，我们需要求解的 LS 问题可写成为

$$\min_{\boldsymbol{x}_s,z}\left\|\begin{bmatrix}\boldsymbol{A}_s & \boldsymbol{a}_i\end{bmatrix}\begin{bmatrix}\boldsymbol{x}_s\\ z\end{bmatrix}-\boldsymbol{b}\right\|_2^2 \tag{3-5}$$

令上述表示式的导数为零，则解由下式给出

$$\begin{bmatrix}\boldsymbol{A}_s^{\mathrm{T}}\\ \boldsymbol{a}_i^{\mathrm{T}}\end{bmatrix}\begin{bmatrix}\boldsymbol{A}_s & \boldsymbol{a}_i\end{bmatrix}\begin{bmatrix}\boldsymbol{x}_s\\ z\end{bmatrix}-\begin{bmatrix}\boldsymbol{A}_s^{\mathrm{T}}\\ \boldsymbol{a}_i^{\mathrm{T}}\end{bmatrix}\boldsymbol{b}=\boldsymbol{0} \tag{3-6}$$

得到解为

$$\begin{bmatrix} \boldsymbol{x}_s \\ z \end{bmatrix}_{\text{opt}} = \begin{bmatrix} \boldsymbol{A}_s^{\mathrm{T}}\boldsymbol{A}_s & \boldsymbol{A}_s^{\mathrm{T}}\boldsymbol{a}_i \\ \boldsymbol{a}_i^{\mathrm{T}}\boldsymbol{A}_s & \|\boldsymbol{a}_i\|_2^2 \end{bmatrix}^{-1} \begin{bmatrix} \boldsymbol{A}_s^{\mathrm{T}}\boldsymbol{b} \\ \boldsymbol{a}_i^{\mathrm{T}}\boldsymbol{b} \end{bmatrix} \tag{3-7}$$

因此，基于式（3-4），若已经保存了矩阵$(\boldsymbol{A}_s^{\mathrm{T}}\boldsymbol{A}_s)^{-1}$，则上面公式将变得很简单，并能更新这个有$k$个列的矩阵。一旦求得这个解，就需要计算残差，并选中对应残差最小的那个列$\boldsymbol{a}_i$。观察到如果$\boldsymbol{a}_i$正交于$\boldsymbol{A}_s$中的列，则上述需要求逆的矩阵可以变为块对角矩阵，结果就变为$\boldsymbol{x}_s = \boldsymbol{A}_s^{+}\boldsymbol{b}$和$z = \boldsymbol{a}_i^{\mathrm{T}}\boldsymbol{b}/\|\boldsymbol{a}_i\|_2^2$。这表明先前解的系数保持不变，而新的非零值以一个系数z的形式引入了进来。

残差估计有很多数值计算捷径，这里我们并不去探讨它。注意到在 LS-OMP 中用来计算最小二乘任务的迭代过程也可以用来加速 OMP，这意味着**更新临时解**的步骤也可以更加高效。

如果计算得到的近似有k_0个非零项，那么 LS-OMP 和 OMP 方法一般需要$O(k_0mn)$次计算；这性能比需要$O(nm^{k_0}k_0^{\,2})$次计算的穷尽搜索好多了。因此，每次计算一个单项的策略可以比穷尽搜索高效得多——如果它能有效工作的话！这个策略也可能失败，Vladimir Temlyakov 就构造出了一些这样的例子，它们可以有一个简单的k项表达式，采用本方法却会产生n项（即稠密的）表达式。一般而言，以上所述的情况说明，在每次计算一个单项的策略中，给定初始近似值和相应的约束后，近似误差总是在尽可能地减小。在近似理论中，这个特点为这个算法带来了“贪婪算法”的名称。

3.1.3 其他贪婪算法

上述算法的许多变化形式都已经实用化，它们在精度与（或）复杂度上都有所改进。这一类贪婪算法广为人知，并得到了大量的应用，实际上在很多领域中这些算法都被重新发现了出来。在统计建模中，贪婪步进最小二乘被称为**前向步进回归**（forward stepwise regression），从 20 世纪 60 年代开始就已经得到广泛应用。当用于信号处理中时，算法被称为**匹配追踪**（Matching Pursuit，MP）或**正交匹配追踪**（Orthogonal-Matching-Pursuit，OMP）。逼近理论研究人员将这些算法称为**贪婪算法**（Greedy Algorithm，GA），并考虑了几种不同的变化——纯 GA（Pure GA，PGA）、正交 GA（Orthogonal，OGA）、松弛 GA（Relaxed GA，RGA）和弱贪婪算法（Weak GA，WGA）。

MP 算法与 OMP 算法相似，但有个重要的不同之处——这使得它更加简单，同时准确度差了些。在主要的迭代过程中，在**扫描**和**更新支撑集**步骤后，不是像原来的那样，通过求解最小二乘问题重新计算$\boldsymbol{x}$的所有系数，而是保持S^{k-1}中原始项的系数不变，对应于新元素j_0 $(j_0 \in S^k)$的新系数选为$z_{j_0}^*$。这个算法在图 3.2 中描述。

（1）**任务**：近似求解 (P_0) 问题： $\min_x \|x\|_0$ s.t. $Ax = b$ 。

（2）**参数**：给定矩阵 A ，向量 b 和误差阈值 ϵ_0 。

（3）**初始化**：初始设置 $k=0$ ，并设置：

① 初始解为 $x^0 = 0$ ；

② 初始残差为 $r^0 = b - Ax^0 = b$ ；

③ 初始解的支撑集为 $S^0 = \text{support}\{x^0\} = \varnothing$ 。

（4）**主要迭代**：每次 k 加 1，并执行下列步骤：

① **扫描**：对所有的 j ，利用优化的参数选择 $z_j^* = a_j^{\mathrm{T}} r^{k-1} / \|a_j\|_2^2$ 去计算误差 $\epsilon(j) = \min_{z_j} \|a_j z_j^* - r^{k-1}\|_2^2$ ；

② **更新支撑集**：确定 $\epsilon(j)$ 取最小值的点 j_0 ， $\forall 1 \leqslant j \leqslant m$ ， $\epsilon(j_0) \leqslant \epsilon(j)$ ，并更新支撑集 $S^k = S^{k-1} \cup \{j_0\}$ ；

③ **更新临时解**：令 $x^k = x^{k-1}$ ，更新元素 $x^k(j_0) = x^k(j_0) + z_{j_0}^*$ ；

④ **更新残差**：计算 $r^k = b - Ax^k = r^{k-1} - z_{j_0}^* a_{j_0}$ ；

⑤ **停止条件**：如果 $\|r^k\|_2 \leqslant \epsilon_0$ ，停止迭代。否则，继续迭代。

（5）**输出**：在 k 次迭代后获得的优化解 x^k 。

图 3.2　近似求解 (P_0) 问题的 MP 算法

弱 MP 算法是 MP 算法的进一步简化，它允许向支撑集中增加次优的新元素。在图 3.2 描述的 MP 算法中，**更新支撑集**的步骤放松到可以选择任何一个元素，使之与最优选择的距离在因子 t （ $(0,1]$ 范围中）内即可。这个算法在图 3.3 中描述。

（1）**任务**：近似求解 (P_0) 问题： $\min_x \|x\|_0$ s.t. $Ax = b$ 。

（2）**参数**：给定矩阵 A ，向量 b 和误差阈值 ϵ_0 ，尺度系数 $0<t<1$ 。

（3）**初始化**：初始设置 $k=0$ ，并设置：

① 初始解为 $x^0 = 0$ ；

② 初始残差为 $r^0 = b - Ax^0 = b$ ；

③ 初始解的支撑集为 $S^0 = \text{support}\{x^0\} = \varnothing$ 。

（4）**主要迭代**：每次 k 加 1，并执行下列步骤：

① **扫描**：对所有的 j ，利用优化选择的参数 $z_j^* = a_j^{\mathrm{T}} r^{k-1} / \|a_j\|_2^2$ 去计算误差 $\epsilon(j) = \min_{z_j} \|a_j z_j^* - r^{k-1}\|_2^2$ ，当 $|a_j^{\mathrm{T}} r^{k-1}| / \|a_j\|_2 \geqslant t \cdot \|r^{k-1}\|_2$ 时停止扫描；

② **更新支撑集**：利用在扫描阶段找到的 j_0 ，更新支撑集 $S^k = S^{k-1} \cup \{j_0\}$ ；

③ **更新临时解**：令 $x^k = x^{k-1}$ ，更新元素 $x^k(j_0) = x^k(j_0) + z_{j_0}^*$ ；

④ **更新残差**：计算 $r^k = b - Ax^k = r^{k-1} - z_{j_0}^* a_{j_0}$ ；

⑤ **停止条件**：如果 $\|r^k\|_2 \leqslant \epsilon_0$ ，停止迭代。否则，继续迭代。

（5）**输出**：在 k 次迭代后获得的优化解 x^k 。

图 3.3　近似求解 (P_0) 问题的弱 MP 算法

让我们来解释并演示一下这个方法：我们已经看到内积$\left|\boldsymbol{a}_j^{\mathrm{T}}\boldsymbol{r}^{k-1}\right|$（差一个归一化因子）与寻找最小值时相应的误差$\epsilon(j)$之间的等价关系。我们不去寻找最大的内积值，而是找首先超过弱t阈值的值。Cauchy-Schwartz 不等式给出了关系式：

$$\frac{(\boldsymbol{a}_j^{\mathrm{T}}\boldsymbol{r}^{k-1})^2}{\|\boldsymbol{a}_j\|_2^2} \leqslant \max_{1\leqslant j\leqslant m}\frac{(\boldsymbol{a}_j^{\mathrm{T}}\boldsymbol{r}^{k-1})^2}{\|\boldsymbol{a}_j\|_2^2} \leqslant \|\boldsymbol{r}^{k-1}\|_2^2 \tag{3-8}$$

这给可达到的最大内积设置了一个上界。那么，我们可以在**扫描**阶段开始的时候计算$\|\boldsymbol{r}^{k-1}\|_2^2$，当寻找最小误差$\epsilon(j)$的对应序号$j_0$时，我们对于在(0,1)范围内预先设定的$t$，选择最先满足下式的值

$$\frac{(\boldsymbol{a}_{j_0}^{\mathrm{T}}\boldsymbol{r}^{k-1})^2}{\|\boldsymbol{a}_{j_0}\|_2^2} \geqslant t^2\cdot\|\boldsymbol{r}^{k-1}\|_2^2 \geqslant t^2\cdot\max_{1\leqslant j\leqslant m}\frac{(\boldsymbol{a}_j^{\mathrm{T}}\boldsymbol{r}^{k-1})^2}{\|\boldsymbol{a}_j\|_2^2} \tag{3-9}$$

上面的条件可以改写为

$$(\boldsymbol{a}_{j_0}^{\mathrm{T}}\boldsymbol{r}^{k-1})^2 \geqslant t^2\cdot\|\boldsymbol{r}^{k-1}\|_2^2\cdot\|\boldsymbol{a}_{j_0}\|_2^2 \tag{3-10}$$

按这种方式，选出的序号明确地指向了一列，该列距离可能的最大值最多为因子t。注意，当没有序号满足上述条件时，也可能会执行完整的扫描过程，此时我们就选择搜索过程中的一个副产品——最大值。按这种方式，搜索的速度可以更快，但残差的衰减率会受到一些影响。

3.1.4 归一化

上述所有的贪婪算法（OMP、MP 和弱 MP）都是针对一般矩阵$\boldsymbol{A}$的，其中的列可能不是单位的ℓ_2-范数。我们可以使用主对角元素为$1/\|\boldsymbol{a}_i\|_2$的对角矩阵$\boldsymbol{W}$，通过$\tilde{\boldsymbol{A}}=\boldsymbol{A}\boldsymbol{W}$对这些列进行归一化，然后在上述算法中使用$\tilde{\boldsymbol{A}}$来计算。这样的输出会不同吗？下面的定理给出了答案。

定理 3.1 不论使用原始矩阵$\boldsymbol{A}$还是归一化形式$\tilde{\boldsymbol{A}}$来计算，贪婪算法（OMP、MP 和弱 MP）都会产生相同的解支撑集S^k。

证明：我们从 OMP 的第k步迭代开始，观察对下一个序号的选择，在确定产生最小误差的序号j_0时，误差由$\epsilon(j)=\|\boldsymbol{r}^{k-1}\|_2^2-(\boldsymbol{a}_j^{\mathrm{T}}\boldsymbol{r}^{k-1})^2/\|\boldsymbol{a}_j\|_2^2$给出。记$\tilde{\boldsymbol{a}}_j=\boldsymbol{a}_j/\|\boldsymbol{a}_j\|_2$，显然有$\|\tilde{\boldsymbol{a}}_i\|_2=1$，我们可以得到

$$\epsilon(j)=\|\boldsymbol{r}^{k-1}\|_2^2-\left(\frac{\boldsymbol{a}_j^{\mathrm{T}}\boldsymbol{r}^{k-1}}{\|\boldsymbol{a}_j\|_2}\right)^2=\|\boldsymbol{r}^{k-1}\|_2^2-(\tilde{\boldsymbol{a}}_j^{\mathrm{T}}\boldsymbol{r}^{k-1})^2=\|\boldsymbol{r}^{k-1}\|_2^2-\left(\frac{\tilde{\boldsymbol{a}}_j^{\mathrm{T}}\boldsymbol{r}^{k-1}}{\|\tilde{\boldsymbol{a}}_j\|_2}\right)^2 \tag{3-11}$$

因此，使用归一化的列，可以得到和j_0相同的选择。

在后续的 LS 步骤中，根据找到的支撑集S^k来确定$\min_{\boldsymbol{x}}\|\boldsymbol{A}\boldsymbol{x}-\boldsymbol{b}\|_2^2$的解。将$\boldsymbol{A}$中包含支撑集那些列的子矩阵记为$\boldsymbol{A}_S$，上述问题的解可以由下式简单给出

$$x_S^k = (A_S^{\mathrm{T}} A_S)^{-1} A_S^{\mathrm{T}} b \tag{3-12}$$

得到的残差为

$$r^k = b - A_S x_S^k = \left[I - A_S (A_S^{\mathrm{T}} A_S)^{-1} A_S^{\mathrm{T}} \right] b \tag{3-13}$$

我们使用子矩阵 $\tilde{A}_S = A_S W_S$ 来代替归一化矩阵，其中 W_S 是在 W 中根据支撑集 S 选择得到的部分。采用这种归一化矩阵的 OMP 算法残差为

$$\begin{aligned} \tilde{r}^k &= \left[I - \tilde{A}_S (\tilde{A}_S^{\mathrm{T}} \tilde{A}_S)^{-1} \tilde{A}_S^{\mathrm{T}} \right] b = \left[I - A_S W_S (W_S A_S^{\mathrm{T}} A_S W_S)^{-1} W_S A_S^{\mathrm{T}} \right] b \\ &= \left[I - A_S W_S W_S^{-1} (A_S^{\mathrm{T}} A_S)^{-1} W_S^{-1} W_S A_S^{\mathrm{T}} \right] b = \left[I - A_S (A_S^{\mathrm{T}} A_S)^{-1} A_S^{\mathrm{T}} \right] b = r^k \end{aligned} \tag{3-14}$$

我们可以看到，不论 A 是原始矩阵还是归一化矩阵，它们的残差都是相同的。因此如前所述，当利用残差来选择下一阶段的支撑集时，归一化并没有给 OMP 带来什么不同。

MP 使用相同的过程来选择序号 j_0，正如我们前面所证明的那样，在归一化时也并没有改变。MP 中的残差更新更加简单，即

$$r^k = r^{k-1} - z_{j_0}^* a_{j_0} = r^{k-1} - \frac{a_{j_0}^{\mathrm{T}} r^{k-1}}{\|a_{j_0}\|_2^2} a_{j_0} \tag{3-15}$$

利用归一化矩阵相同的步骤，有

$$\tilde{r}^k = \tilde{r}^{k-1} - \tilde{z}_{j_0}^* \tilde{a}_{j_0} = \tilde{r}^{k-1} - \tilde{a}_{j_0}^{\mathrm{T}} \tilde{r}^{k-1} \tilde{a}_{j_0} \tag{3-16}$$

假设 $\tilde{r}^{k-1} = r^{k-1}$，使用关系式 $\tilde{a}_j = a_j / \|a_j\|_2$，可以得到

$$\tilde{r}^k = \tilde{r}^{k-1} - \tilde{a}_{j_0}^{\mathrm{T}} \tilde{r}^{k-1} \tilde{a}_{j_0} = r^{k-1} - \left(\frac{a_{j_0}}{\|a_{j_0}\|_2} \right)^{\mathrm{T}} r^{k-1} \left(\frac{a_{j_0}}{\|a_{j_0}\|_2} \right) = r^{k-1} - \frac{a_{j_0}^{\mathrm{T}} r^{k-1}}{\|a_{j_0}\|_2^2} a_{j_0} = r^k \tag{3-17}$$

我们再次发现残差并没有改变，这保证了 MP 的计算步骤在归一化处理中并没有什么不同。

考虑最后一个弱 MP 算法，当使用原始矩阵时，搜索满足条件的 j_0，即

$$\left| a_{j_0}^{\mathrm{T}} r^{k-1} \right| / \|a_{j_0}\|_2 \geqslant t \cdot \left| a_j^{\mathrm{T}} r^{k-1} \right| / \|a_j\|_2 \tag{3-18}$$

根据关系 $\tilde{a}_j = a_j / \|a_j\|_2$，使用归一化矩阵时相同的步骤将产生一样的规则，因此也将同样选择相同的序号。同样，由于残差的更新与 MP 中使用的一样，因此残差也没有改变，从而可以得出结论，即弱 MP 同样没有因为归一化发生改变，证毕。

这些算法使用归一化矩阵处理更加简单，因为在选择下一个支撑集序号时都采用了普通的内积。因此，我们假设此后所有的矩阵都预先进行了归一化。

注意，如果原始问题由非归一化矩阵给出，那么归一化操作肯定会影响到所得的结果 x^k。因此，如果上述算法中使用了归一化矩阵，就必须执行形如 $x^k = W\tilde{x}^k$ 的逆归一化步骤。这是因为算法给出了一个满足 $\tilde{A}\tilde{x}^k = b$ 的解，由于 $\tilde{A} = AW$，我

们可以得到

$$\boldsymbol{b}=\tilde{\boldsymbol{A}}\tilde{\boldsymbol{x}}^k=\boldsymbol{A}\boldsymbol{W}\tilde{\boldsymbol{x}}^k=\boldsymbol{A}\boldsymbol{x}^k \Rightarrow \boldsymbol{x}^k=\boldsymbol{W}\tilde{\boldsymbol{x}}^k \tag{3-19}$$

3.1.5 贪婪算法中残差衰减的速度

在 MP 算法中，我们已经看到（图 3.2）残差根据以下的迭代公式进行更新[①]

$$\boldsymbol{r}^k=\boldsymbol{r}^{k-1}-z_{j_0}^*\boldsymbol{a}_{j_0}=\boldsymbol{r}^{k-1}-(\boldsymbol{a}_{j_0}^{\mathrm{T}}\boldsymbol{r}^{k-1})\boldsymbol{a}_{j_0} \tag{3-20}$$

其中选择 j_0 使得 $\left|\boldsymbol{a}_j^{\mathrm{T}}\boldsymbol{r}^{k-1}\right|$ 最大。残差的能量为

$$\begin{aligned}\epsilon(j)&=\left\|\boldsymbol{r}^k\right\|_2^2=\left\|\boldsymbol{r}^{k-1}\right\|_2^2-2(\boldsymbol{a}_{j_0}^{\mathrm{T}}\boldsymbol{r}^{k-1})^2+(\boldsymbol{a}_{j_0}^{\mathrm{T}}\boldsymbol{r}^{k-1})^2\\&=\left\|\boldsymbol{r}^{k-1}\right\|_2^2-(\boldsymbol{a}_{j_0}^{\mathrm{T}}\boldsymbol{r}^{k-1})^2=\left\|\boldsymbol{r}^{k-1}\right\|_2^2-\max_{1\leqslant j\leqslant m}(\boldsymbol{a}_j^{\mathrm{T}}\boldsymbol{r}^{k-1})^2\end{aligned} \tag{3-21}$$

根据 Mallat 和 Zhang（1993）提出的思想，我们定义如下的衰减因子。

定义 3.1 对于有 m 个归一化列 $\{\boldsymbol{a}_j\}_{j=1}^m$ 的矩阵 $\boldsymbol{A}$ 和任意向量 $\boldsymbol{v}$，衰减因子 $\delta(\boldsymbol{A},\boldsymbol{v})$ 由下式定义

$$\delta(\boldsymbol{A},\boldsymbol{v})=\max_{1\leqslant j\leqslant m}\frac{\left|\boldsymbol{a}_j^{\mathrm{T}}\boldsymbol{v}\right|^2}{\left\|\boldsymbol{v}\right\|_2^2} \tag{3-22}$$

显然，通过这样的定义，我们有关系 $\left\|\boldsymbol{v}\right\|_2^2\cdot\delta(\boldsymbol{A},\boldsymbol{v})=\max_j\left|\boldsymbol{a}_j^{\mathrm{T}}\boldsymbol{v}\right|$[②]。同样，根据归一化相关的定义，有 $0\leqslant\delta(\boldsymbol{A},\boldsymbol{v})\leqslant 1$。最大值在 $\boldsymbol{v}=\boldsymbol{a}_j$ 时得到。最小值只有在 $\boldsymbol{A}$ 秩亏欠（rank-deficient）的时候得到。在利用这个定义分析 MP 误差衰减速率之后，我们会回头讨论这一点。

基于上面的定义，我们给出使得上述所有可能的向量 $\boldsymbol{v}$ 最小化的普适衰减因子定义。

定义 3.2 对于有 m 个归一化列 $\{\boldsymbol{a}_j\}_{j=1}^m$ 的矩阵 $\boldsymbol{A}$，普适衰减因子 $\delta(\boldsymbol{A})$ 定义为

$$\delta(\boldsymbol{A})=\inf_{\boldsymbol{v}}\max_{1\leqslant j\leqslant m}\frac{\left|\tilde{\boldsymbol{a}}_j^{\mathrm{T}}\boldsymbol{v}\right|^2}{\left\|\boldsymbol{v}\right\|_2^2}=\inf_{\boldsymbol{v}}\delta(\boldsymbol{A},\boldsymbol{v}) \tag{3-23}$$

这个定义搜索向量 $\boldsymbol{v}$，使得其与 $\boldsymbol{A}$ 的列相乘，能产生可能取到的最小内积。我们将要证明，这实际意味着最弱的残差衰减速率。返回到式（3-21），采用矩阵 $\boldsymbol{A}$ 的衰减因子 $\delta(\boldsymbol{A})$，我们有

$$\begin{aligned}\left\|\boldsymbol{r}^k\right\|_2^2&=\left\|\boldsymbol{r}^{k-1}\right\|_2^2-\max_{1\leqslant j\leqslant m}\left|\boldsymbol{a}_j^{\mathrm{T}}\boldsymbol{r}^{k-1}\right|^2=\left\|\boldsymbol{r}^{k-1}\right\|_2^2-\max_{1\leqslant j\leqslant m}\frac{\left|\boldsymbol{a}_j^{\mathrm{T}}\boldsymbol{r}^{k-1}\right|^2}{\left\|\boldsymbol{r}^{k-1}\right\|_2^2}\cdot\left\|\boldsymbol{r}^{k-1}\right\|_2^2\\&=\left\|\boldsymbol{r}^{k-1}\right\|_2^2-\delta(\boldsymbol{A},\boldsymbol{r}^{k-1})\cdot\left\|\boldsymbol{r}^{k-1}\right\|_2^2\leqslant\left\|\boldsymbol{r}^{k-1}\right\|_2^2-\delta(\boldsymbol{A})\left\|\boldsymbol{r}^{k-1}\right\|_2^2=(1-\delta(\boldsymbol{A}))\cdot\left\|\boldsymbol{r}^{k-1}\right\|_2^2\end{aligned} \tag{3-24}$$

---

① 从现在开始我们都假设 $\boldsymbol{A}$ 的列已经归一化。

② 译者注：原书有误。

应用这个公式，可以隐含地得到

$$\left\|\boldsymbol{r}^k\right\|_2^2 \leqslant (1-\delta(\boldsymbol{A}))^k \cdot \left\|\boldsymbol{r}^0\right\|_2^2 = (1-\delta(\boldsymbol{A}))^k \cdot \|\boldsymbol{b}\|_2^2 \tag{3-25}$$

这给出了一个指数形式的残差收敛速率边界。对 OMP 的相似分析也表明，这同样是其残差衰减速率的边界，和 MP 相比，OMP 中的 LS 更新更大程度地减少了误差。同样的，弱 MP 也会得到一个指数形式的收敛速率，不过用 $t\delta(\boldsymbol{A})$ 替换了 $\delta(\boldsymbol{A})$，衰减因子更弱。

在证明收敛性的所有上述过程中，我们必须明确 $\delta(\boldsymbol{A})$ 是严格正的，并且非零。因为我们考虑的 $\boldsymbol{A}$ 是列数大于行数的满秩矩阵，它的列张成了整个 $\mathbf{R}^n$ 空间。因此，不存在能与所有的列正交的向量 z，因而 $\delta(\boldsymbol{A})>0$。

考虑一个有趣的例子，如果 $\boldsymbol{A}=\boldsymbol{I}$（或者其他类似的正交矩阵），很容易证明 $\delta(\boldsymbol{A})=1/n$。有趣的是，这个解释与双正交矩阵的最小互相关解释很相似。以单位矩阵来说，将向量 $\boldsymbol{v}$ 拼接起来，并计算 Gram 矩阵。衰减因子 $\delta(\boldsymbol{A})$ 则简化为 Gram 矩阵的最大非对角线元素，也就是向量 $\boldsymbol{v}$ 中最大元素的平方。因此能够与 $\boldsymbol{I}$ 中的列计算得到最小内积的（归一化）向量为 $\boldsymbol{v}_{\text{opt}}=\boldsymbol{1}/\sqrt{n}$。

还有一个表达式可用于定义 $\delta(\boldsymbol{A})$，和之前做的一样，对 $\boldsymbol{A}$ 的列进行归一化得到 $\tilde{\boldsymbol{A}}$。使用它可以得到

$$\delta(\tilde{\boldsymbol{A}}) = \inf_{\boldsymbol{v}} \max_{1\leqslant j\leqslant m} \frac{\left|\tilde{\boldsymbol{a}}_j^{\mathrm{T}}\boldsymbol{v}\right|^2}{\|\boldsymbol{v}\|_2^2} = \inf_{\boldsymbol{v}} \frac{1}{\|\boldsymbol{v}\|_2^2} \max_{1\leqslant j\leqslant m} \left|\tilde{\boldsymbol{a}}_j^{\mathrm{T}}\boldsymbol{v}\right|^2 = \inf_{\boldsymbol{v}} \frac{\left\|\tilde{\boldsymbol{A}}^{\mathrm{T}}\boldsymbol{v}\right\|_\infty^2}{\|\boldsymbol{v}\|_2^2} \tag{3-26}$$

若 ℓ_∞ 被 ℓ_2 替换，上式将变成矩阵 $\tilde{\boldsymbol{A}}\tilde{\boldsymbol{A}}^{\mathrm{T}}$ 的最小特征值，同时由于该矩阵是正定的，所以上式显然也是严格正的。

3.1.6 阈值算法

在讨论贪婪算法的最后，我们来介绍另一种方法，它要比前面介绍的方法简单得多，而且在实现贪婪性的方式上与前面稍有不同。这里给出的是 OMP 算法的简化版本，其中仅根据第一个投影就对解的支撑集做出判断。其思想是选出 k 个最大的内积作为需要的支撑集。这种方法被称为阈值算法，在图 3.4 中给出。

（1）**任务**：近似求解 (P_0) 问题：$\min_x \|\boldsymbol{x}\|_0$ s.t. $\boldsymbol{Ax}=\boldsymbol{b}$。

（2）**参数**：给定矩阵 $\boldsymbol{A}$，向量 $\boldsymbol{b}$，需要的原子数 k。

（3）**质量评估**：对所有的 j，利用优选值 $z_j^*=\boldsymbol{a}_j^{\mathrm{T}}\boldsymbol{b}/\|\boldsymbol{a}_j\|_2^2$ 计算 $\epsilon(j)=\min_{z_j}\|\boldsymbol{a}_j z_j-\boldsymbol{b}\|_2^2$。

（4）**更新支撑集**：确定势为 k 的序号集合 S，集合中包含了最小的误差：$\forall j\in S$，$\epsilon(j)\leqslant \min_{i\notin S}\epsilon(i)$。

（5）**更新先前的解**：在支撑集 $\text{Support}\{\boldsymbol{x}\}=S^k$ 中，计算令 $\|\boldsymbol{Ax}-\boldsymbol{b}\|_2^2$ 最小的解 $\boldsymbol{x}^k$。

（6）**输出**：在支撑集 $\text{Support}\{\boldsymbol{x}\}=S$ 的条件下，令 $\|\boldsymbol{Ax}-\boldsymbol{b}\|_2^2$ 最小的解 $\boldsymbol{x}$ 即为建议的解。

图 3.4　阈值算法——近似求解 (P_0) 问题的算法

用于选择支撑集的误差$\epsilon(j)$和早先算法中使用的相同，由下式给出

$$\epsilon(j)=\min_{z_j}\|\boldsymbol{a}_j z_j-\boldsymbol{b}\|_2^2=\left\|\frac{\boldsymbol{a}_j^{\mathrm{T}}\boldsymbol{b}}{\|\boldsymbol{a}_j\|_2^2}\cdot\boldsymbol{a}_j-\boldsymbol{b}\right\|_2^2=\|\boldsymbol{b}\|_2^2-\frac{(\boldsymbol{a}_j^{\mathrm{T}}\boldsymbol{b})^2}{\|\boldsymbol{a}_j\|_2^2} \tag{3-27}$$

那么，先将矩阵$\boldsymbol{A}$的列归一化，再使用如下更加简化的公式，也可以得到相同的结果，即

$$\epsilon(j)=\|\boldsymbol{b}\|_2^2-(\boldsymbol{a}_j^{\mathrm{T}}\boldsymbol{b})^2 \tag{3-28}$$

这也意味着搜索支撑集中k个元素实际上就是对向量$|\boldsymbol{A}^{\mathrm{T}}\boldsymbol{b}|$中所有元素的简单排序。显然，这个算法比前面给出的贪婪方法要简单得多。

需要指出的是，在上述算法中，我们假设已知需要求解的非零项个数k。我们也可以逐渐增加k直到误差$\|\boldsymbol{A}\boldsymbol{x}^k-\boldsymbol{b}\|_2$达到预定值$\epsilon_0$。

3.1.7 贪婪算法的数值演示

在各种贪婪算法讨论的最后，我们给出一个简单的演示，比较一下它们在简单情况中的表现。我们构造一个大小为 30×50 的随机矩阵$\boldsymbol{A}$，其中每个元素都服从正态分布。对矩阵的每个列进行归一化，使它们具有单位ℓ_2-范数。我们生成不同的稀疏向量$\boldsymbol{x}$，它们支撑集的势是位于[1,10]范围内的独立同分布随机变量，它们的非零元素服从$[-2,-1]\cup[1,2]$范围内的均匀分布。这里特意选择远离零的非零元素，因为它对贪婪方法的成功有很大的影响（特别是对于阈值算法）。一旦生成了$\boldsymbol{x}$，我们计算$\boldsymbol{b}=\boldsymbol{A}\boldsymbol{x}$，并运用上述的算法去搜索$\boldsymbol{x}$。对于选择的每种势，都在集合上进行 1, 000 次测试，并给出平均结果。需要注意，根据第 2 章的结论可以知道，在我们的所有测试中，原始的解都是最稀疏的，因为$\boldsymbol{A}$的稀疏度为 31。

在检测近似算法是否成功时，有多种方式可以用来定义解$\hat{\boldsymbol{x}}$和理想值$\boldsymbol{x}$之间的距离。这里我们给出两种测度——ℓ_2-误差，以及恢复的支撑集。ℓ_2-误差通过计算比率$\|\boldsymbol{x}-\hat{\boldsymbol{x}}\|^2/\|\boldsymbol{x}\|^2$得到，表明我们关注于两个解之间的$\ell_2$-相似度，并用真实解的能量来测量它的相对距离。

这种测度并不能揭示这些算法的全部内涵，比如它无法说明什么时候支撑集能全部恢复或部分恢复。因此，我们增加另一个测度，来计算两个解的支撑集距离。将两个支撑集表示为$\hat{S}$和S，我们定义这个距离为

$$\mathrm{dist}(\hat{S},S)=\frac{\max\left\{|\hat{S}|,|S|\right\}-|\hat{S}\cap S|}{\max\left\{|\hat{S}|,|S|\right\}} \tag{3-29}$$

如果两个支撑集相同，则距离为零。如果两者不同，距离由它们交集的大小相比于两者中较大的集合大小的相对值来确定。距离接近于 1 表明两个支撑集完全不同，没有重叠。

实验中，参与比较的算法有 LS-OMP，OMP，MP，弱 MP（$t=0.5$）和阈值算法。所有这些算法搜索到合适解的停止条件都是残差低于一定的阈值（$\|\boldsymbol{r}^k\|_2^2 \leqslant 1e-4$）。实验结果在图 3.5 和图 3.6 中总结了出来。

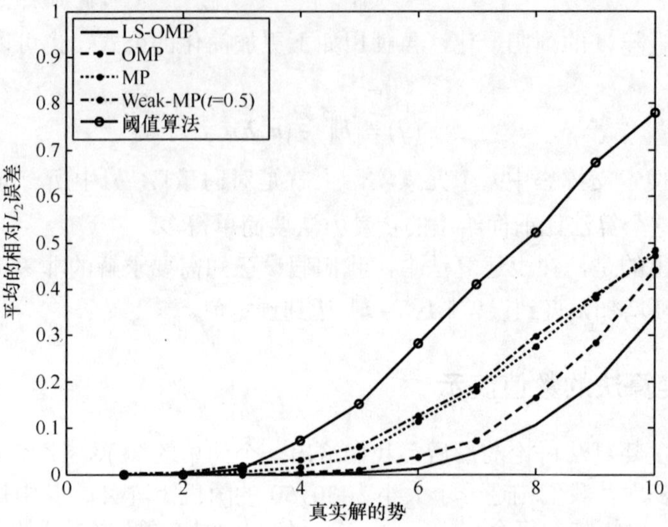

图 3.5　以 ℓ_2 相对恢复误差衡量的贪婪算法性能

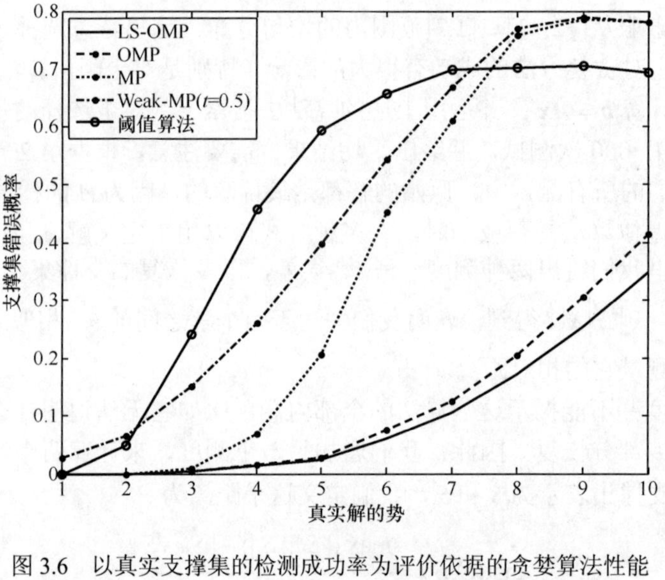

图 3.6　以真实支撑集的检测成功率为评价依据的贪婪算法性能

和预计的一样，性能最好的方法是 LS-OMP，紧接着的就是 OMP。MP 和弱 MP 之间差别很小。阈值算法性能很糟糕，是这些方法中最差的。总体而言，在集合势较小的情况下，这些算法的两种测度结果都很好，并且在算法性能的排序上两种结果也是一致的。下一章，我们将进一步对其中的一些算法进行理论分析，将有助于理解这里的结果。

3.2 凸松弛技术

3.2.1 ℓ_0-范数的松弛

前面已经提到，使(P_0)问题更容易处理的第二种方法是将（高度不连续的）ℓ_0-范数进行松弛化处理，利用连续或者光滑的近似来替换它。可用于松弛的例子比如某些ℓ_p-范数($p\in(0,1]$)，或者像$\sum_j \log(1+\alpha x_j^2)$，$\sum_j x_j^2/(\alpha+x_j^2)$或$\sum_j(1-\exp(-\alpha x_j^2))$之类的光滑函数。

在这类方法中，有一个有意思的例子是由Gorodnitsky和Rao提出的局灶欠定系统求解（FOcal Underdetermined System Solver，FOCUSS）算法。这个算法采用了一种迭代重加权最小二乘（Iterative-Reweighed-Least-Squares，IRLS）的方法，将ℓ_p-范数（某些固定的$p\in(0,1]$）表示为加权ℓ_2-范数的形式。在迭代算法中，给定当前的近似解$\boldsymbol{x}_{k-1}$，设定权重矩阵$\boldsymbol{X}_{k-1}=\mathrm{diag}(|\boldsymbol{x}_{k-1}|^q)$。暂时假设这个矩阵是可逆的，则$\|\boldsymbol{X}_{k-1}^{-1}\boldsymbol{x}\|_2^2$等于$\|\boldsymbol{x}\|_{2-2q}^{2-2q}$，因为$\boldsymbol{x}$中的每一项都变为$2-2q$次幂，并进行了累加。因此，通过选择$q=1-p/2$，就可以利用这个表示来模拟$\ell_p$-范数$\|\boldsymbol{x}\|_p^p$。

与上面使用$\boldsymbol{X}_{k-1}$的逆不同，我们使用伪逆$\|\boldsymbol{X}_{k-1}^{+}\boldsymbol{x}_k\|_2^2$，它的定义是非零项$x_i$和其他零项的普通逆矩阵。注意到采用这种变化后，上述对于ℓ_p-范数的解释并不失效，因为这些项对范数的累加计算贡献为0。基于此，如果我们希望求解问题

$$(M_k):\ \min_{\boldsymbol{x}}\|\boldsymbol{X}_{k-1}^{+}\boldsymbol{x}\|_2^2 \quad \text{s.t. } \boldsymbol{b}=\boldsymbol{A}\boldsymbol{x} \tag{3-30}$$

这实际上就是模拟在前一个解$\boldsymbol{x}_{k-1}$基础上进行的(P_p)问题。特别的，当$q=1$时，这就是(P_0)问题的变形。然而，和(P_p)问题的直接公式不同，由于惩罚因子使用了平凡的ℓ_2-范数，这个问题可以使用标准的线性代数和拉格朗日乘子法解决。有

$$\mathcal{L}(\boldsymbol{x})=\|\boldsymbol{X}_{k-1}^{+}\boldsymbol{x}\|_2^2+\lambda^{\mathrm{T}}(\boldsymbol{b}-\boldsymbol{A}\boldsymbol{x})\Rightarrow\frac{\partial\mathcal{L}(\boldsymbol{x})}{\partial\boldsymbol{x}}=\boldsymbol{0}=2(\boldsymbol{X}_{k-1}^{+})^2\boldsymbol{x}-\boldsymbol{A}^{\mathrm{T}}\lambda \tag{3-31}$$

若假设$\boldsymbol{X}_{k-1}^{+}$可逆，则意味着$\boldsymbol{X}_{k-1}^{+}$在主对角线上没有零项，并且$(\boldsymbol{X}_{k-1}^{+})^{-1}=\boldsymbol{X}_{k-1}$。这种情况下，解可由下式给出

$$\boldsymbol{x}_k=0.5\boldsymbol{X}_{k-1}^2\boldsymbol{A}^{\mathrm{T}}\lambda \tag{3-32}$$

在通常情况下，当$\boldsymbol{X}_{k-1}$主对角线上的某些项为零时，此时上面给出的解会使得$\boldsymbol{x}_k$的对应项为零。在此假设$\boldsymbol{x}_{k-1}$中的零项在后面的迭代中继续保持为零（为了保证解的稀疏性），那么这个公式将一直成立且能有效执行。把这个结果代入约束$\boldsymbol{A}\boldsymbol{x}=\boldsymbol{b}$中，得到

$$0.5\boldsymbol{A}(\boldsymbol{X}_{k-1})^2\boldsymbol{A}^{\mathrm{T}}\lambda=\boldsymbol{b}\Rightarrow\lambda=2(\boldsymbol{A}\boldsymbol{X}_{k-1}^2\boldsymbol{A}^{\mathrm{T}})^{-1}\boldsymbol{b} \tag{3-33}$$

这里的求逆又一次需要谨慎地进行，实际上需要用伪逆来替换①，即

$$\boldsymbol{x}_k=\boldsymbol{X}_{k-1}^2\boldsymbol{A}^{\mathrm{T}}\left(\boldsymbol{A}\boldsymbol{X}_{k-1}^2\boldsymbol{A}^{\mathrm{T}}\right)^{+}\boldsymbol{b} \tag{3-34}$$

这个近似解 $\boldsymbol{x}_k$ 可用于更新对角阵 $\boldsymbol{X}_k$，这样可以开始新一轮的迭代。图 3.7 给出了这个算法的正式描述。

（1）**任务**：确定近似问题 (P_p) 的解 $\boldsymbol{x}$：$\min_x\|\boldsymbol{x}\|_p^p$ s.t. $\boldsymbol{b}=\boldsymbol{A}\boldsymbol{x}$。

（2）**初始化**：初始设置 $k=0$，设置：

① 初始近似值 $\boldsymbol{x}_0=\boldsymbol{1}$；

② 初始权重矩阵 $\boldsymbol{X}_0=\boldsymbol{I}$。

（3）**主要迭代过程**：k 加 1，并执行以下步骤：

① **求解**：通过直接或间接的方法（几种共轭梯度迭代方法都可用）求解线性系统

$$\boldsymbol{x}_k=(\boldsymbol{X}_{k-1})^2\boldsymbol{A}^{\mathrm{T}}(\boldsymbol{A}\boldsymbol{X}_{k-1}^2\boldsymbol{A}^{\mathrm{T}})^{+}\boldsymbol{b}$$

得到结果 $\boldsymbol{x}_k$。

② **权重更新**：使用 $\boldsymbol{x}_k$ 来更新对角权重矩阵 $\boldsymbol{X}$：$X_k(j,j)=|x_k(j)|^{1-p/2}$。

③ **停止规则**：如果 $\|\boldsymbol{x}_k-\boldsymbol{x}_{k-1}\|_2$ 小于某个预先设定的阈值，则停止迭代。否则继续。

（4）**输出**：需要的结果 $\boldsymbol{x}_k$。

图 3.7　求解 (P_p) 问题的 IRLS 策略

虽然这个算法可以保证收敛到固定的点，但解并不一定是最优的。有趣的是，Gorodnitsky 和 Rao 证明了当 $p=0$ 时，得到的解序列有如下性质，即函数 $\prod_{i=1}^m|x_i|$ 必然是下降的。之前提到的另一个有趣性质，也可以从式（3-34）中直观地看出，就是一旦 $\boldsymbol{x}_k$ 的某项为 0，它就再也不会还原。这意味着算法的初始化必须让所有的项都非零，这样才能确保每一项都能在收敛结果中选到。

FOCUSS 算法是一个实用化的策略，但是对于什么情况下可以成功我们却知道的很少，即什么时候数值上的局部极小解确实就是 (P_0) 问题的全局最小值的良好近似。另一个常用的策略是利用 ℓ_1-范数来替换 ℓ_0-范数，因为一般来说，它天生就是最佳的凸近似；此时有很多“现成的”优化工具可以用于求解 (P_1) 问题（见下一节）。

从 (P_0) 问题转换到它的松弛形式 (P_p) 问题（$0<p\leqslant 1$），需要关注 $\boldsymbol{A}$ 中列的

① 矩阵 $\boldsymbol{X}_{k-1}$ 选择了 $\boldsymbol{A}$ 中列的一个子集。如果列数为 n 或更多，并且这些列张成了一个完整的空间，那么逆和伪逆是一样的。当列数小于 n 或它们的秩小于 n 时，这两个逆可能不等。不过，如果这些列张成的空间包含 $\boldsymbol{b}$，那么采用伪逆可以得到 λ 的合适解。否则，若 $\boldsymbol{b}$ 没有包含在那些列的张成空间时，则不存在满足该方程的 λ。然而，如果算法可以灵活地裁剪 $\boldsymbol{A}$ 的列，这种情况就不会发生（这需要证明）。

归一化。鉴于 ℓ_0-范数和 $\boldsymbol{x}$ 中非零项的幅度没有关系，而 ℓ_p-范数倾向于对较大的幅度进行惩罚，由此会造成求解过程更倾向于将 $\boldsymbol{x}$ 的非零项置于与 $\boldsymbol{A}$ 中范数较大的列相乘的位置上。为了避免这种偏移，需要对各列进行恰当的幅度调整。利用 ℓ_1-范数做凸优化处理，新的目标变为下式

$$(P_1):\ \min_{\boldsymbol{x}} \left\| \boldsymbol{W}^{-1}\boldsymbol{x} \right\|_1 \quad \text{s.t.} \quad \boldsymbol{b} = \boldsymbol{A}\boldsymbol{x} \tag{3-35}$$

矩阵 $\boldsymbol{W}$ 是对角正定矩阵，引入了之前描述的预补偿权重。这种情况下，该矩阵的 (i,i) 项很自然的应选为 $w(i,i)=1/\|\boldsymbol{a}_i\|_2$。假设 $\boldsymbol{A}$ 没有零列，所有列的范数都是严格正的，那么 (P_1) 问题就是个定义明确的问题。对于 $\boldsymbol{A}$ 中所有列都归一化的情况（即 $\boldsymbol{W}=\boldsymbol{I}$），Chen，Donoho 和 Saunders（1995）等人将其命名为**基追踪算法**（Basis-Pursuit，BP）。此后对于式（3-35）表述的更一般方法，我们仍将使用这个名称。

考虑式（3-35），定义 $\tilde{\boldsymbol{x}}=\boldsymbol{W}^{-1}\boldsymbol{x}$，这个问题可以重新表示为

$$(P_1):\ \min_{\tilde{\boldsymbol{x}}} \left\| \tilde{\boldsymbol{x}} \right\|_1 \quad \text{s.t.} \quad \boldsymbol{b} = \boldsymbol{A}\boldsymbol{W}\tilde{\boldsymbol{x}} = \tilde{\boldsymbol{A}}\tilde{\boldsymbol{x}} \tag{3-36}$$

这表明，和前面一样，我们可以将 $\boldsymbol{A}$ 的列归一化，并使用它的归一化版本 $\tilde{\boldsymbol{A}}$ 来得到 BP 的经典形式。和贪婪方法一样，一旦找到解 $\tilde{\boldsymbol{x}}$，就对其进行逆归一化来得到所需要的向量 $\boldsymbol{x}$。因此，从现在开始我们可以放心地假设 (P_1) 问题可以用归一化矩阵的规范结构给出。

3.2.2 (P_1)问题的数值求解算法

我们已经看到 (P_1) 问题可以作为线性规划（LP）问题来对待。因此，也可以采用现代的优化方法，如内点法、单纯形法，同伦（homotopy）法或其他技术来求解。这些算法远比前面提到的贪婪算法复杂，因为它们能得到优化问题的全局解。然而，这也意味着与贪婪算法相比，编程实现这些技术更加复杂。目前，有几个比较好的软件开发包能处理这个问题，它们在网上是免费共享的，包括 Candes 和 Romberg 开发的 ℓ_1-magic，Boyd 和他的学生实现的 CVX 和 L1-LS，由 David Donoho 组织设计的 Sparselab，由 Michael Friedlander 开发的 SparCo，Julien Mairal 开发的 SPAMS 等。

我们也注意到，对于 (P_1) 问题的数值近似解，之前的 FOCUSS 方法是一个有趣而又非常简单的算法。然而，即使 (P_1) 问题是凸的，FOCUSS 也不能保证收敛到它的全局最小值。相反，它会停留在稳态解上（并不是局部极小值，因为这里没有任何极小值！），或者不是单调下降而是呈现波动特点。

3.2.3 松弛方法的数值演示

我们回到 3.1.7 节中完成的测试，并增加两个松弛算法进行比较。第一个是刚才描述的 IRLS，$p=1$（即希望来逼近 ℓ_1 的最小值）。第二个方法是利用 Matlab 的

线性规划求解器来计算 BP 的解。必须注意到与 OMP 方法相比，BP 和 IRLS 都需要更多的运行时间（我们并不对这些算法复杂度进行分析——请参考相关文献），因此在本实验中我们对每种势只进行 200 次实验。

图 3.8 和图 3.9 给出了所得的结果。为了便于与贪婪技术相比较，我们把 OMP 性能加到这些图中。很显然，在两种评估测度中，松弛算法的性能都更好一些。同时，实验结果清晰的表明，IRLS 和 BP 算法一样都对 ℓ_1 最小化进行了良好近似。

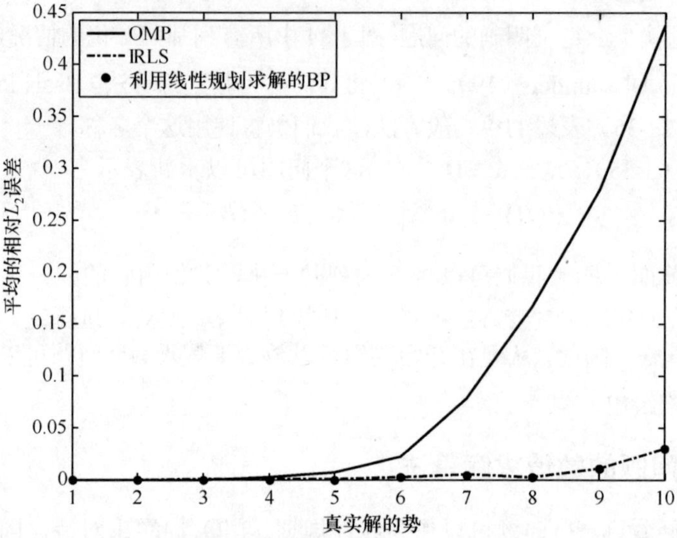

图 3.8 IRLS 和 BP（利用 Matlab 的线性规划工具箱）的算法性能——ℓ_2 相对恢复误差

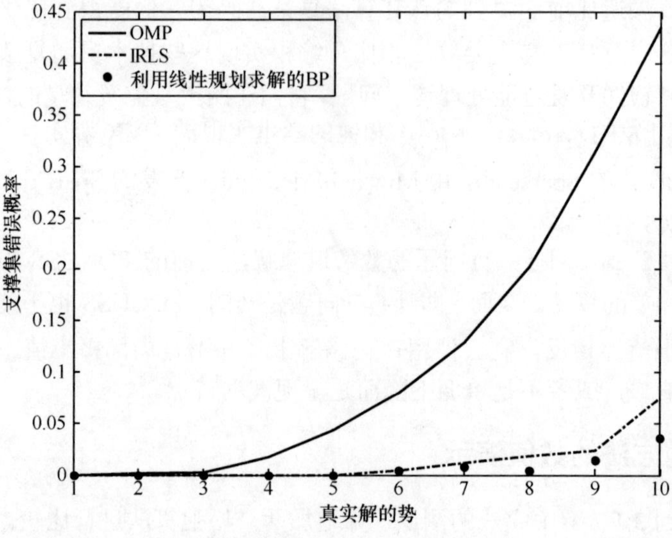

图 3.9 IRLS 和 BP 算法的性能（使用 Matlab 的线性规划工具箱）——检测真实支撑集的成功率

3.3 总　　结

本章中我们关注了 (P_0) 问题数值求解的贪婪技术和松弛方法。每种方法都有自己的优点，可以根据应用来选择不同的方法。所有给出的算法都是近似的，这意味着，在求解线性系统 $\boldsymbol{Ax}=\boldsymbol{b}$ 的真实稀疏解时，他们有时可能会失败。那么自然会产生一个问题：是否存在什么条件，可以保证能这些算法能成功。这正是我们下一章的主题。

延伸阅读

[1] Chen S S, Donoho D L, Saunders M A. Atomic decomposition by basis pursuit[J]. SIAM Journal on Scientific Computing, 1998, 20（1）:33–61.

[2] Chen S S, Donoho D L, Saunders M A. Atomic decomposition by basis pursuit [J]. SIAM Review, 2001, 43（1）:129–159.

[3] Cohen A, DeVore R A, et al. Nonlinear approximation and the space BV（IR2）[J]. American Journal of Mathematics, 1999, 121（3）:587–628.

[4] Davis G, Mallat S, Avellaneda M. Adaptive greedy approximations[J]. Journal of Constructive Approximation, 1997, 13（1）:57–98.

[5] Davis G, Mallat S, Zhang Z. Adaptive time-frequency decompositions[J]. Optical-Engineering, 1994, 33（7）:2183–2191.

[6] DeVore R A, Temlyakov V. Some Remarks on Greedy Algorithms[J]. Advances in Computational Mathematics, 1996, 5（1）:173–187.

[7] Gorodnitsky I F, Rao B D. Sparse signal reconstruction from limited data using FOCUSS: A re-weighted norm minimization algorithm[J]. IEEE Trans. On Signal Processing, 1997, 45（3）:600–616.

[8] Gribonval R, Vandergheynst P. On the exponential convergence of Matching Pursuits in quasi-incoherent dictionaries[J]. IEEE Trans. Information Theory, 2006, 52（1）:255–261.

[9] Karlovitz L A. Construction of nearest points in the `p, p even and `1 norms[J]. Journal of Approximation Theory, 1970, 3（2）:123–127.

[10] Mallat S. A Wavelet Tour of Signal Processing[M]. Academic-Press, 1998.

[11] Mallat S, Zhang Z. Matching pursuits with time-frequency dictionaries[J]. IEEE Trans. Signal Processing, 1993, 41（12）:3397–3415.

[12] Needell D, Tropp J A. CoSaMP: Iterative signal recovery from incomplete and inaccurate samples[J]. Applied Computational Harmonic Analysis, 2009, 26（3）:301–321.

[13] Rao B D, Kreutz-Delgado K. An affine scaling methodology for best basis selection[J]. IEEE Trans. on signal processing, 1999, 47（1）:187–200.

[14] Temlyakov V N. Greedy algorithms and m-term approximation[J]. Journal of Approximation Theory, 1999, 98（1）:117–145.

[15] Temlyakov V N. Weak greedy algorithms[J]. Advances in Computational Mathematics, 2000, 12（2-3）:213–227.

[16] Tropp J A. Greed is good: Algorithmic results for sparse approximation[J]. IEEE Trans. On Information Theory, 2004, 50（10）:2231–2242.

第4章 搜索算法——性能保证

假设线性系统 $\boldsymbol{Ax}=\boldsymbol{b}$ 有一个具有 k_0 个非零项的稀疏解，即 $\|\boldsymbol{x}\|_0=k_0$。另外，假设 $k_0<\text{spark}(\boldsymbol{A})/2$。那么匹配追踪算法或 BP 算法能成功恢复最稀疏解吗？显然，不能指望对于所有的 k_0 和所有的矩阵 $\boldsymbol{A}$ 都能成功，因为这和一般情况下该问题的 NP 难本质冲突。然而，如果方程实际上有个“足够稀疏”的解，那么可以保证这些算法是会成功解决原始目标 (P_0) 的。

我们在这里给出了几个结果，分别对应于匹配追踪（OMP，在图 3.1 中描述），基追踪（即用求解 (P_1) 问题来代替 (P_0) 问题），以及阈值方法。我们首先开始讨论以下的特殊情况，即 $\boldsymbol{A}$ 是两个酉矩阵的联合，$\boldsymbol{A}=[\boldsymbol{\Psi},\boldsymbol{\Phi}]$，然后再针对普通矩阵 $\boldsymbol{A}$ 讨论相应的结果。

在开始精彩的讨论之前，需要注意，本章推导的结果都是最差情况下的结论，也就是说我们所得到的理论保证太过悲观，因为它们要对所有的信号和给定势的所有可能支撑集都成立。在稍后的一章里，我们将重新审视这件事，讨论放宽这些假设的方法。

4.1 重回双正交的情况

4.1.1 OMP 性能保证

为简化符号，假设对 $\boldsymbol{\Psi}$ 和 $\boldsymbol{\Phi}$ 的列进行重新排列后，向量 $\boldsymbol{b}$ 由 $\boldsymbol{\Psi}$ 中的前 k_p 个列和 $\boldsymbol{\Phi}$ 中的前 k_q 个列线性组合构成，且满足 $k_0=k_p+k_q$。因此

$$\boldsymbol{b}=\boldsymbol{Ax}=\sum_{i=1}^{k_p}x_i^{\psi}\psi_i+\sum_{i=1}^{k_q}x_i^{\phi}\phi_i \tag{4-1}$$

我们进一步将这些序号集分别表示为 S_p 和 S_q，显然有 $|S_p|=k_p$ 和 $|S_q|=k_q$。

算法第一步（$k=0$）中，$\boldsymbol{r}^k=\boldsymbol{r}^0=\boldsymbol{b}$，同时在**扫描**步骤（见图 3.1）中的计算误差集由下式给出

$$\epsilon(j)=\min_{z_j}\|\boldsymbol{a}_j z_j-\boldsymbol{b}\|_2^2=\|(\boldsymbol{a}_j^{\mathrm{T}}\boldsymbol{b})\boldsymbol{a}_j-\boldsymbol{b}\|_2^2=\|\boldsymbol{b}\|_2^2-(\boldsymbol{a}_j^{\mathrm{T}}\boldsymbol{b})^2\geqslant 0$$

这样，在第一步中，在合适的支撑集中选择 k_0 个非零值中的某一个时，就需要对于所有的 $j\notin S_p$ 和 $j\notin S_q$，有

$$\left|\psi_1^{\mathrm{T}}\boldsymbol{b}\right| > \left|\psi_j^{\mathrm{T}}\boldsymbol{b}\right| \tag{4-2a}$$

$$\left|\phi_1^{\mathrm{T}}\boldsymbol{b}\right| > \left|\phi_j^{\mathrm{T}}\boldsymbol{b}\right| \tag{4-2b}$$

这里，为不失一般性，假设 x_1^{ψ} 是 $\boldsymbol{x}$ 中最大的非零项，并希望它被贪婪搜索步骤选中。很快我们将回到这个假设，来处理最大元素属于 S_q 的相反情况。

现在先考虑约束（4-2a），然后再回头以相同的方式处理约束（4-2b）。在约束（4-2a）中代入式（4-1），则有

$$\left|\sum_{i=1}^{k_p} x_i^{\psi}\psi_1^{\mathrm{T}}\psi_i + \sum_{i=1}^{k_q} x_i^{\phi}\psi_1^{\mathrm{T}}\phi_i\right| > \left|\sum_{i=1}^{k_p} x_i^{\psi}\psi_j^{\mathrm{T}}\psi_i + \sum_{i=1}^{k_q} x_i^{\phi}\psi_j^{\mathrm{T}}\phi_i\right| \tag{4-3}$$

为了考虑最坏的情况，我们在左侧建立了下界，在右侧建立了上界，并再次给出上面的不等式。对于左侧，我们可以得到

$$\left|\sum_{i=1}^{k_p} x_i^{\psi}\psi_1^{\mathrm{T}}\psi_i + \sum_{i=1}^{k_q} x_i^{\phi}\psi_1^{\mathrm{T}}\phi_i\right| \geqslant \left|x_1^{\psi}\right| - \sum_{i=1}^{k_q}\left|x_i^{\phi}\right| \cdot \mu(\boldsymbol{A}) \geqslant \left|x_1^{\psi}\right|(1 - k_q \cdot \mu(\boldsymbol{A})) \tag{4-4}$$

这里我们利用 $\boldsymbol{\Psi}$ 的列正交性，将第一项中除了第一个元素之外的所有元素都丢弃了。我们使用了式（2-3）中互相关 $\mu(\boldsymbol{A})$ 的定义，以及 x_1^{ψ} 是 $\boldsymbol{x}$ 中最大的非零项的假设。我们同样使用了不等式关系 $|a+b| \geqslant |a| - |b|$ 和 $\left|\sum_i a_i\right| \leqslant \sum_i |a_i|$。

对公式（4-3）右侧采用相同的处理，产生如下上界

$$\left|\sum_{i=1}^{k_p} x_i^{\psi}\psi_j^{\mathrm{T}}\psi_i + \sum_{i=1}^{k_q} x_i^{\phi}\psi_j^{\mathrm{T}}\phi_i\right| \leqslant \left|x_1^{\psi}\right| \cdot k_q \cdot \mu(\boldsymbol{A}) \tag{4-5}$$

在不等式（4-3）中代入这两个界，可以得到

$$\left|x_1^{\psi}\right|(1 - k_q \cdot \mu(\boldsymbol{A})) > \left|x_1^{\psi}\right| \cdot k_q \cdot \mu(\boldsymbol{A}) \Rightarrow k_q < \frac{1}{2\mu(\boldsymbol{A})} \tag{4-6}$$

由于上面的工作都是在 S_p 包含最大的非零项假设下完成的，因此对于相反假设的情况，并行的约束 $k_p < \dfrac{1}{2\mu(\boldsymbol{A})}$ 也是必然的。

现在返回上面的约束（4-2b），按照相同的处理方法，左侧的下界保持不变，同时右侧变为

$$\left|\sum_{i=1}^{k_p} x_i^{\psi}\phi_j^{\mathrm{T}}\psi_i + \sum_{i=1}^{k_q} x_i^{\phi}\phi_j^{\mathrm{T}}\phi_i\right| \leqslant \left|x_1^{\psi}\right| \cdot k_p \cdot \mu(\boldsymbol{A}) \tag{4-7}$$

这样可以得到约束

$$\left|x_1^{\psi}\right|(1 - k_q \cdot \mu(\boldsymbol{A})) > \left|x_1^{\psi}\right| \cdot k_p \cdot \mu(\boldsymbol{A}) \Rightarrow k_p + k_q < \frac{1}{\mu(\boldsymbol{A})} \tag{4-8}$$

这个条件没有任何信息，因为它包含在前两个不等式 $k_p, k_q < 1/2\mu(\boldsymbol{A})$ 中。满足这些条件可以保证 OMP 的第一步运行的很好，也就是说可以在合适的支撑集合中选中一个非零项。

一旦这步做完，下一步是更新残差 $\boldsymbol{r}$ [1]。在更新中，我们将列 $\psi_{t_p(1)}$ 经过幅度调整后从残差中减去，新的残差同样最多是 k_0 个非零项的线性组合，拥有相同的支撑集 S_p 和 S_q。因此，使用和上面相同的步骤，可以保证如果 k_p 和 k_q 的条件都满足，算法能够再次从解的真实支撑集中找到序号。另外，由于选中的方向和残差之间存在正交性（由 LS 确保的性质[1]），我们不会重复选择相同的序号。

重复以上的推理，k_0 次迭代都是这种情况，因此算法总能在正确的集合中选择序号，而且总选择并没有选过的序号。经过 k_0 次迭代后，残差变为零，算法停止，这保证了整个算法能成功恢复正确的解 $\boldsymbol{x}$。所有这些都可以作为 OMP 成功条件的定理给出。

定理 4.1（等价-OMP-双正交情况）：线性方程 $\boldsymbol{Ax}=[\boldsymbol{\Psi},\boldsymbol{\Phi}]\boldsymbol{x}=\boldsymbol{b}$，其中 $\boldsymbol{\Psi}$ 和 $\boldsymbol{\Phi}$ 是 $n\times n$ 的正交矩阵。如果存在一个解 $\boldsymbol{x}$，它的前半部分有 k_p 个非零值，后半部分存在 k_q 个非零值，两个参数满足

$$\max(k_p,k_q)<\frac{1}{2\mu(\boldsymbol{A})} \tag{4-9}$$

那么可以保证，在阈值 $\epsilon_0=0$ 的条件下，OMP 经过 $k_0=k_p+k_q$ 步迭代后能精确地找到这个解。

证明：上面已给出。

这个结果是我们这里要证明的第一个，它的内涵是深远的。这个结论表明可以利用 OMP 放心地得到必然的结果，这种能力是令人高兴和鼓舞的。有趣的是，这个结果并没有在出版的论文中出现，相反，却给出了推广到更一般的矩阵 $\boldsymbol{A}$ 的结果。不过，这个结果本身是很重要的，因为它可以帮助我们更好地理解 OMP 和 BP 特性间的差异。自然的，我们下面将讨论利用 BP 处理双正交的情况。

4.1.2 BP 性能保证

现在我们分析在双正交情况下的 BP 性能。这部分内容依据 Donoho 和 Huo（2001）的工作，以及后来由 Elad 和 Bruckstein（2002）完成的改进。

定理 4.2（等价-BP-双正交情况）：线性方程 $\boldsymbol{Ax}=[\boldsymbol{\Psi},\boldsymbol{\Phi}]\boldsymbol{x}=\boldsymbol{b}$，其中 $\boldsymbol{\Psi}$ 和 $\boldsymbol{\Phi}$ 是 $n\times n$ 的正交矩阵。如果存在一个解 $\boldsymbol{x}$，它满足前半部分有 k_p 个非零项，后半部分存在 $k_p \geqslant k_q$ 个非零项，两个参数满足：

---

① 在 OMP 算法中，当更新残差时，需要解决 $\min_{\boldsymbol{x}_{s_k}}\left\|\boldsymbol{A}_{s_k}\boldsymbol{x}_{s_k}-\boldsymbol{b}\right\|_2^2$，最佳的结果满足 $\boldsymbol{A}_{s_k}^{\mathrm{T}}(\boldsymbol{A}_{s_k}\boldsymbol{x}_{s_k}-\boldsymbol{b})=\boldsymbol{A}_{s_k}^{\mathrm{T}}\boldsymbol{r}^k=\boldsymbol{0}$。这意味着当前支撑集中的列全部正交于最新的残差，因此在下一次扫描中它们的内积为零，不会被选中。另一方面，在 MP 算法中，残差更新由 $\boldsymbol{r}^k=\boldsymbol{r}^{k-1}-\boldsymbol{a}_j z_{j_0}^*$ 给出，其中 $z_{j_0}^*$ 是最小化 $\epsilon(j)=\left\|\boldsymbol{a}_j z-\boldsymbol{r}^{k-1}\right\|_2^2$ 的解。因此，由于对于最优的 z 来说，其误差导数是 $\boldsymbol{a}_{j_0}^{\mathrm{T}}(\boldsymbol{a}_j z_{j_0}^*-\boldsymbol{r}^{k-1})=-\boldsymbol{a}_{j_0}^{\mathrm{T}}\boldsymbol{r}^k=0$，可以知道残差只正交于最后选中的那一列，因此其他的列可能被选中。

$$2\mu(\boldsymbol{A})^2 k_p k_q + \mu(\boldsymbol{A}) k_p - 1 < 0 \tag{4-10}$$

那么这个解同时是(P_1)和(P_0)的唯一解。

由于上面的条件看上去比较模糊，我们为上面的约束给出一个更弱一点，但更"通俗"的版本，解释起来也更简单

$$\|\boldsymbol{x}\|_0 = k_p + k_q < \frac{\sqrt{2} - 0.5}{\mu(\boldsymbol{A})} \tag{4-11}$$

图 4.1 比较了两个边界以及利用 OMP 得到的结果。很显然，在处理(P_0)问题上，OMP 比 BP 更弱一些，利用 BP 成功求解时预计会得到更为稠密的结果。下面的问题（目前阶段还未解决）是这两个界是否是紧的？BP 解的紧致性已由 Feuer 和 Nemirovsky 推导证明，但 OMP 的紧致性依然是个问题。

证明： 定义下列可选解的集合

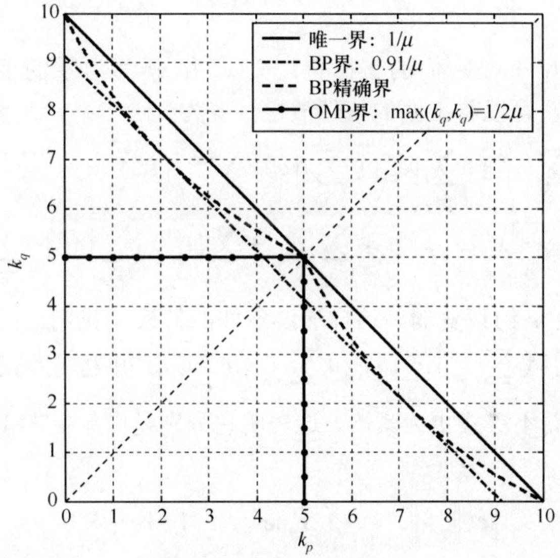

图 4.1　在双正交情况下 OMP 和 BP 方法的唯一界和等价界（假设$\mu = 0.1$）

$$C = \left\{ \boldsymbol{y} \left| \begin{array}{ll} \boldsymbol{y} \neq \boldsymbol{x} & \|\boldsymbol{y}\|_1 \leqslant \|\boldsymbol{x}\|_1 \\ \|\boldsymbol{y}\|_0 > \|\boldsymbol{x}\|_0 & \boldsymbol{A}(\boldsymbol{y} - \boldsymbol{x}) = \boldsymbol{0} \end{array} \right. \right\} \tag{4-12}$$

这个集合包含了所有不同于$\boldsymbol{x}$、具有更大的支撑集合、满足线性系统方程$\boldsymbol{A}\boldsymbol{y} = \boldsymbol{b}$，$\ell_1$-范数与$\boldsymbol{x}$等价或优于$\boldsymbol{x}$的可能解。这个集合非空，意味着 BP 会找到一个可替代的解，而不是希望得到的$\boldsymbol{x}$。

由定理（2.3）可知，式（4-10）中的条件保证了若$k_p + k_q = \|\boldsymbol{x}\|_0 < 1/\mu(\boldsymbol{A})$，$\boldsymbol{x}$必然是唯一的最稀疏可能解（从图 4.1 中可以看出）。因此，可选的解（$\boldsymbol{y} \neq \boldsymbol{x}$）必然更加"稠密"，$C$的定义中约束$\|\boldsymbol{y}\|_0 > \|\boldsymbol{x}\|_0$可以忽略。

定义$\boldsymbol{e} = \boldsymbol{y} - \boldsymbol{x}$，可以将$C$重写为围绕着$\boldsymbol{x}$的平移版本

$$C_s = \{\boldsymbol{e} | \boldsymbol{e} \neq \boldsymbol{0}, \|\boldsymbol{e}+\boldsymbol{x}\|_1 - \|\boldsymbol{x}\|_1 \leqslant 0, \boldsymbol{A}\boldsymbol{e} = \boldsymbol{0}\} \tag{4-13}$$

我们将要给出的证明策略是扩大这个集合，并证明即使这样，扩大后的集合也是空的。这就将证明 BP 实际上可以成功的恢复 $\boldsymbol{x}$。可以通过简化集合的描述来进行扩大，直到可以评估集合的大小为止。

从约束 $\|\boldsymbol{e}+\boldsymbol{x}\|_1 - \|\boldsymbol{x}\|_1 \leqslant 0$ 开始着手。分别利用 $\boldsymbol{x}^p$ 和 $\boldsymbol{x}^q$ 来表示向量 $\boldsymbol{x}$ 的两个部分，类似的，用 $\boldsymbol{e}^p$ 和 $\boldsymbol{e}^q$ 来分别表示 $\boldsymbol{e}$ 的两部分，每一部分对应于酉矩阵 $\boldsymbol{\Psi}$ 和 $\boldsymbol{\Phi}$。使用 OMP 分析的记号，大小为 k_p 和 k_q 的集合 S_p 和 S_q 分别表示了 $\boldsymbol{x}$ 两个部分的非零支撑集，这个约束可以重写为

$$\begin{aligned} 0 \geqslant \|\boldsymbol{e}+\boldsymbol{x}\|_1 - \|\boldsymbol{x}\|_1 = \sum_{i=1}^{n} |e_i^p + x_i^p| - |x_i^p| + \sum_{i=1}^{n} |e_i^q + x_i^q| - |x_i^q| = \\ \sum_{i \notin S_p} |e_i^p| + \sum_{i \notin S_q} |e_i^q| + \sum_{i \in S_p} (|e_i^p + x_i^p| - |x_i^p|) + \sum_{i \in S_q} (|e_i^q + x_i^q| - |x_i^q|) \end{aligned} \tag{4-14}$$

这里我们已经利用了在它们的支撑集之外 x_i^p 和 x_i^q 都为零的事实。使用不等式 $|a+b|-|b| \geqslant -|a|$，可以将上面的条件放松，变为

$$\begin{aligned} 0 \geqslant \sum_{i \notin S_p} |e_i^p| + \sum_{i \notin S_q} |e_i^q| + \sum_{i \in S_p} (|e_i^p + x_i^p| - |x_i^p|) + \\ \sum_{i \in S_q} (|e_i^q + x_i^q| - |x_i^q|) \geqslant \sum_{i \notin S_p} |e_i^p| + \sum_{i \notin S_q} |e_i^q| - \sum_{i \in S_p} |e_i^p| - \sum_{i \in S_q} |e_i^q| \end{aligned} \tag{4-15}$$

新的不等式对向量 $\boldsymbol{e}$ 约束变弱，这样通过条件的替换，我们已经扩大了集合 C_s。可以通过同时增减 $\sum_{i \in S_p} |e_i^p|$ 项和 $\sum_{i \in S_q} |e_i^q|$ 项，并将它们表示为 $\boldsymbol{1}_p^{\mathrm{T}} \cdot |\boldsymbol{e}^p|$ 和 $\boldsymbol{1}_q^{\mathrm{T}} \cdot |\boldsymbol{e}^q|$，使这个新不等式更为紧凑，这表明它分别是向量 $|\boldsymbol{e}^p|$ 和 $|\boldsymbol{e}^q|$ 的非零元素的和。由此可以得到

$$\|\boldsymbol{e}^p\|_1 + \|\boldsymbol{e}^q\|_1 - 2 \cdot \boldsymbol{1}_p^{\mathrm{T}} \cdot |\boldsymbol{e}^p| - 2 \cdot \boldsymbol{1}_q^{\mathrm{T}} \cdot |\boldsymbol{e}^q| \leqslant 0 \tag{4-16}$$

替换进 C_s 的定义中，可以得到

$$C_s \subseteq \left\{ \boldsymbol{e} \left| \begin{array}{c} \boldsymbol{e} \neq \boldsymbol{0} \\ \|\boldsymbol{e}^p\|_1 + \|\boldsymbol{e}^q\|_1 - 2 \cdot 1_p^{\mathrm{T}} \cdot |\boldsymbol{e}^p| - 2 \cdot 1_q^{\mathrm{T}} \cdot |\boldsymbol{e}^q| \leqslant 0 \\ \boldsymbol{A}\boldsymbol{e} = \boldsymbol{0} \end{array} \right. \right\} \tag{4-17}$$

我们记录该集合为 C_s^1。

现在转来处理约束 $\boldsymbol{A}\boldsymbol{e} = \boldsymbol{\Psi}\boldsymbol{e}^p + \boldsymbol{\Phi}\boldsymbol{e}^q = \boldsymbol{0}$，将其替换为更为宽松的约束，以将集合 C_s^1 进一步扩大。首先，乘以 $\boldsymbol{A}^{\mathrm{T}}$ 产生如下条件

$$\boldsymbol{e}^p + \boldsymbol{\Psi}^{\mathrm{T}}\boldsymbol{\Phi}\boldsymbol{e}^q = \boldsymbol{0} \quad \boldsymbol{\Phi}^{\mathrm{T}}\boldsymbol{\Psi}\boldsymbol{e}^p + \boldsymbol{e}^q = \boldsymbol{0} \tag{4-18}$$

注意到矩阵 $\boldsymbol{\Psi}^{\mathrm{T}}\boldsymbol{\Phi}$（和它的伴随阵）中的每一项都是一个上界为互相关 $\mu(\boldsymbol{A})$ 的内积。因此，对上面的关系式计算绝对值，可以得到

$$
\begin{aligned}
|\boldsymbol{e}^p| &= |\boldsymbol{\Psi}^{\mathrm{T}}\boldsymbol{\Phi}\boldsymbol{e}^q| \leqslant \mu(\boldsymbol{A})\cdot\mathbf{1}\cdot|\boldsymbol{e}^q| \\
|\boldsymbol{e}^q| &= |\boldsymbol{\Phi}^{\mathrm{T}}\boldsymbol{\Psi}\boldsymbol{e}^p| \leqslant \mu(\boldsymbol{A})\cdot\mathbf{1}\cdot|\boldsymbol{e}^p|
\end{aligned} \tag{4-19}
$$

项 $\mathbf{1}$ 表示秩为 1 的 $n\times n$ 矩阵，各项均为 1。返回到集合 C_s^1，可以写为

$$
C_s^1 \subseteq \left\{ \boldsymbol{e} \left| \begin{array}{c} \boldsymbol{e}\neq\mathbf{0} \\ \|\boldsymbol{e}^p\|_1 + \|\boldsymbol{e}^q\|_1 - 2\cdot\mathbf{1}_p^{\mathrm{T}}\cdot|\boldsymbol{e}^p| - 2\cdot\mathbf{1}_q^{\mathrm{T}}\cdot|\boldsymbol{e}^q| \leqslant 0 \\ |\boldsymbol{e}^p| \leqslant \mu(\boldsymbol{A})\cdot\mathbf{1}\cdot|\boldsymbol{e}^q| \\ |\boldsymbol{e}^q| \leqslant \mu(\boldsymbol{A})\cdot\mathbf{1}\cdot|\boldsymbol{e}^p| \end{array} \right. \right\} = C_s^2 \tag{4-20}
$$

定义 $\boldsymbol{f}^p = |\boldsymbol{e}^p|$ 和 $\boldsymbol{f}^q = |\boldsymbol{e}^q|$，上式可以写成如下不同的形式

$$
C_f = \left\{ \boldsymbol{f} \left| \begin{array}{c} \boldsymbol{f}\neq\mathbf{0} \\ \mathbf{1}^T\boldsymbol{f}^p + \mathbf{1}^{\mathrm{T}}\boldsymbol{f}^q - 2\cdot\mathbf{1}_p^{\mathrm{T}}\cdot\boldsymbol{f}^p - 2\cdot\mathbf{1}_q^{\mathrm{T}}\cdot\boldsymbol{f}^q \leqslant 0 \\ \boldsymbol{f}^p \leqslant \mu(\mathbf{A})\cdot\mathbf{1}\cdot\boldsymbol{f}^q \\ \boldsymbol{f}^q \leqslant \mu(\mathbf{A})\cdot\mathbf{1}\cdot\boldsymbol{f}^p \\ \boldsymbol{f}^p \geqslant \mathbf{0}, \boldsymbol{f}^q \geqslant \mathbf{0} \end{array} \right. \right\} \tag{4-21}
$$

此时得到的集合 C_f 是无界的，因为如果 $\boldsymbol{f}\in C_f$，那么对于所有的 $\alpha\geqslant 0$，$\alpha\boldsymbol{f}\in C_f$。为了研究它的特性，我们将考察范围限制在归一化向量上，$\mathbf{1}^T\boldsymbol{f} = \mathbf{1}^T\boldsymbol{f}^p + \mathbf{1}^T\boldsymbol{f}^q = 1$。这个新的集合记为 C_r，即

$$
C_r = \left\{ \boldsymbol{f} \left| \begin{array}{c} \boldsymbol{f}\neq\mathbf{0} \\ 1 - 2\cdot\mathbf{1}_p^{\mathrm{T}}\cdot\boldsymbol{f}^p - 2\cdot\mathbf{1}_q^{\mathrm{T}}\cdot\boldsymbol{f}^q \leqslant 0 \\ \boldsymbol{f}^p \leqslant \mu(\boldsymbol{A})\cdot\mathbf{1}\cdot\boldsymbol{f}^q \\ \boldsymbol{f}^q \leqslant \mu(\boldsymbol{A})\cdot\mathbf{1}\cdot\boldsymbol{f}^p \\ \mathbf{1}^{\mathrm{T}}(\boldsymbol{f}^p + \boldsymbol{f}^q) = 1 \\ \boldsymbol{f}^p \geqslant \mathbf{0}, \boldsymbol{f}^q \geqslant \mathbf{0} \end{array} \right. \right\} \tag{4-22}
$$

因为以下几个原因，集合 C_r 分析起来非常方便：

（1）和集合 C 的定义相比，C_r 中没有明确使用到 $\boldsymbol{A}$，相反的，使用了互相关来表示它。类似的，这里也没有出现最优解 $\boldsymbol{x}$ 的痕迹。

（2）集合 C_r 是以线性约束和正项的形式给出的，这使得可以将它转化为线性规划问题。

（3）$\boldsymbol{f}^p$ 和 $\boldsymbol{f}^q$ 中非零项的顺序对解没有影响，因此不失一般性，可以假设 k_p 和 k_q 个非零项都位于这些向量的开始位置。

在 C_r 的基础上，我们定义如下的线性规划问题

$$
\max_{\boldsymbol{f}^p, \boldsymbol{f}^q} \mathbf{1}_p^{\mathrm{T}}\cdot\boldsymbol{f}^p + \mathbf{1}_q^{\mathrm{T}}\cdot\boldsymbol{f}^q \quad \text{s.t.} \quad \begin{array}{c} \boldsymbol{f}^p \leqslant \mu(\boldsymbol{A})\cdot\mathbf{1}\cdot\boldsymbol{f}^q \\ \boldsymbol{f}^q \leqslant \mu(\boldsymbol{A})\cdot\mathbf{1}\cdot\boldsymbol{f}^p \\ \mathbf{1}^{\mathrm{T}}(\boldsymbol{f}^p + \boldsymbol{f}^q) = 1 \\ \boldsymbol{f}^p \geqslant \mathbf{0}, \boldsymbol{f}^q \geqslant \mathbf{0} \end{array} \tag{4-23}
$$

基本思想是这样的。假设能够找到这个问题的解 $\boldsymbol{f}_{\mathrm{opt}}^{p}$ ， $\boldsymbol{f}_{\mathrm{opt}}^{q}$ 。如果惩罚项满足 $\mathbf{1}_p^{\mathrm{T}} \cdot \boldsymbol{f}_{\mathrm{opt}}^{p} + \mathbf{1}_q^{\mathrm{T}} \cdot \boldsymbol{f}_{\mathrm{opt}}^{q} < 0.5$ ，这意味着集合 C_r 定义中的第一个条件并不满足，也即意味着这个集合是空的，这样 BP 方法就能成功。我们将证明，对于足够小的 k_p 和 k_q ，就是这种情况。

解决上面的 LP 问题非常容易，特别是只考虑数值解的时候。图 4.2 给出了一个简短的 Matlab 程序，可以准确地完成这个任务——试一试，看看解怎么样。

```
N=50;kp=7;kq=9;mu=0.1;                          %设置参数
C=[ones(1,kp),zeros(1,n-kp),...                 %惩罚因子
     ones(1,kq),zeros(1,n-kq)];
A=[ones(1,2*n);-ones(1,2*n);                    %不等式约束矩阵
      eye(n),-ones(n)*mu;
     -ones(n)*mu,eye(n)];
b=[1;-1;zeros(2*n,1)];                          % 不等式约束向量
x=linprog(-C,A,b,[],[],zeros(2*n,1));           % 线性规划求解器
plot(x,'.');                                    % 显示结果
```

图 4.2　求解式（4-23）给出的线性规划问题的 Matlab 代码

基于以上数值测试，如果假设 $k_q \geqslant k_p$ ，可以得到如下的参数化解

$$\boldsymbol{f}_{\mathrm{opt}}^{p} = \left[\alpha \cdot \mathbf{1}_{k_p}^{\mathrm{T}}, \beta \cdot \mathbf{1}_{n-k_p}^{\mathrm{T}}\right]^{\mathrm{T}};\ \boldsymbol{f}_{\mathrm{opt}}^{q} = \left[\gamma \cdot \mathbf{1}_{k_q}^{\mathrm{T}}, \delta \cdot \mathbf{1}_{n-k_q}^{\mathrm{T}}\right]^{\mathrm{T}} \tag{4-24}$$

即 $\boldsymbol{f}_{\mathrm{opt}}^{p}$ 的前 k_p 项是相同的，等于 α ，后面的项是相同的，等于 β 。 $\boldsymbol{f}_{\mathrm{opt}}^{q}$ 具有相似的结构，其中各项等于 γ 和 δ 。这个解的可行性可以验证，也能得到所需的结果。但这样的方法有个问题：假设我们证明了，得到的这个结果不会产生低于 1/2 的惩罚项。那么我们如何能够确信这就是真正的最优解，又如何能确信遍历了其他所有的可能性呢？

在 Elad 和 Bruckstein 最初的工作中，采用的方法是引入了上述问题的对偶问题。这个对偶问题是一个确定基本（原始的）惩罚项上界的最小化问题，可以得到相同的最优值。因此，通过（明智地）提出一个对偶问题的解，并检查它没有超过 1/2，就可以证明，基本问题的惩罚项同样小于 1/2。

这里我们采用一个不同的方法，更为简洁。我们采用式（4-23）的解，并记 $\left\|\boldsymbol{f}_{\mathrm{opt}}^{p}\right\|_1 = \alpha$ ，那么根据最后一个约束， $\mathbf{1}^{\mathrm{T}}(\boldsymbol{f}^{p} + \boldsymbol{f}^{q}) = 1$ ，有 $\left\|\boldsymbol{f}_{\mathrm{opt}}^{q}\right\|_1 = 1 - \alpha$ 。前两个约束项转换为

$$\begin{aligned} \boldsymbol{f}^{p} &\leqslant \mu(\boldsymbol{A}) \cdot \mathbf{1} \cdot \boldsymbol{f}^{q} = (1-\alpha)\mu(\boldsymbol{A}) \cdot \mathbf{1} \\ \boldsymbol{f}^{q} &\leqslant \mu(\boldsymbol{A}) \cdot \mathbf{1} \cdot \boldsymbol{f}^{p} = \alpha\mu(\boldsymbol{A}) \cdot \mathbf{1} \end{aligned} \tag{4-25}$$

由于目标是最大化 $\mathbf{1}_p^{\mathrm{T}} \cdot \boldsymbol{f}^{p} + \mathbf{1}_q^{\mathrm{T}} \cdot \boldsymbol{f}^{q}$ ，那么基于式（4-25）给出的约束，很自然地要

选择尽可能大的非零项。有

$$\mathbf{1}_p^{\mathrm{T}} \cdot \boldsymbol{f}^p + \mathbf{1}_q^{\mathrm{T}} \cdot \boldsymbol{f}^q = k_p(1-\alpha)\mu(\boldsymbol{A}) + k_q\alpha\mu(\boldsymbol{A}) = k_p\mu(\boldsymbol{A}) - \alpha(k_p - k_q)\mu(\boldsymbol{A}) \quad (4\text{-}26)$$

由于假设了 $k_p \geqslant k_q$，为使上式最大，我们显然需要选择尽可能小的 α 值。现在我们增加两项条件，即两个向量非零项的能量不超过整个（ℓ_1 上）的能量，即

$$\begin{aligned} \left\|\boldsymbol{f}_{\mathrm{opt}}^p\right\|_1 &= \mathbf{1}^{\mathrm{T}}\boldsymbol{f}^p = \alpha \geqslant k_p(1-\alpha)\mu(\boldsymbol{A}) \\ \left\|\boldsymbol{f}_{\mathrm{opt}}^q\right\|_1 &= \mathbf{1}^{\mathrm{T}}\boldsymbol{f}^q = (1-\alpha) \geqslant k_q\alpha\mu(\boldsymbol{A}) \end{aligned} \quad (4\text{-}27)$$

由此可得到如下限定 α 取值范围的不等式

$$\begin{aligned} &\alpha \geqslant k_p(1-\alpha)\mu(\boldsymbol{A}) \Rightarrow \alpha \geqslant \frac{k_p\mu(\boldsymbol{A})}{1+k_p\mu(\boldsymbol{A})} \\ &(1-\alpha) \geqslant k_q \cdot \alpha\mu(\boldsymbol{A}) \Rightarrow \alpha \leqslant \frac{1}{1+k_q\mu(\boldsymbol{A})} \end{aligned} \quad (4\text{-}28)$$

为保证两个条件之间存在交集，需要下式成立

$$\frac{k_p\mu(\boldsymbol{A})}{1+k_p\mu(\boldsymbol{A})} \leqslant \frac{1}{1+k_q\mu(\boldsymbol{A})} \Rightarrow k_pk_q \leqslant \frac{1}{\mu(\boldsymbol{A})^2} \quad (4\text{-}29)$$

假设满足上述条件（最后我们必须对其进行验证，但从图 4.1 中可以看到该条件显然满足），α 可能取的最小值为 $\dfrac{k_p\mu(\boldsymbol{A})}{1+k_p\mu(\boldsymbol{A})}$，那么公式（4-26）中最大的惩罚值变为

$$\begin{aligned} \mathbf{1}_p^{\mathrm{T}} \cdot \boldsymbol{f}^p + \mathbf{1}_q^{\mathrm{T}} \cdot \boldsymbol{f}^q &= k_p\mu(\boldsymbol{A}) - \alpha\mu(\boldsymbol{A})(k_p - k_q) \\ &= k_p\mu(\boldsymbol{A}) - \frac{k_p\mu(\boldsymbol{A})}{1+k_p\mu(\boldsymbol{A})}\mu(\boldsymbol{A})(k_p - k_q) \\ &= \frac{k_p\mu(\boldsymbol{A}) + k_pk_q\mu(\boldsymbol{A})^2}{1+k_p\mu(\boldsymbol{A})} \end{aligned} \quad (4\text{-}30)$$

为了 BP 能成功，我们需要上式严格小于 1/2，可得

$$\frac{k_p\mu(\boldsymbol{A}) + k_pk_q\mu(\boldsymbol{A})^2}{1+k_p\mu(\boldsymbol{A})} < \frac{1}{2} \Rightarrow 2k_pk_q\mu(\boldsymbol{A})^2 + k_p\mu(\boldsymbol{A}) - 1 < 0 \quad (4\text{-}31)$$

这是定理中提出的条件。

为了证明替代不等式 $\|\boldsymbol{x}\|_0 = k_p + k_q < \dfrac{\sqrt{2}-0.5}{\mu(\boldsymbol{A})}$，我们采用上面的条件，将 k_q 项从中分离出来，并将其加上 k_p，可以得到

$$\begin{aligned} k_p + k_q = \|\boldsymbol{x}\|_0 < k_p + \frac{1-k_p\mu(\boldsymbol{A})}{2\mu(\boldsymbol{A})^2k_p} &= \frac{2\mu(\boldsymbol{A})^2k_p^2 + 1 - \mu(\boldsymbol{A})k_p}{2\mu(\boldsymbol{A})^2k_p} \\ &= \frac{1}{\mu(\boldsymbol{A})} \cdot \frac{2(\mu(\boldsymbol{A})k_p)^2 + 1 - (\mu(\boldsymbol{A})k_p)}{2(\mu(\boldsymbol{A})k_p)} \end{aligned} \quad (4\text{-}32)$$

针对 $\mu(\boldsymbol{A})k_p$ 项对上界进行最小化，可以得到

$$f(u)=\frac{2u^2-u+1}{2u}\Rightarrow f'(u)=\frac{2u(4u-1)-2(2u^2-u+1)}{4u^2}=\frac{2u^2-1}{2u^2}=0$$

最优值（需要检查它是最小值而不是最大值）是 $\mu(\boldsymbol{A})k_p=\pm\sqrt{0.5}$ 。由于负解是无效的（因为 $\mu(\boldsymbol{A})$ 和 k_p 都是非负的），因此可以得到定理中的结论

$$k_p+k_q=\|\boldsymbol{x}\|_0<\frac{\sqrt{2}-0.5}{\mu(\boldsymbol{A})}\leqslant\frac{1}{\mu(\boldsymbol{A})}\cdot\frac{2(\mu(\boldsymbol{A})k_p)^2+1-(\mu(\boldsymbol{A})k_p)}{2(\mu(\boldsymbol{A})k_p)} \tag{4-33}$$

4.2 一般情况

我们现在考虑任意矩阵 $\boldsymbol{A}$ 对应的一般情况。前一章已经证明，可以不失一般性地假设矩阵的列都归一化了，因为如果不是这种情况，可以先进行归一化，最后结果输出时进行逆归一化，就能得到相同的解。

4.2.1 OMP 性能保证

下面的结果将定理 4.1 的结论推广到了一般矩阵中，因此结论必然会弱化一点。弱化的原因在于双正交情况下，Gram 矩阵包含了很多已知为零的内积项，而在这里我们并没有假设这种结构。这个一般性定理的证明跟之前给出的证明非常相似，只存在几处必要的修改。

定理 4.3（等价——正交贪婪算法）：对于线性系统方程 $\boldsymbol{Ax}=\boldsymbol{b}$（$\boldsymbol{A}\in\mathbf{R}^{n\times m}$，$n<m$，满秩），如果存在一个解 $\boldsymbol{x}$ 满足

$$\|\boldsymbol{x}\|_0<\frac{1}{2}\left(1+\frac{1}{\mu(\boldsymbol{A})}\right) \tag{4-34}$$

那么可以保证，在阈值 $\epsilon_0=0$ 的条件下，OMP（OGA）能精确地找到这个解。

证明：不失一般性，假设线性系统的最稀疏解中所有 k_0 个非零项都排在向量的最前面，并按 $|x_j|$ 值的降序排列，有

$$\boldsymbol{b}=\boldsymbol{Ax}=\sum_{t=1}^{k_0}x_t\boldsymbol{a}_t \tag{4-35}$$

在算法的第一步（$k=0$），$\boldsymbol{r}^k=\boldsymbol{r}^0=\boldsymbol{b}$，**扫描**阶段的计算误差集合为

$$\epsilon(j)=\min_{z_j}\|\boldsymbol{a}_jz_j-\boldsymbol{b}\|_2^2=\|\boldsymbol{a}_j\boldsymbol{a}_j^{\mathrm{T}}\boldsymbol{b}-\boldsymbol{b}\|_2^2=\|\boldsymbol{b}\|_2^2-(\boldsymbol{a}_j^{\mathrm{T}}\boldsymbol{b})^2\geqslant 0$$

那么，在第一步中，为选择该向量的前 k_0 项中的某个元素（并选中它），我们要求对于所有的 $i>k_0$（真实支撑集以外的列），满足

$$|\boldsymbol{a}_1^{\mathrm{T}}\boldsymbol{b}|>|\boldsymbol{a}_i^{\mathrm{T}}\boldsymbol{b}| \tag{4-36}$$

代入式（4-35），该约束变为

$$\left|\sum_{t=1}^{k_0} x_t \boldsymbol{a}_1^{\mathrm{T}} \boldsymbol{a}_t\right| > \left|\sum_{t=1}^{k_0} x_t \boldsymbol{a}_i^{\mathrm{T}} \boldsymbol{a}_t\right| \tag{4-37}$$

我们再次在左侧构建下界，在右侧构建上界，并给出上面的约束。对于左侧项，有

$$\left|\sum_{t=1}^{k_0} x_t \boldsymbol{a}_1^{\mathrm{T}} \boldsymbol{a}_t\right| \geqslant |x_1| - \sum_{t=2}^{k_0} |x_t| \cdot \left|\boldsymbol{a}_1^{\mathrm{T}} \boldsymbol{a}_t\right| \geqslant |x_1| - \sum_{t=2}^{k_0} |x_t| \cdot \mu(\boldsymbol{A}) \geqslant |x_1|(1-\mu(\boldsymbol{A})(k_0-1)) \tag{4-38}$$

这里我们利用了式（2-21）中互相关 $\mu(\boldsymbol{A})$ 的定义，以及 $|x_j|$ 值降序排列的特性。相似的，右侧项的边界为

$$\left|\sum_{t=1}^{k_0} x_t \boldsymbol{a}_i^{\mathrm{T}} \boldsymbol{a}_t\right| \leqslant \sum_{t=1}^{k_0} |x_t| \cdot \left|\boldsymbol{a}_i^{\mathrm{T}} \boldsymbol{a}_t\right| \leqslant \sum_{t=1}^{k_0} |x_t| \cdot \mu(\boldsymbol{A}) \leqslant |x_1| \cdot \mu(\boldsymbol{A}) k_0 \tag{4-39}$$

将上面两个界代入不等式（4-37），可以得到

$$\left|\sum_{t=1}^{k_0} x_t \boldsymbol{a}_1^{\mathrm{T}} \boldsymbol{a}_t\right| \geqslant |x_1| \cdot (1-\mu(\boldsymbol{A})(k_0-1)) > |x_1| \cdot \mu(\boldsymbol{A}) k_0 \geqslant \left|\sum_{t=1}^{k_0} x_t \boldsymbol{a}_i^{\mathrm{T}} \boldsymbol{a}_t\right| \tag{4-40}$$

由此可得

$$1+\mu(\boldsymbol{A}) > 2\mu(\boldsymbol{A}) k_0 \Rightarrow k_0 < \frac{1}{2}\left(1+\frac{1}{\mu(\boldsymbol{A})}\right) \tag{4-41}$$

这正是上面给出的稀疏条件。这个条件保证了算法第一步的成功，它也意味着必须在最稀疏分解的正确支撑集上选择元素。

一旦这步做完，下一步就是更新残差，由于是通过减少正比于 $\boldsymbol{a}_1$（或是正确的支撑集中的另一个原子）的项来实现更新的，因此残差最多是 $\boldsymbol{A}$ 中相同的 k_0 列的线性组合。使用相同步骤，可以得到如下的结论，即条件（4-41）保证了算法可以再次在解的正确支撑集中找到一个序号，由 LS 给出的正交性保证了同一项不会被再次选中。经过 k_0 次迭代，残差变为 0，算法停止，正如定理声明的那样，这确保了整个算法能成功恢复正确的解 $\boldsymbol{x}$。

4.2.2 阈值算法性能保证

前一章中给出的阈值算法，由于其非常简洁，因此很受欢迎。我们要问的问题是，这种简单的方法性能是否能得到保证？下面我们给出的分析沿用了上面贪婪方法的思想，并使用了相同的记号。

阈值算法的成功由如下的条件所保证

$$\min_{1\leqslant i\leqslant k_0} \left|\boldsymbol{a}_i^{\mathrm{T}} \boldsymbol{b}\right| > \max_{j>k_0} \left|\boldsymbol{a}_j^{\mathrm{T}} \boldsymbol{b}\right| \tag{4-42}$$

代入表达式 $\boldsymbol{b} = \sum_{t=1}^{k_0} x_t \boldsymbol{a}_t$，左侧项变为

$$\min_{1\leqslant i\leqslant k_0} \left|\boldsymbol{a}_i^{\mathrm{T}} \boldsymbol{b}\right| = \min_{1\leqslant i\leqslant k_0} \left|\sum_{t=1}^{k_0} x_t \boldsymbol{a}_i^{\mathrm{T}} \boldsymbol{a}_t\right| \tag{4-43}$$

我们利用以下事实：$\boldsymbol{A}$ 的列均归一化，它们最大内积的上界为 $\mu(\boldsymbol{A})$，同时使用关系式 $|a+b| \geqslant |a|-|b|$。利用所有这些可使我们推导出该项的下界为

$$\min_{1\leqslant i\leqslant k_0}\left|\sum_{t=1}^{k_0} x_t \boldsymbol{a}_i^{\mathrm{T}} \boldsymbol{a}_t\right| = \min_{1\leqslant i\leqslant k_0}\left|x_i + \sum_{1\leqslant i\leqslant k_0, t\neq i} x_t \boldsymbol{a}_i^{\mathrm{T}} \boldsymbol{a}_t\right| \geqslant \min_{1\leqslant i\leqslant k_0}\left\{|x_i| - \left|\sum_{1\leqslant i\leqslant k_0, t\neq i} x_t \boldsymbol{a}_i^{\mathrm{T}} \boldsymbol{a}_t\right|\right\} \geqslant$$
$$\min_{1\leqslant i\leqslant k_0}|x_i| - \max_{1\leqslant i\leqslant k_0}\left|\sum_{1\leqslant i\leqslant k_0, t\neq i} x_t \boldsymbol{a}_i^{\mathrm{T}} \boldsymbol{a}_t\right| \geqslant |x_{\min}| - (k_0-1)\mu(\boldsymbol{A})|x_{\max}| \tag{4-44}$$

式中 $|x_{\min}|$ 和 $|x_{\max}|$ 是向量 $|\boldsymbol{x}|$ 在支撑集 $1\leqslant t\leqslant k_0$ 上的最小值和最大值。

返回到式（4-42）中的右侧项，采用相同的步骤，目标是得到该项的上界。有

$$\max_{j>k_0}|\boldsymbol{a}_j^{\mathrm{T}}\boldsymbol{b}| = \max_{j>k_0}\left|\sum_{t=1}^{k_0} x_t \boldsymbol{a}_j^{\mathrm{T}} \boldsymbol{a}_t\right| \leqslant k_0\mu(\boldsymbol{A})|x_{\max}| \tag{4-45}$$

那么约束

$$|x_{\min}| - (k_0-1)\mu(\boldsymbol{A})|x_{\max}| > k_0\mu(\boldsymbol{A})|x_{\max}| \tag{4-46}$$

必然能满足式（4-42）给出的条件。上面的条件写成不同的形式为

$$k_0 < \frac{1}{2}\left(\frac{|x_{\min}|}{|x_{\max}|}\frac{1}{\mu(\boldsymbol{A})}+1\right) \tag{4-47}$$

上式可以保证阈值算法的成功。可以看出，和 OMP 的约束相比，这个约束更加严格，而且如果 $\boldsymbol{x}$ 中所有非零元素的幅度都相同，那么两个约束就是等价的。我们将此结论归纳为如下的定理。

定理 4.4（**等价——阈值算法**）：对于线性系统方程 $\boldsymbol{Ax}=\boldsymbol{b}$（$\boldsymbol{A}\in\mathbf{R}^{n\times m}$，$n<m$，满秩），如果存在一个解 $\boldsymbol{x}$（最小非零值为 $|x_{\min}|$，最大非零值为 $|x_{\max}|$）满足

$$\|\boldsymbol{x}\|_0 < \frac{1}{2}\left(1+\frac{1}{\mu(\boldsymbol{A})}\frac{|x_{\min}|}{|x_{\max}|}\right) \tag{4-48}$$

那么可以保证，在阈值 $\epsilon_0=0$ 的约束下，阈值算法能准确地找到这个解。

4.2.3 BP 性能保证

我们下面考虑 BP 算法，即将 (P_0) 替换为 (P_1) 优化问题。令人吃惊的是，和 OMP 分析中一样，同样的稀疏性边界就可以保证 BP 算法的成功。然而，这并不意味这两个算法能始终保持相似的性能！实际上，在双正交情况中我们已经看到了两种方法的差异。这两个一般性定理表明，在两个界都是紧致的情况下，这两种方法最差情形下的特性是相同的。在后面一章内将给出经验证据。

定理 4.5（**等价——基追踪**）：对于线性系统方程 $\boldsymbol{Ax}=\boldsymbol{b}$（$\boldsymbol{A}\in\mathbf{R}^{n\times m}$，$n<m$，满秩），如果存在一个解 $\boldsymbol{x}$ 满足

$$\|\boldsymbol{x}\|_0 < \frac{1}{2}\left(1+\frac{1}{\mu(\boldsymbol{A})}\right) \tag{4-49}$$

那么这个解同时是 (P_1) 和 (P_0) 的唯一解。

证明：这个证明和双正交情况下给出的相似，只做了一些必要的调整。实际上，这个证明在某些方式上更加简单。

定义下列可选解集合如下

$$C = \left\{ \boldsymbol{y} \left| \begin{array}{c} \boldsymbol{y} \neq \boldsymbol{x} \\ \|\boldsymbol{y}\|_1 \leqslant \|\boldsymbol{x}\|_1 \\ \|\boldsymbol{y}\|_0 > \|\boldsymbol{x}\|_0 \\ \boldsymbol{A}(\boldsymbol{y}-\boldsymbol{x}) = \boldsymbol{0} \end{array} \right. \right\} \tag{4-50}$$

这个集合包含了所有不同于 $\boldsymbol{x}$，具有更大的支撑集，满足线性系统方程 $\boldsymbol{Ay} = \boldsymbol{b}$，在加权 ℓ_1 的角度上至少同样好的可能解。这个集合非空意味着 BP 会找到一个可替代的解，而不是需要的 $\boldsymbol{x}$。

根据定理 2.5，以及 $\|\boldsymbol{x}\|_0 < (1+1/\mu(\boldsymbol{A}))/2$ 的事实，$\boldsymbol{x}$ 必然是唯一的最稀疏可能解，而替代解 $(\boldsymbol{y} \neq \boldsymbol{x})$ 必然更加“稠密”。因此 C 定义中的这个约束可以忽略。定义 $\boldsymbol{e} = \boldsymbol{y} - \boldsymbol{x}$，可以将 C 重新写为围绕着 $\boldsymbol{x}$ 附近的平移版本，即

$$C_s = \{\boldsymbol{e} \,|\, \boldsymbol{e} \neq \boldsymbol{0}, \|\boldsymbol{e}+\boldsymbol{x}\|_1 - \|\boldsymbol{x}\|_1 \leqslant 0, \boldsymbol{Ae} = \boldsymbol{0}\} \tag{4-51}$$

我们的证明策略是扩大这个集合，并证明即使这样这个扩大后的集合也是空的。这就能够证明 BP 实际上可以成功地恢复 $\boldsymbol{x}$。

从约束 $\|\boldsymbol{e}+\boldsymbol{x}\|_1 - \|\boldsymbol{x}\|_1 \leqslant 0$ 开始。不失一般性，假设 $\boldsymbol{A}$ 的列经过简单的重新排列后，$\boldsymbol{x}$ 中的 k_0 个非零项都位于该向量的最前部，此时约束可以重新写为

$$\|\boldsymbol{e}+\boldsymbol{x}\|_1 - \|\boldsymbol{x}\|_1 = \sum_{j=1}^{k_0} |e_j + x_j| - |x_j| + \sum_{j>k_0} |e_j| \leqslant 0 \tag{4-52}$$

使用不等式 $|a+b| - |b| \geqslant -|a|$，我们可以将上述条件放宽，重写为

$$-\sum_{j=1}^{k_0} |e_j| + \sum_{j>k_0} |e_j| \leqslant \sum_{j=1}^{k_0} |e_j + x_j| - |x_j| + \sum_{j>k_0} |e_j| \leqslant 0 \tag{4-53}$$

可以通过对上式同时增减 $\sum_{j=1}^{k_0} |e_j|$，并将其记为 $\boldsymbol{1}_{k_0}^{\mathrm{T}} \cdot |\boldsymbol{e}|$，使不等式更为紧凑，这表明该项是向量 $|\boldsymbol{e}|$ 前 k_0 个非零项的和。可以得到

$$\|\boldsymbol{e}\|_1 - 2 \cdot \boldsymbol{1}_{k_0}^{\mathrm{T}} \cdot |\boldsymbol{e}| \leqslant 0 \tag{4-54}$$

将其代入 C_s 的定义中，可以得到

$$C_s \subseteq \{\boldsymbol{e} \,|\, \boldsymbol{e} \neq \boldsymbol{0}, \|\boldsymbol{e}\|_1 - 2 \cdot \boldsymbol{1}_{k_0}^{\mathrm{T}} \cdot |\boldsymbol{e}| \leqslant 0, \boldsymbol{Ae} = \boldsymbol{0}\} = C_s^1 \tag{4-55}$$

如前所述，从条件 $\|\boldsymbol{e}+\boldsymbol{x}\|_1 - \|\boldsymbol{x}\|_1 \leqslant 0$ 到 $\|\boldsymbol{e}\|_1 - 2 \cdot \boldsymbol{1}_{k_0}^{\mathrm{T}} \cdot |\boldsymbol{e}| \leqslant 0$ 的修改，实际上有效地扩大了集合，因为满足初始条件的每个向量 $\boldsymbol{e}$ 都同样满足新的条件，但反过来却不是。

现在我们处理约束 $\boldsymbol{Ae} = \boldsymbol{0}$，将其替换为宽松的约束，以进一步扩大集合 C_s^1。首先，乘以 $\boldsymbol{A}^{\mathrm{T}}$ 生成条件 $\boldsymbol{A}^{\mathrm{T}}\boldsymbol{Ae} = \boldsymbol{0}$，这一步并没有改变集合 C_s^1。矩阵 $\boldsymbol{A}^{\mathrm{T}}\boldsymbol{A}$ 中的每

一项都是在互相关 $\mu(\boldsymbol{A})$ 的定义中用到的归一化内积。该矩阵主对角线上均为 1。因此这个条件可以通过增减 $\boldsymbol{e}$ 而重写为

$$-\boldsymbol{e}=(\boldsymbol{A}^{\mathrm{T}}\boldsymbol{A}-\boldsymbol{I})\boldsymbol{e} \tag{4-56}$$

在等号的两边，对元素分别取绝对值，可以放宽 $\boldsymbol{e}$ 的约束，得到

$$|\boldsymbol{e}|=|(\boldsymbol{A}^{\mathrm{T}}\boldsymbol{A}-\boldsymbol{I})\boldsymbol{e}|\leqslant|\boldsymbol{A}^{\mathrm{T}}\boldsymbol{A}-\boldsymbol{I}|\cdot|\boldsymbol{e}|\leqslant\mu(\boldsymbol{A})(\boldsymbol{1}-\boldsymbol{I})\cdot|\boldsymbol{e}| \tag{4-57}$$

这里我们使用关系式 $\left|\sum_i g_i v\right|\leqslant\sum_i |g_i||v_i|$。这个关系可以解释为矩阵 $\boldsymbol{G}$ 的一行乘以向量 $\boldsymbol{v}$ 的效果，即这样的乘法中第 j 个元素满足 $|\boldsymbol{G}\boldsymbol{v}|_j\leqslant(|\boldsymbol{G}||\boldsymbol{v}|)_j$。

项 **1** 表示元素全为 1 的矩阵，其秩为 1。在上面最后一步中，我们使用了互相关的定义以及它的性质，即互相关给出了 $\boldsymbol{A}$ 中各列的所有归一化内积的上界。返回集合 C_s^1，我们可以写出下面的集合

$$C_s^1\subseteq\left\{\boldsymbol{e}\,\middle|\,\boldsymbol{e}\neq\boldsymbol{0},\|\boldsymbol{e}\|_1-2\cdot\boldsymbol{1}_{k_0}^{\mathrm{T}}\cdot|\boldsymbol{e}|\leqslant 0,|\boldsymbol{e}|\leqslant\frac{\mu(\boldsymbol{A})}{1+\mu(\boldsymbol{A})}\boldsymbol{1}\cdot|\boldsymbol{e}|\right\}=C_s^2 \tag{4-58}$$

得到的集合 C_s^2 是无界的，因为如果 $\boldsymbol{e}\in C_s^2$，那么对于所有 $\alpha\neq 0$，$\alpha\boldsymbol{e}\in C_s^2$。因此，为了研究其特性，我们将解限制为归一化向量，$\|\boldsymbol{e}\|_1=1$。这个新的集合记为 C_r，可以写为

$$C_r=\left\{\boldsymbol{e}\,\middle|\,\|\boldsymbol{e}\|_1=1,1-2\cdot\boldsymbol{1}_{k_0}^{\mathrm{T}}\cdot|\boldsymbol{e}|\leqslant 0,|\boldsymbol{e}|\leqslant\frac{\mu(\boldsymbol{A})}{1+\mu(\boldsymbol{A})}\boldsymbol{1}\right\} \tag{4-59}$$

在最后一个条件中，我们使用了关系 $\boldsymbol{1}|\boldsymbol{e}|=\boldsymbol{1}\cdot\boldsymbol{1}^{\mathrm{T}}|\boldsymbol{e}|$，以及事实 $\boldsymbol{1}^{\mathrm{T}}|\boldsymbol{e}|=\|\boldsymbol{e}\|_1=1$。

为了使向量 $\boldsymbol{e}$ 满足约束 $1-2\cdot\boldsymbol{1}_{k_0}^{\mathrm{T}}\cdot|\boldsymbol{e}|\leqslant 0$，需要将其能量集中在前 k_0 个项上。然而，两个约束 $\|\boldsymbol{e}\|_1=1$ 和 $|\boldsymbol{e}_j|\leqslant\mu(\boldsymbol{A})/(1+\mu(\boldsymbol{A}))$ 限制了这前 k_0 项，使它们都等于 $|\boldsymbol{e}_j|=\mu(\boldsymbol{A})/(1+\mu(\boldsymbol{A}))$，因为这是所能允许的最大值。那么，返回到第一个条件，可以得到约束：

$$1-2\cdot\boldsymbol{1}_{k_0}^{\mathrm{T}}\cdot|\boldsymbol{e}|=1-2k_0\frac{\mu(\boldsymbol{A})}{1+\mu(\boldsymbol{A})}\leqslant 0 \tag{4-60}$$

这表明如果 k_0 小于 $(1+1/\mu(\boldsymbol{A}))/2$，这个集合必然是空的，这就是定理所要证明的结论，即 BP 能得到期望的解。

上述证明过程等于证明了，如果一个非相关的欠定系统有两个解，其中一个是稀疏的，沿着这两个解之间的线段移动将使 ℓ_1-范数增加，因为我们远离了稀疏解。

从历史上看，一般情况下的 BP 结果，其发现时间要早于 OMP，并且这两种方法都是从双正交情况的分析中得到的，这种分析方法提供了一类存在性证明，即某些条件下求解欠定系统方程时存在着一些有趣的事情。对于两个算法而言，相同形式的假设产生了相同形式的结果，这个事实很迷人：它有什么更深层次的含义吗？对于我们的辅助手段双正交情况来说，两个方法实际上不太一样，BP 性

能更好一些。

4.2.4 追踪算法的性能—小结

受上述定理的鼓舞，OMP 和 BP 被广泛地用来近似(P_0)解，因此它们在概念上也是很重要的。然而，这些结果很弱；它们只保证算法在目标极端稀疏时，即n个元素中只有少于$\sqrt{n}$项非零的情况下成功。在很多情况下无法满足这样的稀疏性。

为了进一步强化上述结果，已经在 **Babel 函数**的基础上进行了尝试（见第 2 章），得到了多少更有力的结果。然而，在矩阵$\boldsymbol{A}$具有不利的互相关值，即$\mu(\boldsymbol{A})\approx 1$时，即使“强化后”的结论也是很弱的。实际上，在稀疏搜索方法可以成功的一些情况中，不相关只是其性质的部分描述。在随机矩阵$\boldsymbol{A}$的情形下，可以找到更多想要的结果。大量仿真给出的经验证据都说明，即使在超出上述边界的情况下，OMP 和 BP 也能运行得很好。这反映出上述结果本质上是最坏情况下的分析。在后面章节中，我们会再考虑这个问题，并以概率的观点得出更加优化的合理边界。

4.3 符号模式的作用

假设线性系统方程为$\boldsymbol{Ax}=\boldsymbol{b}$，有一个稀疏的候选解$\boldsymbol{x}$，$\|\boldsymbol{x}\|_0<\text{spark}(\boldsymbol{A})/2$。很清楚，这是这个系统有可能取到的最稀疏解，并且它也是(P_0)问题的全局最小解。在 BP 的分析（以(P_1)问题形式给出）中，我们考虑一个竞争解$\boldsymbol{y}\neq\boldsymbol{x}$，满足$\boldsymbol{Ay}=\boldsymbol{b}$，可以得到更短的$\ell_1$-长度。我们要研究两者的差异$\|\boldsymbol{y}\|_1-\|\boldsymbol{x}\|_1$，因为如果它是负的，则意味着 BP 的失败。在尝试着简化分析的时候，我们定义$\boldsymbol{e}=\boldsymbol{y}-\boldsymbol{x}$，并按如下方式给出差异的下界

$$\|\boldsymbol{e}+\boldsymbol{x}\|_1-\|\boldsymbol{x}\|_1\geqslant \boldsymbol{1}_{s^c}^{\mathrm{T}}\cdot|\boldsymbol{e}|-\boldsymbol{1}_s^{\mathrm{T}}\cdot|\boldsymbol{e}|=\|\boldsymbol{e}\|_1-2\boldsymbol{1}_s^{\mathrm{T}}\cdot|\boldsymbol{e}| \tag{4-61}$$

式中$\boldsymbol{1}_s$和$\boldsymbol{1}_{s^c}$是指示向量，$\boldsymbol{1}_s$在$\boldsymbol{x}$的支撑集s上为 1，其余为 0，另一个相反。

向量$z_x=\text{sign}(\boldsymbol{x})$在$\boldsymbol{x}$的支撑集以外为 0，在支撑集内取值为±1，具体取值取决于s的元素的符号。很清楚，$\boldsymbol{1}_s=|z_x|$，因此，前面的下界可以写成不同的形式

$$\|\boldsymbol{e}+\boldsymbol{x}\|_1-\|\boldsymbol{x}\|_1\geqslant\|\boldsymbol{e}\|_1-2|z_x|^{\mathrm{T}}\cdot|\boldsymbol{e}| \tag{4-62}$$

然而，这个表达式并没有重要的推导结果。

如果$\boldsymbol{y}$确实就是ℓ_1-长度更短（即$\|\boldsymbol{x}\|_1>\|\boldsymbol{y}\|_1$）的竞争解，那么根据$\ell_1$函数的凸性，对于任意$0<\epsilon\leqslant 1$，有$\|\boldsymbol{x}+\epsilon\boldsymbol{e}\|_1<\|\boldsymbol{x}\|_1$，即

$$\|\boldsymbol{x}+\epsilon\,\boldsymbol{e}\|_1=\|(1-\epsilon)\boldsymbol{x}+\epsilon\boldsymbol{y}\|_1\leqslant(1-\epsilon)\|\boldsymbol{x}\|_1+\epsilon\|\boldsymbol{y}\|_1=\|\boldsymbol{x}\|_1-\epsilon(\|\boldsymbol{x}\|_1-\|\boldsymbol{y}\|_1)<\|\boldsymbol{x}\|_1 \tag{4-63}$$

因此，我们可以选择ϵ，使得在$\boldsymbol{x}$的支撑集中，有$\epsilon|\boldsymbol{e}|<|\boldsymbol{x}|$，显然需要$\epsilon>0$。通过这个变换，我们可以得到

$$\|\boldsymbol{e}+\boldsymbol{x}\|_1-\|\boldsymbol{x}\|_1=\mathbf{1}_{s^C}^T\cdot|\boldsymbol{e}|+\boldsymbol{z}_x^{\mathrm{T}}\cdot\boldsymbol{e} \tag{4-64}$$

第一项，$\mathbf{1}_{s^C}^{\mathrm{T}}\cdot|\boldsymbol{e}|$对应于求和中间不在支撑集中的部分。第二项，$\boldsymbol{z}_x^{\mathrm{T}}\cdot\boldsymbol{e}$是从下面的公式[①]中得到：对于$|b|<|a|$，有$|a+b|-|a|=\mathrm{sign}(a)b$。在上面的方程中增减$\mathbf{1}_s^{\mathrm{T}}\cdot|\boldsymbol{e}|=|z_x|^{\mathrm{T}}\cdot|\boldsymbol{e}|$可以得到

$$\|\boldsymbol{e}+\boldsymbol{x}\|_1-\|\boldsymbol{x}\|_1=\mathbf{1}_{s^C}^{\mathrm{T}}\cdot|\boldsymbol{e}|+\boldsymbol{z}_x^{\mathrm{T}}\cdot\boldsymbol{e}=\|\boldsymbol{e}\|_1-|z_x|^{\mathrm{T}}\cdot|\boldsymbol{e}|+\boldsymbol{z}_x^{\mathrm{T}}\cdot\boldsymbol{e} \tag{4-65}$$

注意到这不是一个界，而是一个精确的等式。因此，关于 BP 是否成功的考察就集中在检查下面的集合是否非空

$$\left\{\boldsymbol{e}\,|\,\boldsymbol{e}\neq\mathbf{0},\|\boldsymbol{e}\|_1-|z_x|^{\mathrm{T}}\cdot|\boldsymbol{e}|+\boldsymbol{z}_x^{\mathrm{T}}\cdot\boldsymbol{e}<0,\boldsymbol{A}\boldsymbol{e}=\mathbf{0}\right\} \tag{4-66}$$

这意味着在分析是否存在 $\boldsymbol{x}$ 的竞争解时，实际使用的是它的符号模式向量$\boldsymbol{z}_x$，并且任何两个具有相同符号模式的稀疏向量必然具有相同的特点（都成功或都失败）。因此，在稀疏表示的势为k时，为检查 BP 的性能，我们需要做的就是遍历所有可能的2^{k-1}个符号模式[②]，每个检查一遍。对于很大的k而言，虽然并不合理，但它依然要远好于考虑非零项幅度的测试方法。

4.4　Tropp 的精确恢复条件

如果不提及 Joel A. Tropp 在其论文“Greed is Good”中提出的另一种聪明的分析方法，就不可能结束追踪算法性能保证的相关结果的讨论。这个分析建立在**精确恢复条件**（Exact Recovery Condition，ERC）的定义上。虽然条件本身不是构造性的，它还是为分析 OMP 和 BP 的性能极限带来了全新的有趣视角，并且它最终得到了关于定理 4.3 和定理 4.5 的不同的也更为简单的证明方法。

我们将感兴趣的支撑集记为S，$\boldsymbol{A}$中包含支撑集中各列的子集记为$\boldsymbol{A}_S$。下面我们定义 ERC。

定义 4.1　给定一个支撑集S和矩阵$\boldsymbol{A}$，精确恢复条件（ERC）由下式给出

$$\mathrm{ERC}(\boldsymbol{A},S):\max_{i\notin S}\left\|\boldsymbol{A}_S^{\dagger}\boldsymbol{a}_i\right\|_1<1 \tag{4-67}$$

这个条件主要考虑方程形式为$\boldsymbol{A}_S\boldsymbol{x}=\boldsymbol{a}_i$的线性系统，其中$\boldsymbol{a}_i$是矩阵$\boldsymbol{A}$在支撑集$S$以外的一列。ERC 表明对于**所有**这样的系统，ℓ_2-能量最小的解应该具有小于 1 的ℓ_1-长度。

ECR 的重要性体现在追踪技术能够成功实现的条件上。

---

① 这个公式非常容易验证：如果$a\geqslant 0$，而且$|b|<|a|$，$|a+b|=a+b$，则$|a+b|-|a|=a+b-a=b$。相似的，如果$a<0$，有$|a+b|-|a|=-a-b+a=-b$，和声明的一样。

② 注意，如果已知一个给定的符号模式会导致失败/成功，那么可以立即得到它的负模式，$-z_x$，也有相同结果，因为只需要将$\boldsymbol{e}$乘以-1即可得到解。

定理 4.6（ERC 和追踪性能）：在支撑集 S 上的稀疏向量 $\boldsymbol{x}$ 是线性系统 $\boldsymbol{Ax}=\boldsymbol{b}$ 的解。如果满足 ERC 条件，则 OMP 和 BP 都能保证成功恢复 $\boldsymbol{x}$。

虽然和采用互相关的条件相比，这是一个关于追踪算法是否成功的更强条件，但它不是构造性的——如果不知道支撑集，则无法验证它。另外，如果我们只知道解的势 $|S|$，同时希望使用 ERC，我们需要对所有 $\binom{m}{|S|}$ 个可能解测试这个条件以保证算法能够成功，这种做法当然是行不通的。下面我们证明上述定理，并说明 ERC 是如何与 OMP 和 BP 的成功相关联的，然后讨论要将这个模糊的测试转变为更实用的结论需要做什么。下面的讨论遵循 Tropp 采用的步骤。

证明：我们从 OMP 的分析开始，假设正在进行算法的第一步。从这一步到结束，我们都要求 $\|\boldsymbol{A}_S^{\mathrm{T}}\boldsymbol{b}\|_\infty$ 项（支撑集原子与 $\boldsymbol{b}$ 的最大内积）大于利用支撑集外的原子计算得到的最大内积 $\|\boldsymbol{A}_{S^C}^{\mathrm{T}}\boldsymbol{b}\|_\infty$。即需要

$$\rho=\frac{\|\boldsymbol{A}_{S^C}^{\mathrm{T}}\boldsymbol{b}\|_\infty}{\|\boldsymbol{A}_S^{\mathrm{T}}\boldsymbol{b}\|_\infty}<1 \tag{4-68}$$

现在，回忆起 $\boldsymbol{b}=\boldsymbol{A}_S\boldsymbol{x}_S$，有

$$(\boldsymbol{A}_S^{\mathrm{T}})^{+}\boldsymbol{A}_S^{\mathrm{T}}\boldsymbol{b}=\boldsymbol{A}_S(\boldsymbol{A}_S^{\mathrm{T}}\boldsymbol{A}_S)^{-1}\boldsymbol{A}_S^{\mathrm{T}}\boldsymbol{b}=\boldsymbol{A}_S(\boldsymbol{A}_S^{\mathrm{T}}\boldsymbol{A}_S)^{-1}\boldsymbol{A}_S^{\mathrm{T}}\boldsymbol{A}_S\boldsymbol{x}_S=\boldsymbol{A}_S\boldsymbol{x}_S=\boldsymbol{b}$$

因为上式是在 $\boldsymbol{A}_S$ 的张成空间上的线性投影运算。继而有

$$\rho=\frac{\|\boldsymbol{A}_{S^C}^{\mathrm{T}}\boldsymbol{b}\|_\infty}{\|\boldsymbol{A}_S^{\mathrm{T}}\boldsymbol{b}\|_\infty}=\frac{\|\boldsymbol{A}_{S^C}^{\mathrm{T}}(\boldsymbol{A}_S^{\mathrm{T}})^{+}\boldsymbol{A}_S^{\mathrm{T}}\boldsymbol{b}\|_\infty}{\|\boldsymbol{A}_S^{\mathrm{T}}\boldsymbol{b}\|_\infty}\leqslant\|\boldsymbol{A}_{S^C}^{\mathrm{T}}(\boldsymbol{A}_S^{\mathrm{T}})^{+}\|_\infty \tag{4-69}$$

这里我们用算子 $\boldsymbol{A}_{S^C}^{\mathrm{T}}(\boldsymbol{A}_S^{\mathrm{T}})^{+}$ 的 ℓ_∞-导出范数①替换最初的比率。这个范数由各行元素绝对值求和后的最大值计算得到（$\|\boldsymbol{B}\|_\infty=\max_i\sum_j|b_{ij}|$），它等于其对应转置矩阵的各列元素绝对值求和后的最大值，也就是 ℓ_1-导出范数（$\|\boldsymbol{B}\|_1=\max_j\sum_i|b_{ij}|$）。注意到 $\boldsymbol{A}_S$ 上伪逆运算和转置操作是相同的。因此可以得到

$$\|\boldsymbol{A}_{S^C}^{\mathrm{T}}(\boldsymbol{A}_S^{\mathrm{T}})^{+}\|_\infty=\|\boldsymbol{A}_S^{+}\boldsymbol{A}_{S^C}\|_1 \tag{4-70}$$

在 $\|\boldsymbol{A}_S^{+}\boldsymbol{A}_{S^C}\|_1<1$ 的约束下，我们可以保证 $\rho<1$，那么 OMP 的第一步就是成功的。此时得到的约束不是别的，就是式（4-67）给出的 ERC 形式（即对于所有列元素绝对值求和的最大值）。

上面的推导意味着选中的第一个原子落在真正的支撑集 S 中，作为相应的结

① 矩阵 $\boldsymbol{B}$ 的导出范数（induced-norm）是通过向量的范数定义的，定义为：在单位曲面 $\|\boldsymbol{v}\|=1$ 上对所有向量 $\boldsymbol{v}$ 计算得到的向量范数 $\|\boldsymbol{Bv}\|$ 的最大值，即 $\|\boldsymbol{B}\|=\max_{\boldsymbol{v}}\|\boldsymbol{Bv}\|/\|\boldsymbol{v}\|$。

果，得到的残差也必然落在 A_S 的张成空间内。因此，上述所有的分析都是相同的，利用残差 $\boldsymbol{r}_k$ 代替 $\boldsymbol{b}$，就可以保证全局 OMP 中所有 $|S|$ 步操作的成功。

回到 BP 的分析上，像 4.2.3 节中做的那样，我们考虑另一个候选解 $\boldsymbol{y}$。定义这个解和真实解的差异为 $\boldsymbol{e}=\boldsymbol{y}-\boldsymbol{x}$，我们早已看到这意味着 $\boldsymbol{e}$ 落在 $\boldsymbol{A}$ 的零空间内。将 $\boldsymbol{e}$ 分解为 $\boldsymbol{e}_S$ 和 $\boldsymbol{e}_{S^C}$，即 $\boldsymbol{0}=\boldsymbol{A}\boldsymbol{e}=\boldsymbol{A}_S\boldsymbol{e}_S+\boldsymbol{A}_{S^C}\boldsymbol{e}_{S^C}$，可以得到

$$\boldsymbol{e}_S=-\boldsymbol{A}_S^{+}\boldsymbol{A}_{S^C}\boldsymbol{e}_{S^C} \tag{4-71}$$

我们已经在式（4-53）中看到若 BP 成功，需要误差向量的 ℓ_1-能量相对集中在支撑集外部，即

$$\|\boldsymbol{e}_S\|_1<\|\boldsymbol{e}_{S^C}\|_1 \tag{4-72}$$

将这个关系代入式（4-71）中，有

$$\|\boldsymbol{e}_S\|_1=\|\boldsymbol{A}_S^{+}\boldsymbol{A}_{S^C}\boldsymbol{e}_{S^C}\|_1<\|\boldsymbol{e}_{S^C}\|_1 \tag{4-73}$$

因为 $\|\boldsymbol{A}_S^{+}\boldsymbol{A}_{S^C}\boldsymbol{e}_{S^C}\|_1\leqslant\|\boldsymbol{A}_S^{+}\boldsymbol{A}_{S^C}\|_1\cdot\|\boldsymbol{e}_{S^C}\|_1$（$\ell_1$-导出范数），这意味着如果满足 ERC 条件，则可以保证 BP 是成功的。

为了将上面的结论实用化，需要找到一个简单的替代方法来验证 ERC 的正确性。Tropp 在工作中已经证明，这可以通过互相关或 babel 函数实现。在这里我们将重点关注互相关与 ERC 的关系，以便能直接揭示这个讨论与定理 4.3 和 4.5 的联系。

定理 4.7 矩阵 $\boldsymbol{A}$ 的互相关为 $\mu(\boldsymbol{A})$，如果 $k<0.5(1+1/\mu(\boldsymbol{A}))$，那么对于势等于或小于 k 的所有支撑集 S，可以满足 ERC。

证明：对于支撑集外的任意第 i 列向量，要求 $\|\boldsymbol{A}_S^{+}\boldsymbol{a}_i\|_1=\|(\boldsymbol{A}_S^{\mathrm{T}}\boldsymbol{A}_S)^{-1}\boldsymbol{A}_S^{\mathrm{T}}\boldsymbol{a}_i\|_1<1$。利用约束 $\|(\boldsymbol{A}_S^{\mathrm{T}}\boldsymbol{A}_S)^{-1}\|_1\cdot\|\boldsymbol{A}_S^{\mathrm{T}}\boldsymbol{a}_i\|_1<1$，可以将上式替换为更严格的约束条件。向量 $\boldsymbol{A}_S^{\mathrm{T}}\boldsymbol{a}_i$ 的元素落在范围 $[-\mu(\boldsymbol{A}),\mu(\boldsymbol{A})]$ 之内，所以有 $\|\boldsymbol{A}_S^{\mathrm{T}}\boldsymbol{a}_i\|_1\leqslant|S|\mu(\boldsymbol{A})$。

矩阵 $\boldsymbol{A}_S^{\mathrm{T}}\boldsymbol{A}_S$ 是严格主对角阵（Strictly Diagonally-Dominant，SDD），因此可使用 Ahlberg-Nilson-Varah 界，得到①

$$\|(\boldsymbol{A}_S^{\mathrm{T}}\boldsymbol{A}_S)^{-1}\|_1\leqslant\frac{1}{1-(|S|-1)\mu(\boldsymbol{A})} \tag{4-74}$$

联合上面的公式，可以得到条件

$$\|(\boldsymbol{A}_S^{\mathrm{T}}\boldsymbol{A}_S)^{-1}\|_1\cdot\|\boldsymbol{A}_S^{\mathrm{T}}\boldsymbol{a}_i\|_1\leqslant\frac{|S|\mu(\boldsymbol{A})}{1-(|S|-1)\mu(\boldsymbol{A})}<1 \tag{4-75}$$

这就可以得到前面申明的关系 $|S|<0.5(1+1/\mu(\boldsymbol{A}))$。由于这个条件对于所有的列 $\boldsymbol{a}_i$ 都是相同的，因此能够得到结论，如果 $|S|<0.5(1+1/\mu(\boldsymbol{A}))$，ERC 可以满足。

---

① 对于 ℓ_2-导出范数 $\|(\boldsymbol{A}_S^{\mathrm{T}}\boldsymbol{A}_S)^{-1}\|_2$，证明这个相同的界非常容易，只要从 $\boldsymbol{A}_S^{\mathrm{T}}\boldsymbol{A}_S$ 的最小特征值为 $1-(|S|-1)\mu(\boldsymbol{A})$ 开始就可以了。然而，对于 ℓ_1-导出范数，我们需要参考上面提到的论文。

4.5 总　　结

经过 2001 年—2006 年的集中努力，一系列的工作都得到了上述的等价结果。虽然这些结果能保证追踪技术成功的能力令人惊奇，结果也令人鼓舞，但这里给出的是相对悲观的界，这一点还是让我们感到深深的遗憾。在第 7 章中，我们将继续处理这个问题，展示它并讨论最近的相关工作，目的在于得到更乐观的界以反映实际观察到的情况。

上述结果的另一个局限是 (P_0) 很难成为我们有兴趣解决的实际问题，因为要求精确的等式 $\boldsymbol{Ax}=\boldsymbol{b}$ 太严格了，也是很不切实际的。我们将在新的一章中放宽这个假设。

延伸阅读

[1] Ahlberg J H, Nilson E N. Convergence properties of the spline fit[J]. SIAM, 1963, 11（1）:95–104.

[2] Chen S S, Donoho D L, Saunders M A. Atomic decomposition by basis pursuit[J]. SIAM Journal on Scientific Computing, 1998, 20（1）:33–61.

[3] Chen S S, Donoho D L, Saunders M A. Atomic decomposition by basis pursuit[J]. SIAM Review, 2001, 43（1）:129–159.

[4] Couvreur C, Bresler Y. On the optimality of the Backward Greedy Algorithm for the subset selection problem[J]. SIAM Journal on Matrix Analysis and Applications, 2000, 21（3）:797–808.

[5] Donoho D L, Elad M. Optimally sparse representation in general（nonorthogonal）dictionaries via l1 minimization[J]. Proc. of the National Academy of Sciences, 2003, 100（5）:2197–2202.

[6] Donoho D L, Huo X. Uncertainty principles and ideal atomic decomposition[J]. IEEE Trans. On Information Theory, 1999, 47（7）:2845–2862.

[7] Donoho D L, Tanner J. Sparse nonnegative solutions of underdetermined linear equations by linear programming[J]. Proceedings of the National Academy of Sciences, 2005, 102（27）:9446–9451.

[8] Donoho D L, Tanner J. Neighborliness of randomly-projected simplices in high dimensions[J]. Proceedings of the National Academy of Sciences, 2005, 102（27） : 9452-9457.

[9] Elad M, Bruckstein A M. Generalized uncertainty principle and sparse representation in pairs of bases[J]. IEEE Trans. on Information Theory, 2002, 48（9）:2558–2567.

[10] Feuer A, Nemirovsky A. On sparse representation in pairs of bases[J]. IEEE Trans. on Information Theory, 2003, 49（6）:1579–1581.

[11] Fuchs J J. On sparse representations in arbitrary redundant bases[J]. IEEE Trans. on Information Theory, 2004, 50（6）:1341–1344.

[12] Gribonval R, Nielsen M. Sparse decompositions in unions of bases[J]. IEEE Trans. on Information Theory, 2003, 49（12）:3320–3325.

[13] Huo X. Sparse Image representation Via Combined Transforms[D]. Stanford, 1999.

[14] Mallat S, Zhang Z. Matching pursuits with time-frequency dictionaries[J]. IEEE Trans. Signal Processing, 1993, 41（12）:3397–3415.

[15] Moraˇca N. Bounds for norms of the matrix inverse and the smallest singular value[J]. Linear Algebra and its Applications, 2008, 429（10）:2589–2601.

[16] Tropp J A. Greed is good: Algorithmic results for sparse approximation[J]. IEEE Trans. On Information Theory, 2004, 50（10）:2231–2242.

[17] Varah J M. A lower bound for the smallest singular value of a matrix[J]. Linear Algebra and its Applications. 1975, 11（1）:3–5.

第 5 章　从精确解到近似解

5.1　一般的动机

精确约束 $\boldsymbol{Ax}=\boldsymbol{b}$ 经常会被放宽，取而代之的是由二次惩罚函数 $Q(\boldsymbol{x})=\|\boldsymbol{Ax}-\boldsymbol{b}\|_2^2$ 构成的近似等式。这样的方法允许我们①在精确解不存在（甚至 $\boldsymbol{A}$ 的行比列多）的条件下定义伪解；②可以从优化理论中借鉴思路；③可以评估候选解的质量；等等。

这里根据前面章节的推理，重新来考虑 (P_0) 问题，并允许 $\boldsymbol{Ax}$ 和 $\boldsymbol{b}$ 之间存在微小偏差。我们定义一个 (P_0) 的容错版本，其中误差 $\epsilon>0$，公式为

$$(P_0^\epsilon):\ \min_{\boldsymbol{x}}\|\boldsymbol{x}\|_0 \quad \text{s.t.} \quad \|\boldsymbol{b}-\boldsymbol{Ax}\|_2 \leqslant \epsilon \tag{5-1}$$

这里用 ℓ_2-范数来评估误差 $\boldsymbol{b}-\boldsymbol{Ax}$，同样也可以换成其他评估方式，例如 ℓ_1-范数，ℓ_∞-范数或加权 ℓ_2-范数。

本问题中，表示向量 $\boldsymbol{Ax}$ 和信号 $\boldsymbol{b}$ 之间允许存在大小为 ϵ 的差异。当 (P_0^ϵ) 和 (P_0) 应用到相同的实际问题时，容错问题一定会给出至少和 (P_0) 问题一样稀疏的解，因为其可行解集相对更宽。当然，对于典型的常规问题实例 $(\boldsymbol{A},\boldsymbol{b})$，$(P_0)$ 的解一般包含 n 个非零项。另一方面，在某些实际问题中（我们下面将要看到），虽然 (P_0) 的解很稠密，但 (P_0^ϵ) 的解中非零项少得多，更趋于稀疏。

对于 (P_0^ϵ) 问题有种更自然的解释，那就是噪声消除。考虑一个充分稀疏的向量 $\boldsymbol{x}_0$，并假设 $\boldsymbol{b}=\boldsymbol{Ax}_0+\boldsymbol{e}$，其中 $\boldsymbol{e}$ 是个干扰向量，能量有限，$\|\boldsymbol{e}\|_2^2=\epsilon^2$。大体上来说，$(P_0^\epsilon)$ 的目标就是找到 $\boldsymbol{x}_0$，这和在无噪数据 $\boldsymbol{b}=\boldsymbol{Ax}_0$ 上进行的 (P_0) 处理完全相同。在后面章节中，我们将重新讨论这个解释，并采用统计估计器得出类似于 (P_0^ϵ) 的公式，从而使这个解释更加清晰。

过去的一段时间里，这个问题的不同形式都得到了研究，本章中我们来讨论其中研究比较透彻的一些问题。所得的结论从某种意义上来说是和无噪情况类似的。特别是，我们将讨论唯一性——即在何种条件下充分稀疏解就是 (P_0) 的全局最小解；还有近似求解该问题的实用追踪技术；以及等价性——成功恢复期望解的理论保证。然而，我们将看到，唯一性和等价性的概念不再适用——它们被稳定性概念所替换。

5.2 最稀疏解的稳定性

在开始近似求解(P_0^ϵ)之前，我们必须回答一个十分基础的问题：假设稀疏解$\boldsymbol{x}_0$乘以$\boldsymbol{A}$之后得到了该乘积的带噪观测值，$\boldsymbol{b}=\boldsymbol{A}\boldsymbol{x}_0+\boldsymbol{e}$，其中$\|\boldsymbol{b}-\boldsymbol{A}\boldsymbol{x}_0\|_2\leqslant\epsilon$。考虑采用$(P_0^\epsilon)$来求$\boldsymbol{x}_0$的近似解$\boldsymbol{x}_0^\epsilon$

$$\boldsymbol{x}_0^\epsilon=\arg\min_{\boldsymbol{x}}\|\boldsymbol{x}\|_0 \quad \text{s.t.} \quad \|\boldsymbol{b}-\boldsymbol{A}\boldsymbol{x}\|_2\leqslant\epsilon$$

那么这样的近似效果怎么样？它的准确性会受到$\boldsymbol{x}_0$稀疏性怎样的影响？在第 2 章(P_0)问题中我们已经讨论过稀疏解的唯一性，上述问题是前面那个讨论的自然扩展。

5.2.1 稳定性和唯一性的对比—直观感受

后面将看到，在一般的情况下，我们不能再说(P_0^ϵ)的唯一性了。为说明这个问题，我们给出一个简单的实验：选择$\boldsymbol{A}$为2×4的双正交矩阵$[\boldsymbol{I},\boldsymbol{F}]$，$\boldsymbol{x}_0=[0\quad 0\quad 1\quad 0]^{\mathrm{T}}$。我们利用预先指定的范数$\epsilon=\|\boldsymbol{e}\|_2$生成随机噪声$\boldsymbol{e}$，并构造向量$\boldsymbol{b}=\boldsymbol{A}\boldsymbol{x}_0+\boldsymbol{e}$。有

$$\boldsymbol{A}\boldsymbol{x}_0+\boldsymbol{e}=\begin{bmatrix}1&0&0.707&0.707\\0&1&0.707&-0.707\end{bmatrix}\begin{bmatrix}0\\0\\1\\0\end{bmatrix}+\begin{bmatrix}e_1\\e_2\end{bmatrix}=\begin{bmatrix}0.707+e_1\\0.707+e_2\end{bmatrix}$$

图 5.1 给出了$\boldsymbol{A}\boldsymbol{x}_0$和$\boldsymbol{b}$的位置，以及区域$\{\boldsymbol{v}\mid\|\boldsymbol{v}-\boldsymbol{A}\boldsymbol{x}_0\|_2\leqslant\epsilon\}$和$\{\boldsymbol{v}\mid\|\boldsymbol{v}-\boldsymbol{b}\|_2\leqslant\epsilon\}$，其中$\epsilon=0.2$。最后一项是$(P_0^\epsilon)$问题所有可行解$\boldsymbol{x}$的映射（即乘以$\boldsymbol{A}$之后的）区域。向量$\boldsymbol{x}_0$自然而然地可以给出一个非常稀疏的可行解。实际上，从不存在更稀疏解意义上来看（更稀疏的解只有零向量，它落在可行解集合之外），这就是(P_0^ϵ)的最优解。那还存在其他可行解是稀疏的吗？图 5.1 给出了形为$\boldsymbol{x}_0=\begin{bmatrix}0&0&x&0\end{bmatrix}^{\mathrm{T}}$的解，在某些$x$取值范围内是可行的，而且这些向量的势都相同。

图 5.2 给出了相同的实验，不过这次的噪声更大，$\epsilon=0.6$。这时会产生不同的情况，从支撑集保持相同的角度考虑，我们不但失去支撑集的唯一性，而且势$\|\boldsymbol{x}\|_0=1$的其他支撑集也具有了（存在解的）可能，实际上，甚至零解也包含在内，这意味着它也是(P_0)的最优解。

可以采用一种更正式的方法来解释这个现象。我们用$\boldsymbol{x}_S$和$\boldsymbol{A}_S$分别表示$\boldsymbol{x}$和$\boldsymbol{A}$中包含支撑集S元素/列的部分。假设$\boldsymbol{x}$是支撑集S中的一个可选的稀疏解，$\|\boldsymbol{x}\|_0=|S|$，并满足约束$\|\boldsymbol{b}-\boldsymbol{A}_S\boldsymbol{x}_S\|_2\leqslant\epsilon$。

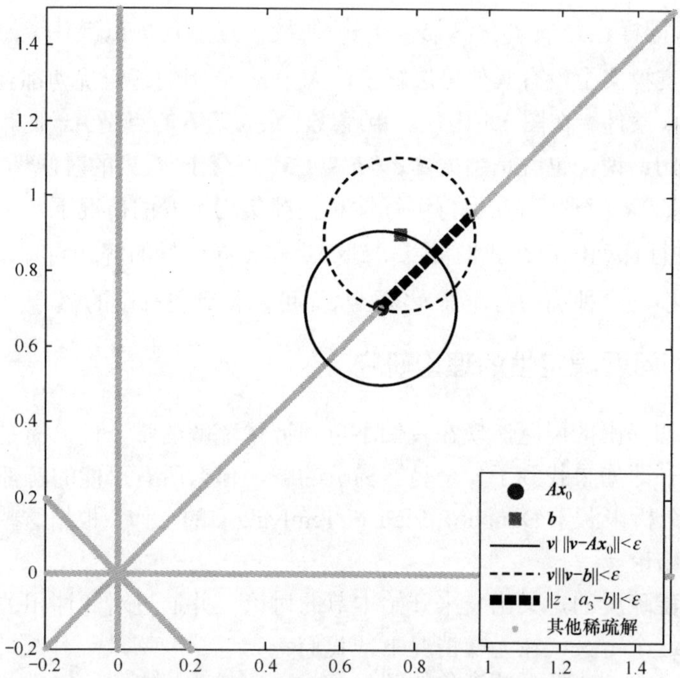

图 5.1　有噪情况下缺少唯一性的二维演示（噪声相对较弱）

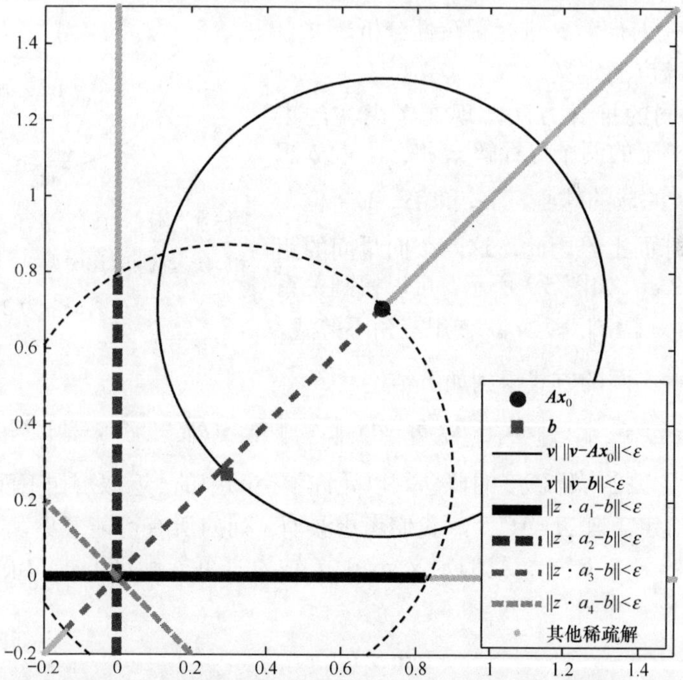

图 5.2　有噪情况下缺少唯一性的二维演示（与图 5.1 相同，但噪声更强），这导致产生具有不同支撑集的可选解

如果 $\boldsymbol{x}_S$ 同样也是项 $f_S(\boldsymbol{z})=\|\boldsymbol{b}-\boldsymbol{A}_S\boldsymbol{z}\|_2$ 的最小点，且 $f_S(\boldsymbol{x}_S^{\text{opt}})=\epsilon$，那么我们可以说在这个支撑集上没有其他可选解了，因为 $\boldsymbol{x}_S$ 周围的任何扰动都会导致该项变大，破坏约束条件。在图 5.1 中，当粗虚线上最接近 $\boldsymbol{b}$ 的点是 $\boldsymbol{A}\boldsymbol{x}_0$ 时，才会出现这种情况，换句话说，也就是当失真 $\boldsymbol{e}=\boldsymbol{b}-\boldsymbol{A}_S\boldsymbol{x}_S$ 正交于 $\boldsymbol{A}_S$ 列的时候①。其他的情况下，$\min_z f_S(\boldsymbol{z})<\epsilon$ 意味着在保持可行性和支撑集均不变的情况下，可以对所谓的最优解 $\boldsymbol{x}_S$ 进行扰动，由此我们可以得到一组和 $\boldsymbol{x}$ 同样好的解。同时，如果 $\boldsymbol{x}$ 的某些非零项很小，这种扰动将令其为零，从而可以得到更稀疏的解。

5.2.2 (P_0^{ϵ})问题稳定性的理论研究

回到最初提出的问题，现在我们不再强调稀疏解的唯一性，而是将它换为稳定性概念——即如果找到了一个足够稀疏的解，那么所有可能的解都必然离它很近。下面的分析来源于 Donoho，Elad 和 Temlyakov 的工作，根据这些分析我们得出了稳定性结论。

我们从**稀疏度**的定义出发来开始本节的讨论，并通过对线性相关的概念进行松弛来扩展这个定义。在无噪情况下，我们考虑线性系统 $\boldsymbol{A}\boldsymbol{x}=\boldsymbol{b}$ 中两个相竞争的解 $\boldsymbol{x}_1$ 和 $\boldsymbol{x}_2$，这将得到 $\boldsymbol{A}(\boldsymbol{x}_1-\boldsymbol{x}_2)=\boldsymbol{A}\boldsymbol{d}=\boldsymbol{0}$。这启发我们在 $\boldsymbol{A}$ 的零空间中对向量 $\boldsymbol{d}$ 进行稀疏性分析，并自然地得到**稀疏度**的定义。

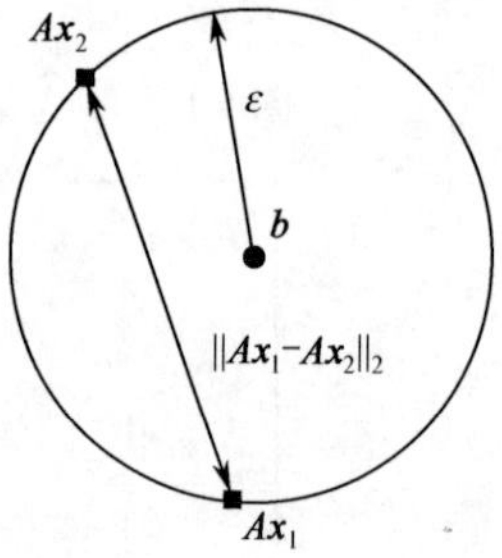

图 5.3　圆心为向量 $\boldsymbol{b}$，两个候选解 $\boldsymbol{A}\boldsymbol{x}_1$ 和 $\boldsymbol{A}\boldsymbol{x}_2$ 都距离其均为 ϵ，则两者之间的距离最多为 2ϵ

采用相同的推导方法，现在考虑在约束 $\|\boldsymbol{A}\boldsymbol{x}-\boldsymbol{b}\|_2\leqslant\epsilon$ 下的两个可行解 $\boldsymbol{x}_1$ 和 $\boldsymbol{x}_2$。将 $\boldsymbol{b}$ 想象成半径为 ϵ 的球的球心，$\boldsymbol{A}\boldsymbol{x}_1$ 和 $\boldsymbol{A}\boldsymbol{x}_2$ 都将位于其中或落在球面上。因此，这两个向量间的距离最多就是 2ϵ，如图 5.3 所示，可以得到关系 $\|\boldsymbol{A}(\boldsymbol{x}_1-\boldsymbol{x}_2)\|_2=\|\boldsymbol{A}\boldsymbol{d}\|_2\leqslant 2\epsilon$。使用三角不等式，可以用另一种不同的方式得到如下结论

$$\|\boldsymbol{A}(\boldsymbol{x}_1-\boldsymbol{x}_2)\|_2=\|\boldsymbol{A}\boldsymbol{x}_1-\boldsymbol{b}+\boldsymbol{b}-\boldsymbol{A}\boldsymbol{x}_2\|_2\leqslant\|\boldsymbol{A}\boldsymbol{x}_1-\boldsymbol{b}\|_2+\|\boldsymbol{A}\boldsymbol{x}_2-\boldsymbol{b}\|_2\leqslant 2\epsilon \tag{5-2}$$

由此，我们可以推广**稀疏度**的概念，以允许零空间中的 ϵ 近似，如下面定义所示。

定义 5.1　给定矩阵 $\boldsymbol{A}\in\mathbf{R}^{n\times m}$，我们考虑具有 s 列的所有可能子集，每个子集构成一个子矩阵 $\boldsymbol{A}_s\in\mathbf{R}^{n\times s}$。我们定义 $\text{spark}_\eta(\boldsymbol{A})$ 为有可能满足下式的最小值 s（列的个数）

$$\min_s \sigma_s(\boldsymbol{A}_s)\leqslant\eta \tag{5-3}$$

---

① 作为 $f_S(\boldsymbol{z})=\|\boldsymbol{b}-\boldsymbol{A}_S\boldsymbol{z}\|_2$ 的最小点，向量 $\boldsymbol{x}_S$ 必须满足 $\boldsymbol{A}_S^{\mathrm{T}}(\boldsymbol{b}-\boldsymbol{A}_S\boldsymbol{x}_S)=\boldsymbol{A}_S^{\mathrm{T}}\boldsymbol{e}=\boldsymbol{0}$。

这是能从 $\boldsymbol{A}$ 中得到的，满足 $\boldsymbol{A}_s$ 的最小奇异值[①]不大于 η 的最小列数（整数值）。

当 $\eta=0$，这个要求就退化为选定列的线性相关性，因此有 $\mathrm{spark}_0(\boldsymbol{A})=\mathrm{spark}(\boldsymbol{A})$。自然的，$\mathrm{spark}_\eta(\boldsymbol{A})$ 随着 η 单调递减，有

$$\forall 0 \leqslant \eta \leqslant 1 \quad 1 \leqslant \mathrm{spark}_\eta(\mathbf{A}) \leqslant \mathrm{spark}(\mathbf{A}) \leqslant n+1 \tag{5-4}$$

同样可知，对于 $\eta=1$，有 $\mathrm{spark}_\eta(\boldsymbol{A})=1$，因为任意单一的（归一化的）列只有一个等于 1 的奇异值。

稀疏度的一个基本特性是：方程 $\boldsymbol{Av}=\mathbf{0}$ 意味着 $\|\boldsymbol{v}\|_0 \geqslant \mathrm{spark}(\boldsymbol{A})$。类似的，这个特性的推广形式如下。

引理 5.1 如果 $\|\boldsymbol{Av}\|_2 \leqslant \eta$，并且 $\|\boldsymbol{v}\|_2=1$，则有 $\|\boldsymbol{v}\|_0 \geqslant \mathrm{spark}_\eta(\boldsymbol{A})$。

证明： 这个性质是上述定义和奇异值基本性质的直接推论。由 $\mathrm{spark}_\eta(\boldsymbol{A})$ 定义可知，至少存在着一个由 $\boldsymbol{A}$ 中 $\mathrm{spark}_\eta(\boldsymbol{A})$ 个列构成的子集，它的最小奇异值是 η 或者更小。同样的，上述定义也表明，对于任何少于 $\mathrm{spark}_\eta(\boldsymbol{A})$ 个列的集合，其所有奇异值都严格大于 η。

现在考虑 $\|\boldsymbol{v}\|_0=s<\mathrm{spark}_\eta(\boldsymbol{A})$ 的情况。由奇异值的基本性质可知，大小为 $n\times s$ $(s<n)$ 的子矩阵 $\boldsymbol{A}_s$ 必须满足如下性质，即对任意的归一化向量 $\boldsymbol{v}$，有 $\|\boldsymbol{Av}\|_2=\|\boldsymbol{A}_s\boldsymbol{v}_s\|_2 \geqslant \sigma_s\|\boldsymbol{v}_s\|_2=\sigma_s$。由于 $s<\mathrm{spark}_\eta(\boldsymbol{A})$，因此有 $\sigma_s>\eta$，从而可以得到 $\|\boldsymbol{Av}\|_2 \geqslant \sigma_s>\eta$。这和上面的先验知识 $\|\boldsymbol{Av}\|_2 \leqslant \eta$ 矛盾，因此可以得出结论 $s=\|\boldsymbol{v}\|_0 \geqslant \mathrm{spark}_\eta(\boldsymbol{A})$。

我们现在来看一个更基本的现象，它将 $\mathrm{spark}_\eta(\boldsymbol{A})$ 与矩阵的互相关联系起来。

引理 5.2 如果 $\boldsymbol{A}$ 的列是归一化的，且互相关函数为 $\mu(\mathbf{A})$，那么

$$\mathrm{spark}_\eta(\boldsymbol{A}) \geqslant \frac{1-\eta^2}{\mu(\boldsymbol{A})}+1 \tag{5-5}$$

证明： 在 Gershgorin 圆盘定理（见第 2 章）的基础上，我们对对角占优矩阵的特征值进行简单的观察。给定 $s\times s$ 的对称阵 $\boldsymbol{H}$，其对角线项为 1，非对角线项的幅度 $\leqslant \mu$，我们可以得到以下结论：$\boldsymbol{H}$ 的最小特征值的下界由 $\lambda_{\min}(\boldsymbol{H}) \geqslant 1-(s-1)\mu$ 给出。

由于 $\boldsymbol{A}$ 符合上述假设（归一化的列，固定的互相关值），因此 Gram 矩阵 $\boldsymbol{G}=\boldsymbol{A}^{\mathrm{T}}\boldsymbol{A}$ 的每个主子式在对角线上都为 1（假设列是归一化的），且其非对角线项的绝对值都受限于 $\mu(\boldsymbol{A})$。由此，对于每个记为 $\boldsymbol{A}_s^{\mathrm{T}}\boldsymbol{A}_s$、大小为 $s\times s$ 的子矩阵来说，上述说明为其最小特征值给出了一个更低的界，即

$$\lambda_{\min}(\boldsymbol{A}_s^{\mathrm{T}}\boldsymbol{A}_s) \geqslant 1-(s-1)\mu(\boldsymbol{A}) \Rightarrow s \geqslant \frac{1-\lambda_{\min}(\boldsymbol{A}_s^{\mathrm{T}}\boldsymbol{A}_s)}{\mu(\boldsymbol{A})}+1 \tag{5-6}$$

---

① 这是 s 个奇异值中的最后一个，其序号就是 s。

对于 $\lambda_{\min}(\boldsymbol{A}_s^{\mathrm{T}}\boldsymbol{A}_s) \leqslant \eta^2$ 的选择来说，由 s 个这样的列构成的任意子集，其奇异值均由 η 给出上界，有 $\mathrm{spark}_\eta(\boldsymbol{A}) \geqslant \dfrac{1-\eta^2}{\mu(\boldsymbol{A})}+1$。

基于以上的推导手段，我们下面给出在无噪情况下的一系列不确定性结论。

引理 5.3 若 $\boldsymbol{x}_1$ 和 $\boldsymbol{x}_2$ 满足 $\|\boldsymbol{b}-\boldsymbol{A}\boldsymbol{x}_i\|_2 \leqslant \epsilon$，$i=1,2$，则

$$\|\boldsymbol{x}_1\|_0+\|\boldsymbol{x}_2\|_0 \geqslant \mathrm{spark}_\eta(\boldsymbol{A})\text{，其中 }\eta=\frac{2\epsilon}{\|\boldsymbol{x}_1-\boldsymbol{x}_2\|_2} \tag{5-7}$$

证明：由三角不等式可得 $\|\boldsymbol{A}(\boldsymbol{x}_1-\boldsymbol{x}_2)\|_2 \leqslant 2\epsilon$。写成不同的形式，有 $\|\boldsymbol{A}\boldsymbol{v}\|_2 \leqslant \eta$，其中 $\boldsymbol{v}=(\boldsymbol{x}_1-\boldsymbol{x}_2)/\|\boldsymbol{x}_1-\boldsymbol{x}_2\|_2$。根据引理 5.1 的性质，有 $\|\boldsymbol{v}\|_0 \geqslant \mathrm{spark}_\eta(\boldsymbol{A})$。但是

$$\|\boldsymbol{x}_1\|_0+\|\boldsymbol{x}_2\|_0 \geqslant \|\boldsymbol{x}_1-\boldsymbol{x}_2\|_0=\|\boldsymbol{v}\|_0 \tag{5-8}$$

由此可得式（5-7）。

现在，对于精确的问题，我们利用上述的不确定性规则来推导唯一性结果，但这次我们用一个欧氏球的定位形式来表示。

定理 5.1 给定距离 $D \geqslant 0$ 和 ϵ，设定 $\eta=2\epsilon/D$。假设有两个近似表示 $\boldsymbol{x}_i$，$i=1,2$，都满足

$$\|\boldsymbol{b}-\boldsymbol{A}\boldsymbol{x}_i\|_2 \leqslant \epsilon \quad \|\boldsymbol{x}_i\|_0 \leqslant \frac{1}{2}\mathrm{spark}_\eta(\boldsymbol{A}) \tag{5-9}$$

那么有 $\|\boldsymbol{x}_1-\boldsymbol{x}_2\|_2 \leqslant D$。

证明：根据上述细节和引理 5.3，若 $\nu=2\epsilon/\|\boldsymbol{x}_1-\boldsymbol{x}_2\|_2$，则有

$$\mathrm{spark}_\eta(\boldsymbol{A}) \geqslant \|\boldsymbol{x}_1\|_0+\|\boldsymbol{x}_2\|_0 \geqslant \mathrm{spark}_\nu(\boldsymbol{A}) \tag{5-10}$$

由于 $\mathrm{spark}_\eta(\boldsymbol{A})$ 单调递减，上式意味着

$$\eta=\frac{2\epsilon}{D} \leqslant \nu=\frac{2\epsilon}{\|\boldsymbol{x}_1-\boldsymbol{x}_2\|_2} \tag{5-11}$$

由此得到定理的结论。

最终，我们已经准备好给出稳定性结论了，即 (P_0^ϵ) 问题的解不能远离足够稀疏的初始向量 $\boldsymbol{x}_0$。

定理 5.2（(P_0^ϵ) **的稳定性**）考虑由三元组 $(\boldsymbol{A},\boldsymbol{b},\epsilon)$ 定义的 (P_0^ϵ) 问题实例。假设稀疏向量 $\boldsymbol{x}_0 \in \mathbf{R}^m$ 满足稀疏性约束条件 $\|\boldsymbol{x}_0\|_0 < (1+1/\mu(\boldsymbol{A}))/2$，并在误差容限 ϵ 之内给出了 $\boldsymbol{b}$ 的表示（即 $\|\boldsymbol{b}-\boldsymbol{A}\boldsymbol{x}_0\|_2 \leqslant \epsilon$）。那么 (P_0^ϵ) 问题的每个解 $\boldsymbol{x}_0^\epsilon$ 都必须满足

$$\|\boldsymbol{x}_0^\epsilon-\boldsymbol{x}_0\|_2^2 \leqslant \frac{4\epsilon^2}{1-\mu(\boldsymbol{A})(2\|\boldsymbol{x}_0\|_0-1)} \tag{5-12}$$

注意，这个结果与无噪情况下给出唯一性结果的定理 2.5[①]是类似的，实际上在 $\epsilon=0$

① 译者注：原书此处有误。

时就退化为定理 2.5。

证明：记 (P_0^{ϵ}) 问题的解为 $\boldsymbol{x}_0^{\epsilon}$，它至少应和理想的稀疏解 $\boldsymbol{x}_0$ 保持相同的稀疏性，因为 $\boldsymbol{x}_0$ 只是众多可能解中的一个，而 (P_0^{ϵ}) 问题是找所有解中最稀疏的解。由于 $\|\boldsymbol{x}_0\|_0 < (1+1/\mu(\boldsymbol{A}))/2$，因此存在一个值 $\eta \geqslant 0$①，使得

$$\|\boldsymbol{x}_0\|_0 \ ,\ \|\boldsymbol{x}_0^{\epsilon}\|_0 \leqslant \frac{1}{2}\mathrm{spark}_{\eta}(\boldsymbol{A}) \tag{5-13}$$

根据引理 5.2，利用更为严格的约束来替换这个不等式，得到

$$\|\boldsymbol{x}_0\|_0 \leqslant \frac{1}{2}\left(\frac{1-\eta^2}{\mu(\boldsymbol{A})}+1\right) \leqslant \frac{1}{2}\mathrm{spark}_{\eta}(\boldsymbol{A}) \tag{5-14}$$

这给出了 η 更低的界，即

$$\eta^2 \leqslant 1-\mu(\boldsymbol{A})\cdot(2\|\boldsymbol{x}_0\|_0-1) \tag{5-15}$$

调用定理 5.1，我们有两个可行的稀疏解，每个解的势都小于 $\frac{1}{2}\mathrm{spark}_{\eta}(\boldsymbol{A})$，其中 η 由上式给出。那么，η 应该满足 $\eta = 2\epsilon / D$，其中 $D \geqslant \|\boldsymbol{x}_0 - \boldsymbol{x}_0^{\epsilon}\|_2$，将此式与式（5-15）中的 η 上界联合起来，可以得到定理结论

$$\|\boldsymbol{x}_0 - \boldsymbol{x}_0^{\epsilon}\|_2^2 \leqslant D^2 = \frac{4\epsilon^2}{\eta^2} \leqslant \frac{4\epsilon^2}{1-\mu(\boldsymbol{A})\cdot(2\|\boldsymbol{x}_0\|_0-1)} \tag{5-16}$$

5.2.3 RIP 及其在稳定性分析上的应用

在对 (P_0^{ϵ}) 问题的稳定性讨论做总结之前，我们介绍一个多少有点不同的观点，来得到稳定性结论的另一种表达方式。为了展现这个理论分析，我们为给定矩阵 $\boldsymbol{A}$ 引入一个新的测度来替换互相关和稀疏度。这个测度由 Candes 和 Tao 提出，称为受限等距性质（Restricted Isometry Property，RIP），它在分析矩阵 $\boldsymbol{A}$ 的关键性质上具有很强的作用，也令后续分析变得非常简单。

定义 5.1 给定一个大小为 $n\times m\ (m>n)$ 的矩阵 $\boldsymbol{A}$，各列的 ℓ_2-范数归一化，对于整数标量 $s\leqslant n$，考虑由 $\boldsymbol{A}$ 中 s 个列构成的子矩阵 $\boldsymbol{A}_s$。定义 δ_s 是使得式（5-17）对任意 s 个列的选择都成立的最小值，即

$$\forall \boldsymbol{c}\in\mathbf{R}^s \qquad (1-\delta_s)\|\boldsymbol{c}\|_2^2 \leqslant \|\boldsymbol{A}_s\boldsymbol{c}\|_2^2 \leqslant (1+\delta_s)\|\boldsymbol{c}\|_2^2 \tag{5-17}$$

则可以称 $\boldsymbol{A}$ 具有在常数 δ_s 约束下的 s 受限等距特性（RIP）。

上述定义中的核心思想在于，其表明了 $\boldsymbol{A}$ 中任何一个包含 s 列的子集的性质都和正交变换类似，能量几乎不增减。显然，上面的定义只在 $\delta_s<1$ 的情况下有意义。

很容易看出 RIP 和 $\mathrm{spark}_{\eta}(\boldsymbol{A})$ 性质之间的关系。其中 spark_{η} 是保持各列远离奇

① 因为 $\mathrm{spark}_0(\boldsymbol{A}) \geqslant (1+1/\mu(\boldsymbol{A}))/2$。

异值η^2的情况下[①]所需要的最小列数s，而 RIP 却是固定s来寻找满足式（5-17）中$1-\delta_s$的最小值，这也意味着这s个列与奇异矩阵之间的距离是（$1-\delta_s$）。需要指出的是，从这个角度来看，RIP 的内涵更丰富，因为它同时也给出了一个上界。下面将看到，RIP 使得稳定性分析容易了许多。图 5.4 说明了 spark_η 和 RIP 间的联系。

对于给定的矩阵$\boldsymbol{A}$，很难甚至不可能在$s \gg 1$的情况下估计δ_s，因为这需要遍历所有的$\begin{pmatrix} m \\ s \end{pmatrix}$个支撑集。从这个角度来说，这个测度和**稀疏度**的定义一样复杂。实际上，就和利用互相关来对**稀疏度**定界一样，这里也可以这样做，得到结论为$\delta_s \leqslant (s-1)\mu(\boldsymbol{A})$。注意到由于列都是归一化的，因此当$s=1$时有$\delta_1=0$。上述 RIP 常数的上界很容易从下式看出

$$\begin{aligned} \|\boldsymbol{A}_s\boldsymbol{c}\|_2^2 = \boldsymbol{c}^{\mathrm{T}}\boldsymbol{A}_s^{\mathrm{T}}\boldsymbol{A}_s\boldsymbol{c} \leqslant |\boldsymbol{c}|^{\mathrm{T}}[\boldsymbol{I}+\mu(\boldsymbol{A})(\boldsymbol{1}-\boldsymbol{I})]|\boldsymbol{c}| \leqslant \\ (1-\mu(\boldsymbol{A}))\|\boldsymbol{c}\|_2^2 + \mu(\boldsymbol{A})\|\boldsymbol{c}\|_1^2 \leqslant [1+(s-1)\mu(\boldsymbol{A})]\|\boldsymbol{c}\|_2^2 \end{aligned} \tag{5-18}$$

上面我们使用了 Gram 矩阵的子式结构，即主对角线项为 1，非对角线项受限于$\mu(\boldsymbol{A})$。我们同样使用了范数等价性不等式：对于长度为s的向量$\boldsymbol{c}$，有$\|\boldsymbol{c}\|_1 \leqslant \sqrt{s}\|\boldsymbol{c}\|_2$。下界也可以按相同的方式得到，即

$$\begin{aligned} \|\boldsymbol{A}_s\boldsymbol{c}\|_2^2 = \boldsymbol{c}^{\mathrm{T}}\boldsymbol{A}_s^{\mathrm{T}}\boldsymbol{A}_s\boldsymbol{c} \geqslant |\boldsymbol{c}|^{\mathrm{T}}[\boldsymbol{I}-\mu(\boldsymbol{A})(\boldsymbol{1}-\boldsymbol{I})]|\boldsymbol{c}| \geqslant (1+\mu(\boldsymbol{A}))\|\boldsymbol{c}\|_2^2 - \mu(\boldsymbol{A})\|\boldsymbol{c}\|_1^2 \\ \geqslant [1-(s-1)\mu(\boldsymbol{A})]\|\boldsymbol{c}\|_2^2 \end{aligned} \tag{5-19}$$

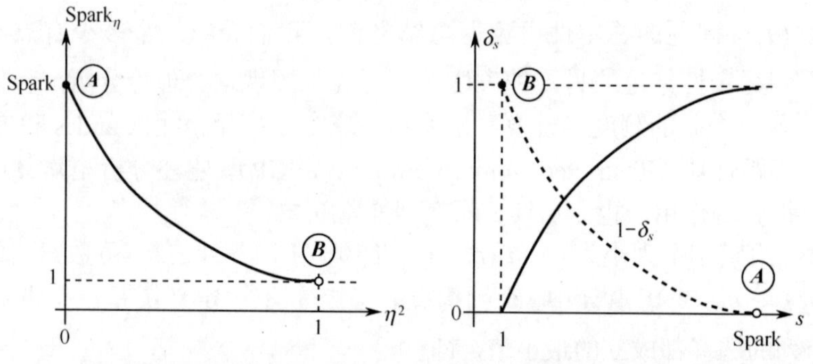

图 5.4 左图给出了 spark_η 作为η^2函数的变化。图中的点 A 对应于$\eta=0$，这对应于常规的（无噪声）spark。点B是另一个极端，其中$\eta=1$，$\text{spark}_\eta=1$。右图给出了作为s函数的 RIP 常数δ_s的变化。在把$1-\delta_s$认为是s的函数时，两幅图中的点A和B有着精确的一致性。因此，spark_η和 RIP 的关系可以看成是一个函数和它的逆函数

这里我们再次使用了范数等价性不等式$\|\boldsymbol{c}\|_1 \leqslant \sqrt{s}\|\boldsymbol{c}\|_2$。

另一种更简单的推导方法，是利用 Gershgorin 圆盘理论来得到上述δ_s边界（上

① 按最小的特征值来分析，而不是奇异值为 1。

界和下界），即 $\boldsymbol{A}_s^{\mathrm{T}}\boldsymbol{A}_s$ 的特征值必然受限于下式

$$1-(s-1)\mu(\boldsymbol{A}) \leqslant \lambda(\boldsymbol{A}_s^{\mathrm{T}}\boldsymbol{A}_s) \leqslant 1+(s-1)\mu(\boldsymbol{A}) \tag{5-20}$$

该式也可以直接得到上述结论，因为

$$\lambda_{\min}(\boldsymbol{A}_s^{\mathrm{T}}\boldsymbol{A}_s)\cdot\|\boldsymbol{c}\|_2^2 \leqslant \|\boldsymbol{A}_s\boldsymbol{c}\|_2^2 \leqslant \lambda_{\max}(\boldsymbol{A}_s^{\mathrm{T}}\boldsymbol{A}_s)\cdot\|\boldsymbol{c}\|_2^2 \tag{5-21}$$

利用 RIP 定义，我们可以观察到：假设势为 s_0 的稀疏向量 $\boldsymbol{x}_0$ 乘以矩阵 $\boldsymbol{A}$，并受到一个范数 ϵ 受限的向量 $\boldsymbol{e}$（即 $\|\boldsymbol{e}\|_2 \leqslant \epsilon$）的干扰，得到的观测值为 $\boldsymbol{b}=\boldsymbol{A}\boldsymbol{x}_0+\boldsymbol{e}$。显然，$\|\boldsymbol{b}-\boldsymbol{A}\boldsymbol{x}_0\|_2 \leqslant \epsilon$。

现在，假设我们已经解决了 (P_0^{ϵ}) 问题，并得到了一个可选解，记为 $\tilde{\boldsymbol{x}}$。显然，这个解是稀疏的，最多 s_0 个非零项（因为 $\boldsymbol{x}_0$ 同样可行，也只有 s_0 个非零项）。这个可选解同样满足不等式 $\|\boldsymbol{b}-\boldsymbol{A}\tilde{\boldsymbol{x}}\|_2 \leqslant \epsilon$。

定义 $\boldsymbol{d}=\tilde{\boldsymbol{x}}-\boldsymbol{x}_0$，有 $\|\boldsymbol{A}\boldsymbol{x}_0-\boldsymbol{A}\tilde{\boldsymbol{x}}\|_2=\|\boldsymbol{A}\boldsymbol{d}\|_2 \leqslant 2\epsilon$，因为这两个向量（$\boldsymbol{A}\boldsymbol{x}_0$ 和 $\boldsymbol{A}\tilde{\boldsymbol{x}}$）距离同一个中心向量 $\boldsymbol{b}$ 都是 ϵ。我们同样观察到 $\boldsymbol{d}$ 是最多具有 $2s_0$ 个非零值的稀疏向量，因为 $\|\boldsymbol{d}\|_0=\|\tilde{\boldsymbol{x}}-\boldsymbol{x}_0\|_0 \leqslant \|\boldsymbol{x}_0\|_0+\|\tilde{\boldsymbol{x}}\|_0 \leqslant 2s_0$。

假设矩阵 $\boldsymbol{A}$ 满足 $2s_0$−RIP 性质，对应的参数 $\delta_{2s_0}<1$。那么使用这个性质，并考察式（5-17）的下界部分，可以得到

$$(1-\delta_{2s_0})\|\boldsymbol{d}\|_2^2 \leqslant \|\boldsymbol{A}\boldsymbol{d}\|_2^2 \leqslant 4\epsilon^2 \tag{5-22}$$

那么，也可以得到如下形式的稳定性结论

$$\|\boldsymbol{d}\|_2^2=\|\tilde{\boldsymbol{x}}-\boldsymbol{x}_0\|_2^2 \leqslant \frac{4\epsilon^2}{1-\delta_{2s_0}} \tag{5-23}$$

带入利用互相关得到的 δ_{2s_0} 上界，有

$$\|\tilde{\boldsymbol{x}}-\boldsymbol{x}_0\|_2^2 \leqslant \frac{4\epsilon^2}{1-\delta_{2s_0}} \leqslant \frac{4\epsilon^2}{1-(2s_0-1)\mu(\boldsymbol{A})} \tag{5-24}$$

这个结果与定理 5.2 给出的 (P_0^{ϵ}) 问题稳定性结论是相同的。注意，这个边界只有在分母是正的时候才成立，因此需要 $s_0<0.5(1+1/\mu(\boldsymbol{A}))$。如果 $\epsilon=0$，得到的稳定性结果表明 $\tilde{\boldsymbol{x}}=\boldsymbol{x}_0$，这与第 2 章的结果也是一致的。

上述的分析过程可以推广到更一般的情况。假设采用一个任意的近似算法来求解 (P_0^{ϵ}) 问题，并且得到了一个可行解 $\tilde{\boldsymbol{x}}$ 具有 $\|\tilde{\boldsymbol{x}}\|_0=s_1$ 项非零值。使用同样的推导可以知道，由于解具有稀疏性，它必然非常接近于理想解

$$\|\tilde{\boldsymbol{x}}-\boldsymbol{x}_0\|_2^2 \leqslant \frac{4\epsilon^2}{1-\delta_{s_0+s_1}} \leqslant \frac{4\epsilon^2}{1-(s_0+s_1-1)\mu(\boldsymbol{A})} \tag{5-25}$$

根据这个结论，我们很自然的会想到讨论具体的近似算法以及求解稀疏解的能力，这就是下一节的内容。

5.3 搜索算法

5.3.1 OMP 和 BP 的推广

由于一般情况下求解(P_0)问题并不实际，因此直接解决(P_0^{ϵ})问题并不是一个合理的目标。前面讨论过的追踪算法可以允许误差的存在；但它们的性能如何呢？针对我们分析的两种算法——贪婪算法和ℓ_0函数的松弛——我们将在这里分析这些方法的改进。

例如，考虑图 3.1 中描述的贪婪算法——OMP 算法。在结束规则里选择$\epsilon_0=\epsilon$，算法将对解向量中的非零项进行累加，直到满足约束$\|\boldsymbol{b}-\boldsymbol{A}\boldsymbol{x}\|_2 \leqslant \epsilon$。经过这个微小的改动后，OMP 实现起来非常容易，且易于使用，这也解释了它为什么使用的这么广泛。相同的修改对于其他贪婪方法也是适用的。

类似的，将ℓ_0松弛到ℓ_1-范数，可以得到如下的(P_1)变化，这个变化形式在文献中称为**基追踪降噪**（basis pursuit denoising，BPDN）（注意，与精确情况相同，由于假设$\boldsymbol{A}$的列归一化，因此不需要加权矩阵）

$$(P_1^{\epsilon}):\ \min_{\boldsymbol{x}} \|\boldsymbol{x}\|_1 \quad \text{s.t.} \quad \|\boldsymbol{b}-\boldsymbol{A}\boldsymbol{x}\|_2 \leqslant \epsilon \tag{5-26}$$

这可以写成一个标准的优化问题，具有一个线性惩罚项和一个二次线性不等式约束。这样的问题在优化专家那里已经得到了深入的研究，并有很多实用的求解方法——实际上整个现代凸优化理论都适用，特别是采用内点法和相关方法求解大系统的最新进展。我们这里不再回顾这些文献，只讨论两个相对简单而又适用的方法，这特别适合于没有凸优化知识背景的读者阅读。

有很多专门的优化工具包已经考虑了我们问题中解的稀疏性要求（Candes 和 Romberg 的ℓ_1-magic，Stephen Boyd 和学生们的 CVX 和 L1-LS，David Donoho 和学生们的 Sparselab，Mario Figureiredo 的 GPSR，Michael Friedlander 的 SparCo，Michael Saunders 的 PDSSO，Elad Zibulevsky 和 Shtok 的 ShrinkPack，Fadili，Starck，Donoho 和 Elad 的 MCAlab 等）。这些工具都可以得到(P_1^{ϵ})的可行解，编程也不费力——只要将(P_1^{ϵ})问题写成每个优化器能求解的问题形式即可。然而，我们还需注意，对于大规模的应用来说，通用的二次规划优化器太慢，可以采用专门的技术优化，在上述的某些工具包中实际也是这样做的。

对于一个合适的拉格朗日乘子λ，式（5-26）的解就是下面无约束优化问题的解

$$(Q_1^{\lambda}):\quad \min_{\boldsymbol{x}} \lambda\|\boldsymbol{x}\|_1 + \frac{1}{2}\|\boldsymbol{b}-\boldsymbol{A}\boldsymbol{x}\|_2^2 \tag{5-27}$$

式中拉格朗日乘子λ是$\boldsymbol{A}$，$\boldsymbol{b}$和ϵ的函数。

下面我们将分析在精确(P_0)问题中已经讨论过的迭代重加权最小二乘

（Iterative-Reweighted-Least-Squares，IRLS）算法。由于 LARS 算法可以给出完整的规范化路径（即所有λ条件下的解），我们也将进行简单描述。要强调的是，在解决松弛问题时还有很多很好的可选方法（例如同伦、梯度投影等）。特别是在第 6 章中，我们将基于迭代收缩过程为(Q_1^λ)最小化问题给出一系列的专门算法。

5.3.2 迭代重加权最小二乘（IRLS）

迭代重加权最小二乘（IRLS）算法是一个能够解决(Q_1^λ)问题的简单方法，这和第 3 章中精确情况下采用的方法相似。然而，虽然核心思想是相似的，但还要注意这里的推导多少有些不同。

设$\boldsymbol{X}=\mathrm{diag}(|\boldsymbol{x}|)$，有$\|\boldsymbol{x}\|_1 \equiv \boldsymbol{x}^{\mathrm{T}}\boldsymbol{X}^{-1}\boldsymbol{x}$。我们可以将$\ell_1$-范数视为$\ell_2$-范数平方的一个（自适应加权）版本。给定当前的近似解$\boldsymbol{x}_{k-1}$，令$\boldsymbol{X}_{k-1}=\mathrm{diag}(|\boldsymbol{x}_{k-1}|)$，并试图求解

$$(M_k):\quad \min_{\boldsymbol{x}} \lambda \boldsymbol{x}^{\mathrm{T}}\boldsymbol{X}_{k-1}^{-1}\boldsymbol{x}+\frac{1}{2}\|\boldsymbol{b}-\boldsymbol{A}\boldsymbol{x}\|_2^2 \tag{5-28}$$

这是一个二次优化问题，使用标准的线性代数方法可解。也就是说，在获得（近似）解$\boldsymbol{x}_k$情况下；对角矩阵$\boldsymbol{X}_k$的对角线上都是$\boldsymbol{x}_k$的项，这样可以开始新的迭代。算法的正式描述在图 5.5 中。

（1）**任务**：确定$(Q_1^\lambda):\min_{\boldsymbol{x}} \lambda\|\boldsymbol{x}\|_1+\frac{1}{2}\|\boldsymbol{b}-\boldsymbol{A}\boldsymbol{x}\|_2^2$，的近似解$\boldsymbol{x}$。

（2）**初始化**：初始化$k=0$，令

① 初始化近似值$\boldsymbol{x}_0=\boldsymbol{1}$。

② 初始化加权矩阵$\boldsymbol{X}_0=\boldsymbol{I}$。

（3）**主要迭代步骤**：k加 1，执行下列步骤

① **归一化最小二乘**：迭代求解线性系统$(2\lambda\boldsymbol{X}_{k-1}^{-1}+\boldsymbol{A}^{\mathrm{T}}\boldsymbol{A})\boldsymbol{x}=\boldsymbol{A}^{\mathrm{T}}\boldsymbol{b}$（几步共轭梯度迭代就可以了），得到近似解$\boldsymbol{x}_k$。

② **加权更新**：利用$\boldsymbol{x}_k$更新对角加权矩阵$\boldsymbol{X}$，$X_k(j,j)=|x_k(j)|+\epsilon$。

③ **结束规则**：如果$\|\boldsymbol{x}_k-\boldsymbol{x}_{k-1}\|_2$小于预设阈值，则停止迭代，否则继续迭代。

（4）**输出**：需要的结果$\boldsymbol{x}_k$。

图 5.5　近似求解(Q_1^λ)的 IRLS 策略

我们用一个具体实例来说明这个算法，并且通过它对(Q_1^λ)和(P_1^ϵ)进行深入的考察。我们生成一个100×200的随机矩阵$\boldsymbol{A}$和一个长度为 200 的随机稀疏向量$\boldsymbol{x}_0$，$\|\boldsymbol{x}_0\|_0=4$，其中非零项从$[-2,-1]\cup[1,2]$中均匀选取。计算$\boldsymbol{b}=\boldsymbol{A}\boldsymbol{x}_0+\boldsymbol{e}$，其中$\boldsymbol{e}$是随机加性高斯噪声向量，各元素独立同分布，标准差为$\sigma=0.1$。我们的目标是采用 IRLS 算法求解这个(Q_1^λ)问题来恢复$\boldsymbol{x}_0$。

我们遇到的第一个问题就是选择λ。当$\epsilon\approx\sqrt{n}\sigma$时，问题$(P_1^\epsilon)$可以很清楚的表示$\boldsymbol{A}\boldsymbol{x}$和$\boldsymbol{b}$之间的期望偏差，而变成$(Q_1^\lambda)$形式后反而失去了这种简单的直观性。

我们采用的经验法则是：选择λ接近于σ和解中非零项标准差之间的比值。有关选择和调整这个参数的更多内容在第 11 章中进行说明。由于非零项的标准差约为 2，我们选择λ在值$\sigma/2=0.05$的附近。

图5.6给出了解的性能，由作为λ函数的$\|\hat{\boldsymbol{x}}_\lambda-\boldsymbol{x}_0\|^2/\|\boldsymbol{x}_0\|^2$来度量。每个解由IRLS算法迭代 15 次得到。图中同样给出了$|\log(\|\boldsymbol{A}\hat{\boldsymbol{x}}_\lambda-\boldsymbol{b}\|^2/(n\sigma^2))|$，这个曲线可以表明对于哪些$\lambda$，残差$\|\boldsymbol{A}\hat{\boldsymbol{x}}_\lambda-\boldsymbol{b}\|^2$与噪声功率$n\sigma^2$相等。这是另一种可以用来确定$\lambda$的经验法则，可以看到，选中的$\lambda$与最优值吻合的很好。

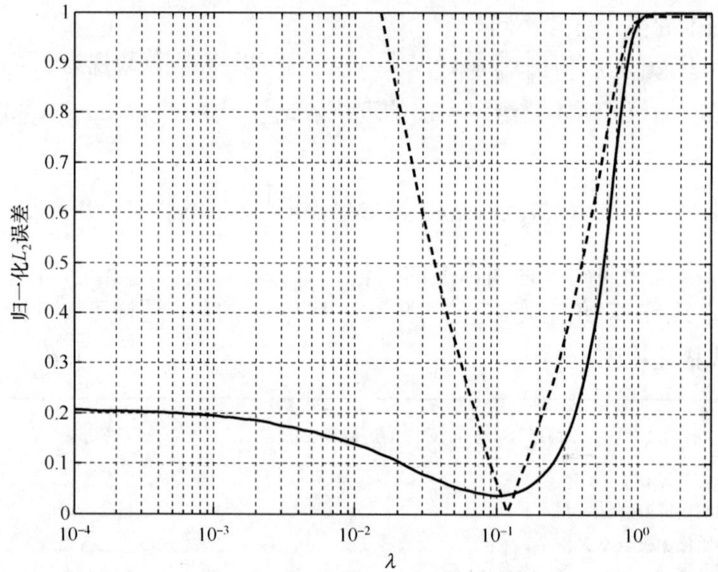

图 5.6　作为λ的函数，解的归一化ℓ_2-误差$(\|\hat{\boldsymbol{x}}_\lambda-\boldsymbol{x}_0\|^2/\|\boldsymbol{x}_0\|^2)$。曲线中的每个点都是 IRLS 算法 15 次迭代后的输出。虚线给出了$|\log_{10}(\|\boldsymbol{A}\hat{\boldsymbol{x}}_\lambda-\boldsymbol{b}\|^2/(n\sigma^2))|$值，这个值接近于零意味着残差等于噪声能量

图 5.7 给出了 3 种情况下的可能解，一个是确定的最优λ，还有另外两个值——一个大于它，一个小于它。这些解都与理想的$\boldsymbol{x}_0$相比较，可以看到，最优λ值确实找到了一个很好的解，对理想向量$\boldsymbol{x}_0$中的各个非零项检测得都比较准确。较小的λ值会得到更稠密的解，较大的值会使解过于稀疏。

有一种有趣的方式，可以把对应于所有λ值的解都绘制在一幅图中。构造一个二维阵列，它的列就是所有的解，并把这个矩阵按行的方式画在图中。这个方法普遍用在套索回归（Least-Absolute-Shrinkage-and-Selection-Operator，LASSO）算法和另一个叫最小角度回归（Least-Angle-Regression，LAR）的算法中（见下节）。这些方法绘出了每一项是如何从 0（在足够大的λ值情况下）变化到可能的非零值的。图 5.8 就是这样的图，我们看到大于 1 的λ值会得到 0 解。随着λ变

小，越来越多的项“被唤醒”（变成非零项）。虚线给出了 $\boldsymbol{x}_0$ 的各项，代表了我们需要求解的理想结果。

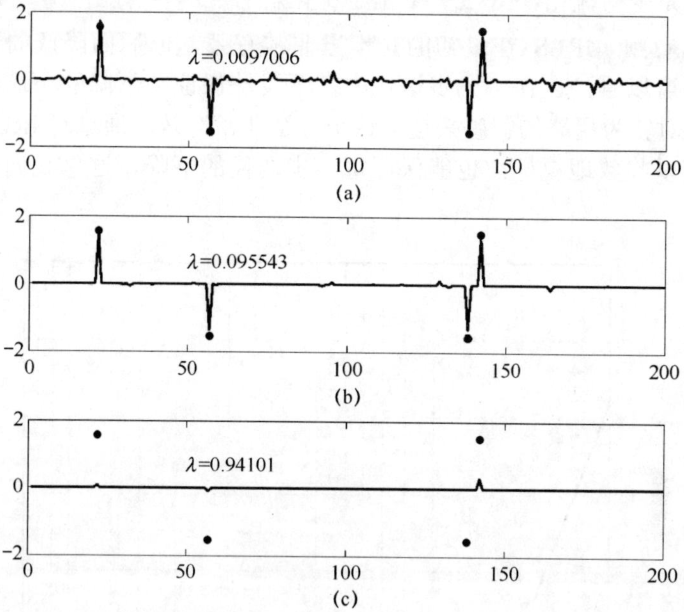

图 5.7　利用 IRLS 算法获得的关于 λ 的 3 个值的结果（15 次迭代）——最佳的（b），小一些的（a），大一些的（c）。$\boldsymbol{x}_0$ 的真实非零值作为参考用点标记了出来

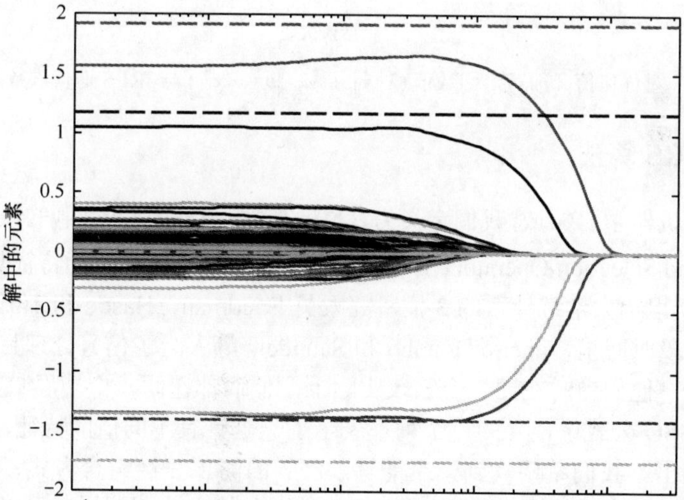

图 5.8　所有 λ 值下的 IRLS 解。每条曲线表明了解中的一个元素，路径表明了作为 λ 的一个函数。真实的 $\boldsymbol{x}_0$ 以虚线形式给出

以上的所有讨论都是一般性的，可以用于任意一个 (Q_1^λ) 求解器。现在来说明IRLS的具体表现。我们已经在前面几幅图中看到，即使是优化的 λ，IRLS也并不能将解完全稀疏化。图 5.9 给出了优化解对应的 (Q_1^λ) 函数值与迭代次数的关系。可以看到，IRLS 在最初的几步里非常有效，但后面降低的非常慢。另外，我们也可以看到，在每一步迭代中甚至没法保证是下降的。这些观察结果表明，若只对较为粗略的解感兴趣，这个方法非常有效。通过对 IRLS 迭代进一步松弛，可以收敛地更好，也能保证每一步迭代的下降，这里我们并不再进行讨论。

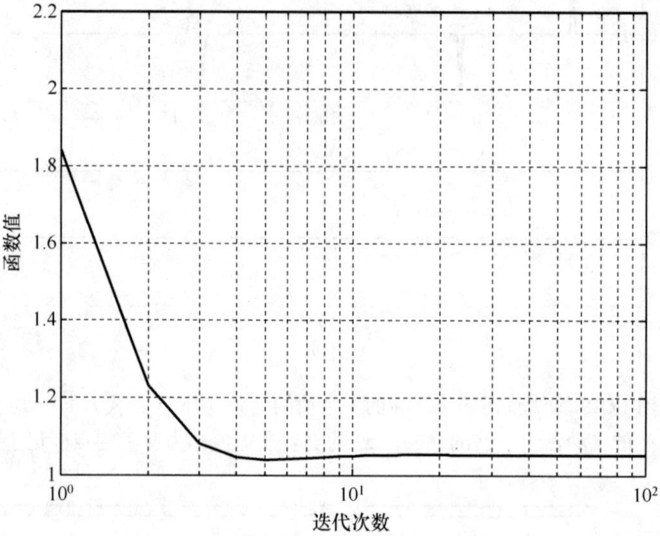

图 5.9　对优化值 λ 而言，函数值 $(\lambda\|\boldsymbol{x}\|_1 + \frac{1}{2}\cdot\|\boldsymbol{b}-\boldsymbol{A}\boldsymbol{x}\|_2^2)$ 与 IRLS 迭代次数的关系

5.3.3 LARS 算法

在统计机器学习领域，我们定义为 (Q_1^λ) 的问题被称为套索回归（Least Absolute Shrinkage and Selection Operator，LASSO），常被用于较大规模的特征集合的回归。LASSO 由斯坦福大学统计系的 3 位研究人员 Friedman，Hastie 和 Tibshirani 提出。大约在同一段时间里，Chen，Donoho 和 Saunders 等人为了信号处理目的提出了基追踪算法——他们当时在同一个系（实际上，他们都在同一个楼层!!）。

在 LASSO 公式中，$\boldsymbol{A}$ 的每个列都表示了一个具有不同值的特征，向量 $\boldsymbol{b}$ 是复杂系统的输出。我们希望找到一个能够解释 $\boldsymbol{b}$ 的简单线性组合方式，只用到很少的特征。这样，求解 (Q_1^λ) 不仅可以提供一种回归的方法，同样也可以选出很小的特征子集，这通常称为模型选择。

尽管 LASSO 和 BPDN 针对不同的应用，它们的数学公式却是相同的。在研究 LASSO 的统计机器学习领域里，目标是找到能同时对所有可能 λ 值立即求解

(Q_1^λ) 的数值方法。我们把这类解称为完整的规则化路径。这个想法的初衷很自然——这可以帮助我们轻松的从 (Q_1^λ) 的解过渡到 (P_1^ϵ) 的解，也可以根据我们的需要更好地调整 ϵ 或 λ。

令人惊奇的是，这种求解方式只需要花费与单独计算一个 λ 值相同的计算量。事实上，为了考察为什么这个方法是针对所有可能值的，可将 OMP 看成是对 λ 进行遍历的技术，这是由于每次增加一个原子后残差能量都在下降。由 LASSO 团队和 Efron 建议的最小角度回归分步方法（Least Angle Regression Stagewise，LARS）与 OMP 非常相似，但它可以保证解的路径就是 (Q_1^λ) 的全局最优解。下面我们描述这个算法的核心思想，采用的是由 Julien Mairal 给出的一种很有意思的解释。

我们首先观察到，作为 (Q_1^λ) 优化的最小解，它应该能得到一个包含零的次梯度集合。对于如下的凸函数

$$f(\boldsymbol{x})=\lambda\|\boldsymbol{x}\|_1+\frac{1}{2}\|\boldsymbol{b}-\boldsymbol{A}\boldsymbol{x}\|_2^2 \tag{5-29}$$

次梯度集合由如下包含所有这样向量的集合给出

$$\partial f(\boldsymbol{x})=\left\{\boldsymbol{A}^{\mathrm{T}}(\boldsymbol{A}\boldsymbol{x}-\boldsymbol{b})+\lambda\boldsymbol{z}\right\}，\forall\boldsymbol{z}=\begin{cases}+1 &, x[i]>0\\ [-1,+1] &, x[i]=0\\ -1 &, x[i]<0\end{cases} \tag{5-30}$$

当搜索函数 $f(\boldsymbol{x})$ 的最小点时，我们需要对满足该式，即 $\boldsymbol{0}\in\partial f(\boldsymbol{x})$ 的 $\boldsymbol{x}$ 和 $\boldsymbol{z}$ 都进行搜索。

位于 $\boldsymbol{x}_0$ 的次梯度集合定义了所有可能的方向 $\boldsymbol{v}$，即对于足够小的近邻 $\|\boldsymbol{x}-\boldsymbol{x}_0\|_2\leqslant\delta$ 而言，满足 $f(\boldsymbol{x})-f(\boldsymbol{x}_0)\geqslant\boldsymbol{v}^{\mathrm{T}}(\boldsymbol{x}-\boldsymbol{x}_0)$。需要提醒读者，通过 $\boldsymbol{x}_0$ 点并给出凸函数 $f(\boldsymbol{x})$ 在 $\boldsymbol{x}_0$ 处下界的是切平面。对于可导函数而言，这和单向量的常规梯度是一致的。次梯度可能包含不止一个向量，这直接导致 $f(\boldsymbol{x})$ 在零附近不可导。

我们现在描述次梯度约束是如何用于构造 LARS 的，这里我们关注于这个方法的主要实现过程，不去涉及微小（但是重要的）细节。

步骤 1： 从 $\lambda\to\infty$ 开始，显然我们有最优解 $\boldsymbol{x}_\lambda=\boldsymbol{0}$。注意到 λ 向 0 递减时，对于所有大于 $\lambda\geqslant\|\boldsymbol{A}^{\mathrm{T}}\boldsymbol{b}\|_\infty$ 的值，零解始终是最优的，因为根据式（5-30），约束 $\boldsymbol{0}\in\partial f(\boldsymbol{x})$ 与假设 $\boldsymbol{x}_\lambda=\boldsymbol{0}$ 意味着

$$\boldsymbol{0}=-\boldsymbol{A}^{\mathrm{T}}\boldsymbol{b}+\lambda\boldsymbol{z}_\lambda \tag{5-31}$$

这样 $\boldsymbol{z}_\lambda=\boldsymbol{A}^{\mathrm{T}}\boldsymbol{b}/\lambda$ 满足公式（5-30）给出的条件，即 $\boldsymbol{z}$ 中的所有项都在区间 $[-1,1]$ 之中。

步骤 2： 当 λ 减小到 $\|\boldsymbol{A}^{\mathrm{T}}\boldsymbol{b}\|_\infty$ 时，假设这个向量的第 i 项取到最大值。在稍小点的 λ 时保持 $x_\lambda[i]=0$ 显然与式（5-30）相违背。我们改变该项，并设 $z_\lambda[i]=\mathrm{sign}\quad(x_\lambda[i])$。

这个单一的非零值$x_\lambda[i]$可以通过求解下式得到

$$0 = \boldsymbol{a}_i^{\mathrm{T}}(\boldsymbol{a}x - \boldsymbol{b}) + \lambda z_\lambda[i] \Rightarrow x_\lambda[i] = \frac{\boldsymbol{a}_i^{\mathrm{T}}\boldsymbol{b} - \lambda z_\lambda[i]}{\boldsymbol{a}_i^T \boldsymbol{a}_i} = \frac{\boldsymbol{a}_i^{\mathrm{T}}\boldsymbol{b} - \lambda \mathrm{sign}(x_\lambda[i])}{\boldsymbol{a}_i^T \boldsymbol{a}_i} \tag{5-32}$$

显然可见，该值与内积$\boldsymbol{a}_i^{\mathrm{T}}\boldsymbol{b}$的符号相同，满足要求。

当$\lambda = \|\boldsymbol{A}^{\mathrm{T}}\boldsymbol{b}\|_\infty$或稍小些，且关于$\boldsymbol{z}$的条件变为赋值$\boldsymbol{z}_\lambda = \boldsymbol{A}^{\mathrm{T}}(\boldsymbol{b} - \boldsymbol{A}\boldsymbol{x}_\lambda)/\lambda$时，上述的解是正确的。这个约束的第$i$行根据式（5-32）可知显然满足等号，余下的行通过上述公式来设置$\boldsymbol{z}_\lambda$也能满足。

步骤 3： 继续减小λ的值，利用式（5-32）来线性改变解$\boldsymbol{x}_\lambda$，并用上述的赋值方法来更新$\boldsymbol{z}_\lambda$。假设对于当前λ的值，我们得到了$\boldsymbol{x}$的支撑集，记为S。我们同样记$\boldsymbol{x}_\lambda$的非零部分为$\boldsymbol{x}_\lambda^s$，$\boldsymbol{A}$中包含所选列的子矩阵为$\boldsymbol{A}_s$。当前解由下式给出

$$\boldsymbol{x}_\lambda^s = (\boldsymbol{A}_s^{\mathrm{T}}\boldsymbol{A}_s)^{-1}(\boldsymbol{A}_s^{\mathrm{T}}\boldsymbol{b} - \lambda\boldsymbol{z}_\lambda^s) \tag{5-33}$$

式中$\boldsymbol{z}_\lambda^s$=sign($\boldsymbol{x}_\lambda^s$)是向量$\boldsymbol{x}_\lambda$非零部分的符号向量。这个解随着λ线性改变。当λ持续减小，会出现两种情况：

（1）在$\boldsymbol{x}_\lambda$支撑集之外的$\boldsymbol{z}_\lambda$中第i项变为± 1，并将跳出允许范围$[-1,+1]$。此时，我们将该项加入到支撑集中，并使用上述公式，将它包含在解中得到更新后的解。

（2）$\boldsymbol{x}_\lambda^s$中的某个非零项变为 0。此时，需要将它从支撑集中删除，并再次用上述公式对解进行更新。

实际中，由于λ的值是从一个检测点降到另一个点的，因此可以对这些情形进行测试，来更新支撑集S，解$\boldsymbol{x}_\lambda$和向量$\boldsymbol{z}_\lambda$。在这个算法的处理中，我们自始至终都假设存在一个唯一的(Q_1^λ)最优解，并准确的构建它。另外，我们假设每一步迭代都只改变解中的某一项，将其加入或移出支撑集。如果这些假设不再满足的话，这个算法需要专门修改。

在结束讨论之前，我们对 LARS 进行演示。我们完成了在 IRLS 上进行的相同测试（实际上，也利用了相同的数据）。我们使用了丹麦科技大学 Karl Sjostrand 编写的 Matlab 软件，这个软件给出了 LARS 全部的规则化路径。由于结果与 IRLS 的非常接近，我们只给出了与图 5.6 相对应的 2 幅图。图 5.10 给出了 LARS 和 IRLS 算法（15 次迭代后）的曲线，可以看出，两者十分相似，特别是在λ最优值的附近。图 5.11 对最小值附近区域进行了放大，显示了与 LARS 存在着一定的区别。对 IRLS 进行更多的迭代并不能进一步减小这个差异，因为我们已经观察到了收敛速度变得更慢。LARS 更为准确，在计算量上也更为简单，这使得它成为一个适用于低维问题的理想求解器。由于 LARS 需要的迭代步骤约等于$\boldsymbol{x}$的维数，因此在高维问题上使用这个技术是行不通的。

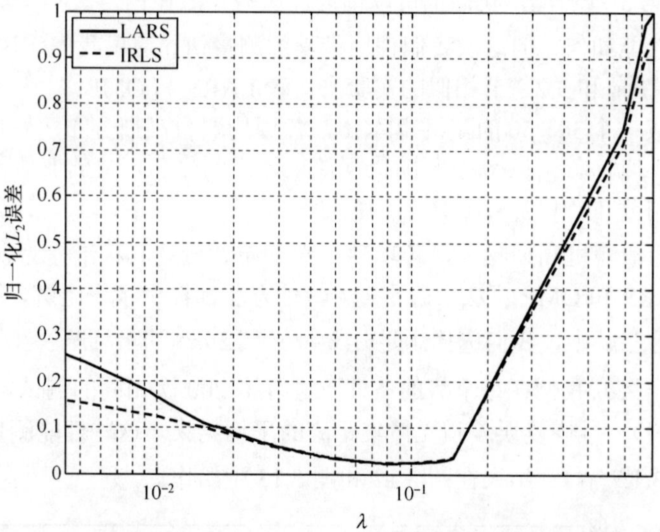

图 5.10　解的归一化 ℓ_2-误差（$\|\hat{\boldsymbol{x}}_\lambda - \boldsymbol{x}_0\|^2 / \|\boldsymbol{x}_0\|^2$）与 λ 的关系。这些曲线中的每个点都是 LARS 的输出（实线）或是 IRLS 算法 15 次迭代后的输出（虚线）

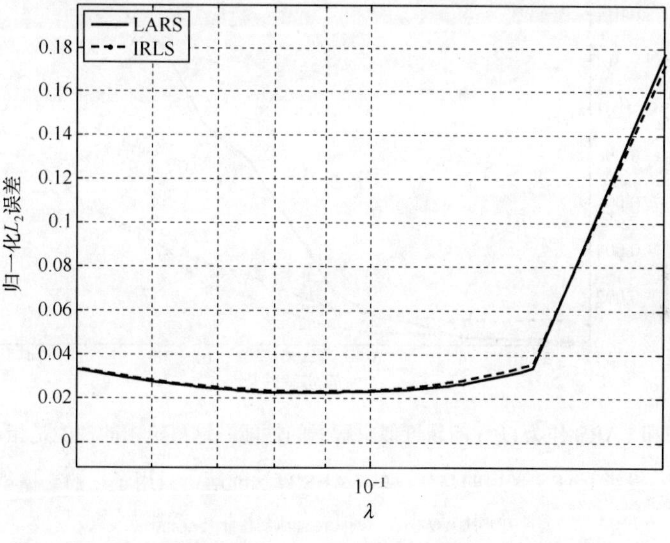

图 5.11　图 5.10 的放大版本，展示了 2 个算法之间的细小差别

5.3.4　近似值的质量

作为 (Q_1^λ) 问题的求解器，LARS 和 IRLS 都只是真实需求——求解 (P_0^ϵ) 问题的近似算法。在上文中，OMP 和其他贪婪方法同样是这个目标，这为我们对这些不同技术进行比较提供了共同的基础。这些近似算法的性能怎样呢？图 5.10 中给出了部分答案，表明在 λ 值选择合适的情况下，利用 LARS 和 IRLS 得到的 $\hat{\boldsymbol{x}}_\lambda$ 很

接近 $\boldsymbol{x}_0$。和第 3 章一样，我们也可以询问，这些算法在恢复真实支撑集和 $\boldsymbol{x}_0$ 各项取值方面的性能如何，但这次我们使用带噪的测量值。这里我们就讨论这些问题，并通过与 3.1.7 节和 3.2.3 节相似的实验来比较 LARS 和 OMP。

我们生成一个 30×50 的随机矩阵 $\boldsymbol{A}$，各项均取自高斯分布，然后将其各列归一化。同时生成稀疏向量 $\boldsymbol{x}_0$，其随机支撑集独立同分布，势的取值范围为[1,15]，非零项是均匀分布在 $[-2,-1]\cup[1,2]$ 内的随机变量。一旦生成 $\boldsymbol{x}_0$，计算 $\boldsymbol{b}=\boldsymbol{A}\boldsymbol{x}+\boldsymbol{e}$，其中 $\boldsymbol{e}$ 是零均值随机高斯噪声，各项独立同分布。设置其标准差为 $\sigma=0.1$。我们分别采用 LARS 和 OMP 算法来确定 $\boldsymbol{x}$。两种方法都提供了一组解，每次都增加一个原子。从这些解中，我们选择满足 $\|\boldsymbol{A}\hat{\boldsymbol{x}}-\boldsymbol{b}\|_2^2\leqslant 2n\sigma^2$ 的最稀疏解（凭经验进行选择以得到好结果）。我们在每个势的条件下进行了 200 次相同的测试，并给出了（$\boldsymbol{x}_0$ 和估计值 $\hat{\boldsymbol{x}}$ 间）ℓ_2-恢复误差和支撑集距离的平均结果（这些性能测量方法的更多细节请参考 3.1.7 节）。结果在图 5.12 和图 5.13 中给出。

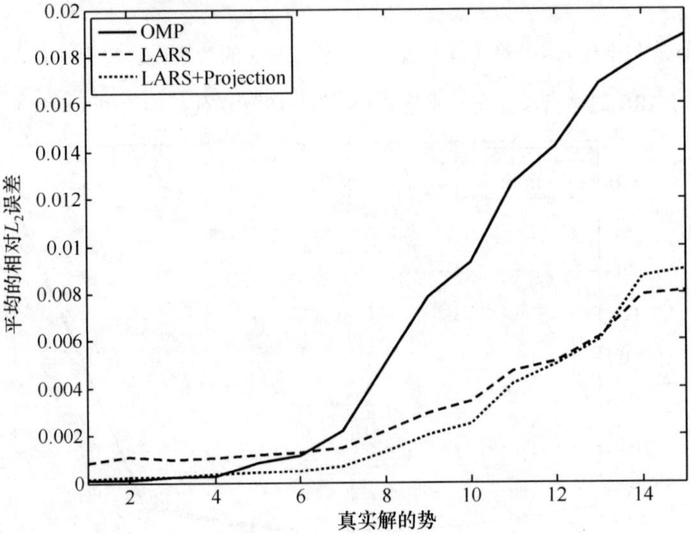

图 5.12　OMP 和 LARS 作为 (P_0^ϵ) 问题近似求解器的性能。这里给出的性能是相对的 ℓ_2-恢复误差。投影 LARS 采用的是建议的 LARS 算法的解，只用了它的支撑集，并利用最小二乘拟合来确定非零系数

在这两幅图中我们看到，OMP 在恢复支撑集方面更好一些，而 LARS 得到的 ℓ_2-误差更小。从 ℓ_2-误差方面考虑，两个算法似乎都干得不错，所得误差都非常小。由于 LARS 最小化的是 (Q_1^λ)，它使用的惩罚项是 ℓ_1-范数，因此它倾向于低估非零值。这样，我们可以选择由 LARS 解给出的支撑集，并通过求解形如 $\min_{\boldsymbol{x}}\|\boldsymbol{A}_s\boldsymbol{x}-\boldsymbol{b}\|_2^2$ 这类简单的最小二乘问题来重新估计非零项。如图 5.12 所示，这种方法有助于减小误差。

图 5.14 展示了 OMP 和 LARS 另一方面的性能。对于选定的误差阈值，两个

方法都最大程度地给出了可能取到的最稀疏解，那么我们自然会问：这些解的稀疏性到底怎样？图 5.14 中我们看到上述实验中 OMP 和 LARS 解的平均势。很显然，OMP 性能很好，接近于真实的势，而 LARS 的性能远远落在了后面，其解更加稠密。这正好与图 5.13 中的结果相吻合，表明 LARS 对支撑集检测的性能较差——现在我们知道这是由于它倾向于得到太多的非零项造成的。

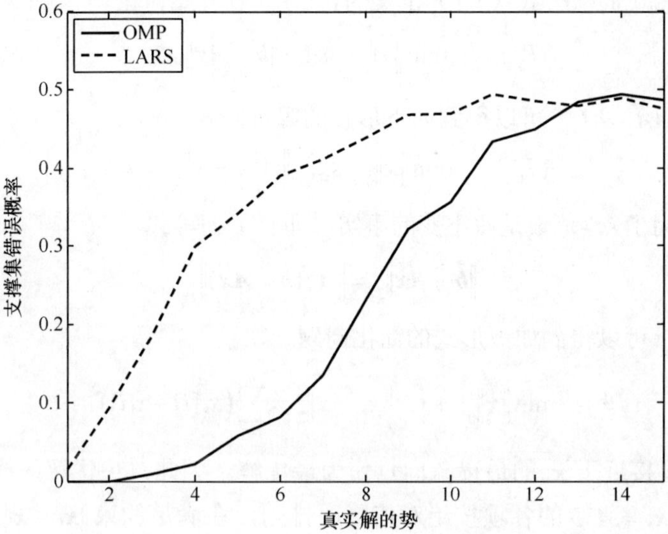

图 5.13　OMP 和 LARS 作为 (P_0^ϵ) 问题近似求解器的性能。这里给出的性能的是真实支撑集的检测准确率

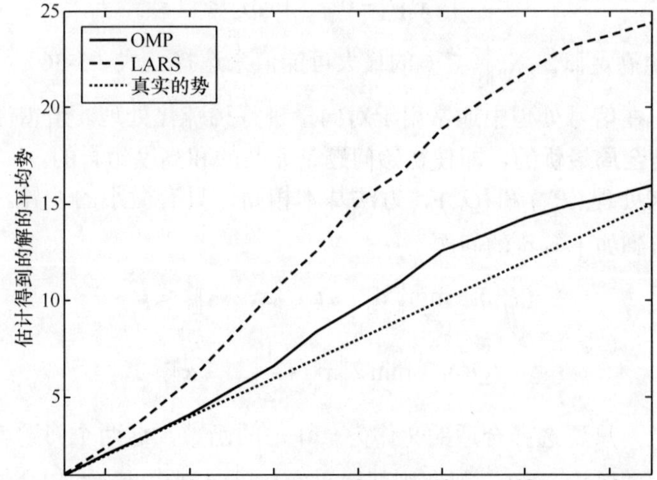

图 5.14　OMP 和 LARS 作为 (P_0^ϵ) 问题近似求解器的性能。这里给出的性能是解的平均势，目标是和可能解一样稀疏

5.4 归一情况

如果 $\boldsymbol{A}$ 是酉矩阵，那么 (P_1^{ϵ})、(Q_1^{λ})，甚至 (P_0^{ϵ}) 的最小化问题都可以利用一系列的简单操作，转变为 n 个独立的、完全相同的一维优化任务，这样处理起来很容易。下面我们从公式（5-1）定义的 (P_0^{ϵ}) 问题开始讨论

$$(P_0^{\epsilon})\text{：}\quad \min_{\boldsymbol{x}} \|\boldsymbol{x}\|_0 \quad \text{s.t.} \quad \|\boldsymbol{b}-\boldsymbol{A}\boldsymbol{x}\|_2 \leqslant \epsilon$$

利用酉关系 $\boldsymbol{A}\boldsymbol{A}^{\mathrm{T}}=\boldsymbol{I}$，可以得到如下形式的等价问题

$$(P_0^{\epsilon})\text{：}\quad \min_{\boldsymbol{x}} \|\boldsymbol{x}\|_0 \quad \text{s.t.} \quad \left\|\boldsymbol{A}^{\mathrm{T}}\boldsymbol{b}-\boldsymbol{x}\right\|_2 \leqslant \epsilon \tag{5-34}$$

这里我们利用了 ℓ_2-范数是酉不变的事实，即有下列等式

$$\|\boldsymbol{b}-\boldsymbol{A}\boldsymbol{x}\|_2=\left\|\boldsymbol{A}^{\mathrm{T}}(\boldsymbol{b}-\boldsymbol{A}\boldsymbol{x})\right\|_2$$

记 $\boldsymbol{x}_*=\boldsymbol{A}^{\mathrm{T}}\boldsymbol{b}$，可以得到如下形式的简化问题

$$(P_0^{\epsilon})\text{：}\quad \min_{\boldsymbol{x}} \|\boldsymbol{x}\|_0 \quad \text{s.t.} \quad \|\boldsymbol{x}_*-\boldsymbol{x}\|_2^2=\sum_{i=1}^{n}\left(x_*[i]-x[i]\right)^2 \leqslant \epsilon^2 \tag{5-35}$$

这个问题将 ϵ 接近于 $\boldsymbol{x}_*$ 的最稀疏向量作为最优解。因此，最优解的计算很简单，只要将向量 $\boldsymbol{x}_*=\boldsymbol{A}^{\mathrm{T}}\boldsymbol{b}$ 的各项按绝对值降序排列，在满足约束 $\|\boldsymbol{x}_*-\boldsymbol{x}\|_2 \leqslant \epsilon$ 的条件下选择排在前面的项就可以得到。这意味着存在一个阈值 $T(\epsilon)$，使得

$$\boldsymbol{x}_0^{\epsilon}=\begin{cases} x_0^{\epsilon}[i]=x_*[i], & |x_*[i]|\geqslant T(\epsilon) \\ x_0^{\epsilon}[i]=0, & |x_*[i]|<T(\epsilon) \end{cases} \tag{5-36}$$

式中 $T(\epsilon)$ 按照满足 $\|\boldsymbol{x}_*-\boldsymbol{x}_0^{\epsilon}\|_2 \leqslant \epsilon$ 的最大可能值来选择。式（5-36）描述的操作被称为**硬阈值**，在信号处理中通常用于对向量进行稀疏化处理。值得注意的是，这里得到的解是**全局最优**的，即使初始问题是非凸的和高度组合的。

下面转来处理 (P_1^{ϵ}) 和 (Q_1^{λ})，方法基本相同，只有微小的差异。按照相同的步骤，可以得到如下等价的问题

$$(P_1^{\epsilon})\text{：}\quad \min_{\boldsymbol{x}} \|\boldsymbol{x}\|_1 \quad \text{s.t.} \quad \|\boldsymbol{x}_*-\boldsymbol{x}\|_2^2 \leqslant \epsilon^2 \tag{5-37}$$

$$(Q_1^{\lambda})\text{：}\quad \min_{\boldsymbol{x}} \lambda\|\boldsymbol{x}\|_1+\frac{1}{2}\|\boldsymbol{x}_*-\boldsymbol{x}\|_2^2 \tag{5-38}$$

正如前面所说，只要选择合适的 λ 作为 ϵ 和 $\boldsymbol{x}_*$ 的函数，这两个问题就是等价的。因此，我们下面讨论 (Q_1^{λ})，观察到其惩罚函数可分割成 n 段不相交的独立的一维问题，都具有如下相同的形式（此处 x_* 是标量）

$$x_{\mathrm{opt}}=\arg\min_{x} \lambda|x|+\frac{1}{2}(x-x_*)^2 \tag{5-39}$$

因为绝对值函数在原点不可导，我们不采用经典的导数置零方法，改为将零点包含于次梯度集这个约束（见有关 LARS 算法的讨论）。这样可以得到 x_{opt} 如下形式的约束条件

$$0 \in x - x_* + \lambda \begin{cases} +1 & , x > 0 \\ [-1,+1] & , x = 0 \\ -1 & , x < 0 \end{cases} \tag{5-40}$$

这表明解应该在函数的次梯度为零的集合中。记

$$z = \begin{cases} +1 & , x > 0 \\ [-1,+1] & , x = 0 \\ -1 & , x < 0 \end{cases} \tag{5-41}$$

我们需要 $x - x_* + \lambda z = 0$。假设 $x_* \geqslant \lambda$，并令 $z = 1$，可以得到最优解 $x_{\text{opt}} = x_* - \lambda$。类似的，当 $x_* \leqslant -\lambda$ 时，令 $z = -1$，可以得到解为 $x_{\text{opt}} = x_* + \lambda$。当 $-\lambda < x_* < \lambda$ 时，最优解必然是 $x_{\text{opt}} = 0$，此时 $z = x_* / \lambda$，实际还是处于 $[-1,+1]$ 区域中。因此，回到式（5-37）给出的 (P_1^ϵ) 和 (Q_1^λ) 问题，如果我们求解 (P_1^ϵ) 问题，就可以给出如下的解

$$\boldsymbol{x}_1^\epsilon = \begin{cases} x_1^\epsilon[i] = x_*[i] - \lambda \ , & x_*[i] \geqslant \lambda \\ x_1^\epsilon[i] = 0 \ , & |x_*[i]| \geqslant \lambda \\ x_1^\epsilon[i] = x_*[i] + \lambda \ , & x_*[i] \leqslant -\lambda \end{cases} = \text{sign}(x_*[i]) \cdot [|x_*[i]| - \lambda]_+ \tag{5-42}$$

式中 λ 应该选择为满足条件 $\|\boldsymbol{x}_* - \boldsymbol{x}_0^\epsilon\|_2 \leqslant \epsilon$ 的最大可能值。这种操作被称为**软阈值**。

我们看到这 3 个问题 (P_0^ϵ)、(P_1^ϵ) 和 (Q_1^λ) 都有简单的闭合形式最优解。更进一步，如前所述，即使 (P_0^ϵ) 是非凸的，我们也能保证得到的解是全局最优的。

有趣的是，在这种情况下，如果采用简单的阈值算法（见第 3 章）来近似求解 (P_0^ϵ) 问题，也能得到最优结果。这是因为它与优化公式相同，计算了向量 $\boldsymbol{A}^{\text{T}}\boldsymbol{b}$，并选择了其中前几项元素（按绝对值排序）。另外，虽然并不是太明显，但是此时 MP 和 OMP 同样可以得到最优解。它们的第一步迭代选择了向量 $|\boldsymbol{A}^{\text{T}}\boldsymbol{b}|$ 中的最大项，这与最优解的公式是吻合的。后续的迭代需要计算残差，但根据 $\boldsymbol{A}$ 的正交性，这等价于从 $\boldsymbol{A}$ 中删除选中的列。这样，每一次迭代都将删除 $|\boldsymbol{A}^{\text{T}}\boldsymbol{b}|$ 中最大项，而停止规则保证了最终使用的是可能取到的最小非零值。

5.5 追踪算法的性能

追踪算法可以近似求解 (P_0^ϵ) 吗？上面已经给出了部分的经验答案。本节中我们给出几个有关该问题的理论结果。第一部分内容来源于 Donoho，Elad 和 Temlyakov 的工作，对应于 BPDN 的稳定性我们做了一定的修改。我们并没有给出 OMP 的类似结果，而是为更简洁的阈值算法推导了相关的性质。

5.5.1 BPDN 稳定性保证

定理 5.3（BPDN 的稳定性）：考虑由三元组$(\boldsymbol{A},\boldsymbol{b},\epsilon)$定义的$(P_1^\epsilon)$问题实例。假设向量$\boldsymbol{x}_0\in\mathbf{R}^m$是$(P_1^\epsilon)$的一个可行解，且满足稀疏约束$\|\boldsymbol{x}_0\|_0<(1+1/\mu(\boldsymbol{A}))/4$。那么$(P_1^\epsilon)$的解$\boldsymbol{x}_1^\epsilon$必须满足

$$\|\boldsymbol{x}_1^\epsilon-\boldsymbol{x}_0\|_2^2\leqslant\frac{4\epsilon^2}{1-\mu(\boldsymbol{A})(4\|\boldsymbol{x}_0\|_0-1)} \tag{5-43}$$

证明：在本证明中我们采用了类似于定理(4.5)的证明步骤，只做了必要的修改。

$\boldsymbol{x}_0$和$\boldsymbol{x}_1^\epsilon$都是可行的，且都满足$\|\boldsymbol{b}-\boldsymbol{A}\boldsymbol{x}_0\|_2\leqslant\epsilon$和$\|\boldsymbol{b}-\boldsymbol{A}\boldsymbol{x}_1^\epsilon\|_2\leqslant\epsilon$。考虑到向量 $\boldsymbol{b}$ 是半径为ϵ的球的球心，我们知道$\boldsymbol{A}\boldsymbol{x}_0$和$\boldsymbol{A}\boldsymbol{x}_1^\epsilon$都在球面上，因此其间的距离最多为$2\epsilon$。记$\boldsymbol{d}=\boldsymbol{x}_1^\epsilon-\boldsymbol{x}_0$，因此有

$$\|\boldsymbol{A}\boldsymbol{x}_1^\epsilon-\boldsymbol{A}\boldsymbol{x}_0\|_2=\|\boldsymbol{A}\boldsymbol{d}\|_2\leqslant 2\epsilon \tag{5-44}$$

我们采用了 Gram 矩阵$\boldsymbol{A}^{\mathrm{T}}\boldsymbol{A}=\boldsymbol{G}$的性质，即 Gram 矩阵的主对角线项为 1，非对角线项的界为互相关$\mu(\boldsymbol{A})$，利用这个性质来改写这个约束条件。这可以导出

$$\begin{aligned}4\epsilon^2&\geqslant\|\boldsymbol{A}\boldsymbol{d}\|_2^2=\boldsymbol{d}^{\mathrm{T}}\boldsymbol{G}\boldsymbol{d}=\|\boldsymbol{d}\|_2^2+\boldsymbol{d}^{\mathrm{T}}(\boldsymbol{G}-\boldsymbol{I})\boldsymbol{d}\\&\geqslant\|\boldsymbol{d}\|_2^2-|\boldsymbol{d}|^{\mathrm{T}}|\boldsymbol{G}-\boldsymbol{I}||\boldsymbol{d}|\\&\geqslant\|\boldsymbol{d}\|_2^2-\mu(\boldsymbol{A})\cdot|\boldsymbol{d}|^{\mathrm{T}}|\mathbf{1}-\boldsymbol{I}||\boldsymbol{d}|\\&=\|\boldsymbol{d}\|_2^2-\mu(\boldsymbol{A})\cdot(|\boldsymbol{d}|^{\mathrm{T}}-\boldsymbol{I}|\boldsymbol{d}|-|\boldsymbol{d}|^{\mathrm{T}}|\boldsymbol{d}|)\\&\geqslant(1+\mu(\boldsymbol{A}))\|\boldsymbol{d}\|_2^2-\mu(\boldsymbol{A})\|\boldsymbol{d}\|_1^2\end{aligned} \tag{5-45}$$

上面推导中使用了性质$|\boldsymbol{d}|^{\mathrm{T}}\mathbf{1}|\boldsymbol{d}|=|\boldsymbol{d}|^{\mathrm{T}}\mathbf{1}\mathbf{1}^{\mathrm{T}}|\boldsymbol{d}|=\|\boldsymbol{d}\|_1^2$。

我们已知$\|\boldsymbol{x}_1^\epsilon\|_1=\|\boldsymbol{d}+\boldsymbol{x}_0\|_1\leqslant\|\boldsymbol{x}_0\|_1$，这表明，作为$(P_1^\epsilon)$的解，$\boldsymbol{x}_1^\epsilon$可能具有最短的$\ell_1$-范数。采用这个结论，以及在定理（4.5）的证明中得到的不等式，有

$$\|\boldsymbol{d}\|_1-2\mathbf{1}_S^{\mathrm{T}}|\boldsymbol{d}|\leqslant\|\boldsymbol{d}+\boldsymbol{x}_0\|_1-\|\boldsymbol{x}_0\|_1\leqslant 0 \tag{5-46}$$

其中向量$\mathbf{1}_S$的长度为$\boldsymbol{m}$，等于 1 的元素都位于向量$\boldsymbol{x}_0$的支撑集S中。这样有

$$\|\boldsymbol{d}\|_1\leqslant 2\mathbf{1}_S^{\mathrm{T}}|\boldsymbol{d}|+\|\boldsymbol{d}+\boldsymbol{x}_0\|_1-\|\boldsymbol{x}_0\|_1\leqslant 2\mathbf{1}_S^{\mathrm{T}}|\boldsymbol{d}| \tag{5-47}$$

使用$\ell_1-\ell_2$范数关系，$\forall\boldsymbol{v}\in\mathbf{R}^n$，$\|\boldsymbol{v}\|_1\leqslant\sqrt{n}\|\boldsymbol{v}\|_2$，可以得到

$$\|\boldsymbol{d}\|_1\leqslant 2\mathbf{1}_S^{\mathrm{T}}|\boldsymbol{d}|\leqslant 2\sqrt{|S|\sum_{i\in S}|d_i|^2}\leqslant 2\sqrt{|S|}\|\boldsymbol{d}\|_2 \tag{5-48}$$

将该式代回公式（5-45）中的不等式，可得：

$$4\epsilon^2\geqslant(1+\mu(\boldsymbol{A}))\|\boldsymbol{d}\|_2^2-\mu(\boldsymbol{A})\|\boldsymbol{d}\|_1^2\geqslant(1+\mu(\boldsymbol{A})-4|S|\mu(\boldsymbol{A}))\|\boldsymbol{d}\|_2^2 \tag{5-49}$$

这就可以直接推出定理的结论。为使上述不等式成立，我们必须要求$1+\mu(\boldsymbol{A})-$

$4|S|\mu(\boldsymbol{A})>0$，以及定理中有关 $\boldsymbol{x}_0$ 势的约束。

当 $\epsilon=0$ 时，即为无噪情况。由于稀疏性要求只是定理 4.5 中的一半，这表明得到的结果损失了紧致性。另一个重要的观察结果是，$\boldsymbol{x}_0$ 和 $\boldsymbol{x}_1^\epsilon$ 之间距离的边界大于 $4\epsilon^2$，这是向量 $\boldsymbol{b}$ 中所有“噪声”能量的 4 倍。这个结论大致表明了求解 (P_1^ϵ) 没有降噪的效果。由于这里完成的是最坏情况下的分析，同时又假设噪声是有害的，因此才得到上述结论。

除了上述稳定性结论之外，成功恢复支撑集的结果同样是我们的兴趣所在。已有一些这类问题的研究工作，都需要更严格（更不合实际）的条件。同样的，若将上面的推导视为信号降噪的过程，那么其性能如何也令人关注，但这里我们并不再讨论。

5.5.2 阈值算法稳定性保证

与 Donoho，Elad 和 Temlyakov 的论文工作不同，我们在这里不为 OMP 给出一个可供比较的稳定性结果，而是为更加简单的阈值算法提出了一个相似的理论。我们给出了两个极端的方法及其性能保证。我们再次利用了定理 4.4 处理无噪情况时采用的证明结构。这里首先论述定理，然后给出证明。

定理 5.4（**阈值算法性能**）：考虑由三元组 $(\boldsymbol{A},\boldsymbol{b},\epsilon)$ 定义的 (P_0^ϵ) 问题实例，对其采用阈值算法。假设向量 $\boldsymbol{x}_0\in\mathbf{R}^m$ 满足 $\|\boldsymbol{b}-\boldsymbol{x}_0\|_2\leqslant\epsilon$，稀疏约束为

$$\|\boldsymbol{x}_0\|_0<\frac{1}{2}\left(\frac{|x_{\min}|}{|x_{\max}|}\frac{1}{\mu(\boldsymbol{A})}+1\right)-\frac{\epsilon}{\mu(\boldsymbol{A})|x_{\max}|} \tag{5-50}$$

式中 $|x_{\min}|$ 和 $|x_{\max}|$ 分别是向量 $|\boldsymbol{x}_0|$ 在其支撑集中的最小值和最大值。由阈值算法产生的结果必须满足

$$\|\boldsymbol{x}_{\text{THR}}-\boldsymbol{x}_0\|_2^2\leqslant\frac{\epsilon^2}{1-\mu(\boldsymbol{A})(\|\boldsymbol{x}_0\|_0-1)} \tag{5-51}$$

更进一步，这个算法可以保证在正确的支撑集内恢复解。

在证明这个结论之前，先进行一个简短的讨论。显然，式（5-50）给出的稀疏性约束条件和解 $\boldsymbol{x}_0$ 中非零项的对比以及噪声水平都有关。而 BPDN 的约束条件没有相类似的性质，这方面它们存在显著的区别。另一方面，式（5-51）中的误差边界要远优于 BPDN 中的边界。我们认为这是由于 BPDN 结果缺失紧致性造成的。

证明：不失一般性，我们假设 $\boldsymbol{x}_0$ 中的 $|S|=k_0$ 个非零项排在最前面，因此 $\boldsymbol{b}=\boldsymbol{e}+\sum_{t=1}^{k_0}x_0[t]\boldsymbol{a}_t$。阈值算法在约束条件（5-52）下可以保证是成功的。

$$\min_{1\leqslant i\leqslant k_0}|\boldsymbol{a}_i^{\mathrm{T}}\boldsymbol{b}|>\max_{j>k_0}|\boldsymbol{a}_j^{\mathrm{T}}\boldsymbol{b}| \tag{5-52}$$

代入 $\boldsymbol{b}$ 的表达式，左边的项变为

$$\min_{1\leqslant i\leqslant k_0}|\boldsymbol{a}_i^{\mathrm{T}}\boldsymbol{b}|=\min_{1\leqslant i\leqslant k_0}\left|\boldsymbol{a}_i^{\mathrm{T}}\boldsymbol{e}+\sum_{t=1}^{k_0}x_0[t]\boldsymbol{a}_i^{\mathrm{T}}\boldsymbol{a}_t\right| \tag{5-53}$$

我们利用了如下事实，即 $\boldsymbol{A}$ 的列是归一化的，其最大的内积以 $\mu(\boldsymbol{A})$ 为上界。我们同样使用关系 $|a+b| \geqslant |a|-|b|$ 和 $\boldsymbol{v}^{\mathrm{T}}\boldsymbol{u} \leqslant \|\boldsymbol{v}\|_2 \cdot \|\boldsymbol{u}\|_2$。利用这些性质可以推导出该项的下界

$$
\begin{aligned}
&\min_{1\leqslant i\leqslant k_0}\left|\boldsymbol{a}_i^{\mathrm{T}}\boldsymbol{e}+\sum_{t=1}^{k_0}x_t\boldsymbol{a}_i^{\mathrm{T}}\boldsymbol{a}_t\right| = \min_{1\leqslant i\leqslant k_0}\left|x_i+\boldsymbol{a}_i^{\mathrm{T}}\boldsymbol{e}+\sum_{1\leqslant t\leqslant k_0,t\neq i}x_t\boldsymbol{a}_i^{\mathrm{T}}\boldsymbol{a}_t\right| \geqslant \\
&\min_{1\leqslant i\leqslant k_0}\left\{|x_i|-|\boldsymbol{a}_i^{\mathrm{T}}\boldsymbol{e}|-\left|\sum_{1\leqslant t\leqslant k_0,t\neq i}x_t\boldsymbol{a}_i^{\mathrm{T}}\boldsymbol{a}_t\right|\right\} \geqslant \\
&\min_{1\leqslant i\leqslant k_0}|x_i| - \max_{1\leqslant i\leqslant k_0}\left|\sum_{1\leqslant t\leqslant k_0,t\neq i}^{\epsilon} x_t\boldsymbol{a}_i^{\mathrm{T}}\boldsymbol{a}_t\right| - \epsilon \geqslant \\
&|x_{\min}|-(k_0-1)\mu(\boldsymbol{A})|x_{\max}|-\epsilon
\end{aligned}
\tag{5-54}
$$

再来看式（5-52）的右边，采用相同的步骤，目标是给出表达式的上界。有

$$
\max_{j>k_0}|\boldsymbol{a}_j^{\mathrm{T}}\boldsymbol{b}| = \max_{j>k_0}\left|\boldsymbol{a}_i^{\mathrm{T}}\boldsymbol{e}+\sum_{t=1}^{k_0}x_t\boldsymbol{a}_j^{\mathrm{T}}\boldsymbol{a}_t\right| \leqslant k_0\mu(\boldsymbol{A})|x_{\max}|+\epsilon \tag{5-55}
$$

那么，约束

$$
|x_{\min}|-(k_0-1)\mu(\boldsymbol{A})|x_{\max}| > k_0\mu(\boldsymbol{A})|x_{\max}|+2\epsilon \tag{5-56}
$$

必然能导出满足公式（5-52）给出的条件。换一种写法，该条件

$$
k_0 < \frac{1}{2}\left(\frac{|x_{\min}|}{|x_{\max}|}\frac{1}{\mu(\boldsymbol{A})}+1\right)-\frac{\epsilon}{\mu(\boldsymbol{A})|x_{\max}|} \tag{5-57}
$$

可以保证阈值算法成功的恢复准确的支撑集。

在已有结果上进一步推导，我们假设上述约束条件都能满足，而且也已经恢复正确的支撑集。那么，阈值算法就对应于简单的最小二乘解，即

$$
\boldsymbol{x}_{\mathrm{THR}}^{s} = \arg\min_{\boldsymbol{x}}\|\boldsymbol{A}_s\boldsymbol{x}-\boldsymbol{b}\|_2^2 = (\boldsymbol{A}_s^{\mathrm{T}}\boldsymbol{A}_s)^{-1}\boldsymbol{A}_s^{\mathrm{T}}\boldsymbol{b} \tag{5-58}
$$

式中，这个结果只对应于解在 $\boldsymbol{A}$ 的某些合适列上的非零项，$\boldsymbol{A}$ 的这些列用子矩阵 $\boldsymbol{A}_s$ 表示。相类似的，记 $\boldsymbol{x}_0^s$ 是向量 $\boldsymbol{x}_0$ 在正确支撑集中的部分。利用事实 $\|\boldsymbol{A}_s\boldsymbol{x}_0^s-\boldsymbol{b}\|_2 \leqslant \epsilon$，有

$$
\begin{aligned}
\|\boldsymbol{x}_{\mathrm{THR}}^{s}-\boldsymbol{x}_0^s\|_2^2 &= \|(\boldsymbol{A}_s^{\mathrm{T}}\boldsymbol{A}_s)^{-1}\boldsymbol{A}_s^{\mathrm{T}}\boldsymbol{b}-\boldsymbol{x}_0^s\|_2^2 = \|(\boldsymbol{A}_s^{\mathrm{T}}\boldsymbol{A}_s)^{-1}\boldsymbol{A}_s^{\mathrm{T}}\boldsymbol{b}-(\boldsymbol{A}_s^{\mathrm{T}}\boldsymbol{A}_s)^{-1}(\boldsymbol{A}_s^{\mathrm{T}}\boldsymbol{A}_s)\boldsymbol{x}_0^s\|_2^2 \\
&= \|(\boldsymbol{A}_s^{\mathrm{T}}\boldsymbol{A}_s)^{-1}\boldsymbol{A}_s^{\mathrm{T}}(\boldsymbol{b}-\boldsymbol{A}_s\boldsymbol{x}_0^s)\|_2^2 \leqslant \|(\boldsymbol{A}_s^{\mathrm{T}}\boldsymbol{A}_s)^{-1}\boldsymbol{A}_s^{\mathrm{T}}\|_2^2\cdot\|\boldsymbol{b}-\boldsymbol{A}_s\boldsymbol{x}_0^s\|_2^2 \leqslant \\
&\quad \epsilon^2\cdot\|(\boldsymbol{A}_s^{\mathrm{T}}\boldsymbol{A}_s)^{-1}\boldsymbol{A}_s^{\mathrm{T}}\|_2^2 = \epsilon^2\cdot\|\boldsymbol{A}_s^{+}\|_2^2
\end{aligned}
\tag{5-59}
$$

$\|\boldsymbol{A}_s^{+}\|_2^2$ 项是 ℓ_2-导出范数，定义如下

$$
\|\boldsymbol{B}\|_2^2 = \max_{\boldsymbol{v}\in\mathbf{R}^n}\frac{\|\boldsymbol{B}\boldsymbol{v}\|_2^2}{\|\boldsymbol{v}\|_2^2} = \lambda_{\max}(\boldsymbol{B}^{\mathrm{T}}\boldsymbol{B}) = \lambda_{\max}(\boldsymbol{B}\boldsymbol{B}^{\mathrm{T}})
$$

$\lambda_{\max}(\boldsymbol{B}^{\mathrm{T}}\boldsymbol{B})=\lambda_{\max}(\boldsymbol{B}\boldsymbol{B}^{\mathrm{T}})$ 的事实可以直接通过矩阵 $\boldsymbol{B}$ 的 SVD①推导得到。回到对阈值算法的分析，我们需要给出矩阵 $\boldsymbol{A}_s^{+}(\boldsymbol{A}_s^{+})^{\mathrm{T}}=(\boldsymbol{A}_s^{\mathrm{T}}\boldsymbol{A}_s)^{-1}$ 谱半径的上界。如果矩阵 $\boldsymbol{A}_s^{\mathrm{T}}\boldsymbol{A}_s$ 的特征值为 $0<\lambda_{\min}\leqslant\cdots\leqslant\lambda_{\max}$，那么它们的倒数是逆矩阵的特征值，逆范数是 $1/\lambda_{\min}$，因此有

$$\left\|\boldsymbol{x}_{\mathrm{THR}}^s-\boldsymbol{x}_0^s\right\|_2^2\leqslant\epsilon^2\cdot\left\|\boldsymbol{A}_s^{+}\right\|_2^2=\epsilon^2\cdot\left\|(\boldsymbol{A}_s^{\mathrm{T}}\boldsymbol{A}_s)^{-1}\right\|_2^2=\frac{\epsilon^2}{\lambda_{\min}(\boldsymbol{A}_s^T\boldsymbol{A}_s)} \tag{5-60}$$

我们还要给出特征值的下界。使用 Gershgorin 圆盘定理，$\boldsymbol{A}_s^{\mathrm{T}}\boldsymbol{A}_s$ 的所有特征值都必须在中心为 1 的圆盘内，半径为 $(|S|-1)\mu(\boldsymbol{A})=(k_0-1)\mu(\boldsymbol{A})$，因此有 $\lambda_{\min}(\boldsymbol{A}_s^{\mathrm{T}}\boldsymbol{A}_s)\geqslant 1-(k_0-1)\mu(\boldsymbol{A})$。由此可以证明定理的结论

$$\left\|\boldsymbol{x}_{\mathrm{THR}}^s-\boldsymbol{x}_0^s\right\|_2^2\leqslant\frac{\epsilon^2}{\lambda_{\min}(\boldsymbol{A}_s^{\mathrm{T}}\boldsymbol{A}_s)}\leqslant\frac{\epsilon^2}{1-(k_0-1)\mu(\boldsymbol{A})} \tag{5-61}$$

5.6 总　　结

本章中我们推广了 (P_0) 问题，允许等式 $\boldsymbol{A}\boldsymbol{x}=\boldsymbol{b}$ 中存在误差，并且证明了第 2，3 和 4 章中的大多数结果都可以推广应用于这种更实际的问题。和第 4 章提到的相同，我们这里还处在过度悲观的阴影之下，这主要是由于以下 3 个原因：

（1）噪声模型：在本章中，污染向量 $\boldsymbol{A}\boldsymbol{x}_0$ 的噪声 $\boldsymbol{e}$ 被假设为一个大小已知为 ϵ 的确定性干扰向量。这意味着，为了推导这个分析/算法，也许选择了最坏的结果。将这个噪声建模为随机向量，可以得到更好的结果，而其声明的界以（接近 1 的）概率为真。可以参考第 8 章的内容，在那里我们采用了 Dantzig 选择器的方法进行分析。

（2）允许偶尔的失败：我们在本章中的分析不允许在追踪成功和唯一性的可保证范围内出现失败。若允许这种偶尔的失败，边界就可以放宽，从而会更加乐观。对于大多数应用来说，这也同样反映了真实的实现需求——偶尔主动牺牲某个追踪问题的性能，可以得到更高的成功率。我们在第 7 章中采用了这个观点。

（3）$\boldsymbol{A}$ 的最坏情形的描述：相关性，RIP 原则和稀疏度，这些都是矩阵 $\boldsymbol{A}$ 在最坏情形下的度量。即使考虑前面两个观点，改善了分析方法，在边界上使用这些度量依然会得到过于悲观的结论。因此，可以换用其他更宽松的度量方法来解决，例如概率 RIP/相关等等。

最近有一些新的工作，考虑了上述的观点，并在分析追踪算法时得到了更好的结果。我们在第 7 章中讨论其中的一些方法，同时建议感兴趣的读者去阅读 Ben-Haim 等人的最新工作。

在本章中定义的一个基础性优化问题是 (Q_1^{λ})。后面几章中这个问题始终陪伴着

---

① 假设 $\boldsymbol{B}$ 的 SVD 由 $\boldsymbol{B}=\boldsymbol{U}\boldsymbol{\Sigma}\boldsymbol{V}^{\mathrm{T}}$ 给出，有 $\boldsymbol{B}\boldsymbol{B}^{\mathrm{T}}=\boldsymbol{U}\boldsymbol{\Sigma}\boldsymbol{V}^{\mathrm{T}}\boldsymbol{V}\boldsymbol{\Sigma}^{\mathrm{T}}\boldsymbol{U}^{\mathrm{T}}=\boldsymbol{U}\boldsymbol{\Sigma}\boldsymbol{\Sigma}^{\mathrm{T}}\boldsymbol{U}^{\mathrm{T}}$，另外 $\boldsymbol{B}^{\mathrm{T}}\boldsymbol{B}=\boldsymbol{V}\boldsymbol{\Sigma}^{\mathrm{T}}\boldsymbol{U}^{\mathrm{T}}\boldsymbol{U}\boldsymbol{\Sigma}\boldsymbol{V}^{\mathrm{T}}=\boldsymbol{V}\boldsymbol{\Sigma}^{\mathrm{T}}\boldsymbol{\Sigma}\boldsymbol{V}^{\mathrm{T}}$。在这两种情况中，特征值都是奇异值的平方。

我们，因为它是求解这个领域中很多问题的关键所在。这个问题的可靠数值解将非常有用，特别是对于那些 OMP，LARS 和 IRLS 无法期待能处理好的高维问题。下一章中，我们将集中介绍这个问题，并介绍一系列适合处理 (Q_1^λ) 的算法。

延伸阅读

[1] Ben-Haim Z, Eldar Y C, Elad M. Coherence-based performance guarantees for estimating a sparse vector under random noise[J]. IEEE Trans. on Signal Processing, 2010, 58（10）:5030-5043.

[2] Chen S S, Donoho D L, Saunders M A. Atomic decomposition by basis pursuit[J]. SIAM Journal on Scientific Computing, 1998, 20（1）:33–61.

[3] Chen S S, Donoho D L, Saunders M A. Atomic decomposition by basis pursuit [J]. SIAM Review, 2001, 43（1）:129–159.

[4] Davis G, Mallat S, and Avellaneda M. Adaptive greedy approximations[J]. Journal of Constructive Approximation, 1997, 13（1）:57–98.

[5] Davis G, Mallat S, Zhang Z. Adaptive time-frequency decompositions[J]. Optical-Engineering, 1994, 33（7）:2183–2191.

[6] Donoho D L, Elad M. On the stability of the basis pursuit in the presence of noise[J]. Signal Processing, 2006, 86（3）:511–532.

[7] Donoho D L, Elad M, Temlyakov V. Stable recovery of sparse overcomplete representations in the presence of noise[J]. IEEE Trans. on Information Theory, 2006, 52（1）:6–18.

[8] Efron B, Hastie T, Johnstone I M, Tibshirani R. Least angle regression[J]. The Annals of Statistics, 2004, 32（2）:407–499.

[9] Fletcher A K, Rangan S, et al. Analysis of denoising by sparse approximation with random frame asymptotics[C]// IEEE Int. Symp. on Inform. Theory, Sept 4-9, 2005. 2005:1706-1710.

[10] Fletcher A K, Rangan S, et al. Denoising by sparse approximation: error bounds based on rate-distortion theory[J]. EURASIP Journal on Applied Signal Processing, 2006, 2006（3）:1-19.

[11] Fuchs J J. Recovery of exact sparse representations in the presence of bounded noise[J]. IEEE Trans. on Information Theory, 2005, 51（10）:3601–3608.

[12] Gilbert A C, Muthukrishnan S, Strauss M J. Approximation of functions over redundant dictionaries using coherence[C]// 14th Ann. ACM-SIAM Symposium Discrete Algorithms, Baltimore, MD. Society for Industrial and Applied Mathematics Philadelphia, PA, 2003.

[13] Gorodnitsky I F, Rao B D. Sparse signal reconstruction from limited data using FOCUSS: A re-weighted norm minimization algorithm[J]. IEEE Trans. On Signal Processing, 1997, 45（3）: 600–616.

[14] Gribonval R, Figueras R, Vandergheynst P. A simple test to check the optimality of a sparse signal approximation[J]. Signal Processing, 2006, 86（3）:496–510.

[15] Hastie T, Tibshirani R, Friedman J H. Elements of Statistical Learning[M]. New York: Springer, 2001.

[16] Karlovitz L A. Construction of nearest points in the `p, p even and `1 norms[J]. Journal of Approximation Theory, 1970, 3（2）:123–127.

[17] Mallat S. A Wavelet Tour of Signal Processing[M]. Academic-Press, 1998.

[18] Osborne M R, Presnell B, Turlach B A. A new approach to variable selection in least squares problems[J]. IMA J. Numerical Analysis, 2000, 20（3）:389–403.

[19] Temlyakov V N. Greedy algorithms and m-term approximation[J]. Journal of Approximation Theory, 1999, 98（1）:117–145.

[20] Temlyakov V N. Weak greedy algorithms[J]. Advances in Computational Mathematics, 2000, 12（2-3）:213–227.

[21] Tropp J A. Just relax: Convex programming methods for subset selection and sparse approximation[J]. IEEE Trans. on Information Theory, 2006, 52（3）:1030–1051.

[22] Tropp J A, Gilbert A C, et al. Improved sparse approximation over quasi-incoherent dictionaries[C]// IEEE International Conference on Image Processing, Barcelona, September 2003.

[23] Wohlberg B. Noise sensitivity of sparse signal representations: Reconstruction error bounds for the inverse problem[J]. IEEE Trans. on Signal Processing, 2003, 51（12）:3053–3060.

第 6 章　迭代收缩算法

6.1 背　　景

在本章中，我们要最小化如下形式的函数：

$$f(\boldsymbol{x}) = \lambda \mathbf{1}^{\mathrm{T}} \rho(\boldsymbol{x}) + \frac{1}{2}\|\boldsymbol{b}-\boldsymbol{A}\boldsymbol{x}\|_2^2 \tag{6-1}$$

之前我们已经看过这个函数的多种形式了。函数 $\rho(\boldsymbol{x})$ 是定义在向量 $\boldsymbol{x}$ 元素上的算子。例如，若 $\rho(x)=|x|^p$，则有 $\mathbf{1}^{\mathrm{T}}\rho(\boldsymbol{x})=\|\boldsymbol{x}\|_p^p$，这给我们提供了选择合适 p 值的自由度。在本章中，我们会保持讨论的一般性，并允许采用能够提升稀疏性（Sparsity-Promoting）的任意函数 $\rho(\cdot)$。上面给出的函数就是之前我们定义 (Q_1^{λ}) 的一般形式。

可以使用不同的经典迭代优化算法来最小化这样的函数，例如最速下降法（Steedpset-Descent）和共轭梯度法（Conjugate-Gradient），还有更复杂的内点法（Interior-Point）等。然而，我们发现，为得到最优值，所有这些通用方法往往都需要过多的迭代过程和计算步骤，不是十分高效。在图像处理中经常会遇到高维的问题，这些方法的问题更为严重。而这些情况下，之前几章给出的 IRLS、OMP 和 LARS 方法性能又较差，因此需要一个折中。

最近几年出现了一类新的数值算法，可以用于上述优化问题的高效求解。这类方法就是**迭代收缩**（Iterative-Shrinkage）算法，它们扩展了信号去噪中经典的 Donoho-Johnston 收缩方法。粗略的讲，在这些迭代方法中，每次迭代都包含了矩阵 $\boldsymbol{A}$ 及其转置的乘积，同时还对解进行标量收缩操作。虽然该方法的结构很简单，但已经证明其可以非常有效的最小化公式（6-1）中的函数 $f(\boldsymbol{x})$。在过去几年里，这些技术得到了严格的理论分析，它们的收敛性也得到了证明，可以保证凸函数 f（即 ρ 选择为凸的）的解是全局最小点，这些算法的收敛速度也得到了研究。

目前有多种**迭代收缩**算法。它们的形成出于完全不同的考虑，比如统计估计理论中的期望最大化（Expectation-Maximization，EM）算法，邻近点和替代函数，定点策略（fixed-point）的使用，并行坐标下降（parallel Coordinate-Descent，CD）算法的使用，贪婪算法的变化，等等。这也充分说明上述优化问题的求解方法是多么的丰富。本章我们先对这些方法进行综述，简要介绍它们的来源、改进和一些性能比较。注意，我们这章主要关注于这些算法的实际构造，以及算法的核心思想，因此会忽略一些重要的内容，比如有关收敛性质的研究。

6.2 酉矩阵情况——方法来源

6.2.1 酉矩阵下的收缩

在第 5 章中我们已经看到，如果 $\boldsymbol{A}$ 是酉矩阵，那么 (Q_1^λ) 的最小化就非常简单，存在能够收缩的闭合解。$f(\boldsymbol{x})$ 虽然更为一般，但我们将看到对它的处理完全一样；特别的，我们可以通过一系列简单的步骤，将 $f(\boldsymbol{x})$ 转变成由 $m(m=n)$ 个独立且相同的 1 维优化问题构成的任务，这样非常容易处理。从式（6-1）开始，使用恒等式 $\boldsymbol{A}\boldsymbol{A}^{\mathrm{T}}=\boldsymbol{I}$，并利用 ℓ_2-范数是酉不变的事实，我们有

$$\begin{aligned} f(\boldsymbol{x}) &= \frac{1}{2}\|\boldsymbol{b}-\boldsymbol{A}\boldsymbol{x}\|_2^2+\lambda\mathbf{1}^{\mathrm{T}}\rho(\boldsymbol{x}) \\ &= \frac{1}{2}\left\|\boldsymbol{A}(\boldsymbol{A}^{\mathrm{T}}\boldsymbol{b}-\boldsymbol{x})\right\|_2^2+\lambda\mathbf{1}^{\mathrm{T}}\rho(\boldsymbol{x}) \\ &= \frac{1}{2}\left\|\boldsymbol{A}^{\mathrm{T}}\boldsymbol{b}-\boldsymbol{x}\right\|_2^2+\lambda\mathbf{1}^{\mathrm{T}}\rho(\boldsymbol{x}) \end{aligned} \tag{6-2}$$

令 $\boldsymbol{x}_0=\boldsymbol{A}^{\mathrm{T}}\boldsymbol{b}$，有

$$\begin{aligned} f(\boldsymbol{x}) &= \frac{1}{2}\|\boldsymbol{x}_0-\boldsymbol{x}\|_2^2+\lambda\mathbf{1}^{\mathrm{T}}\rho(\boldsymbol{x}) \\ &= \sum_{k=1}^{m}\left[\frac{1}{2}(x_0[k]-x[k])^2+\lambda\rho(x[k])\right] \\ &= \sum_{k=1}^{m} g(x[k],x_0[k]) \end{aligned} \tag{6-3}$$

对形如 $g(x,a)=0.5(x-a)^2+\lambda\rho(x)$ 的标量函数，推导其关于变量 x 的最小值，需要令梯度为零（$\rho(x)$ 平滑的情况），或者在不可微的情况下证明 g 的次梯度里包含零。这些问题都可以解决（在一些情况下用解析的方法，另一些情况下可用数值的方法——都可以一次性离线完成），并能得到上述标量目标函数 $g(x,a)$ 的全局最小点 $\hat{x}_{\mathrm{opt}}=S_{\rho,\lambda}(a)$。注意，如果 ρ 选择是非凸的，那么会有好几个使（次）梯度为零的解。这时，必须找到所有的解，并比较代入解之后的函数值。

得到的**收缩**函数是一个曲线，将输入值 a 映射到期望的输出值 $\hat{x}_{\mathrm{opt}}$。这个函数把原点附近的值映射为零（对于 $|a|\leqslant T$ 的点，$S_{\rho,\lambda}(a)=0$），在这个距离之外的值都“收缩”了，这也就是这个方法名称的由来。阈值 T 和收缩效果都是 ρ 和 λ 的函数。

回到最初的问题，我们利用以下两个步骤，已经找到了最小化 $f(\boldsymbol{x})$ 的闭合形式解：①计算 $\boldsymbol{x}_0=\boldsymbol{A}^{\mathrm{T}}\boldsymbol{b}$；②对 $\boldsymbol{x}_0$ 的每一项使用算子 $S_{\rho,\lambda}$，得到期望的 $\hat{\boldsymbol{x}}$。需要注意，即使原始函数是非凸的，只要合理设计 $S_{\rho,\lambda}$，我们都能找到全局最优解。

上述讨论也很自然地带来如下问题，即当 $\boldsymbol{A}$ 不再是酉矩阵，而是一个非酉矩

阵（也许还不是方阵）时，问题还会这么简单吗？下一节我们将会证明，可以用类似的收缩手段来处理这种一般性问题，但是为了得到想要的结果，必须完成一系列的收缩操作。

6.2.2 BCR 算法和变化形式

如果说矩阵 $\boldsymbol{A}$ 只是几个酉矩阵的联合矩阵，那么对上述问题而言，答案是肯定的。1998 年，Sardy，Bruce 和 Tseng 观察到这一特点，并提出块坐标松弛（Block-Coordinate-Relaxation，BCR）算法。由于它是前面酉矩阵解决方法的直接扩展，因此这里对其进行简要介绍。简单起见，假设 $\boldsymbol{A}=[\boldsymbol{\Psi},\boldsymbol{\Phi}]$，其中 $\boldsymbol{\Psi}$ 和 $\boldsymbol{\Phi}$ 是两个 $n\times n$ 的酉矩阵。最小化问题可以根据 $\boldsymbol{x}$ 的两个部分重新描述如下，这两个部分长度均为 n，记为 $\boldsymbol{x}_{\Psi}$ 和 $\boldsymbol{x}_{\Phi}$。

$$\begin{aligned} f(\boldsymbol{x}) &= \frac{1}{2}\|\boldsymbol{b}-\boldsymbol{A}\boldsymbol{x}\|_2^2 + \lambda\boldsymbol{1}^{\mathrm{T}}\rho(\boldsymbol{x}) \\ &= \frac{1}{2}\|\boldsymbol{b}-\boldsymbol{\Psi}\boldsymbol{x}_{\Psi}-\boldsymbol{\Phi}\boldsymbol{x}_{\Phi}\|_2^2 + \lambda\boldsymbol{1}^{\mathrm{T}}\rho(\boldsymbol{x}_{\Psi}) + \lambda\boldsymbol{1}^{\mathrm{T}}\rho(\boldsymbol{x}_{\Phi}) = f(\boldsymbol{x}_{\Psi},\boldsymbol{x}_{\Phi}) \end{aligned} \tag{6-4}$$

BCR 算法的核心思想是对 $f(\boldsymbol{x}_{\Psi},\boldsymbol{x}_{\Phi})$ 分别针对 $\boldsymbol{x}$ 的两个部分交替进行最优化。这也是这个算法称为块坐标松弛的原因。假设我们在第 k 步迭代中得到的解为 $\boldsymbol{x}^k$，由两个部分 $\boldsymbol{x}_{\Psi}^k$ 和 $\boldsymbol{x}_{\Phi}^k$ 组成。令 $\boldsymbol{x}_{\Phi}^k$ 保持不变，则函数 $f(\boldsymbol{x}_{\Psi},\boldsymbol{x}_{\Phi}^k)$ 可以写为

$$f(\boldsymbol{x}_{\Psi},\boldsymbol{x}_{\Phi}^k) = \frac{1}{2}\|\tilde{\boldsymbol{b}}-\boldsymbol{\Psi}\boldsymbol{x}_{\Psi}\|_2^2 + \lambda\boldsymbol{1}^{\mathrm{T}}\rho(\boldsymbol{x}_{\Psi}) \tag{6-5}$$

式中 $\tilde{\boldsymbol{b}}=\boldsymbol{b}-\boldsymbol{\Phi}\boldsymbol{x}_{\Phi}^k$。这是和酉矩阵情况相同的函数，可以直接得到一个闭合形式的解。这个解为

$$\boldsymbol{x}_{\Psi}^{k+1} = S_{\rho,\lambda}(\boldsymbol{\Psi}^{\mathrm{T}}\tilde{\boldsymbol{b}}) = S_{\rho,\lambda}(\boldsymbol{\Psi}^{\mathrm{T}}(\boldsymbol{b}-\boldsymbol{\Phi}\boldsymbol{x}_{\Phi}^k)) \tag{6-6}$$

类似的，一旦计算出 $\boldsymbol{x}_{\Psi}^{k+1}$，并将其保持固定，可以很容易地得到函数 $f(\boldsymbol{x}_{\Psi}^{k+1},\boldsymbol{x}_{\Phi})$ 关于 $\boldsymbol{x}_{\Phi}$ 的最小值，解的闭合形式为

$$\boldsymbol{x}_{\Phi}^{k+1} = S_{\rho,\lambda}(\boldsymbol{\Phi}^{\mathrm{T}}(\boldsymbol{b}-\boldsymbol{\Psi}\boldsymbol{x}_{\Psi}^{k+1})) \tag{6-7}$$

交替执行这两个更新步骤，整个函数将单调递减，可以证明惩罚函数能够收敛到一个局部最小点（也就是凸函数 $\rho(\cdot)$ 的全局最小点）。

上述过程可以采用另一种方法来解决，即两个更新并行实现。和前面类似，我们从第 k 步迭代的解 $\boldsymbol{x}^k$ 开始，它由两个部分 $\boldsymbol{x}_{\Psi}^k$ 和 $\boldsymbol{x}_{\Phi}^k$ 组成。两部分并行更新的过程采用如下的公式对，即

$$\begin{aligned} \boldsymbol{x}_{\Psi}^{k+1} &= S_{\rho,\lambda}(\boldsymbol{\Psi}^{\mathrm{T}}(\boldsymbol{b}-\boldsymbol{\Phi}\boldsymbol{x}_{\Phi}^k)) \\ \boldsymbol{x}_{\Phi}^{k+1} &= S_{\rho,\lambda}(\boldsymbol{\Phi}^{\mathrm{T}}(\boldsymbol{b}-\boldsymbol{\Psi}\boldsymbol{x}_{\Psi}^k)) \end{aligned}$$

与前述算法唯一的不同是在 $\boldsymbol{x}_{\Phi}^{k+1}$ 的更新上，它使用了 $\boldsymbol{x}_{\Psi}^k$ 而不是 $\boldsymbol{x}_{\Psi}^{k+1}$。利用下面的步骤可以简单地将两个公式合并成一个公式，合并过程同时也揭示了如下事实，

即收缩算子是在标量上独立操作的：

$$\begin{aligned}
\boldsymbol{x}^{k+1}=\begin{bmatrix}\boldsymbol{x}_{\boldsymbol{\Psi}}^{k+1}\\ \boldsymbol{x}_{\boldsymbol{\Phi}}^{k+1}\end{bmatrix}&=\begin{bmatrix}S_{\rho,\lambda}\left(\boldsymbol{\Psi}^{\mathrm{T}}(\boldsymbol{b}-\boldsymbol{\Phi}\boldsymbol{x}_{\boldsymbol{\Phi}}^{k})\right)\\ S_{\rho,\lambda}\left(\boldsymbol{\Phi}^{\mathrm{T}}(\boldsymbol{b}-\boldsymbol{\Psi}\boldsymbol{x}_{\boldsymbol{\Psi}}^{k})\right)\end{bmatrix}\\
&=S_{\rho,\lambda}\left(\begin{bmatrix}\boldsymbol{\Psi}^{\mathrm{T}}(\boldsymbol{b}-\boldsymbol{A}\boldsymbol{x}^{k}+\boldsymbol{\Psi}\boldsymbol{x}_{\boldsymbol{\Psi}}^{k})\\ \boldsymbol{\Phi}^{\mathrm{T}}(\boldsymbol{b}-\boldsymbol{A}\boldsymbol{x}^{k}+\boldsymbol{\Phi}\boldsymbol{x}_{\boldsymbol{\Phi}}^{k})\end{bmatrix}\right)\\
&=S_{\rho,\lambda}\left(\begin{bmatrix}\boldsymbol{\Psi}^{\mathrm{T}}(\boldsymbol{b}-\boldsymbol{A}\boldsymbol{x}^{k})+\boldsymbol{x}_{\boldsymbol{\Psi}}^{k}\\ \boldsymbol{\Phi}^{\mathrm{T}}(\boldsymbol{b}-\boldsymbol{A}\boldsymbol{x}^{k})+\boldsymbol{x}_{\boldsymbol{\Phi}}^{k}\end{bmatrix}\right)\\
&=S_{\rho,\lambda}\left(\boldsymbol{A}^{\mathrm{T}}(\boldsymbol{b}-\boldsymbol{A}\boldsymbol{x}^{k})+\boldsymbol{x}^{k}\right)
\end{aligned}\tag{6-8}$$

按这种方式，在每一步的迭代过程中，我们都能得到一个很有趣的闭合形式的更新公式。注意到，在这个新公式中，没有要求 $\boldsymbol{A}$ 必须满足某种特定（双正交）的条件。自然的，我们会考虑这个公式是否可用于更一般的矩阵 $\boldsymbol{A}$ 。后面将会看到，在某些约束下这个问题的答案是积极的①，这令人非常诧异！

下面我们将推导具有类似形式的迭代算法，在每一步迭代过程中也使用了收缩步骤。这些算法考虑一般矩阵 $\boldsymbol{A}$ ，并推广了之前的 BCR 方法。我们将看到，并行更新公式自然而然的也演变出不同的形式。

6.3 迭代收缩算法的推导

迭代收缩算法可以用不同的方式推导出来。最早详细提出这个技术的是 Starck，Murtagh 和 Bijaoui，1995 年他们在利用小波进行图像锐化时提出了这种方法。然而，他们的工作与目标函数式（6-1）之间并没有清晰的联系。

我们选择 Daubechies，Defrise 和 De-Mol 等人使用的邻近（或替代）函数来开始我们的分析。我们将证明，这也是 EM 和边界优化（Bound-Optimization）算法的基础，这也正如 Figueiredo 和 Nowak 所述的那样。然后我们转而描述两个完全不同的构造方法：首先是由 Adeyemi 和 Davies 在定点优化方法基础上结合了 IRLS 算法提出的方法；然后第二个是并行坐标下降（parallel coordinate descent）算法。最后，我们讨论由 Donoho，Drori，Starck 和 Tsaig 等人提出的 StOMP 方法，这个方法在匹配追踪算法基础上发展了**迭代收缩**方法。

6.3.1 替代函数和邻近方法

下面的讨论基于 Daubechies，Defrise 和 De-Mol 所做的工作。考虑式（6-1）中的原始函数

$$f(\boldsymbol{x})=\frac{1}{2}\|\boldsymbol{b}\text{-}\boldsymbol{A}\boldsymbol{x}\|_2^2+\lambda\mathbf{1}^{\mathrm{T}}\rho(\boldsymbol{x})$$

① 这些约束指的是需要考虑矩阵 $\boldsymbol{A}$ 的算子范数。

我们增加下面一项

$$\mathrm{d}(\boldsymbol{x},\boldsymbol{x}_0)=\frac{c}{2}\|\boldsymbol{x}-\boldsymbol{x}_0\|_2^2-\frac{1}{2}\|\boldsymbol{A}\boldsymbol{x}-\boldsymbol{A}\boldsymbol{x}_0\|_2^2$$

选择参数 c 使得函数 $d(\cdot)$ 是严格凸的，这意味着它的 Hessian 矩阵要求是正定的，即 $c\boldsymbol{I}-\boldsymbol{A}^{\mathrm{T}}\boldsymbol{A}\succ 0$。当选择 $c>\|\boldsymbol{A}^{\mathrm{T}}\boldsymbol{A}\|_2=\lambda_{\max}(\boldsymbol{A}^{\mathrm{T}}\boldsymbol{A})$ 时可以满足这个条件。这时新的目标函数为

$$\tilde{f}(\boldsymbol{x})=\frac{1}{2}\|\boldsymbol{b}-\boldsymbol{A}\boldsymbol{x}\|_2^2+\lambda\boldsymbol{1}^{\mathrm{T}}\rho(\boldsymbol{x})+\frac{c}{2}\|\boldsymbol{x}-\boldsymbol{x}_0\|_2^2-\frac{1}{2}\|\boldsymbol{A}\boldsymbol{x}-\boldsymbol{A}\boldsymbol{x}_0\|_2^2 \tag{6-9}$$

这就是建议算法中将要使用的**替代**函数。我们在后面将看到，由于新函数中具有 $\|\boldsymbol{A}\boldsymbol{x}\|_2^2$ 项，因此最小化任务变得更加简单有效。展开式（6-9）中的可变项，并重新组织，可以获得如下形式的表示

$$\begin{aligned}\tilde{f}(\boldsymbol{x})&=\frac{1}{2}\|\boldsymbol{b}\|_2^2+\frac{1}{2}\|\boldsymbol{A}\boldsymbol{x}_0\|_2^2+\frac{c}{2}\|\boldsymbol{x}_0\|_2^2-\boldsymbol{b}^{\mathrm{T}}\boldsymbol{A}\boldsymbol{x}+\lambda\boldsymbol{1}^{\mathrm{T}}\rho(\boldsymbol{x})+\frac{c}{2}\|\boldsymbol{x}\|_2^2-c\boldsymbol{x}^{\mathrm{T}}\boldsymbol{x}_0+\boldsymbol{x}^{\mathrm{T}}\boldsymbol{A}^{\mathrm{T}}\boldsymbol{A}\boldsymbol{x}_0\\&=\mathrm{Const}_1-\boldsymbol{x}^{\mathrm{T}}\left[\boldsymbol{A}^{\mathrm{T}}(\boldsymbol{b}-\boldsymbol{A}\boldsymbol{x}_0)+c\boldsymbol{x}_0\right]+\lambda\boldsymbol{1}^{\mathrm{T}}\rho(\boldsymbol{x})+\frac{c}{2}\|\boldsymbol{x}\|_2^2\end{aligned} \tag{6-10}$$

上式中的常数包含了所有只依赖于 $\boldsymbol{b}$ 和 $\boldsymbol{x}_0$ 的项。使用定义

$$\boldsymbol{v}_0=\frac{1}{c}\boldsymbol{A}^{\mathrm{T}}(\boldsymbol{b}-\boldsymbol{A}\boldsymbol{x}_0)+\boldsymbol{x}_0 \tag{6-11}$$

我们可以将 $\tilde{f}(\boldsymbol{x})$ 重新写为下式（由于不影响最小化目标，所以可以除以 c）

$$\begin{aligned}\tilde{f}(\boldsymbol{x})&=\mathrm{Const}_2-\boldsymbol{x}^{\mathrm{T}}\boldsymbol{v}_0+\frac{\lambda}{c}\boldsymbol{1}^{\mathrm{T}}\rho(\boldsymbol{x})+\frac{1}{2}\|\boldsymbol{x}\|_2^2\\&=\mathrm{Const}_3+\frac{\lambda}{c}\boldsymbol{1}^{\mathrm{T}}\rho(\boldsymbol{x})+\frac{1}{2}\|\boldsymbol{x}-\boldsymbol{v}_0\|_2^2.\end{aligned} \tag{6-12}$$

结果表明，这个惩罚函数就是酉矩阵情况下我们最小化的函数（见公式（6-3）），解为

$$\boldsymbol{x}_{\mathrm{opt}}=S_{\rho,\lambda/c}(\boldsymbol{v}_0)=S_{\rho,\lambda/c}\left(\frac{1}{c}\boldsymbol{A}^{\mathrm{T}}(\boldsymbol{b}-\boldsymbol{A}\boldsymbol{x}_0)+\boldsymbol{x}_0\right) \tag{6-13}$$

这就是式（6-9）中函数 $\tilde{f}(\boldsymbol{x})$ 的全局最小点。

到目前为止，我们已经成功地将原始函数 f 转换为新函数 $\tilde{f}$，因为利用它能得到全局最小解的闭合表达式。目标函数的改变依赖于向量 $\boldsymbol{x}_0$ 的选择。利用这个替代函数的核心思想是，可以通过迭代实现函数 f 的最小化，并产生解的序列 $\{\boldsymbol{x}_k\}_k$，其中在第 $k+1$ 次迭代时通过令 $\boldsymbol{x}_0=\boldsymbol{x}_k$ 来最小化 $\tilde{f}$。在上述讨论中，更令人吃惊的也许是可以证明解序列 $\{\boldsymbol{x}_k\}_k$ 会收敛到原始函数 f 的（局部）最小点。因此，建议算法就是式（6-14）的简单迭代，即

$$\boldsymbol{x}_{k+1}=S_{\rho,\lambda/c}\left(\frac{1}{c}\boldsymbol{A}^{\mathrm{T}}(\boldsymbol{b}-\boldsymbol{A}\boldsymbol{x}_k)+\boldsymbol{x}_k\right) \tag{6-14}$$

下面我们将称这个算法为可分离替代函数（Separable Surrogate Functionals，SSF）方法，细节的描述在图 6.1 中，其中可以进一步增加线性搜索的步骤。当选择 $\mu=1$ 时，就简化为这里推导的 SSF 算法。

（1）**任务**：寻找令 $f(\boldsymbol{x})=\lambda\mathbf{1}^{\mathrm{T}}\rho(\boldsymbol{x})+\frac{1}{2}\cdot\|\boldsymbol{b}-\boldsymbol{A}\boldsymbol{x}\|_2^2$ 最小的解 $\boldsymbol{x}$。

（2）**初始化**：初始设置 $k=0$，令

① 初始解为 $\boldsymbol{x}_0=\mathbf{0}$；

② 初始残差为 $\boldsymbol{r}_0=\boldsymbol{b}-\boldsymbol{A}\boldsymbol{x}_k=\boldsymbol{b}$。

（3）**主要迭代步骤**：k 增加 1，执行以下步骤

① **后向投影**：计算 $\boldsymbol{e}=\boldsymbol{A}^{\mathrm{T}}\boldsymbol{r}_{k-1}$；

② **收缩**：利用阈值 λ 计算 $\boldsymbol{e}_S=\mathrm{Shrink}(\boldsymbol{x}_{k-1}+\boldsymbol{e}/c)$；

③ **线性搜索（可选）**：选择 μ，使得实值函数 $f(\boldsymbol{x}_{k-1}+\mu(\boldsymbol{e}_s-\boldsymbol{x}_{k-1}))$ 最小；

④ **更新解**：计算 $\boldsymbol{x}_k=\boldsymbol{x}_{k-1}+\mu(\boldsymbol{e}_s-\boldsymbol{x}_{k-1})$；

⑤ **更新残差**：计算 $\boldsymbol{r}_k=\boldsymbol{b}-\boldsymbol{A}\boldsymbol{x}_k$；

⑥ **结束规则**：如果 $\|\boldsymbol{x}_k-\boldsymbol{x}_{k-1}\|_2^2$ 小于某个预先设定的阈值，则结束迭代。否则，继续下一步迭代。

（4）**输出**：结果为 $\boldsymbol{x}_k$。

图 6.1　SSF 迭代收缩算法，其中采用了线性搜索

上面的推导可以利用优化理论中著名的邻近点（proximal-point）算法解释。函数 $d(\boldsymbol{x},\boldsymbol{x}_0)$ 是到先前解的距离度量。当在第 k 次迭代时将它加到原始函数中，可以改善迭代过程中估计子序列的近似效果。令人惊奇的是，虽然上述步骤看上去会减慢算法，但是在这里的讨论中，实际上却是一个加速过程。距离函数是一个具有椭圆形状的凸二次项。对于接近于 $\boldsymbol{A}$ 的零空间的 $\boldsymbol{x}-\boldsymbol{x}_0$ 方向，距离近似为欧氏距离 $c\|\boldsymbol{x}-\boldsymbol{x}_0\|_2^2/2$。对于由 $\boldsymbol{A}$ 的行张成的方向，距离会降至接近 0 的水平。因此，$d(\boldsymbol{x},\boldsymbol{x}_0)$ 为整个问题的可行（或倾向）解给出了某种形式的选择通道。

作为本节的最后一点，我们提醒读者注意，SSF 算法和并行 BCR 中的迭代公式（6-8）之间存在着相似性。实际上，它们之间的差别很小——如果 SSF 应用在双正交矩阵 $\boldsymbol{A}$ 上，那么 $\lambda_{\max}(\boldsymbol{A}^{\mathrm{T}}\boldsymbol{A})=2$，我们只需要在 SSF 公式中增加因子 0.5。然而实际中并不需要这样的因子——在最近由 Combettes 和 Wajs 完成的分析中，已经证明为了保证 SSF 算法的收敛性，常数 c 需要满足 $c>0.5\lambda_{\max}(\boldsymbol{A}^{\mathrm{T}}\boldsymbol{A})$，这和式（6-8）采用的完全一样。

6.3.2 EM 和边界优化方法

上述讨论可以换用另外一组不同的约束，同样可以推导出相同的算法。这个新的观点来源于 Figueiredo，Nowak 和 Bioucas-Dias 的工作，他们使用了 EM 估计，

或者更确切的说，他们使用了确定性优化方法的基础——边界优化方法（BO method）[①]。

我们从式（6-1）中的函数 $f(\boldsymbol{x})$ 开始讨论，由于该式比较难最小化，因此边界优化方法建议采用一个与之有关的函数 $Q(\boldsymbol{x},\boldsymbol{x}_0)$，这个函数具有下列性质

（1）**在 $\boldsymbol{x}=\boldsymbol{x}_0$ 处相等**：$Q(\boldsymbol{x}_0,\boldsymbol{x}_0)=f(\boldsymbol{x}_0)$；

（2）**是原始函数的上界**：对于所有的 $\boldsymbol{x}$，$Q(\boldsymbol{x},\boldsymbol{x}_0)\geqslant f(\boldsymbol{x})$；

（3）**$\boldsymbol{x}_0$ 处的切线[②]相等**：$\nabla Q(\boldsymbol{x},\boldsymbol{x}_0)|_{\boldsymbol{x}=\boldsymbol{x}_0}=\nabla f(\boldsymbol{x})|_{\boldsymbol{x}=\boldsymbol{x}_0}$。

如果原始函数的 Hessian 阵存在上限，$\nabla^2 f(\boldsymbol{x})\preceq \boldsymbol{H}$，那么满足上述条件的函数必然存在，因为可以定义一个有界二次函数严格地满足上述条件，函数的形式为

$$Q(\boldsymbol{x},\boldsymbol{x}_0)=f(\boldsymbol{x}_0)+\nabla f(\boldsymbol{x}_0)^{\mathrm{T}}(\boldsymbol{x}-\boldsymbol{x}_0)+0.5(\boldsymbol{x}-\boldsymbol{x}_0)^{\mathrm{T}}\boldsymbol{H}(\boldsymbol{x}-\boldsymbol{x}_0)$$

利用函数 $Q(\boldsymbol{x}_0,\boldsymbol{x}_0)$ 可以得到由下面的迭代公式产生的解序列

$$\boldsymbol{x}_{k+1}=\arg\min_{\boldsymbol{x}} Q(\boldsymbol{x},\boldsymbol{x}_k) \tag{6-15}$$

这个序列可以保证收敛到原始函数 $f(\boldsymbol{x})$ 的局部最小点。可以很容易的验证，上节选择的 $Q(\boldsymbol{x},\boldsymbol{x}_0)$ 满足上述 3 个条件，即

$$Q(\boldsymbol{x},\boldsymbol{x}_0)=\frac{1}{2}\|\boldsymbol{b}-\boldsymbol{A}\boldsymbol{x}\|_2^2+\lambda\boldsymbol{1}^{\mathrm{T}}\rho(\boldsymbol{x})+\frac{c}{2}\|\boldsymbol{x}-\boldsymbol{x}_0\|_2^2-\frac{1}{2}\|\boldsymbol{A}\boldsymbol{x}-\boldsymbol{A}\boldsymbol{x}_0\|_2^2$$

因此，可以利用它得到期望的优化算法。注意在上述 3 个条件之外，我们还需要确保 Q 的最小化更加容易，实际上由于它的可分离性，事实也确实如此。同样，由于有

$$f(\boldsymbol{x}_{k+1})\leqslant Q(\boldsymbol{x}_{k+1},\boldsymbol{x}_k)=\min_{\boldsymbol{x}} Q(\boldsymbol{x},\boldsymbol{x}_k)\leqslant Q(\boldsymbol{x}_k,\boldsymbol{x}_k)=f(\boldsymbol{x}_k) \tag{6-16}$$

因此函数值 $f(\boldsymbol{x}_i)$ 必然是下降的。

在上面的不等式中，关系 $f(\boldsymbol{x}_{k+1})\leqslant Q(\boldsymbol{x}_{k+1},\boldsymbol{x}_k)$ 是 Q 第二个性质的直接结果。同样，关系 $\min_{\boldsymbol{x}} Q(\boldsymbol{x},\boldsymbol{x}_k)\leqslant Q(\boldsymbol{x}_k,\boldsymbol{x}_k)$ 也由第二个性质所保证，它为函数值给出了很强的下降趋势。利用泰勒展开，可以很容易的证明，原始函数 f 在 $\boldsymbol{x}_k$ 处的切线，至少下降了 $\nabla f(\boldsymbol{x}_k)^{\mathrm{T}}\boldsymbol{H}^{-1}\nabla f(\boldsymbol{x}_k)$，其中 $\boldsymbol{H}$ 是原始函数 Hessian 阵的上界[③]。

6.3.3 基于 IRLS 的收缩算法

我们在第 5 章已经看到，对式（6-1）中的 $f(\boldsymbol{x})$ 进行最小化的通用算法是迭代重加权最小二乘（Iterative-Reweighted Least-Squares，IRLS）算法。它引入了加权函数将非 ℓ_2-范数转变为 ℓ_2-范数。按这个方法，形如 $\boldsymbol{1}^{\mathrm{T}}\rho(\boldsymbol{x})$ 的表达式被替换为 $0.5\boldsymbol{x}^{\mathrm{T}}\boldsymbol{W}^{-1}(\boldsymbol{x})\boldsymbol{x}$，其中 $\boldsymbol{W}(\boldsymbol{x})$ 是对角矩阵，主对角线上的值为 $W[k,k]=0.5x[k]^2/\rho(x[k])$。虽然这个变化本身很微小，但将其代入迭代过程后，却能得到一个非常

① 这个技术又被称为优化-最大化方法（Majorization-Maximization Method）。

② 实际上，这条约束可以省略，并不影响结论的推导。

③ 取上述二次函数并对其最小化，得到的下降值就是这里提到的值。

引人的算法。考虑函数

$$f(\boldsymbol{x})=\frac{1}{2}\|\boldsymbol{b}-\boldsymbol{A}\boldsymbol{x}\|_2^2+\lambda\boldsymbol{1}^{\mathrm{T}}\rho(\boldsymbol{x})=\frac{1}{2}\|\boldsymbol{b}-\boldsymbol{A}\boldsymbol{x}\|_2^2+\frac{\lambda}{2}\boldsymbol{x}^{\mathrm{T}}\boldsymbol{W}^{-1}(\boldsymbol{x})\boldsymbol{x}$$

假设我们已得到当前解 $\boldsymbol{x}_0$，现在准备更新它。这可以分两步完成。第 1 步，固定 $\boldsymbol{W}$ 来更新 $\boldsymbol{x}$，这需要最小化这个简单的二次函数，得到下面的线性系统

$$\nabla f(\boldsymbol{x})=-\boldsymbol{A}^{\mathrm{T}}(\boldsymbol{b}-\boldsymbol{A}\boldsymbol{x})+\lambda\boldsymbol{W}^{-1}(\boldsymbol{x})\boldsymbol{x}=\boldsymbol{0} \tag{6-17}$$

计算矩阵 $\boldsymbol{A}^{\mathrm{T}}\boldsymbol{A}+\lambda\boldsymbol{W}^{-1}$ 的逆，可以直接地（适用于低维问题）或间接地（经过几步共轭梯度迭代）得到需要的更新值。一旦确定了新解，第 2 步就可以利用它来更新 $\boldsymbol{W}$。这就是在第 5 章里描述的 IRLS 算法核心思想，这个算法的性能较差，尤其是在高维问题中。

Adeyemi 和 Davies 对上述算法作了有趣的修改，得到了另一种**迭代收缩**算法。考虑式（6-17），稍作改变，同时增减一个 $c\boldsymbol{x}$ 项。$c\geqslant 1$ 是一个松弛常数，它的作用很快就会被发现。有

$$-\boldsymbol{A}^{\mathrm{T}}\boldsymbol{b}+(\boldsymbol{A}^{\mathrm{T}}\boldsymbol{A}-c\boldsymbol{I})\boldsymbol{x}+(\lambda\boldsymbol{W}^{-1}(\boldsymbol{x})+c\boldsymbol{I})\boldsymbol{x}=\boldsymbol{0} \tag{6-18}$$

定点迭代方法是优化中的一种著名的方法，它是一种构造性的迭代算法，将迭代次数设计到 $\boldsymbol{x}$ 的表达式中（很聪明的方法！这样可以保证收敛性，同时计算简单）。在我们这里，建议的方法为

$$\boldsymbol{A}^{\mathrm{T}}\boldsymbol{b}-(\boldsymbol{A}^{\mathrm{T}}\boldsymbol{A}-c\boldsymbol{I})\boldsymbol{x}_k=(\lambda\boldsymbol{W}^{-1}(\boldsymbol{x}_k)+c\boldsymbol{I})\boldsymbol{x}_{k+1} \tag{6-19}$$

这可以得到迭代方程

$$\begin{aligned}\boldsymbol{x}_{k+1}&=\left(\frac{\lambda}{c}\boldsymbol{W}^{-1}(\boldsymbol{x}_k)+\boldsymbol{I}\right)^{-1}\left(\frac{1}{c}\boldsymbol{A}^{\mathrm{T}}\boldsymbol{b}-\frac{1}{c}(\boldsymbol{A}^{\mathrm{T}}\boldsymbol{A}-c\boldsymbol{I})\boldsymbol{x}_k\right)\\&=\boldsymbol{S}\cdot\left(\frac{1}{c}\boldsymbol{A}^{\mathrm{T}}(\boldsymbol{b}-\boldsymbol{A}\boldsymbol{x}_k)+\boldsymbol{x}_k\right)\end{aligned} \tag{6-20}$$

这里我们已经定义对角矩阵

$$\boldsymbol{S}=\left(\frac{\lambda}{c}\boldsymbol{W}^{-1}(\boldsymbol{x}_k)+\boldsymbol{I}\right)^{-1}=\left(\frac{\lambda}{c}\boldsymbol{I}+\boldsymbol{W}(\boldsymbol{x}_k)\right)^{-1}\boldsymbol{W}(\boldsymbol{x}_k) \tag{6-21}$$

这个矩阵对向量 $\frac{1}{c}\boldsymbol{A}^{\mathrm{T}}(\boldsymbol{b}-\boldsymbol{A}\boldsymbol{x}_k)+\boldsymbol{x}_k$ 中的元素起到了收缩的作用，效果和式（6-14）相同。实际上，每个元素都乘以了一个标量因子，即

$$\frac{0.5x_k[i]^2/\rho(x_k[i])}{\dfrac{\lambda}{c}+0.5x_k[i]^2/\rho(x_k[i])}=\frac{x_k[i]^2}{\dfrac{2\lambda}{c}\rho(x_k[i])+x_k[i]^2} \tag{6-22}$$

这样，对于 $|x_k[i]|$ 中的大值，这个因子近似为 1，而对于 $|x_k[i]|$ 中的较小值，因子接近于 0，起到了收缩的作用。

注意到这个算法和前面的方法一样[①]，不能被初始化为 0，因为零向量是定点迭代方法的一个稳定解。有趣的是，一旦解中的某个元素变为 0，它就没法"复活"，这意味着这个算法可能会被卡住，从而得不到附近的局部最小值。图 6.2 给出了算法的细节。

（1）**任务**：寻找令 $f(\boldsymbol{x})=\lambda\mathbf{1}^{\mathrm{T}}\rho(\boldsymbol{x})+\frac{1}{2}\|\boldsymbol{b}-\boldsymbol{A}\boldsymbol{x}\|_2^2$ 最小的解 $\boldsymbol{x}$ 。

（2）**初始化**：初始设置 $k=0$，令

① 初始解为 $\boldsymbol{x}_0=\mathbf{1}$；

② 初始残差为 $\boldsymbol{r}_0=\boldsymbol{b}-\boldsymbol{A}\boldsymbol{x}_k=\boldsymbol{b}$ 。

（3）**主要迭代步骤**：k 增加 1，执行以下步骤

① **后向投影**：计算 $\boldsymbol{e}=\boldsymbol{A}^{\mathrm{T}}\boldsymbol{r}_{k-1}$；

② **收缩更新**：计算对角矩阵 $\boldsymbol{S}$， $S[i,i]=x_k[i]^2/(\frac{2\lambda}{c}\rho(x_k[i])+x_k[i]^2)$；

③ **收缩**：计算 $\boldsymbol{e}_S=\boldsymbol{S}(\boldsymbol{x}_{k-1}+\boldsymbol{e}/c)$；

④ **线性搜索（可选）**：选择 μ，使得实值函数 $f(\boldsymbol{x}_{k-1}+\mu(\boldsymbol{e}_s-\boldsymbol{x}_{k-1}))$ 最小；

⑤ **更新解**：计算 $\boldsymbol{x}_k=\boldsymbol{x}_{k-1}+\mu(\boldsymbol{e}_s-\boldsymbol{x}_{k-1})$；

⑥ **更新残差**：计算 $\boldsymbol{r}_k=\boldsymbol{b}-\boldsymbol{A}\boldsymbol{x}_k$；

⑦ **结束规则**：如果 $\|\boldsymbol{x}_k-\boldsymbol{x}_{k-1}\|_2^2$ 小于某个预先设定的阈值，则结束迭代。否则，继续下一步迭代。

（4）**输出**：结果 $\boldsymbol{x}_k$ 。

图 6.2　基于 IRLS 的迭代收缩算法，采用了线性搜索

常数 c 对于算法的收敛很重要，它的选择与 SSF 算法中的常数类似。式（6-20）中的迭代算法顺序使用了矩阵 $\boldsymbol{S}\cdot\left(\frac{1}{c}\boldsymbol{A}^{\mathrm{T}}\boldsymbol{A}-\boldsymbol{I}\right)$。为了收敛，我们要求这个矩阵的谱半径小于 1。因为 $\|\boldsymbol{S}\|_2\leqslant 1$，这意味着 c 的选择必须令矩阵 $\frac{1}{c}\boldsymbol{A}^{\mathrm{T}}\boldsymbol{A}-\boldsymbol{I}$ 收敛。由于该矩阵的特征值在 $[-1,-1+\lambda_{\max}(\boldsymbol{A}^{\mathrm{T}}\boldsymbol{A})/c]$ 范围内，因此需要 $c>\lambda_{\max}(\boldsymbol{A}^{\mathrm{T}}\boldsymbol{A})/2$，和 SSF 算法中所做的选择相比，可允许的范围扩大了一倍。

6.3.4　并行坐标下降（PCD）算法

我们下面描述由 Elad，Matalon 和 Zibulevsky 提出的 PCD 算法。下面的构造方法将从一个简单的坐标下降算法开始，然后会将一组这样的下降步骤集成到一个更简单的联合步骤中，这就构成了**并行坐标下降**（Parallel-Coordinate-Descent，PCD）迭代收缩方法。这里的推导会让读者回忆起由 Sardy，Bruce 和 Tseng 提出的 BCR 算法，那个算法可以处理 $\boldsymbol{A}$ 是酉矩阵联合的特殊情况。

---

① 在测试中，向量的所有元素我们都定为了常数（0.001）。

返回到式（6-1）的函数 $f(\boldsymbol{x})$ 中，我们首先提出一个坐标下降（Coordinate Descent，CD）算法，每次只更新 $\boldsymbol{x}$ 中的一项，而保持其他值不变。这样的 m 次（遍历 $\boldsymbol{x}\in\mathbf{R}^m$ 中的每一项）顺序操作必然是收敛的。有趣的是，我们将要证明，其中的每一步操作都可以通过收缩来完成。

假设当前解为 $\boldsymbol{x}_0$，我们希望在第 i 个元素的当前值 $x_0[i]$ 基础上对其进行更新。这可以得到如下形式的 1 维函数

$$g(z)=\frac{1}{2}\|\boldsymbol{b}-\boldsymbol{A}\boldsymbol{x}_0-\boldsymbol{a}_i(z-x_0[i])\|_2^2+\lambda\rho(z) \tag{6-23}$$

式中向量 $\boldsymbol{a}_i$ 是 $\boldsymbol{A}$ 的第 i 列。$\boldsymbol{a}_i(z-x_0[i])$ 消除原来值的影响，并增加了新的值。换一种写法，记 $\tilde{\boldsymbol{b}}=\boldsymbol{b}-\boldsymbol{A}\boldsymbol{x}_0+x_0[i]\boldsymbol{a}_i$，则该函数变为

$$\begin{aligned}g(z)&=\frac{1}{2}\|\tilde{\boldsymbol{b}}-\boldsymbol{a}_i z\|_2^2+\lambda\rho(z)\\&=\frac{1}{2}\|\tilde{\boldsymbol{b}}\|_2^2-\tilde{\boldsymbol{b}}^{\mathrm{T}}\boldsymbol{a}_i z+\frac{1}{2}\|\boldsymbol{a}_i\|_2^2\cdot z^2+\lambda\rho(z)\\&=\|\boldsymbol{a}_i\|_2^2\left(\frac{\|\tilde{\boldsymbol{b}}\|_2^2}{2\|\boldsymbol{a}_i\|_2^2}-\frac{\boldsymbol{a}_i^{\mathrm{T}}\tilde{\boldsymbol{b}}}{\|\boldsymbol{a}_i\|_2^2}z+\frac{z^2}{2}+\frac{\lambda}{\|\boldsymbol{a}_i\|_2^2}\rho(z)\right)\\&=\|\boldsymbol{a}_i\|_2^2\left(\frac{1}{2}\left(z-\frac{\boldsymbol{a}_i^{\mathrm{T}}\tilde{\boldsymbol{b}}}{\|\boldsymbol{a}_i\|_2^2}\right)^2+\frac{\lambda}{\|\boldsymbol{a}_i\|_2^2}\rho(z)\right)+\mathrm{Const}\end{aligned} \tag{6-24}$$

得到的 1 维函数具有和酉矩阵中的式（6-3）完全相同的形式，那里通过收缩计算给出了最小点。因此 z 的最优解由下式给出

$$\begin{aligned}z_{\mathrm{opt}}&=S_{\rho,\lambda/\|\boldsymbol{a}_i\|_2^2}\left(\frac{\boldsymbol{a}_i^{\mathrm{T}}\tilde{\boldsymbol{b}}}{\|\boldsymbol{a}_i\|_2^2}\right)\\&=S_{\rho,\lambda/\|\boldsymbol{a}_i\|_2^2}\left(\frac{1}{\|\boldsymbol{a}_i\|_2^2}\boldsymbol{a}_i^{\mathrm{T}}(\tilde{\boldsymbol{b}}-\boldsymbol{A}\boldsymbol{x}_0)+x_0[i]\right)\end{aligned} \tag{6-25}$$

虽然这个算法在低维问题中性能很好，但一般情况下无法实用于高维问题，因为它并不能精确得到矩阵 $\boldsymbol{A}$，一般只能比较准确的确定其与伴随阵之间的乘积。这个算法由于每次都需要提取 $\boldsymbol{A}$ 的列，因此并不实用。

为克服这个问题，我们对上述方法进行了修改。基于的是如下性质：当最小化一个函数时，如果存在多个下降方向，那么它们的任意一个非负组合也是一个下降方向。因此，我们建议对式（6-25）中所有的 m 次迭代做一个简单的线性组合。由于每个步骤只处理目标向量中的一个元素，因此我们可以将和写为如下形式

$$\boldsymbol{v}_0 = \sum_{i=1}^{m} \boldsymbol{e}_i \cdot S_{\rho,\lambda/\|\boldsymbol{a}_i\|_2^2}\left(\frac{1}{\|\boldsymbol{a}_i\|_2^2}\boldsymbol{a}_i^{\mathrm{T}}(\boldsymbol{b}-\boldsymbol{A}\boldsymbol{x}_0)+x_0[i]\right)$$
$$= \begin{vmatrix} S_{\rho,\lambda/\|\boldsymbol{a}_1\|_2^2}\left(\frac{1}{\|\boldsymbol{a}_1\|_2^2}\boldsymbol{a}_1^{\mathrm{T}}(\boldsymbol{b}-\boldsymbol{A}\boldsymbol{x}_0)+x_0[1]\right) \\ \vdots \\ S_{\rho,\lambda/\|\boldsymbol{a}_i\|_2^2}\left(\frac{1}{\|\boldsymbol{a}_i\|_2^2}\boldsymbol{a}_i^{\mathrm{T}}(\boldsymbol{b}-\boldsymbol{A}\boldsymbol{x}_0)+x_0[i]\right) \\ \vdots \\ S_{\rho,\lambda/\|\boldsymbol{a}_m\|_2^2}\left(\frac{1}{\|\boldsymbol{a}_m\|_2^2}\boldsymbol{a}_m^{\mathrm{T}}(\boldsymbol{b}-\boldsymbol{A}\boldsymbol{x}_0)+x_0[m]\right) \end{vmatrix} \tag{6-26}$$

式中：$\boldsymbol{e}_i$ 是 m 维的单位向量，第 i 个元素为 1，其他所有的元素都为 0。重写上式可以得到如下更简单的公式，即

$$\boldsymbol{v}_0 = S_{\rho,\mathrm{diag}(\boldsymbol{A}^{\mathrm{T}}\boldsymbol{A})^{-1}\lambda}\left(\mathrm{diag}(\boldsymbol{A}^{\mathrm{T}}\boldsymbol{A})^{-1}\boldsymbol{A}^{\mathrm{T}}(\boldsymbol{b}-\boldsymbol{A}\boldsymbol{x}_0)+\boldsymbol{x}_0\right) \tag{6-27}$$

式中 $\mathrm{diag}(\boldsymbol{A}^{\mathrm{T}}\boldsymbol{A})$ 包含了字典 $\boldsymbol{A}$ 中各列的范数。在后向投影误差 $\boldsymbol{A}^{\mathrm{T}}(\boldsymbol{b}-\boldsymbol{A}\boldsymbol{x}_0)$ 的加权和收缩算子中都用到了它们。权重集合可以在算法开始前离线计算得到，同时也可以快速地近似计算①。值得注意的是，得到的公式并没有包含如式（6-25）中提取 $\boldsymbol{A}$ 的列向量的处理步骤，所需的只是 $\boldsymbol{A}$ 和其伴随阵的向量相乘操作，如式（6-14）所示。

虽然每一个 CD 方向都能确保是下降的，但如果没有合适的尺度控制，它们的线性组合并不必然下降。因此，我们考虑沿着这个方向进行线性搜索（Line Search，LS）。这说明实际的迭代算法是下面的形式

$$\begin{aligned}\boldsymbol{x}_{k+1} &= \boldsymbol{x}_k + \mu(\boldsymbol{v}_k - \boldsymbol{x}_k) \\ &= \boldsymbol{x}_k + \mu(S_{\rho,\mathrm{diag}(\boldsymbol{A}^{\mathrm{T}}\boldsymbol{A})^{-1}\lambda}(\mathrm{diag}(\boldsymbol{A}^{\mathrm{T}}\boldsymbol{A})^{-1}\boldsymbol{A}^{\mathrm{T}}(\boldsymbol{b}-\boldsymbol{A}\boldsymbol{x}_k)+\boldsymbol{x}_k)-\boldsymbol{x}_k)\end{aligned} \tag{6-28}$$

式中 μ 按照某种线性搜索算法的要求来选择。这意味着需要对如下函数进行 1 维优化

$$h(\mu) = \frac{1}{2}\|\boldsymbol{b}-\boldsymbol{A}(\boldsymbol{x}_k+\mu(\boldsymbol{v}_k-\boldsymbol{x}_k))\|_2^2 + \lambda\boldsymbol{1}^{\mathrm{T}}\rho(\boldsymbol{x}_k+\mu(\boldsymbol{v}_k-\boldsymbol{x}_k))$$

这只增加了 $\boldsymbol{A}$ 与 $\boldsymbol{v}_k$ 和 $\boldsymbol{x}_k$ 的两次乘法运算。整个过程在后面将统称为并行坐标下降（PCD）算法。图 6.3 给出了具体的算法步骤。

---

① 可以提出一个随机算法，使用如下的事实，即对于一个高斯白色向量 $\boldsymbol{u} \sim N(\boldsymbol{0},\boldsymbol{I}) \in \mathbf{R}^n$ 而言，乘积 $\boldsymbol{A}^{\mathrm{T}}\boldsymbol{u}$ 的协方差阵为 $\boldsymbol{A}^{\mathrm{T}}\boldsymbol{A}$。通过选择一组这样的随机向量，并计算它们与 $\boldsymbol{A}^{\mathrm{T}}$ 的乘积，则每个元素的方差都是范数的近似。

(1) **任务**：寻找令 $f(\boldsymbol{x})=\lambda\mathbf{1}^{\mathrm{T}}\rho(\boldsymbol{x})+\frac{1}{2}\cdot\|\boldsymbol{b}-\boldsymbol{A}\boldsymbol{x}\|_2^2$ 最小的解 $\boldsymbol{x}$ 。

(2) **初始化**：初始设置 $k=0$ ，令

① 初始解为 $\boldsymbol{x}_0=\mathbf{0}$ ；

② 初始残差为 $\boldsymbol{r}_0=\boldsymbol{b}-\boldsymbol{A}\boldsymbol{x}_k=\boldsymbol{b}$ 。

准备权重矩阵 $\boldsymbol{W}=\mathrm{diag}(\boldsymbol{A}^{\mathrm{T}}\boldsymbol{A})^{-1}$ 。

(3) **主要迭代步骤**：k 增加 1，执行以下步骤

① **后向投影**：计算 $\boldsymbol{e}=\boldsymbol{A}^{\mathrm{T}}\boldsymbol{r}_{k-1}$ ；

② **收缩**：使用如式 $\lambda W[i,i]$ 给出的阈值计算 $\boldsymbol{e}_s=\mathrm{Shrink}(\boldsymbol{x}_{k-1}+\boldsymbol{W}\boldsymbol{e})$ ；

③ **线性搜索（可选）**：选择 μ ，使得实值函数 $f(\boldsymbol{x}_{k-1}+\mu(\boldsymbol{e}_s-\boldsymbol{x}_{k-1}))$ 最小；

④ **更新解**：计算 $\boldsymbol{x}_k=\boldsymbol{x}_{k-1}+\mu(\boldsymbol{e}_s-\boldsymbol{x}_{k-1})$ ；

⑤ **更新残差**：计算 $\boldsymbol{r}_k=\boldsymbol{b}-\boldsymbol{A}\boldsymbol{x}_k$ ；

⑥ **结束规则**：如果 $\|\boldsymbol{x}_k-\boldsymbol{x}_{k-1}\|_2^2$ 小于某个预先设定的阈值，则结束迭代。否则，继续下一步迭代。

(4) **输出**：结果 $\boldsymbol{x}_k$ 。

图 6.3　采用线性搜索的 PCD 迭代收缩算法

可以看到，和式（6-14）中的 SSF 算法相比，这里推导的算法有两点不同：① $\boldsymbol{A}$ 中原子的范数在后向投影误差的加权中起了重要的作用，而前面的算法中使用的是常数；②新算法需要线性搜索来最终确定下降。本节结束的时候我们将讨论这些差异，并尝试给这两种方法建立一定的联系。

6.3.5 StOMP：贪婪方法的变化

在**迭代收缩**方法的家族里，我们最后讨论的是分步正交匹配追踪（Stage-wise Orthogonal-Matching-Pursuit，StOMP）方法。与前面的方法不同，这个算法的构造并不是从最小化式（6-1）中的 $f(\boldsymbol{x})$ 开始，虽然它可以作为稀疏惩罚项用于这个函数 ℓ_0-范数的最小化。实际上，StOMP 的提出者将正交匹配追踪（Orthogonal-Matching-Pursuit，OMP）和最小角度回归（Least-Angle Regression，LARS）算法联系在一起了。同时我们需要指出，虽然在别的情况中也能成功，但 StOMP 特别适用于矩阵 $\boldsymbol{A}$ 是随机的情况，例如压缩感知中的应用。我们在这里介绍 StOMP，是因为除了与本章介绍的其他方法存在这些主要不同之外，它与迭代收缩过程存在着广泛的相似之处。StOMP 算法包含了下面的步骤。

（1）**初始化**：我们将解初始化为 $\boldsymbol{x}_0=\mathbf{0}$，残差向量为 $\boldsymbol{r}_0=\boldsymbol{b}-\boldsymbol{A}\boldsymbol{x}_0=\boldsymbol{b}$ 。我们定义解的支撑集，并将其设置为空，$\boldsymbol{I}_0=\boldsymbol{\phi}$ 。下面开始后续的迭代过程（$k\geqslant1$），执行以下步骤。

（2）**残差的后向投影**：计算 $\boldsymbol{e}_k=\boldsymbol{A}^{\mathrm{T}}(\boldsymbol{b}-\boldsymbol{A}\boldsymbol{x}_{k-1})=\boldsymbol{A}^{\mathrm{T}}\boldsymbol{r}_{k-1}$ 。根据字典的随机性假设，大多数计算得到的值都假设为零均值的独立同分布高斯变量。上述向量中的

个别异常值可以被作为那些可能构成 b 的原子对待。

（3）**阈值**：我们定义 e_k 中的主元素集合为 $J_k = \{i \mid 1 \leqslant i \leqslant m, |e_k[i]| > T\}$，其中阈值按允许误差 $\|b - Ax\|_2^2$ 来选择。如果选择阈值使得 $|J_k| = 1$，使得每次只更新一项，我们就得到了 OMP。在 StOMP 考虑的更一般情况下，每次可选择几个甚至更多项。

（4）**支撑集的联合**：我们更新目标解的支撑集合 $I_k = I_{k-1} \cup J_k$。这样的支撑集会逐步增长。

（5）**带约束的最小二乘**：给定支撑集，并假设 $|I_k| < n$ 后，我们求解如下最小二乘问题

$$\arg \min_x \|b - APx\|_2^2 \tag{6-29}$$

式中 $P \in \mathbf{R}^{m \times |I_k|}$ 是一个选择算子，从向量 x 中选择允许为非零项的 $|I_k|$ 个元素。这个最小化过程可以利用 K_0 次共轭梯度（Conjugate-Gradient，CG）迭代来实现，其中每一步迭代都要计算 AP 及其伴随阵的乘积。

（6）**残差的更新**：在找到更新向量 x_k 后，计算残差为 $r_k = b - Ax_k$。

像前面说明的那样，当阈值步骤每次只选择一个元素时，这实际上就是 OMP 方法。对于每步选择多个元素的 StOMP 处理来说，上述过程会被迭代多次（作者建议 10 次，因为每次迭代可以向支撑集内增加多个元素），这可以得到近似线性系统 $b \approx Ax$ 所需的稀疏解。StOMP 的缺点是它倾向于给解的支撑集增加过多的元素。Needell 和 Tropp 最近建议另一种算法，称为 CoSaMP，它包含了一个元素删除机制，当支撑集中的元素对解的贡献较低时可以将其从支撑集中删除。

StOMP 在随机字典情况下的性能有详尽的理论分析。在这种情况下，$A^T e_i$ 的值可以解释为一个稀疏噪声向量，其中可以假设噪声服从零均值白色高斯分布。此时后续的阈值步骤就是降噪算法。在这种方案中，StOMP 算法的提出者证明了存在一个从成功到失败的有趣转变过程。

我们下面补充一个重要的观察现象：由于需要 K_0 次 CG 迭代，StOMP 算法每次迭代的复杂度都和 SSF 算法、基于 IRLS 的算法以及 PCD 算法中的 K_0 次迭代相当。从这点来说，需要提醒读者，在这个结构中可以采用内点法和平切牛顿法这样的内部求解方法来加快速度。

6.3.6 概要——迭代收缩算法

图 6.4 以方框图的形式给出了上述 4 种**迭代收缩**算法。可以看出，虽然每种方法之间都存在着不同的差异，但它们都依赖于一些相同的主要计算步骤，例如 $b - Ax$ 的计算，乘以 A^T 的后向投影，阈值/收缩操作等。

本章中我们有意回避对这些算法进行深入的理论研究。然而，我们需要阐明下面的结论：SSF 和 PCD 算法能够保证收敛到式（6-1）中函数的局部最小点。对于像 $\rho(x) = |x|$ 这样目标函数是凸的情况，也可以保证收敛到全局最小点。

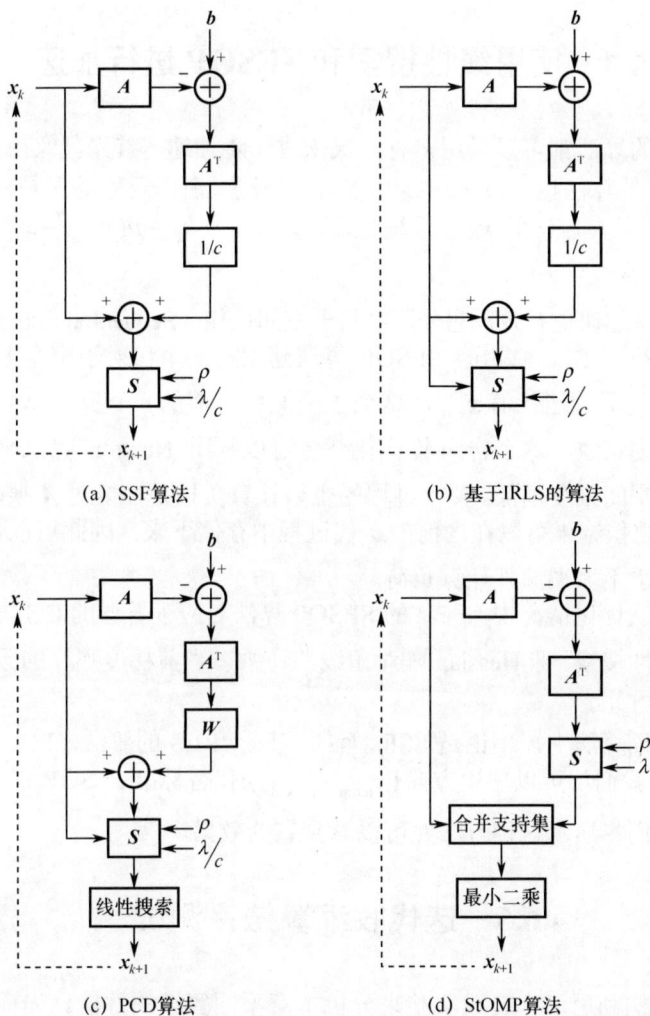

(a) SSF算法

(b) 基于IRLS的算法

(c) PCD算法

(d) StOMP算法

图 6.4　4 种迭代收缩算法的框图，虽然这 4 个图看上去很相似，
但在不同的位置上存在着一些显著的差别

　　在讨论的 4 个核心算法中，SSF 算法，基于 IRLS 的算法，PCD 算法的性质都很接近。它们中谁更快呢？考虑到 SSF 算法中的常数 c 必须满足 $c > \lambda_{\max}(A^T A)$，而在 IRLS 方法中，只要满足一半大小即可。另一方面，PCD 方法使用加权矩阵 $\mathrm{diag}(A^T A)^{-1}$ 来对相同的项做尺度调整。举例来说，由 N 个酉矩阵联合构成的字典，SSF 方法需要满足 $c > N$，这意味着式（6-14）中的加权为 $1/N$。在 PCD 算法中，由于 A 的列是归一化的，加权矩阵简化为单位阵。因此 PCD 算法对 $A^T(b - Ax_k)$ 的处理效果强 $O(N)$ 倍，也正因为如此，我们预期它的性能会更好。我们将通过一系列的对比实验来验证这个猜想。需要指出的是，由于采用加速的原因，收敛速度同样会显著得到改善，这将在后面进行讨论。

6.4　使用线性搜索和 SESOP 进行加速

所有上述的算法都可以采用多种方式来进一步加速。首先，像在 PCD 算法中描述的一样，其他算法也可以采用线性搜索的想法[①]。所需要做的只是使用式（6-14）或式（6-20）来计算临时解 x_{temp}，并定义解为 $x_{k+1} = x_k + \mu(x_{\text{temp}} - x_k)$，再针对标量 μ 优化 $f(x_{k+1})$。

第 2 种方法加速更有效，它采用序贯子空间优化（Sequential Subspace Optimization，SESOP）方法。原始的 SESOP 算法建议对一个仿射子空间上的函数 f 进行最优化来得到下一迭代值 x_{k+1}，这个子空间由当前的 q 个步长 $\{x_{k-i} - x_{k-j-1}\}_{i=0}^{q-1}$ 以及当前的梯度张成。这个 $q+1$ 维优化任务可以利用 Newton 算法来解决，因为该问题所在的空间维度很低。整个过程的主要计算负担是需要对 A 乘以这些方向，但是这 q 次的乘积结果可以在之前的迭代过程中存储下来，因此可以使得 SESOP 的加速算法几乎不增加额外计算负荷。

在简单二次优化情况中，$q \geqslant 1$ 的 SESOP 算法对应于普通的 CG 方法。$q=0$ 的情况等价于线性搜索。像 Hessian 阵对角线的逆乘以当前梯度那样的预处理也可以明显加速原有方法。

在迭代收缩算法中，不论是 SSF 算法，基于 IRLS 的算法，PCD 算法，还是 StOMP 算法，我们都可以使用方向 $(x_{\text{temp}} - x_k)$ 来代替标准 SESOP 方法中的梯度。在下一节中我们将演示这种方法并可以看到它的效果。

6.5　迭代收缩算法：测试

本节中我们利用一个合成实验来分析本章不同算法的性能。先前我们就指出 StOMP 和其他算法概念上有所不同，因此这里的测试不包括它。我们的实验是要最小化函数

$$f(x) = \frac{1}{2}\|b - Ax\|_2^2 + \lambda\|x\|_1$$

构成本问题的要素有：

（1）**矩阵 A**：我们利用 $A = P_{\text{out}} H P_{\text{in}}$ 形式来构造矩阵，其中 H 是 $2^{16} \times 2^{16}$ 的 Hadamard 矩阵，P_{in} 是（大小相同的）对角矩阵，主对角阵上的值在范围 $[1,5]$ 之间线性增长，P_{out} 由单位阵中随机选取的 2^{14} 个行的子集构成。因此全局矩阵 A 的大小为 $2^{14} \times 2^{16}$，它实际是对输入向量 x 的元素进行尺度调整，将其在 $\mathbf{R}^{2^{16}}$ 空间中进

[①] 即使没有从式（6-1）中的函数最小化角度来推导 StOMP 算法，也同样可以采用线性搜索方法来提取每一步迭代的最优值。

行旋转，并在得到的结果中选择大小为 $n=2^{14}$ 的子集。由于可以利用快速 Hadamard 变换（Fast Hadamard Trasnform，FHT），因此可以非常快速的计算 $\boldsymbol{A}$ 和其伴随阵的乘积。

（2）**参考解 $\boldsymbol{x}_0$**：我们生成了一个长度为 $m=2^{16}$ 的稀疏向量 $\boldsymbol{x}_0$，它包含了 2000 个非零元素，它们落在随机的位置上，各项取值均服从正态分布。

（3）**向量 $\boldsymbol{b}$**：向量 $\boldsymbol{b}$ 根据 $\boldsymbol{b}=\boldsymbol{A}\boldsymbol{x}_0+\boldsymbol{v}$ 计算，其中 $\boldsymbol{v}$ 是随机向量，各元素独立同分布，均服从均值为 0，标准差为 $\sigma=0.2$ 的高斯分布。方差的选择使得 $\|\boldsymbol{A}\boldsymbol{x}_0\|_2^2 / \|\boldsymbol{b}-\boldsymbol{A}\boldsymbol{x}_0\|_2^2 \approx 8$，这意味着“信号”部分 $\|\boldsymbol{A}\boldsymbol{x}_0\|_2^2$ 比加性噪声部分 $\|\boldsymbol{v}\|_2^2$ 要大 8 倍。

（4）**λ 的选择**：我们按经验选择 λ，使得残差满足 $\frac{1}{2}\|\boldsymbol{b}-\boldsymbol{A}\boldsymbol{x}\|_2^2 \approx n\sigma^2$。选择的值（经过多次试验后）为 $\lambda=1$。

这里我们比较的算法是 SSF 算法，基于 IRLS 的算法和 PCD 算法。对于 SSF 算法，我们考虑如图 6.1 中给出的规范形式（$\mu=1$），一个线性搜索（LS）版本（以确定 μ），和一个利用维度为 5 的 SESOP 方法实现的加速版本。类似的，我们也测试了 IRLS 方法和它的 SESOP-5 加速版本。对于 PCD 算法，我们测试了使用线性搜索的规范版本，以及 SESOP-5 加速版本。

在本章仿真中，线性搜索和 SESOP 算法的内部优化都利用 50 次最速下降法迭代来完成。在第 10 章中，我们将在专门的图像处理应用中再次讨论迭代收缩算法。在那里我们将考虑函数 ρ 更平滑的 ℓ_1 版本，那样就可以使用 Newton 优化方法了。

在给出结果之前，我们先讨论 SSF 算法和 IRLS 算法中的常数 c。应该选择 $c>\left\|\boldsymbol{A}^{\mathrm{T}}\boldsymbol{A}\right\|_2^2=\left\|\boldsymbol{P}_{\text{in}}^{\mathrm{T}}\boldsymbol{H}^{\mathrm{T}}\boldsymbol{P}_{\text{out}}^{\mathrm{T}}\boldsymbol{P}_{\text{out}}\boldsymbol{H}\boldsymbol{P}_{\text{in}}\right\|_2^2$。如果我们忽略 $\boldsymbol{P}_{\text{out}}$（即假设 $n=2^{16}$），那么根据 $\boldsymbol{P}_{\text{in}}$ 主对角上的最大幅度可以得到 $c>25$。$\boldsymbol{P}_{\text{out}}$ 通过选择包含了 n 项元素子集的方式提取了其中部分能量，这个事实表明选择 $c=25$ 是正确的，接近于可能的最优值。类似的，将 $\boldsymbol{P}_{\text{in}}$ 主对角线上的各项进行平方，并乘以 n/m，可以很容易的计算出在 PCD 算法中用到的 $\boldsymbol{A}$ 中各原子的二次范数。根据 $\boldsymbol{H}$ 的性质可以知道，这些值就是范数。

现在我们给出结果。首先，我们在图 6.5～图 6.7 中给出了每种方法中 $f(\boldsymbol{x})$ 的值与迭代次数之间的函数关系图，图中已经减去了 $f(\boldsymbol{x})$ 的最小值（由这些迭代方法中的最优值确定）。图 6.5 给出了不同 SSF 算法的结果（规范版本，LS 版本和 SESOP-5 版本）。图 6.6 给出了 IRLS 算法和 SSF 算法相比较的结果，图 6.7 给出了 PCD 方法与 SSF 方法相比较的结果。

我们同样通过计算比值 $\|\boldsymbol{x}_k-\boldsymbol{x}_0\|_2^2/\|\boldsymbol{x}_0\|_2^2$ 来说明解的质量。这些值应小于 1，接近 0 的值表明解的相对误差很小。这些结果在图 6.8～图 6.10 中给出。

从这些结果中可以得到几个结论：

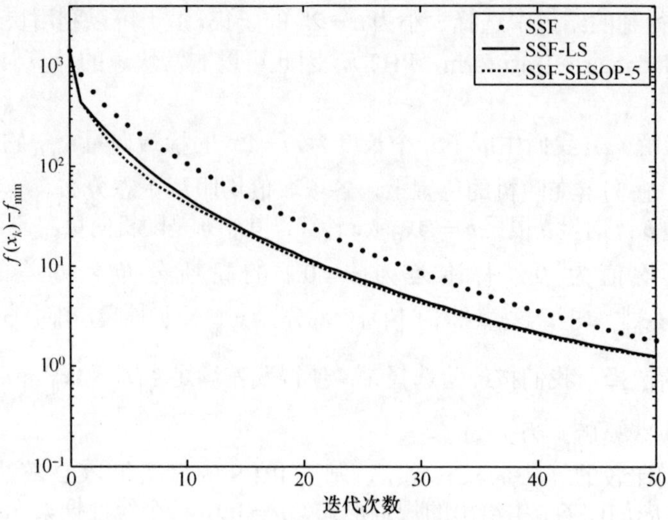

图 6.5　不同测试算法中目标函数值与迭代次数的函数关系图
——规范版本的 SSF 算法，SSF 算法（线性搜索）和 SESOP-5 的加速版本

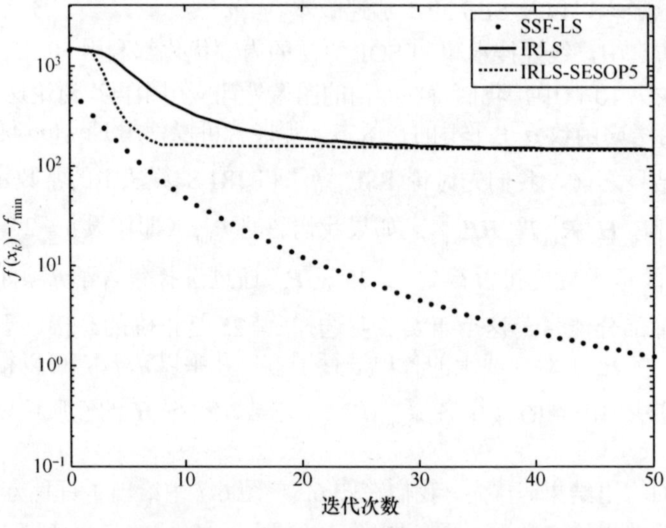

图 6.6　不同测试算法中目标函数值与迭代次数的函数关系图
——线性搜索的 SSF 算法，规范的 IRLS 算法和其 SESOP-5 的加速版本

(1)上述两种测度的结果之间存在一致性，这样就可以集中观察图 6.5～图 6.7。

(2) 这 3 种方法（SSF 算法，IRLS 算法和 PCD 算法）中性能最佳的是 PCD 算法。它在 15 次迭代之后可以得到几乎完美的收敛值。

(3) 线性搜索用到这些算法上有助于它们的收敛。相似的，SESOP 加速也是有帮助的。加速后的 PCD 算法只需要 10 次迭代就收敛了，加速 SSF 的效果要弱一些。

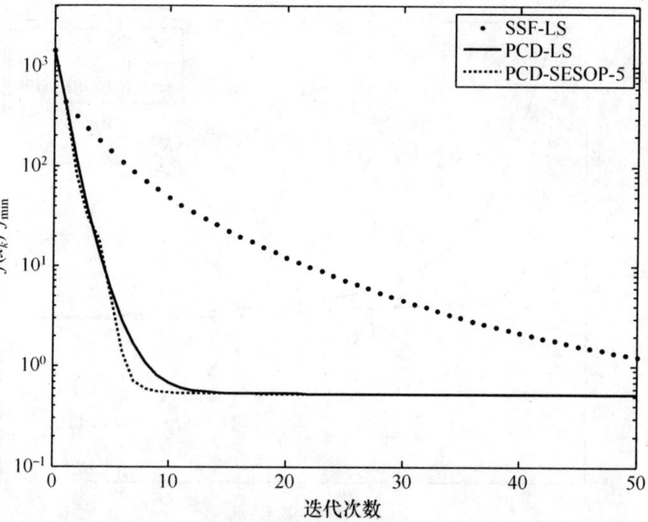

图 6.7 不同测试算法中目标函数值与迭代次数的函数关系图
——线性搜索的 SSF 算法，PCD 算法（线性搜索）和其 SESOP-5 的加速版本

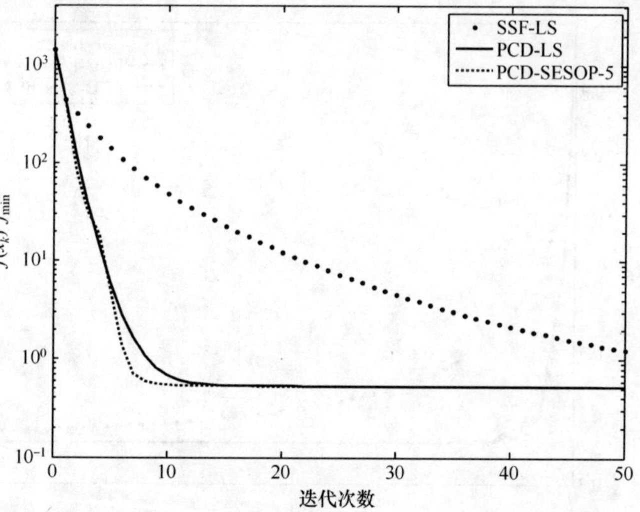

图 6.8 不同测试算法中，解的质量测度与迭代次数的函数关系图
——规范版本的 SSF 算法，SSF 算法（线性搜索）和其 SESOP-5 的加速版本

（4）和预期的一样，基于 IRLS 的算法性能比较弱，甚至可能会失败。从恢复生成 $\boldsymbol{b}$ 时各原子的真实稀疏组合角度考虑，这些结果的性能怎么样呢？图 6.11 给出了原始向量 $\boldsymbol{x}_0$ 和通过 10 次 PCD 算法迭代后得到的解。如上所述，原始向量中有 2000 个非零值，即 $\|\boldsymbol{x}_0\|_0 = 2000$。PCD 算法的解检测到了 2560 个非零值，其中 1039 个在真正的支撑集中（占主要分量的元素，由于非零值与噪声之间的相对强度差异，它们大多数都远离真实值）。

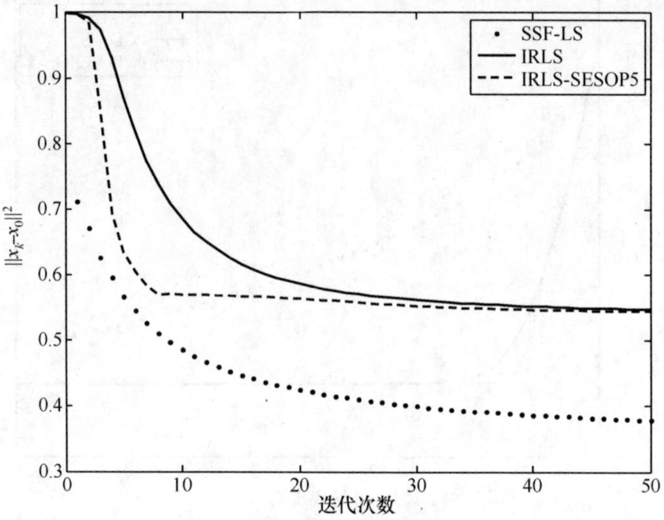

图 6.9 不同测试算法中，解的质量测度与迭代次数的函数关系图
——线性搜索的 SSF 算法，规范版本的 IRLS 算法和其 SESOP-5 的加速版本

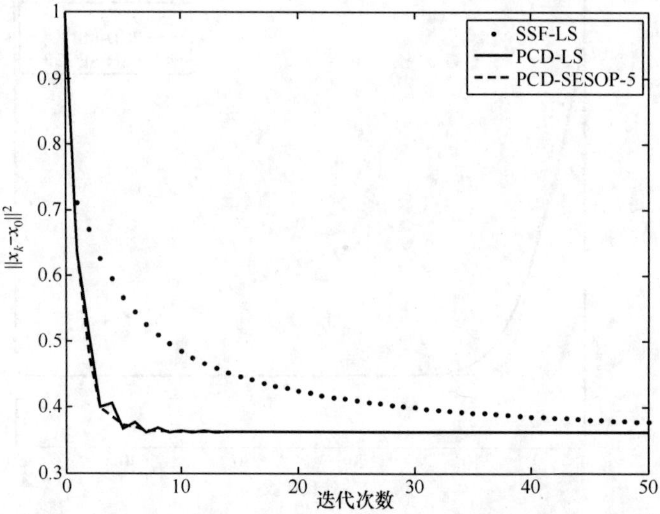

图 6.10 不同测试算法中，解的质量测度与迭代次数的函数关系图
——线性搜索的 SSF 算法，PCD 算法（线性搜索）和其 SESOP-5 的加速版本

图 6.11（b）显示，$\boldsymbol{x}_0$ 主要的峰值位置实际上能很好地检测出来，只是估计的值多少小了些。这个趋势是可以预计到的，因为在我们使用的目标函数中采用了非零项的幅度作为惩罚项。我们可以改进，先找到 $\boldsymbol{x}$ 的支撑集，记录为 S，并在该集合中求解带约束的最小二乘问题，形式如下：

$$\min_{\boldsymbol{x}}\|\boldsymbol{Ax}-\boldsymbol{b}\|_2^2 \quad \text{s. t.} \quad \text{Support}(\boldsymbol{x})=S \tag{6-30}$$

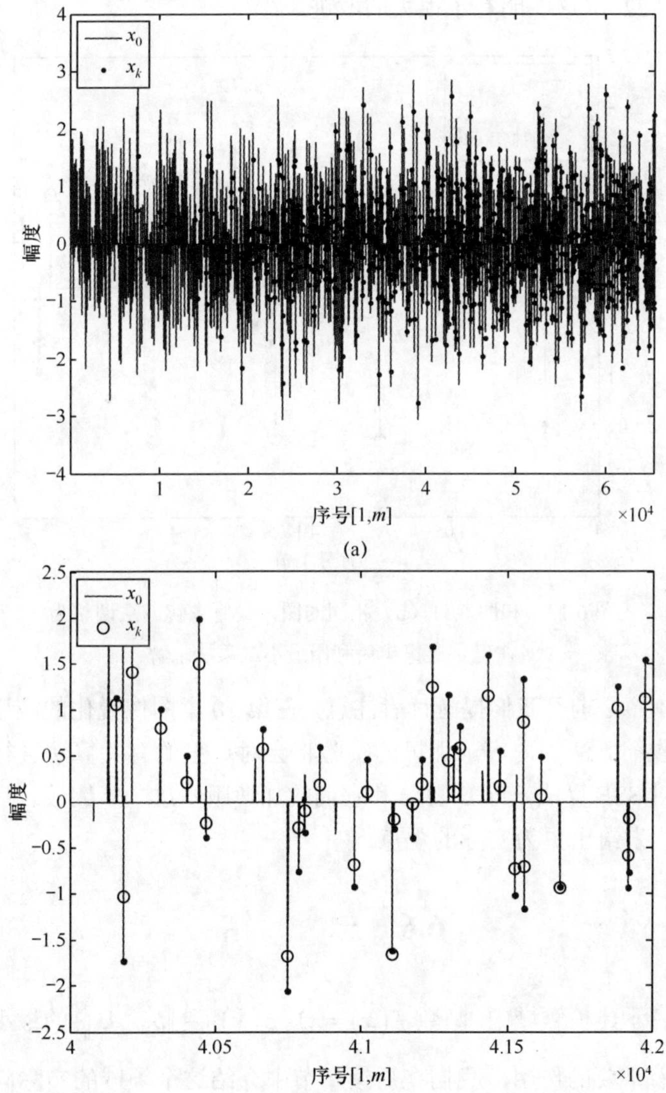

图 6.11　PCD 算法 10 次迭代后的解。图中给出了原始向量 $\boldsymbol{x}_0$ 和计算得到的 $\boldsymbol{x}_k$，

其中（a）显示了完整的向量，（b）显示了水平支撑集的一个微小片断

这里可以按如下形式进行简单的迭代处理

$$\boldsymbol{x}_{k+1} = \mathrm{Proj}_S[\boldsymbol{x}_k - \mu \boldsymbol{A}^{\mathrm{T}}(\boldsymbol{A}\boldsymbol{x} - \boldsymbol{b})] \tag{6-31}$$

算子 Proj_S 将向量投影到支撑集上，将支撑集之外的元素置零。这个过程的结果在图 6.12 中给出，可以看到，非零项实际上在逐步接近原始 $\boldsymbol{x}_0$ 的值。注意到在测度 $\|\boldsymbol{x}_k - \boldsymbol{x}_0\|_2^2 / \|\boldsymbol{x}_0\|_2^2$ 的衡量下，PCD 算法 10 次迭代之后的值为 0.36，而在调整处理后，

这个值变为 0.224，这表明有了很大的改进。

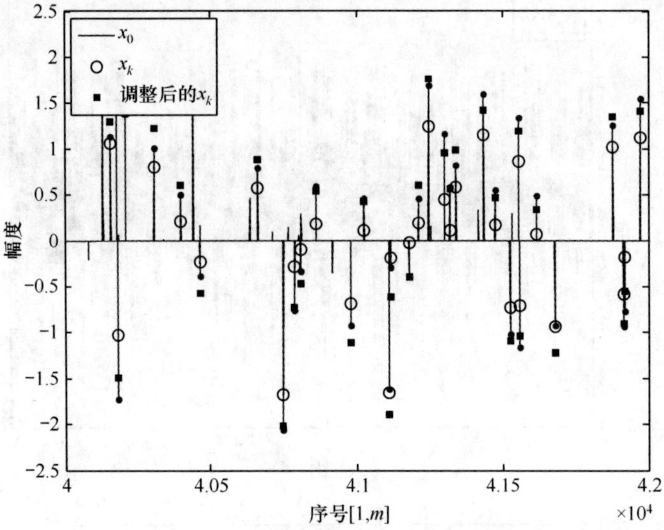

图 6.12　和图 6.11（b）相同的图，最终求解方法调整为在确定支撑集后利用最小二乘法求解

在结束本章之前，我们提醒读者注意，在第 10 章图像锐化的应用中我们将重新分析迭代收缩算法的内容。那里的实验将会对这里的有关算法进行更深入的比较，并且在对 SSF 算法，PCD 算法和它们的加速版本进一步比较之后，从对这些算法的需求出发给出更为实际的观点。

6.6 总　　结

在稀疏表示建模领域中，函数 $f(\boldsymbol{x})=\lambda\mathbf{1}^{\mathrm{T}}\rho(\boldsymbol{x})+\frac{1}{2}\|\boldsymbol{b}-\boldsymbol{A}\boldsymbol{x}\|_2^2$ 的最小化在不同的应用中扮演着重要的作用，我们在后续章节中介绍这个领域的实际问题时也可以清楚地看到这点。本章我们介绍了一系列的高效优化技术来达到这个目标。它们就是迭代收缩算法，都采用了矩阵 $\boldsymbol{A}$ 和其伴随阵的乘积，临时解的标量收缩等操作步骤。这些方法在处理高维问题时极为重要。

除了在对 $f(\boldsymbol{x})$ 进行最小化时相对高效之外，这些方法的一个重要特征是它们与经典收缩算法的关系非常接近，而经典收缩算法最初就是从酉矩阵条件下推导得到的。我们已经介绍了几个这样的算法，并提供了一个基本的实验来演示它们的效果。这些方法的研究还在持续，包括新技术的利用（例如 Bregman 和 Nesterov 的多阶段算法），收敛性质的分析和这些方法的实际应用等。

延伸阅读

[1] Becker S, Bobin J, Candes E. NESTA: A fast and accurate first-order method for sparse recovery[J].SIAM Journal on Imaging Sciences, 2011, 4(1):1–39.

[2] Bioucas-Dias J. Bayesian wavelet-based image deconvolution: a GEM algorithm exploiting a class of heavy-tailed priors[J]. IEEE Trans. on Image processing, 2006, 15(4) : 937-951.

[3] Blumensath T, Davies M E. Iterative thresholding for sparse approximations[J]. Journal of Fourier Analysis and Applications, 2008, 14(5) : 629-654.

[4] Bobin J, Moudden Y, Starck J L, et al. Morphological diversity and source separation[J]. IEEE Signal Processing Letters, 2006, 13(7) : 409-412.

[5] Cai J, Osher S, Shen Z. Convergence of the linearized Bregman iteration for l1-norm minimization[J]. Mathematics of Computation, 2009, 78(268) : 2127-2136.

[6] Cai J, Osher S, Shen Z. Linearized Bregman iterations for compressed sensing[J]. Mathematics of Computation, 2009, 78(267):1515–1536.

[7] Cai J, Osher S, Shen Z. Linearized Bregman iteration for frame based image deblurring[J]. SIAM Journal on Imaging Sciences, 2009, 2(1):226-252.

[8] Combettes P L, Wajs V R. Signal recovery by proximal forward-backward splitting[J]. Multiscale Modeling and Simulation, 2005, 4(4):1168–1200.

[9] Daubechies I, Defrise M, De-Mol C. An iterative thresholding algorithm for linear inverse problems with a sparsity constraint[J]. Communications on Pure and Applied Mathematics, 2004, 57(11):1413–1457.

[10] Donoho D L. De-noising by soft thresholding[J]. IEEE Trans. on Information Theory, 1995, 41(3):613–627.

[11] Donoho D L, Johnstone I M. Ideal spatial adaptation by wavelet shrinkage[J]. Biometrika, 1994, 81(3):425–455.

[12] Donoho D L, Johnstone I M, et al. Wavelet shrinkage asymptopia[J]. Journal of the Royal Statistical Society Series B - Methodological, 1995, 57(2):301–337.

[13] Donoho D L, Johnstone I M. Minimax estimation via wavelet shrinkage[J]. Annals of Statistics, 1998, 26(3):879–921.

[14] Donoho D L, Tsaig Y, et al. Sparse solution of underdetermined linear equations by stagewise orthogonal matching pursuit[R]. Stanford University, 2006.

[15] Elad M. Why simple shrinkage is still relevant for redundant representations?[J]. IEEE Trans. on Information Theory, 2006, 52(12):5559-5569.

[16] Elad M, Matalon B, Zibulevsky M. Image denoising with shrinkage and redundant representations[C]//CVPR 2006 - IEEE Conference on Computer Vision and Pattern Recognition, NY, June 17-22, 2006.

[17] Elad M, Matalon B, Zibulevsky M. Coordinate and subspace Optimization methods for Linear Least Squares with Non-Quadratic Regularization[J]. Applied and Computational Harmonic Analysis, 2007, 23(3):346–367.

[18] Elad M, Starck J L, et al. Simultaneous cartoon and texture image inpainting using morphological component analysis (MCA)[J]. Journal on Applied and Comp. Harmonic Analysis, 2005, 19(3):340–358.

[19] Fadili M J, Starck J L. Sparse representation-based image deconvolution by iterative thresholding[C]// Astronomical Data Analysis ADA'06, Marseille, France, September, 2006.

[20] Figueiredo M A, Nowak R D. An EM algorithm for wavelet-based image restoration[J]. IEEE Trans. On Image Processing, 2003, 12(8):906–916.

[21] Figueiredo M A, Nowak R D, A bound optimization approach to waveletbased image deconvolution[C]// IEEE International Conference on Image Processing- ICIP 2005, Genoa, Italy, September 2005.

[22] Figueiredo M A, Bioucas-Dias J M, Nowak R D. Majorization-minimization algorithms for wavelet-based image restoration[J]. IEEE Trans. On Image Processing, 2007, 16(12):2980-2991.

[23] Needell D, Tropp J A. CoSaMP: Iterative signal recovery from incomplete and inaccurate samples[J]. Applied Computational Harmonic Analysis, 2009, 26(3):301–321.

[24] Nesterov Y. Smooth minimization of non-smooth functions[J]. Math. Program., Serie A., 2007, 103(1):127–152, 2007.

[25] Sardy S, Bruce A G, Tseng P. Block coordinate relaxation methods for nonparametric signal denoising with wavelet dictionaries[J]. Journal of computational and Graphical Statistics, 2000, 9(2):361–379.

[26] Starck J L, Elad M, Donoho D L. Image decomposition via the combination of sparse representations and a variational approach[J]. IEEE Trans. on Image Processing, 2005, 14(10):1570–1582.

[27] Starck J L, Murtagh F, Bijaoui A. Multiresolution support applied to image filtering and restoration[J]. Graphical Models and Image Processing, 1995, 57(5):420–431.

第7章 平均性能分析

到目前为止，我们只是简单介绍了求解稀疏解及其近似解的算法和它们的能力，内容很有限。本章中，我们将择要的指出在那些最坏情况之上的具有挑战性的研究领域，这些领域也颇有趣味。我们从几个简单的模拟仿真开始讨论。

7.1 重新审视经验证据

在第 3 章和第 5 章中，我们已经做了追踪算法的比较试验。现在我们再次返回那里，重点考察一下另一个性能指标，即解的真实支撑集的成功重构。

考虑大小为 100×200 的随机矩阵 $\boldsymbol{A}$，各项独立，均服从均值为 0，方差为 1 的标准高斯分布 $N(0,1)$。这个矩阵的**稀疏度**以概率 1 取为 101，这意味着在系统 $\boldsymbol{Ax}=\boldsymbol{b}$ 中，每个具有少于或等于 50 个非零项的解都必然是可能的最稀疏解，因此，它是 (P_0) 问题的解。通过随机生成这样足够稀疏的向量 $\boldsymbol{x}_0$（在支撑集中按均匀分布随机选择非零项的位置，非零值从 $N(0,1)$ 中选取），可以生成向量 $\boldsymbol{b}$。利用这种方式，我们可以知道 $\boldsymbol{Ax}_0=\boldsymbol{b}$ 的最稀疏解，因此能够将它和计算结果进行比较。

图 7.1 中给出了 OMP 和 BP（利用 Matlab 线性规划求解器实现）两个算法在恢复真实（最稀疏）解方面的成功率。这个性能是通过计算 $\|\hat{\boldsymbol{x}}-\boldsymbol{x}_0\|_2^2/\|\boldsymbol{x}_0\|_2^2$，并检测它是否低于可忽略的值（在我们的实验中该值设为 10^{-5}）来度量的，这可以表明对原始稀疏向量 $\boldsymbol{x}_0$ 的完美重构。对向量每种势的取值重复执行 100 次实验，并将实验结果平均后得到成功的概率。实验中 $\boldsymbol{A}$ 的互相关值为 $\mu(\boldsymbol{A})=0.424$，因此只有在势低于 $(1+1/\mu(\boldsymbol{A}))/2=1.65$ 的情况，追踪算法才能保证成功。然而正如我们看到的一样，两个追踪算法在 $1\leqslant\|\boldsymbol{x}_0\|_0\leqslant 26$ 时都能成功重构最稀疏解，远高于上述理论界限的范围。我们同样可以看到，在某种程度上，贪婪算法（OMP）要优于 BP。

回到带噪的情况（(P_0^ϵ) 问题的解），我们使用相同的矩阵 $\boldsymbol{A}$ 生成随机向量 $\boldsymbol{x}_0$，其非零元素的势预先指定。对该向量进行归一化，使得 $\|\boldsymbol{Ax}_0\|_2=1$。计算 $\boldsymbol{b}=\boldsymbol{Ax}_0+\boldsymbol{e}$，其中 $\boldsymbol{e}$ 是预先确定范数 $\|\boldsymbol{e}\|_2=\epsilon=0.1$ 的随机向量。原始向量 $\boldsymbol{x}_0$ 是 (P_0^ϵ) 的可行解，由于稀疏性的原因，它非常接近最优值。第 5 章的理论分析说明，对于小于 $(1+1/\mu(\boldsymbol{A}))/2$（对于 BP 而言甚至可以除以 4）的势，存在 $\boldsymbol{x}_0$ 的稳定重构（在 ϵ 误差范围内），这一次又对性能做出了过于悲观的预测。

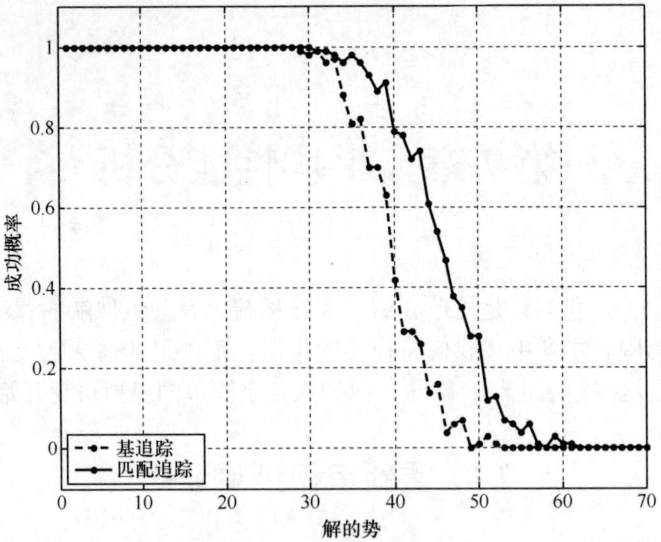

图 7.1　在重构线性系统 $\boldsymbol{Ax}=\boldsymbol{b}$ 的最稀疏解时追踪算法的成功概率，结果以期望解的势的函数给出

图 7.2 显示了这个测试中 OMP 和 BP 的相对误差(我们使用了 LARS 求解器)[①]。相对误差定义为比值 $\|\hat{\boldsymbol{x}}-\boldsymbol{x}_0\|_2^2/\epsilon^2$，并在 100 次实验结果中取平均。两个测试的算法中，解都满足 $\|\boldsymbol{A}\hat{\boldsymbol{x}}-\boldsymbol{b}\|_2\leqslant\epsilon$。可以看到，对于所有参与测试的势，两种方法的性能都很好，这显示出了很强的稳定趋势，然而有关性能稳定性的理论结果中，边界却低了很多。

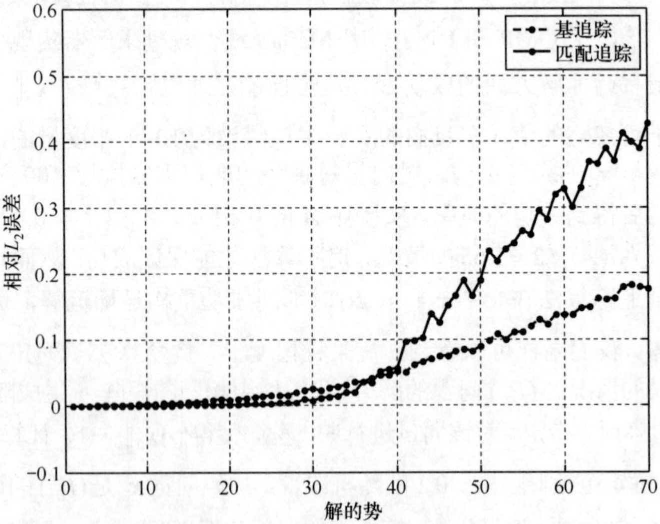

图 7.2　带噪条件下，追踪算法在线性系统 $\boldsymbol{Ax}=\boldsymbol{b}$ 最稀疏解的稳定重构方面的趋势

① 细心的读者可以发现该图的结果和第 5 章图 5.12 的结果之间的相似性。然而需要注意到，实验的设置多少存在些差异。

由于(P_0^ϵ)的解可以解释为噪声消除后的结果，因此我们在图 7.3 中给出了在这些实验中得到的平均相对误差$\|\hat{\boldsymbol{x}}-\boldsymbol{x}_0\|_2^2/\|\boldsymbol{x}_0\|_2^2$。这个比值应尽可能小，若该值为 1 则说明$\hat{\boldsymbol{x}}$可以近似为 0。在预料之中的是，我们可以看到，两个测试方法都展现了良好的噪声消除性能，在$\boldsymbol{x}_0$的势较低时，效果更为明显。

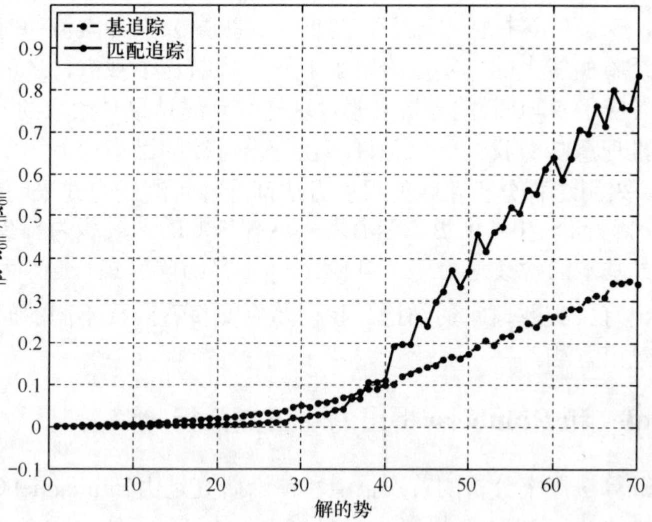

图 7.3 追踪算法的噪声消除效果，利用相对误差和解的势的函数形式给出

这些仿真说明，以前得到的界并没有告诉我们全部真相。对具有特殊性质的矩阵，或者具有结构化稀疏性的问题进行研究时，我们也许会发现，和实际情况相比，最坏情况下的分析给出的保证非常弱。

7.2 概率分析初探

7.2.1 分析目标

由于意识到性能方面存在着明显的鸿沟，近些年内（2006—2009）一些研究者利用概率机制得到了有关追踪算法性能的新成果。在本节里，我们回顾其中的一些结果，但不提供证明。在下一节里，我们将重点关注由 Schnass 和 Vandergheynst 做出的工作，并给出完整的推导过程。他们研究了无噪情况下阈值算法的性能，其工作展现了在分析追踪算法时采用概率观点的巨大潜力。这项具体工作的新颖之处在于，利用它可以比较容易地得到更强的界，但这种情况并不能很方便地扩展到别的追踪方法上。

在描述这种新的分析方法之前，我们需要明确阐述我们的目标。我们的最终目标是可以给出追踪算法**平均性能**的理论分析，即在前一章的实验中所展现的那些概率性能曲线。由于这本身很难得到，我们只能降低目标，只要能得到可以作为正确结果下界的概率性能曲线就满足了，这样我们就可以依据给定的势，得到有关错误率的一些保证。

由于我们最感兴趣于接近完美性能的区域，我们可以关注上述曲线的低势区域。对于任意小的值δ，考虑成功率在$1-\delta$及之上（更高）的情况，我们可以给出分析过程，来证明这样的错误率在势低于（很高）上界阈值的时候可以达到，实际上这为经验曲线上的真实点给出了下界。按照这个观点，之前得到的最坏情况下的结果对应于$\delta=0$时的分析（假设这样得到的结果是紧致的）。

这样的推理意味着我们可以允许存在一个可控的微小误差。实际上，考虑到问题的维数，采用这种分析路线的很多方法都选择了渐进方式来明确他们的结果，最终证明$\delta(n)$趋向于 0，这也意味着遇到这种失败的情况极为稀少。这类研究另一个直接而又基本的含义是由三元组$\{\boldsymbol{A},\boldsymbol{b},\epsilon\}$定义的问题集合必须利用概率建模，这样才能给出有关失败概率的结论。我们随后即将看到，不同的研究工作给出了不同的随机建模方法。

7.2.2 Candes 和 Romberg 提出的双正交分析

有关追踪算法概率分析的首次报道和前沿研究是由 Emmanuel Candes 和 Justin Romberg 完成的（在 2004 年提出，并在 2006 年发表）。他们重新考察了双正交无噪情况下的唯一性和 BP 等价结果，与第 2 章和第 4 章中的一样。同时，他们提出了一种更为鲁棒的分析，该分析中允许存在一定数量的异常点，这些异常点的总数可以忽略且逐渐减少，他们据此得到了在唯一性和等价性方面更强的结论。按这种途径，他们回避了以前的研究中遇到的最坏情况下性能受限问题。

如前所述，为了提供概率性分析，必须首先对问题进行概率建模。Candes 和 Romberg 考虑了一个确定性的双正交矩阵$\boldsymbol{A}=[\boldsymbol{\Psi},\boldsymbol{\Phi}]$，大小为$n\times 2n$，并乘以了随机稀疏向量$\boldsymbol{x}$。这些稀疏向量随机生成，包含了两个部分$\boldsymbol{x}_{\boldsymbol{\Psi}}$和$\boldsymbol{x}_{\boldsymbol{\Phi}}$，每个部分都有一个预先选定的、固定不变的势，分别为$N_{\boldsymbol{\Psi}}$和$N_{\boldsymbol{\Phi}}$。假设$\boldsymbol{x}_{\boldsymbol{\Psi}}$所有可能的$\begin{pmatrix} n \\ N_{\boldsymbol{\Psi}} \end{pmatrix}$个支撑集都等概，并随机选取其中的一个。向量中的非零项是独立同分布的随机变量，均服从任意连续的圆周对称的（对复数而言）概率密度函数。创建$\boldsymbol{x}_{\boldsymbol{\Phi}}$时也采用相同的过程。乘积结果为$\boldsymbol{b}=\boldsymbol{A}\boldsymbol{x}=\boldsymbol{\Psi}\boldsymbol{x}_{\Psi}+\boldsymbol{\Phi}\boldsymbol{x}_{\boldsymbol{\Phi}}$，这就得到了线性系统$\{\boldsymbol{A},\boldsymbol{b}\}$的定义，这也是$(P_0)$问题解中我们感兴趣的内容。

定义完问题之后，首先需要讨论的就是(P_0)问题稀疏解的唯一性。当允许存在极少的以至可以忽略的异常点时，$N_{\boldsymbol{\Psi}}+N_{\boldsymbol{\Phi}}$的上界是多少才能保证这样的$\boldsymbol{x}$是$(P_0)$问题的唯一（最稀疏）解呢？第 2 个问题考虑了相似的界，即可以保证通过 BP 算法成功恢复稀疏向量$\boldsymbol{x}$的界，这里再次允许少量的失败。

回忆一下，为了保持唯一性和等价性正确，之前的结论设置了与$1/\mu(\boldsymbol{A})$成正比的界，实际上最佳的选择是和$\sqrt{n}$成正比。Candes 和 Romberg 的创新之处是建立了和$1/\mu(A)^2$成正比的新界，其中也包含了某些对数因子（到 6 次方），因此最佳的界形如$n/\log^6 n$。这些界保证了最稀疏解的唯一性，实际上这些界可以由(P_1)问题的解得到，当$n \to \infty$时可以证明这 2 个结果均正确的置信度很高。更具体的说，Candes 和 Romberg 推导得到了如下 2 个定理。

定理 7.1　考虑线性系统$Ax = b$，其中$A = [\Psi, \Phi]$，$b = Ax_0$，x_0按如上所述的方法依据势N_Ψ和N_Φ随机选取，势N_Ψ和N_Φ满足

$$N_\Psi + N_\Phi \leqslant \frac{C_\beta'}{\mu(A)^2 \log^6 n} \tag{7-1}$$

那么，依至少为$1 - O(n^{-\beta})$的概率，向量x_0是(P_0)问题的解，也即它是$Ax = b$可能取到的最稀疏解。

定理 7.2　考虑线性系统$Ax = b$，其中$A = [\Psi, \Phi]$，$b = Ax_0$，x_0按如上所述的方法依据势N_Ψ和N_Φ随机选取，势N_Ψ和N_Φ满足

$$N_\Psi + N_\Phi \leqslant \frac{C_\beta''}{\mu(A)^2 \log^6 n} \tag{7-2}$$

那么，依至少为$1 - O(n^{-\beta})$的概率，向量x_0是(P_1)问题的解，也即它可以由 BP 算法准确的找到。

常数$C_\beta' > C_\beta'' > 0$并没有确定，但它们都比较小，并只依赖于β，这反过来又控制了这些结论的精确度。不仅如此，还有就是这些定理以正比于$n^{-\beta}$的概率失败的事实，都说明新结果在n足够大时是和最坏情况下的结论有关的，并且要强于它们。

尽管我们不会给出这 2 个结果的证明（它们涉及的内容太复杂），但仍要对有关它们推导中的一个重要因素进行简要的阐述。记Φ_{N_Ψ}和Ψ_{N_Φ}分别是Φ和Ψ中和支撑集相对应的子矩阵，势分别为N_Ψ和N_Φ，证明过程依赖于对大小为$N_\Psi \times N_\Phi$的矩阵$\Phi_{N_\Psi}^T \Phi_{N_\Phi}$的范数进行分析，目标是证明该范数足够小。这将提醒读者回忆起之前看到的类似尝试，即对 Gram 矩阵的部分$A_s^T A_s$进行的分析（其中s代表了支撑集的约束），并断言当$|s|$尽可能大时，该矩阵是正定的。换句话说，考虑将主对角项删除的矩阵$A_s^T A_s - I$，我们期望能证明这个矩阵具有很小的谱半径（和范数）。

虽然我们在最坏情况下进行的努力也是为了实现 Gram 矩阵的这一部分非对角线项很小的愿望，但将最坏情况分析与互相关定义结合，将子矩阵作为整体来处理，并考虑元素的符号，以上这些处理都会得到有关势的更好边界，可以确保$A_s^T A_s$为正。这就是 Candes 和 Romberg 提出改进界的思想本源。

有趣的是，在更近一些的工作中（2008），Tropp 将这种处理扩展到了一般矩阵（非双正交的情况），证明了在大小正比于n的 Gram 矩阵中，这样的主子式依

然可以保证具有良好的性质。这样可以得到与上面两个定理相类似的结果，但是适用于一般矩阵。Tropp 也推导出了相似的界，不过其分母上包含了互相关的平方。

上面给出的两个定理（包括 Tropp 的结论）都建立在互相关基础上的事实（即使它是方阵）也许令人感到不安。虽然可以精心选择矩阵，得到 $O(n/\log n)$ 的界，但其他的选择（例如离散余弦变换（DCT）和小波作为双正交矩阵，或者更一般的冗余 DCT）给出的相关性很差，因此全局边界也会很差。实际上由定义可知，互相关本身是一种最坏情况的度量，因此，在上面的分析中不应该使用它。尽管如此，互相关依然频繁地出现在追踪算法的概率分析中，很可能是因为它有助于简化复杂的证明。

7.2.3 概率唯一性

Elad 给出了一个不同结果，他只对唯一性进行了讨论，并推广了第 2 章中基于稀疏度的结果。同时，他为稀疏向量 $\boldsymbol{x}$ 赋予了一个概率密度函数，向量的势固定不变，各项均是独立同分布的随机变量。虽然最坏情况下的分析表明，只能保证势低于 $\text{spark}(\boldsymbol{A})/2$ 时的唯一性，但 Elad 的研究证明了，对于超过这个界限的势，依然可以依高概率来保证唯一性。

用于推导这个结果的关键是以下事实，即若随机表示 $\boldsymbol{x}$ 具有 $s=\|\boldsymbol{x}\|_0<\text{spark}(\boldsymbol{A})$ 个非零项，则相应的向量 $\boldsymbol{b}=\boldsymbol{Ax}$ 存在于一个非退化的 s 维空间中（因为这里使用的 $\boldsymbol{A}$ 中的列必须是线性独立的）。任何一个参与竞争的更稀疏表示 $\boldsymbol{x}_t$ 都将使得向量 $\boldsymbol{Ax}_t$ 位于 $s-1$ 或更低维的空间中，虽然能构造很多这样的表示，但总数是有限的。因此，它们在原始的 s 维空间中的重叠部分必然为 0，因此原始表示是唯一的概率为 1。

令人惊讶的是，即使是 $\text{spark}(\boldsymbol{A})\leqslant s=\|\boldsymbol{x}\|_0<n$ 的表示，其具有唯一性的概率也很高。为了得到这样的结果，建议通过将稀疏度扩展为矩阵的**标记**（signature）这种方法来描述矩阵 $\boldsymbol{A}$。矩阵 $\boldsymbol{A}$ 的标记是一个函数 $\text{Sig}_{\boldsymbol{A}}(s)$，对势为 s 的线性相关支撑集的相对[①]个数进行计数。稀疏度考虑的是最坏情况，而标记通过收集 $\boldsymbol{A}$ 中所有线性相关的列的子集可以得到更一般的描述。

利用 $\boldsymbol{A}$ 的这个标记（不可能得到！），可以证明存在更稀疏解的概率为 $1-\text{Sig}_{\boldsymbol{A}}(s)$。这很容易推导，因为考虑所有势为 s 的可能支撑集，线性相关的个数是 $\text{Sig}_{\boldsymbol{A}}(s)$，将它们减去，就可以得到更稀疏的表示。剩下的部分，是线性无关的列的集合，因为在其中无法找到更稀疏的表示，这个结论建立在我们前面采用的相同推导方法之上。

① 利用这种支撑集的总数 $\binom{n}{s}$ 进行了归一化。

7.2.4 Donoho 的分析

另一项考虑 BP 算法平均性能的研究工作由 Donoho 完成（2006）。Candes 和 Romberg 的研究假设了固定（和结构化!）的矩阵 $\boldsymbol{A}$，通过 $\boldsymbol{b}$（利用解 $\boldsymbol{x}$ 的随机化）引入随机性，而 Donoho 将 $\boldsymbol{A}$ 认为是一个随机矩阵，列从单位球面中均匀选取。除了这种观点上的显著改变外，两个方法得到的结果是相似的，这表明不论是唯一性还是等价性都可以在 $\boldsymbol{x}$ 中的 $O(n)$ 个非零项上依高概率得到保证。当 n 增大时，结论成立的概率逐渐增大，失败概率逐渐消失。众多研究人员将上述结论扩展到近似情况，他们处理了 (P_0) 和 (P_1) 解的关系，从而为稳定性提供了更宽的保证范围。

7.2.5 小结

为了得到更强的边界，还有一些研究工作采用了概率视角，这些内容可以参阅例如 Candes 和 Tao，Tropp，DeVore 和 Cohen，Donoho 和 Tanner，Shtok 和 Elad 等人的近期研究。虽然所有这些研究的目标都是证明相同的结果——对于 $\boldsymbol{x}$ 中 $O(n)$ 个非零项上追踪算法的等价性（或者考虑到加性噪声时的稳定性）——但它们的处理方法差别很大，它们对矩阵 $\boldsymbol{A}$ 的描述也有不同，因此这些研究工作所依赖的假设也有很大差别。从这一点上看，这个主题的文献正在快速的增长，以至于很难对整个领域中的发展以及相关结果做出任何公平的判断。在这个领域中更令人困惑的是有许多专门为压缩感知应用引入的结论，此时 $\boldsymbol{A}$ 由一组随机投影构成。这些结果多少都与我们这里的问题有关系。

7.3 阈值算法的平均性能

7.3.1 预备知识

我们已经看到，在众多的贪婪技术中，阈值方法可能是最简单的一个，因为它计算 $\left|\boldsymbol{A}^{\mathrm{T}}\boldsymbol{b}\right|$，并选择最大项直到满足需要的表示误差，该方法仅用一步投影步骤就推导出了待求的解。在第 4 章和第 5 章中，我们给出了这个算法的最坏情况分析，现在我们来分析它在随机条件下的性能。和其他一些追踪方法需要更复杂的分析相比，这个算法的简单特性使得对它的分析相对容易。我们下面给出的分析非常接近 Schnass 和 Vandergheynst 的研究工作，以及在第 4 章中无噪情况下的最坏情况分析，这也是我们这里要考虑的情况。

假设 $\boldsymbol{b}$ 由如下方法构造，$\boldsymbol{b}=\boldsymbol{A}\boldsymbol{x}=\sum_{t\in S}x_t\boldsymbol{a}_t$，其中 $\boldsymbol{x}$ 的非零项在 $[|x_{\min}|,|x_{\max}|]$ 的取值范围内任意选取得到（其中 $|x_{\min}|$ 是严格正的），再乘以独立同分布的 Rademacher 随机变量 ϵ_t，其值以等概率取 ±1。S 是势为 k 的任意支撑集。

在下面的分析中，我们使用如下的大偏差不等式，该不等式对于任意的 $T>0$，任意的独立同分布 Rademacher 随机变量序列 $\{\epsilon_t\}_t$ 和任意的向量 $\boldsymbol{v}$ 均成立，即

$$P\left(\left|\sum_t \epsilon_t v_t\right| \geqslant T\right) \leqslant 2\exp\left\{-\frac{T^2}{32\|\boldsymbol{v}\|_2^2}\right\} \quad (7\text{-}3)$$

这个不等式在 Ledoux 和 Talagrand 的书中给出（第 5 章第 4 节）。我们后面将看到，这个不等式在阈值算法的概率界推导中起到了重要作用。

7.3.2 分析

我们在第 4 章已经证明，阈值算法失败的概率由下式给出，即

$$P(\text{Failure}) = P(\min_{i\in S}|\boldsymbol{a}_i^{\mathrm{T}}\boldsymbol{b}| \leqslant \max_{j\notin S}|\boldsymbol{a}_j^{\mathrm{T}}\boldsymbol{b}|) \quad (7\text{-}4)$$

选择一个任意的阈值 T，上面概率的上限为

$$P(\text{Failure}) \leqslant P(\min_{i\in S}|\boldsymbol{a}_i^{\mathrm{T}}\boldsymbol{b}| \leqslant T) + P(\max_{j\notin S}|\boldsymbol{a}_j^{\mathrm{T}}\boldsymbol{b}| \geqslant T) \quad (7\text{-}5)$$

这一步建立在下面的推导上：考虑两个非负随机值 a 和 b，我们有

$$\begin{aligned} P(a \leqslant b) &= \int_{t=0}^{\infty} P(a=t)P(b \geqslant t)\mathrm{d}t \\ &= \int_{t=0}^{T} P(a=t)P(b \geqslant t)\mathrm{d}t + \int_{t=T}^{\infty} P(a=t)P(b \geqslant t)\mathrm{d}t \end{aligned}$$

在第一个积分中（在范围 $[0,T]$ 中求和），我们使用关系 $P(b \geqslant t) \leqslant 1$。类似的，在第二个积分中，我们使用了事实：由于 $t \geqslant T$，$P(b \geqslant t) \leqslant P(b \geqslant T)$。这可以得到

$$\begin{aligned} P(a \leqslant b) &\leqslant \int_{t=0}^{T} P(a=t)\mathrm{d}t + \int_{t=T}^{\infty} P(a=t)P(b \geqslant T)\mathrm{d}t \\ &= P(a \leqslant T) + P(b \geqslant T) \cdot \int_{t=T}^{\infty} P(a=t)\mathrm{d}t \\ &= P(a \leqslant T) + P(b \geqslant T)P(a \geqslant T) \leqslant P(a \leqslant T) + P(b \geqslant T) \end{aligned}$$

这就是式（7-5）中的步骤。图 7.4 给出了不等式 $P(a \leqslant b) \leqslant P(a \leqslant T) + P(b \geqslant T)$ 的一种图形解释。

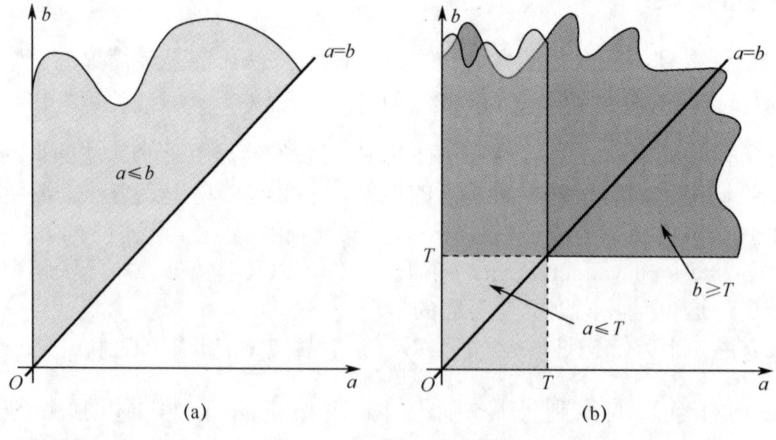

图 7.4 不等式 $P(a \leqslant b) \leqslant P(a \leqslant T) + P(b \geqslant T)$ 的图形解释。考虑联合概率 $P(a,b)$，图（a）给出了为了得到 $P(a \leqslant b)$ 在这个联合概率上积分的区域；图（b）给出了 $P(a \leqslant T)$ 和 $P(b \geqslant T)$ 这 2 项积分的区域，很清楚，它们的和覆盖了前面的区域并超出了这些区域

考虑右边的第一个概率，如果我们减小项$\min_{i\in S}|\boldsymbol{a}_i^{\mathrm{T}}\boldsymbol{b}|$，这个概率将增加。相似的，在第二项中增大$\max_{j\notin S}|\boldsymbol{a}_j^{\mathrm{T}}\boldsymbol{b}|$将增加它大于$T$的概率。因此，我们采用与最坏情况下的分析方法（有些）相同的步骤来简化这些表示。从式（7-5）的第一项开始，代入表示$\boldsymbol{b}=\sum_{t\in S}x_t\boldsymbol{a}_t$，并利用$\|\boldsymbol{a}_i\|_2=1$，有

$$\min_{i\in S}|\boldsymbol{a}_i^{\mathrm{T}}\boldsymbol{b}|=\min_{i\in S}\left|\sum_{t\in S}x_t\boldsymbol{a}_i^{\mathrm{T}}\boldsymbol{a}_t\right|=\min_{i\in S}\left|x_i+\sum_{t\in S\setminus i}x_t\boldsymbol{a}_i^{\mathrm{T}}\boldsymbol{a}_t\right| \tag{7-6}$$

使用关系$|a+b|\geqslant|a|-|b|$，上式可以有如下下界

$$\begin{aligned}\min_{i\in S}\left|x_i+\sum_{t\in S\setminus i}x_t\boldsymbol{a}_i^{\mathrm{T}}\boldsymbol{a}_t\right|&\geqslant\min_{i\in S}\left\{|x_i|-\left|\sum_{t\in S\setminus i}x_t\boldsymbol{a}_i^{\mathrm{T}}\boldsymbol{a}_t\right|\right\}\\&\geqslant|x_{\min}|-\max_{i\in S}\left\{\left|\sum_{t\in S\setminus i}x_t\boldsymbol{a}_i^{\mathrm{T}}\boldsymbol{a}_t\right|\right\}\\&\geqslant|x_{\min}|-\max_{i\in S}\left\{\left|\sum_{t\in S\setminus i}\epsilon_t|x_t|\boldsymbol{a}_i^{\mathrm{T}}\boldsymbol{a}_t\right|\right\}\end{aligned} \tag{7-7}$$

返回式（7-5），可得到

$$\begin{aligned}P\left(\min_{i\in S}|\boldsymbol{a}_i^{\mathrm{T}}\boldsymbol{b}|\leqslant T\right)&\leqslant P\left(|x_{\min}|-\max_{i\in S}\left\{\left|\sum_{t\in S\setminus i}\epsilon_t|x_t|\boldsymbol{a}_i^{\mathrm{T}}\boldsymbol{a}_t\right|\right\}\leqslant T\right)\\&=P\left(\max_{i\in S}\left\{\left|\sum_{t\in S\setminus i}\epsilon_t|x_t|\boldsymbol{a}_i^{\mathrm{T}}\boldsymbol{a}_t\right|\right\}\geqslant|x_{\min}|-T\right)\end{aligned} \tag{7-8}$$

使用准则$P(\max(a,b)\geqslant T)\leqslant P(a\geqslant T)+P(b\geqslant T)$（在图 7.5 中展示），有

$$P\left(\min_{i\in S}|\boldsymbol{a}_i^{\mathrm{T}}\boldsymbol{b}|\leqslant T\right)\leqslant\sum_{i\in S}P\left(\left|\sum_{t\in S\setminus i}\epsilon_t|x_t|\boldsymbol{a}_i^{\mathrm{T}}\boldsymbol{a}_t\right|\geqslant|x_{\min}|-T\right) \tag{7-9}$$

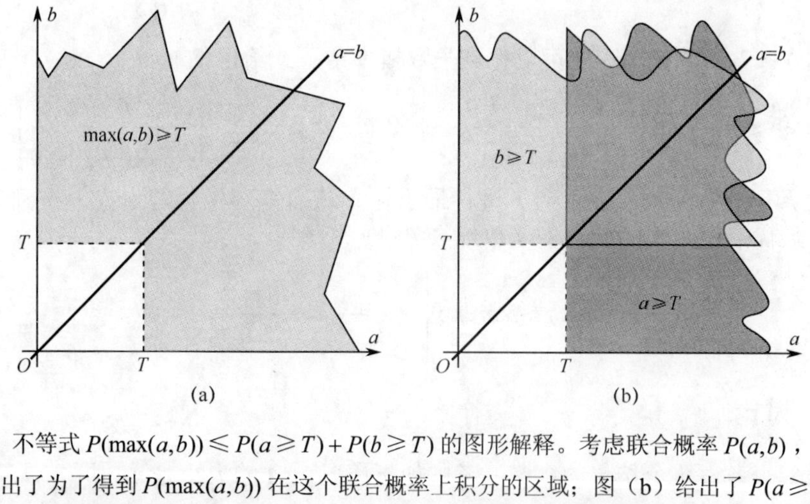

图 7.5　不等式$P(\max(a,b))\leqslant P(a\geqslant T)+P(b\geqslant T)$的图形解释。考虑联合概率$P(a,b)$，图（a）给出了为了得到$P(\max(a,b))$在这个联合概率上积分的区域；图（b）给出了$P(a\geqslant T)$和$P(b\geqslant T)$这两项积分的区域，很清楚，它们的和覆盖了前面的区域

现在代入式（7-3）给出的大偏差不等式，我们最终得到

$$\begin{aligned}P\left(\min_{i\in S}|\boldsymbol{a}_i^{\mathrm{T}}\boldsymbol{b}|\leqslant T\right)&\leqslant\sum_{i\in S}P\left(\left|\sum_{t\in S\backslash i}\epsilon_t|x_t|\boldsymbol{a}_i^{\mathrm{T}}\boldsymbol{a}_t\right|\geqslant|x_{\min}|-T\right)\\&\leqslant 2\sum_{i\in S}\exp\left\{-\frac{(|x_{\min}|-T)^2}{32\sum_{t\in S\backslash i}|x_t|^2(\boldsymbol{a}_i^{\mathrm{T}}\boldsymbol{a}_t)^2}\right\}\\&\leqslant 2|S|\exp\left\{-\frac{(|x_{\min}|-T)^2}{32|x_{\max}|^2\mu_2(|S|-1)}\right\}\\&\leqslant 2|S|\exp\left\{-\frac{(|x_{\min}|-T)^2}{32|x_{\max}|^2\mu_2(|S|)}\right\}\end{aligned}\tag{7-10}$$

其中我们已经定义

$$\mu_2(k)=\max_{|S|=k}\max_{i\notin S}\sum_{t\in S}(\boldsymbol{a}_i^{\mathrm{T}}\boldsymbol{a}_t)^2\tag{7-11}$$

注意，显然有 $\mu_2(k)\leqslant k\mu(\boldsymbol{A})^2$ 。

回到式（7-5）中的第二个概率项，采用相同的步骤，得到

$$\begin{aligned}P\left(\max_{j\notin S}|\boldsymbol{a}_j^{\mathrm{T}}\boldsymbol{b}|\geqslant T\right)&=P\left(\max_{j\notin S}\left|\sum_{t\in S}\epsilon_t|x_t|\boldsymbol{a}_j^{\mathrm{T}}\boldsymbol{a}_t\right|\geqslant T\right)\\&\leqslant\sum_{j\notin S}P\left(\left|\sum_{t\in S}\epsilon_t|x_t|\boldsymbol{a}_j^{\mathrm{T}}\boldsymbol{a}_t\right|\geqslant T\right)\\&\leqslant 2\sum_{j\notin S}\exp\left\{-\frac{T^2}{32\sum_{t\in S}|x_t|^2(\boldsymbol{a}_j^{\mathrm{T}}\boldsymbol{a}_t)^2}\right\}\\&\leqslant 2(m-|S|)\exp\left\{-\frac{T^2}{32|x_{\max}|^2\mu_2(|S|)}\right\}\end{aligned}\tag{7-12}$$

返回到式（7-5），我们因此可以得到失败概率由下式给出的边界

$$P(\text{Failure})\leqslant 2|S|\exp\left\{-\frac{(|x_{\min}|-T)^2}{32|x_{\max}|^2\mu_2(|S|)}\right\}+2(m-|S|)\exp\left\{-\frac{T^2}{32|x_{\max}|^2\mu_2(|S|)}\right\}\tag{7-13}$$

上述边界是 T 的函数，应该对 T 进行最小化，从而得到最紧的上界。得到 T 的闭合形式最优值很难，因此我们简单地令 $T=|x_{\min}|/2$ ，可得

$$P(\text{Failure})\leqslant 2m\exp\left\{-\left(\frac{x_{\min}}{x_{\max}}\right)^2\cdot\frac{1}{128\mu_2(|S|)}\right\}\tag{7-14}$$

7.3.3 讨论

我们来考察这个结果的含义。考虑如下情况，$\boldsymbol{A}$ 的大小是 $n\times\rho n$（$\rho>1$ 是固定的），我们使用阈值算法来恢复线性系统 $\boldsymbol{A}\boldsymbol{x}=\boldsymbol{b}$ 的最稀疏解。如前所述，我们使

用关系 $\mu_2(k) \leqslant k\mu(\boldsymbol{A})^2$，并进一步假设 $\mu(\boldsymbol{A}) \propto 1/\sqrt{n}$（例如 Grassmannian 帧或其他酉矩阵的混合）。我们记 $r = \dfrac{|x_{\min}|}{|x_{\max}|}$ 以简化表达式。此时，阈值算法在恢复势为 k 的稀疏解时，失败概率就小于如下的假设

$$P(\text{Failure}) \leqslant 2\rho n \cdot \exp\left\{-\frac{r^2 n}{128k}\right\} \tag{7-15}$$

那么，当势为 $k = cn/\log n$ 形式时，概率变为

$$P(\text{Failure}) \leqslant 2\rho n \cdot \exp\left\{-\frac{r^2}{128c}\log n\right\} = 2\rho \cdot n^{1-\frac{r^2}{128c}} \tag{7-16}$$

当选择 $c < r^2/128$ 时，随着 $n \to \infty$，这个概率变得任意小。这可以和最坏情况下保证成功恢复时 $k \propto \sqrt{n}$ 的分析相对照。

对于 $\mu(\boldsymbol{A}) \propto 1/\sqrt{n}$ 不再正确的更一般情况，如果它们的势 $k = c/(\mu(\boldsymbol{A})^2 \log n)$，采用相同的推理方法，在 c 的条件相同时，稀疏解还是可以恢复的。

我们可以通过几种方法来改善阈值算法的上述分析，而且很可能在上述结论之上得到更为优化的常数。一种改进是将 $\mu_2(k)$ 项换为更小的值。式（7-11）给出的定义寻找 k 个内积 $\boldsymbol{a}_i^{\mathrm{T}}\boldsymbol{a}_t$ 的最差平方和，因此，它必然会得到一个非常悲观的值。假设我们能计算所有 $\begin{pmatrix} m \\ k \end{pmatrix}$ 个支撑集上的这种累加和的概率密度函数。那么与其选择最大值，还不如忽略这个分布的尾部（这样有在大小为 δ 的情况下我们会失败的假设），并在这个概率界下使用一个更小的值。这个概率需要再乘以 $1-\delta$，以反映加上的失败概率。

这样得到的结果是一系列相似结果中的一个，给出了在势近似与维数 n 成线性关系的条件下，成功恢复稀疏解的概率。由于这个算法很简单，因此这是其中最容易得到的结果。尽管如此，这个推导还是很好地反映了与其他研究的共同之处。我们将上述分析中的本质归纳为如下的定理。

定理 7.3 （**阈值算法的概率等价**）：对于线性系统方程 $\boldsymbol{Ax} = \boldsymbol{b}$（$\boldsymbol{A} \in \mathbf{R}^{n\times\rho n}$ 是满秩的，$\rho > 1$），如果解 $\boldsymbol{x}$（最小的非零值为 $|x_{\min}|$，最大的非零值为 $|x_{\max}|$）存在，且满足

$$\|\boldsymbol{x}\|_0 < \frac{1}{128}\left(\frac{x_{\min}}{x_{\max}}\right)^2 \cdot \frac{1}{\mu(\boldsymbol{A})^2 \log n} \tag{7-17}$$

那么，当阈值参数 $\epsilon_0 = 0$ 时，阈值算法很可能准确地确定这个解，当 $n \to \infty$ 时，失败概率逐渐消失为 0。

7.4 总　　结

从最初看到第 3 章结果时的激动，到了解它们过于悲观的趋势时的失望，我们经历了巨大的情绪变化，虽然如此，研究人员对预测追踪算法理论边界这个核

心问题依然孜孜以求，期望它们能与经验证据相匹配。本章中我们已经展示了这样的尝试，也详细描述了阈值算法中的相关结果。

这个核心问题已经有答案了吗？很不幸，这个问题的答案是否定的。除了上述结果之外，对于一个给定的固定大小的矩阵 $\boldsymbol{A}$ ，我们依然不能给出一个很好的建设性答案，可以用于可靠预测实验中所看到的性能。从这点上看，在推导边界时继续使用像互相关和 RIP 这样的测度也许本身就是一个错误，因为这样的推导直接就意味最坏情况下的结果。

延伸阅读

[1] Cand`es E J, Romberg J. Practical signal recovery from random projections[C]//Wavelet XI, Proc. SPIE Conf., 2005, 5674:76-86.

[2] Cand`es E J, Romberg J, Tao T. Robust uncertainty principles: exact signal reconstruction from highly incomplete frequency information[J]. IEEE Trans. On Information Theory, 2006, 52(2) : 489-509.

[3] Cand`es E, Romberg J, Tao T. Quantitative robust uncertainty principles and optimally sparse decompositions[J]. Foundations of Computational Mathematics, 2006, 6(2):227-254.

[4] Cand`es E, Romberg J, Tao T. Stable signal recovery from incomplete and inaccurate measurements[J]. Communications on Pure and Applied Mathematics, 2006, 59(8):1270-1223.

[5] Cand`es E J, Tao T. Decoding by linear programming[J]. IEEE Trans. on Information Theory, 2005, 51(12) : 4203-4215.

[6] Donoho D L. For most large underdetermined systems of linear equations, the minimal `1-norm solution is also the sparsest solution[J]. Communications on Pure and Applied Mathematics, 2006, 59(6) : 797-829.

[7] Donoho D L. For most large underdetermined systems of linear equations, the minimal `1-norm near-solution approximates the sparsest near-solution[J]. Communications on Pure and Applied Mathematics, 2006, 59(7) : 907-934.

[8] Donoho D L, Tanner J. Neighborliness of randomly-projected simplices in high dimensions[J]. Proceedings of the National Academy of Sciences, 2005, 102(27) : 9452-9457.

[9] Donoho D L, Tanner J. Counting faces of randomly-projected polytopes when the projection radically lowers dimension[J]. Journal of the AMS, 2009, 22(1) : 1-53.

[10] Elad M. Sparse representations are most likely to be the sparsest possible[J]. EURASIP Journal on Applied Signal Processing, 2006, 2006(1):1-12.

[11] Kashin B. The widths of certain finite-dimensional sets and classes of smooth functions[J]. Izv. Akad. Nauk SSSR Ser. Mat., 1977, 41(2) : 334-351.

[12] Mendelson S, Pajor A, Tomczak-Jaegermann N. Uniform uncertainty principle for Bernoulli and subgaussian ensembles[J]. Constructive Approximation, 2008, 28(3) : 277-289.

[13] Mendelson S, Pajor A, Tomczak-Jaegermann N. Reconstruction and subgaussian processes[J]. Comptes Rendus Mathematique, 2005, 340(12) : 885-888.

[14] Schnass K, Vandergheynst P. Average performance analysis for thresholding[J]. IEEE Signal Processing Letters, 2007, 14(11) : 828–831.

[15] Szarek S. Condition number of random matrices[J]. Journal of Complexity, 1991, 7(2) : 131-149.

[16] Szarek S. Spaces with large distance to `1 and random matrices[J]. Amer. J. Math., 1990, 112(6) : 899-942.

第 8 章 Dantzig-选择器算法

本章我们给出另一个计算稀疏近似值的追踪算法，它引人入胜，效果也令人惊讶。这个算法可以和基追踪降噪（Basis Pursuit Denoising，BPDN）和 OMP 算法相媲美。该算法 2007 年由 Candes 和 Tao 提出，被命名为 Dantzig 选择器（Dantzig-Selector，DS）。选用这个名字是为了纪念 George Dantzig，他是求解线性规划（LP）问题的单纯形算法之父。该算法与 LP 之间的联系很快就会得到证明。

在本章里我们会看到，Candes 和 Tao 所完成的简练结果，并不仅仅是给出了一个高效的追踪算法。其主要意义在于他们给出了有关这种方法能够精确恢复稀疏解的有效性的理论保证。本章我们将根据他们的论文介绍这个结果。

8.1 Dantzig-选择器和基追踪的比较

在第 5 章中，我们讨论了如下问题：一个稀疏向量 $\boldsymbol{x}_0$ 乘以一个 $n\times m$ 的矩阵 $\boldsymbol{A}$，特别的 n 要小于 m。今后我们将假设 $\boldsymbol{A}$ 的列都是 ℓ_2 归一的。输出被高斯加性白噪声[①] $\boldsymbol{e}$ 所干扰，其中噪声中各项独立同分布，$e_i \sim N(0,\sigma^2)$，由此可得 $\boldsymbol{b}=\boldsymbol{A}\boldsymbol{x}_0+\boldsymbol{e}$。我们的目标是可靠的估计 $\boldsymbol{x}_0$。根据第 5 章的观点，很自然的可以提出如下形式的估计器

$$(P_0^\epsilon) \qquad \hat{\boldsymbol{x}}_0^\epsilon = \arg\min_{\boldsymbol{x}} \|\boldsymbol{x}\|_0 \quad \text{s. t.} \quad \|\boldsymbol{b}-\boldsymbol{A}\boldsymbol{x}\|_2 \leqslant \epsilon \tag{8-1}$$

式中 ϵ 选择与 $\sqrt{n}\sigma$ 成正比。我们将该问题记为 (P_0^ϵ)，由于这个问题太复杂，通常无法求解，因此我们讨论的方法就是利用 ℓ_1-范数来替换 ℓ_0，这可以得出基追踪降噪算法

$$(P_1^\epsilon) \qquad \hat{\boldsymbol{x}}_1^\epsilon = \arg\min_{\boldsymbol{x}} \|\boldsymbol{x}\|_1 \quad \text{s. t.} \quad \|\boldsymbol{b}-\boldsymbol{A}\boldsymbol{x}\|_2 \leqslant \epsilon \tag{8-2}$$

我们现在来描述 **Dantzig 选择器**（DS），它是一个可以替换 (P_1^ϵ) 的有趣方法。Candes 和 Tao 建议通过求解下面问题来估计 $\boldsymbol{x}_0$

$$(P_{\mathrm{DS}}^\lambda) \qquad \hat{\boldsymbol{x}}_{\mathrm{DS}}^\lambda = \arg\min_{\boldsymbol{x}} \|\boldsymbol{x}\|_1 \quad \text{s. t.} \quad \|\boldsymbol{A}^{\mathrm{T}}(\boldsymbol{b}-\boldsymbol{A}\boldsymbol{x})\|_\infty \leqslant \lambda\sigma \tag{8-3}$$

---

① 在第 5 章中我们假设“噪声”是确定性的向量，能量有界，$\|\boldsymbol{e}\|_2=\epsilon$。这样的假设将失真看成是与重构目标相抵触的有害噪声，可以取任意形式。将其替换为随机假设后，得到的边界约束变得更强，换来的代价就是需要更复杂的分析。

可以看到，约束已经被改变了！原始的约束条件$\|\boldsymbol{b}-\boldsymbol{A}\boldsymbol{x}\|_2 \leqslant \epsilon$是有意义的，因为残差的范数是有限的。更进一步的，这个表达式也可以看作是当给定$\boldsymbol{x}$时向量$\boldsymbol{b}$的对数似然形式，因此它将(P_1^{ϵ})公式与 MAP 估计关联起来——它们之间的关系将在第 11 章中详细解释。然而，不能忽视的一个事实就是，上述约束并没有强制残差$\boldsymbol{b}-\boldsymbol{A}\boldsymbol{x}$要像高斯随机白噪声一样。特别的，在这个约束下，结构化的相关残差也是允许的，尽管根据已有知识可知，这是基本不可能的。

DS 方法建议计算残差$\boldsymbol{r}=\boldsymbol{b}-\boldsymbol{A}\boldsymbol{x}$，然后计算它与$\boldsymbol{A}$的列之间的内积。这些内积构成了$\boldsymbol{r}$中各元素的不同加权组合，可以预见它们都非常小。这样就可以得到这个约束，即要求所有内积都小于预先设定的阈值$\lambda\sigma$。

为了直观地解释为什么要乘以$\boldsymbol{A}^{\mathrm{T}}$，考虑下面的情形：假设建议的解$\boldsymbol{x}$接近$\boldsymbol{x}_0$，但$\boldsymbol{x}_0$中有一个非零项被忽略了，而该项对应的是$\boldsymbol{A}$的列$\boldsymbol{a}_i$。这个忽略反映在残差上即为$\boldsymbol{r}=\boldsymbol{b}-\boldsymbol{A}\boldsymbol{x}_0+c\boldsymbol{a}_i=\boldsymbol{e}+c\boldsymbol{a}_i$。残差向量和$\boldsymbol{a}_i$强相关，因为$\boldsymbol{a}_i^{\mathrm{T}}\boldsymbol{r}=\boldsymbol{a}_i^{\mathrm{T}}\boldsymbol{e}+c$。虽然第一项可能接近于 0，但加上$c$后可以很大（尤其是如果这个原子在生成$\boldsymbol{b}$时起了主要作用），而这正可以用来检验这个建议解的不可行性。采用这种方法，我们遍历$\boldsymbol{A}$的所有列，考虑每个列与残差的内积，并保证所有内积都相对较小，这样就可以确信残差是“白化”的，没有任何原子的痕迹保留下来。

式（8-3）中的问题有一个线性规划的形式。加上一个辅助变量$\boldsymbol{u}\geqslant|\boldsymbol{x}|$，并重新表述该问题，可以很容易地得到

$$\min_{\boldsymbol{u},\boldsymbol{x}} \mathbf{1}^{\mathrm{T}}\boldsymbol{u} \quad \text{s. t.} \quad \left\{\begin{array}{c} -\boldsymbol{u}\leqslant \boldsymbol{x}\leqslant \boldsymbol{u} \\ -\sigma\lambda\mathbf{1}\leqslant \boldsymbol{A}^{\mathrm{T}}(\boldsymbol{b}-\boldsymbol{A}\boldsymbol{x})\leqslant \sigma\lambda\mathbf{1} \end{array}\right\} \tag{8-4}$$

所有这些项（惩罚项和约束项）对于未知变量来说都是线性的，因此这是一个经典的线性规划问题，可以用特定的求解器来解决（例如迭代收缩算法）。由于它是一个凸问题，可以得到全局最小值，因此这个估计器非常具有吸引力。

将 DS 转换为线性规划形式的另一种方法是将未知变量$\boldsymbol{x}$分解为两个向量，分别包含它的正元素和负元素，即$\boldsymbol{x}=\boldsymbol{u}-\boldsymbol{v}$。那么问题可以重新写为

$$\min_{\boldsymbol{u},\boldsymbol{v}} \mathbf{1}^{\mathrm{T}}\boldsymbol{u}+\mathbf{1}^{\mathrm{T}}\boldsymbol{v} \tag{8-5}$$

$$\text{s. t.} \quad \left\{\begin{array}{c} \boldsymbol{u}\geqslant 0, \boldsymbol{v}\geqslant 0 \\ -\sigma\lambda\mathbf{1}\leqslant \boldsymbol{A}^{\mathrm{T}}(\boldsymbol{b}-\boldsymbol{A}\boldsymbol{u}+\boldsymbol{A}\boldsymbol{v})\leqslant \sigma\lambda\mathbf{1} \end{array}\right\}$$

这种方法可以使读者回忆起第 1 章中将ℓ_1最小化转换为 LP 形式的技术。和以前的讨论一样，我们应该清楚，这两个向量$\boldsymbol{u}$和$\boldsymbol{v}$的支撑集并不重叠，换句话说就是$\boldsymbol{u}^{\mathrm{T}}\boldsymbol{v}=0$。用相同的推理来验证这个结论很容易——如果这两个向量中相对应元素都非零，那么令它们减少相同的数值，使得其中最小的变为 0，问题中的惩罚项可以变得更小，而约束条件依然保持不变。

对求解$\boldsymbol{x}_0$来说，DS 算法是否要优于基追踪降噪算法呢？根据前面的描述，得到的答案是肯定的——毕竟 DS 使用的约束看上去要比 BP 中的约束更有意义。然

而我们在下面看到的，这个直觉也可能会误导我们，至少当 $\boldsymbol{A}$ 是酉矩阵时，这两者之间没什么不同。

8.2 酉矩阵形式

当 $\boldsymbol{A}$ 是酉矩阵时，不论采用硬收缩或软收缩 (P_0^ϵ) 和 (P_1^ϵ) 都存在闭合形式的解，我们已经看到。DS 算法能有相同的结论吗？

观察约束项 $\left\|\boldsymbol{A}^{\mathrm{T}}(\boldsymbol{b}-\boldsymbol{A}\boldsymbol{x})\right\|_\infty \leqslant \lambda\sigma$，使用关系 $\boldsymbol{A}^{\mathrm{T}}\boldsymbol{A}=\boldsymbol{I}$，约束变为 $\left\|\boldsymbol{A}^T\boldsymbol{b}-\boldsymbol{x}\right\|_\infty \leqslant \lambda\sigma$。此时，DS 变为一组 m 个独立的标量优化问题，形式如下

$$\min_x |x| \quad \text{s.t.} \quad |\boldsymbol{a}_i^{\mathrm{T}}\boldsymbol{b}-x|\leqslant \lambda\sigma, \quad i=1,2,\cdots,m \tag{8-6}$$

解很容易求得为

$$x_i^{\mathrm{opt}}=\begin{cases}\boldsymbol{a}_i^{\mathrm{T}}\boldsymbol{b}-\lambda\sigma, & \boldsymbol{a}_i^{\mathrm{T}}\boldsymbol{b}\geqslant\lambda\sigma\\ 0, & |\boldsymbol{a}_i^{\mathrm{T}}\boldsymbol{b}|<\lambda\sigma\\ \boldsymbol{a}_i^{\mathrm{T}}\boldsymbol{b}+\lambda\sigma, & \boldsymbol{a}_i^{\mathrm{T}}\boldsymbol{b}\leqslant-\lambda\sigma\end{cases} \tag{8-7}$$

这是一个经典的软阈值操作，和 (P_1^ϵ) 问题中的解完全等价（只要在参数 $\lambda\sigma$ 和 ϵ 之间做个适当的选择）。然而 (P_1^ϵ) 和 (P_{DS}^λ) 之间的等价性在一般情况下并不成立。

返回到一般情况，上述结果也表明在处理 DS 时，采用迭代收缩算法可能是行得通的，因为在处理基于 ℓ_2-范数的惩罚项时我们也利用了这种方法。

8.3 重新审视约束等距机制（Restricted Isometry Machinery，RIM）

为了给出 DS 的理论分析，我们将利用第 5 章中定义的 RIP。为了表述完整，这里再次给出它的定义，同时为了有助于分析 Dantzig 选择器，我们再增加一个与之相关的新定义。

定义 8.1 给定一个大小为 $n\times m$（$n>m$）的矩阵 $\boldsymbol{A}$，各列的 ℓ_2-范数归一化，对于整数标量 $s\leqslant n$，考虑由 $\boldsymbol{A}$ 中 s 个列构成的子矩阵 $\boldsymbol{A}_s$。定义 δ_s 是使得下式对于任意 s 个列的选择都成立的最小值，即

$$\forall \boldsymbol{c}\in\mathbf{R}^s \qquad (1-\delta_s)\|\boldsymbol{c}\|_2^2\leqslant\|\boldsymbol{A}_s\boldsymbol{c}\|_2^2\leqslant(1+\delta_s)\|\boldsymbol{c}\|_2^2 \tag{8-8}$$

那么可称 $\boldsymbol{A}$ 具有在常数 δ_s 约束下的 s 约束等距特性（RIP）。

第二个定义和上面相似，是约束正交特性（Restricted Orthogonality Property，ROP）。

定义 8.2 给定一个大小为 $n\times m$（$n>m$）的矩阵 $\boldsymbol{A}$，各列 ℓ_2-范数都归一化，对于两个整数标量 $s_1,s_2\leqslant n$，考虑分别由 $\boldsymbol{A}$ 中的 s_1 个列和 s_2 个列构成的两个不相交

集合，分别表示为子矩阵 A_{s_1} 和 A_{s_2}。定义 θ_{s_1,s_2} 是使得下式对于所有 s_1 个列和 s_2 个列的选择都成立的最小值，即

$$\forall \boldsymbol{c}_1 \in \mathbf{R}^{s_1}, \boldsymbol{c}_2 \in \mathbf{R}^{s_2}, |\boldsymbol{c}_1^{\mathrm{T}} \boldsymbol{A}_{s_1}^{\mathrm{T}} \boldsymbol{A}_{s_2} \boldsymbol{c}_2| = |\langle \boldsymbol{A}_{s_1} \boldsymbol{c}_1, \boldsymbol{A}_{s_2} \boldsymbol{c}_2 \rangle| \leqslant \theta_{s_1,s_2} \|\boldsymbol{c}_1\|_2 \|\boldsymbol{c}_2\|_2 \tag{8-9}$$

那么可称 $\boldsymbol{A}$ 具有在常数 θ_{s_1,s_2} 约束下的 s_1, s_2 约束正交特性。

这个定义主要是为了描述列的各个不相交集合的独立性，以便在表示相同的向量时它们之间并不互相冲突。和 RIP 相似，估算 θ_{s_1,s_2} 具体数值并不实际，幸好可以利用互相关 $\theta_{s_1,s_2} \leqslant \sqrt{s_1 s_2}\,\mu(\boldsymbol{A})$ 来给出 θ_{s_1,s_2} 的界，但这里我们并不讨论它，因为这个界在实际应用中太宽了。关于上述定义，我们强调如下两点重要结论。

（1）虽然对一般的矩阵 $\boldsymbol{A}$ 而言，估算 δ_s 和 θ_{s_1,s_2} 本质上是不可能的，但对于随机矩阵，可以很可靠地估计这两个值。这就是在压缩感知应用中，利用随机矩阵 $\boldsymbol{A}$ 进行测量非常流行的原因。

（2）对于一般的矩阵 $\boldsymbol{A}$ 而言，RIP 和 ROP 测量极可能产生悲观的理论结果。这是因为从定义可以知道，它们都是最坏情况下的测量，因此即使出现列很接近的情况，这些定义也并没有予以考虑。

8.4 Dantzig 选择器的性能保证

有了上面这些定义，我们就可以分析 DS 的性能了。Candes 和 Tao 在那篇重要论文中给出了一系列的结果，这里我们只介绍其中的第一个，因为通过这个结论，就足以看到 DS 的优势，以及上述定义的使用方法了。

定理 8.1（DS 的稳定性）：考虑一个由三元组（$\boldsymbol{A}, \boldsymbol{b}, \sigma$）和 $\lambda = \sqrt{2(1+a)\log m}$ 定义的 $(P_{\mathrm{DS}}^{\lambda})$ 问题实例。假设向量 $\boldsymbol{x}_0 \in \mathbf{R}^m$ 是 s 稀疏的（$\|\boldsymbol{x}_0\|_0 = s$），其中 s 满足 $\delta_{2s} + \theta_{s,2s} < 1$；向量 $\boldsymbol{b} = \boldsymbol{A}\boldsymbol{x}_0 + \boldsymbol{e}$，其中 $\boldsymbol{e}$ 是零均值的高斯随机噪声，各项独立同分布，方差为 σ^2。

那么，问题 $(P_{\mathrm{DS}}^{\lambda})$ 的解 $\boldsymbol{x}_{\mathrm{DS}}^{\lambda}$ 依超过 $1-\left(\sqrt{\pi \log m}\, m^a\right)^{-1}$ 的概率满足

$$\left\|\boldsymbol{x}_{\mathrm{DS}}^{\lambda} - \boldsymbol{x}_0\right\|_2^2 \leqslant C^2 \cdot 2\log m \cdot s \cdot \sigma^2 \tag{8-10}$$

其中 $C = 4/(1-\delta_{2s}-\theta_{s,2s})$①。

在我们证明这个结果之前，我们先简单讨论它的含义。注意到如下的观察：

（1）这个结果和第 5 章定理 5.3 中讨论 BPDN 稳定性的结果有很强的相似之处。然而，这里的界好了很多，因为它和 $s\sigma^2$ 成正比，至多只差个常数（对数）因子，而 BPDN 考虑到所有的噪声功率，边界和 $n\sigma^2$ 成正比。正像先前的解释那样，产生不同的原因是干扰噪声变为了随机噪声。

---

① 译者注：原书误为“+”号。

（2）这个定理的结果是以正确概率的形式给出的，这种呈现方式可能会使读者产生误解，认为 DS 存在一个平均的性能。然而，这里的概率只和噪声的随机性有关，和 $\boldsymbol{x}_0$ 的支撑集或者随机生成器的概率组合没有关系。

（3）这里给出的稀疏条件由 RIP 和 ROP 参数间接地给出，并不明确。当转而处理随机矩阵 $\boldsymbol{A}$ 时，这个结果变得更加清晰有效。这个定理对于一般矩阵 $\boldsymbol{A}$ 的性能预测也许过于悲观，因为它本质也是最坏条件下的结论。

（4）这个结果令人惊讶！为了验证边界的效果，考虑已知正确支撑集 s 的情况下 oracle 估计 $\boldsymbol{x}_0$。此时，这个估计就退化成如下形式的最小二乘问题

$$\boldsymbol{z}^{\text{opt}} = \arg\min_{z} \|\boldsymbol{A}_s\boldsymbol{z} - \boldsymbol{b}\|_2^2 = (\boldsymbol{A}_s^{\mathrm{T}}\boldsymbol{A}_s)^{-1}\boldsymbol{A}_s^{\mathrm{T}}\boldsymbol{b} \tag{8-11}$$

这种情况下，误差只体现在支撑集 s 上，因为在其他位置上两个向量都是相同的（为零）。使用事实 $\boldsymbol{b} = \boldsymbol{A}_s\boldsymbol{x}_0^s + \boldsymbol{e}$，期望误差变为

$$\begin{aligned}
E\left(\left\|\boldsymbol{z}^{\text{opt}} - \boldsymbol{x}_0^s\right\|_2^2\right) &= E\left(\left\|(\boldsymbol{A}_s^{\mathrm{T}}\boldsymbol{A}_s)^{-1}\boldsymbol{A}_s^{\mathrm{T}}\boldsymbol{b} - \boldsymbol{x}_0^s\right\|_2^2\right) \\
&= E\left(\left\|(\boldsymbol{A}_s^{\mathrm{T}}\boldsymbol{A}_s)^{-1}\boldsymbol{A}_s^{\mathrm{T}}(\boldsymbol{A}_s\boldsymbol{x}_0^s + \boldsymbol{e}) - \boldsymbol{x}_0^s\right\|_2^2\right) \\
&= E\left(\left\|(\boldsymbol{A}_s^{\mathrm{T}}\boldsymbol{A}_s)^{-1}\boldsymbol{A}_s^{\mathrm{T}}\boldsymbol{e}\right\|_2^2\right) \\
&= \text{trace}\left\{(\boldsymbol{A}_s^{\mathrm{T}}\boldsymbol{A}_s)^{-1}\boldsymbol{A}_s^{\mathrm{T}}E(\boldsymbol{e}\boldsymbol{e}^{\mathrm{T}})\boldsymbol{A}_s(\boldsymbol{A}_s^{\mathrm{T}}\boldsymbol{A}_s)^{-1}\right\} \\
&= \sigma^2 \cdot \text{trace}\left\{(\boldsymbol{A}_s^{\mathrm{T}}\boldsymbol{A}_s)^{-1}\right\} \geqslant \frac{s\cdot\sigma^2}{1+\delta_s}
\end{aligned} \tag{8-12}$$

我们利用了简单的关系 $E(\boldsymbol{e}\boldsymbol{e}^{\mathrm{T}}) = \sigma^2\boldsymbol{I}$，也使用了以下的事实，即 $\boldsymbol{A}_s^{\mathrm{T}}\boldsymbol{A}_s$ 的特征值已知在 $[1-\delta_s, 1+\delta_s]$ 区间内（根据 RIP 准则），因此逆矩阵的特征值在范围 $[1/(1+\delta_s), 1/(1-\delta_s)]$ 内。由于迹是所有的特征值求和，所以可以得到上述的下界。

所有这些都表明 DS 的结果非常接近于最优的可能解，和 oracle 估计器的结果一样，并且得到这个结果没有使用任何支撑集的知识。这就是令人惊奇之处。

现在来证明这个结果。我们采用了 Candes 和 Tao 在他们工作中采取的步骤，同时为了证明的简洁，做了些微小调整。

证明： 我们考虑有两个可选的解，$\boldsymbol{x}_0$ 和 $\boldsymbol{x}_{\text{DS}}^{\lambda}$，我们感兴趣的是两个解之间的距离，$\boldsymbol{d} = \boldsymbol{x}_0 - \boldsymbol{x}_{\text{DS}}^{\lambda}$。虽然 $\boldsymbol{x}_{\text{DS}}^{\lambda}$ 明显是可行的，但 $\boldsymbol{x}_0$ 却并不一定这样。因此，我们只需要观察那些 $\boldsymbol{x}_0$ 是可行的情况，这意味着

$$\left\|\boldsymbol{A}^{\mathrm{T}}\left(\boldsymbol{A}\boldsymbol{x}_0 - \boldsymbol{b}\right)\right\|_\infty = \left\|\boldsymbol{A}^{\mathrm{T}}\boldsymbol{e}\right\|_\infty \leqslant \lambda\sigma \tag{8-13}$$

式中向量 $\boldsymbol{A}^{\mathrm{T}}\boldsymbol{e}$ 中的每一项都是高斯随机变量，服从 $N(0,\sigma^2)$（因为 $\boldsymbol{A}$ 的列是归一化的），有

$$P\left(\frac{1}{\sigma}\left\|\boldsymbol{A}^{\mathrm{T}}\boldsymbol{e}\right\|_{\infty}\leqslant\lambda\right)=\left(1-2\int_{\lambda}^{\infty}\frac{1}{\sqrt{2\pi}}e^{-\frac{x^2}{2}}\mathrm{d}x\right)^m$$
$$\geqslant 1-\frac{2m}{\sqrt{2\pi}}\int_{\lambda}^{\infty}e^{-\frac{x^2}{2}}\mathrm{d}x \tag{8-14}$$

其中我们使用了如下性质：当$0\leqslant\epsilon\leqslant 1$时，不等式$(1-\epsilon)^m\geqslant 1-m\epsilon$成立。注意到向量$\boldsymbol{A}^{\mathrm{T}}\boldsymbol{e}/\sigma$是归一化的，这是个正则化表达式。使用如下不等式（将这个函数求导可以很容易验证），即

$$\int_u^{\infty}e^{-\frac{x^2}{2}}\mathrm{d}x\leqslant\frac{e^{-\frac{u^2}{2}}}{u}$$

我们得到

$$P\left(\frac{1}{\sigma}\left\|\boldsymbol{A}^{\mathrm{T}}\boldsymbol{e}\right\|_{\infty}\leqslant\lambda\right)\geqslant 1-\frac{2m}{\sqrt{2\pi}}\int_{\lambda}^{\infty}e^{-\frac{x^2}{2}}\mathrm{d}x$$
$$\geqslant 1-\frac{2m}{\sqrt{2\pi}\lambda}e^{-\frac{\lambda^2}{2}} \tag{8-15}$$

代入表达式$\lambda=\sqrt{2(1+a)\log m}$，可得

$$P\left(\frac{1}{\sigma}\left\|\boldsymbol{A}^{\mathrm{T}}\boldsymbol{e}\right\|_{\infty}\leqslant\lambda\right)\geqslant 1-\frac{2m}{\sqrt{2\pi}\lambda}e^{-\frac{\lambda^2}{2}}$$
$$=1-\frac{1}{\sqrt{\pi(1+a)\log m}}\cdot m^{-a} \tag{8-16}$$

对于足够大的a，这个概率可以任意的小，因此我们考虑满足$\boldsymbol{x}_0$可行的大多数情形。

我们定义由DS的最优解产生的残差为$\boldsymbol{r}=\boldsymbol{b}-\boldsymbol{A}\boldsymbol{x}_{\mathrm{DS}}^{\lambda}$。可以得到

$$\begin{aligned}\boldsymbol{A}^{\mathrm{T}}\boldsymbol{A}\boldsymbol{d}&=\boldsymbol{A}^{\mathrm{T}}\boldsymbol{A}(\boldsymbol{x}_0-\boldsymbol{x}_{\mathrm{DS}}^{\lambda})\\&=\boldsymbol{A}^{\mathrm{T}}(\boldsymbol{A}\boldsymbol{x}_0-\boldsymbol{b})-\boldsymbol{A}^{\mathrm{T}}(\boldsymbol{A}\boldsymbol{x}_{\mathrm{DS}}^{\lambda}-\boldsymbol{b})\\&=\boldsymbol{A}^{\mathrm{T}}(\boldsymbol{r}-\boldsymbol{e})\end{aligned} \tag{8-17}$$

由于这两个解都是可行解，因此有$\left\|\boldsymbol{A}^{\mathrm{T}}\boldsymbol{e}\right\|_{\infty}\leqslant\lambda\sigma$和$\left\|\boldsymbol{A}^{\mathrm{T}}\boldsymbol{r}\right\|_{\infty}\leqslant\lambda\sigma$。那么使用三角不等式，即

$$\left\|\boldsymbol{A}^{\mathrm{T}}\boldsymbol{A}\boldsymbol{d}\right\|_{\infty}=\left\|\boldsymbol{A}^{\mathrm{T}}(\boldsymbol{e}-\boldsymbol{r})\right\|_{\infty}\leqslant\left\|\boldsymbol{A}^{\mathrm{T}}\boldsymbol{e}\right\|_{\infty}+\left\|\boldsymbol{A}^{\mathrm{T}}\boldsymbol{r}\right\|_{\infty}\leqslant 2\lambda\sigma \tag{8-18}$$

另一个方面，我们揭示了这样一个事实，即由于$\boldsymbol{x}_{\mathrm{DS}}^{\lambda}$是DS的解，那么和其他可行解特别是$\boldsymbol{x}_0$相比，它具有最短的$\ell_1$-长度。因此，$\left\|\boldsymbol{x}_{\mathrm{DS}}^{\lambda}\right\|_1=\left\|\boldsymbol{x}_0+\boldsymbol{d}\right\|_1\leqslant\left\|\boldsymbol{x}_0\right\|_1$。我们记$\boldsymbol{v}$在稀疏向量$\boldsymbol{x}_0$的支撑集$s$中的$\ell_1$-范数为$\left\|\boldsymbol{v}\right\|_{1,s}$，类似的，$\left\|\boldsymbol{v}\right\|_{1,s^c}$是$\boldsymbol{v}$中非支撑集元素的累加。使用不等式

$$\begin{aligned}\left\|\boldsymbol{x}_0+\boldsymbol{d}\right\|_1&=\left\|\boldsymbol{x}_0+\boldsymbol{d}\right\|_{1,s}+\left\|\boldsymbol{x}_0+\boldsymbol{d}\right\|_{1,s^c}\\&\geqslant\left\|\boldsymbol{x}_0\right\|_{1,s}-\left\|\boldsymbol{d}\right\|_{1,s}+\left\|\boldsymbol{d}\right\|_{1,s^c}\end{aligned} \tag{8-19}$$

式中使用了关系$\|\boldsymbol{x}_0+\boldsymbol{d}\|_{1,s^c}=\|\boldsymbol{d}\|_{1,s^c}$和$\|\boldsymbol{x}_0+\boldsymbol{d}\|_{1,s}\geqslant\|\boldsymbol{x}_0\|_{1,s}-\|\boldsymbol{d}\|_{1,s}$。由于$\|\boldsymbol{x}_0\|_1=\|\boldsymbol{x}_0\|_{1,s}$，再次利用不等式$\|\boldsymbol{x}_0+\boldsymbol{d}\|_1\leqslant\|\boldsymbol{x}_0\|_1$，可以得到如下的约束条件

$$\|\boldsymbol{d}\|_{1,s}\geqslant\|\boldsymbol{d}\|_{1,s^c} \tag{8-20}$$

这个条件说明差别向量$\boldsymbol{d}$的ℓ_1-能量必须集中在支撑集s中。

到目前为止的讨论总结如下，即差别向量$\boldsymbol{d}$必须满足由式（8-18）和式（8-20）给出的两个约束。在所有的这些约束中，目标是搜索最大的$\|\boldsymbol{d}\|_2^2$，并证明如定理所述，它实际上就是上界。

为进一步讨论，引入以下记号：和使用s来表示$\boldsymbol{x}_0$的支撑集一样，我们利用q来表示大小为$2s$的支撑集，该集合包含了原始的支撑集，和$\boldsymbol{d}$中后s个最大元素（按绝对值计算）。子矩阵$\boldsymbol{A}_q$的大小为$n\times 2s$，包含了由q标记的各列。使用RIP关系，对于任意长度为$2s$的向量$\boldsymbol{v}$，有

$$\sqrt{1-\delta_{2s}}\,\|\boldsymbol{v}\|_2\leqslant\|\boldsymbol{A}_q\boldsymbol{v}\|_2\leqslant\sqrt{1+\delta_{2s}}\,\|\boldsymbol{v}\|_2 \tag{8-21}$$

假设$\delta_{2s}\leqslant 1$，这意味着$\boldsymbol{Q}=\boldsymbol{A}_q^{\mathrm{T}}\boldsymbol{A}_q$是正定的。上述不等式说明$(1-\delta_{2s})\boldsymbol{v}^{\mathrm{T}}\boldsymbol{v}\leqslant\boldsymbol{v}^{\mathrm{T}}\boldsymbol{Q}\boldsymbol{v}$。令$\boldsymbol{w}=\boldsymbol{Q}^{0.5}\boldsymbol{v}$，上式可以重新写为$(1-\delta_{2s})\boldsymbol{w}^{\mathrm{T}}\boldsymbol{Q}^{-1}\boldsymbol{w}\leqslant\boldsymbol{w}^{\mathrm{T}}\boldsymbol{w}$。令$\boldsymbol{w}=\boldsymbol{A}_q^{\mathrm{T}}\boldsymbol{A}\boldsymbol{d}$，可得

$$\|\boldsymbol{w}\|_2^2=\boldsymbol{d}^{\mathrm{T}}\boldsymbol{A}^{\mathrm{T}}\boldsymbol{A}_q\boldsymbol{A}_q^{\mathrm{T}}\boldsymbol{A}\boldsymbol{d}=\|\boldsymbol{A}_q^{\mathrm{T}}\boldsymbol{A}\boldsymbol{d}\|_2^2 \tag{8-22}$$

和

$$\begin{aligned}\boldsymbol{w}^{\mathrm{T}}\boldsymbol{Q}^{-1}\boldsymbol{w}&=\boldsymbol{d}^{\mathrm{T}}\boldsymbol{A}^{\mathrm{T}}\boldsymbol{A}_q(\boldsymbol{A}_q^{\mathrm{T}}\boldsymbol{A}_q)^{-1}\boldsymbol{A}_q^{\mathrm{T}}\boldsymbol{A}\boldsymbol{d}\\&=\boldsymbol{d}^{\mathrm{T}}\boldsymbol{A}^{\mathrm{T}}\boldsymbol{P}_q\boldsymbol{A}\boldsymbol{d}\\&=\boldsymbol{d}^{\mathrm{T}}\boldsymbol{A}^{\mathrm{T}}\boldsymbol{P}_q^2\boldsymbol{A}\boldsymbol{d}\\&=\|\boldsymbol{P}_q\boldsymbol{A}\boldsymbol{d}\|_2^2\end{aligned} \tag{8-23}$$

项$\boldsymbol{P}_q=\boldsymbol{A}_q(\boldsymbol{A}_q^{\mathrm{T}}\boldsymbol{A}_q)^{-1}\boldsymbol{A}_q^{\mathrm{T}}$是在$\boldsymbol{A}_q$列的张成空间上的投影，那么它是幂等的（$\boldsymbol{P}_q^2=\boldsymbol{P}_q$）[①]。以上这些可以得到不等式

$$(1-\delta_{2s})\|\boldsymbol{P}_q\boldsymbol{A}\boldsymbol{d}\|_2^2\leqslant\|\boldsymbol{A}_q^{\mathrm{T}}\boldsymbol{A}\boldsymbol{d}\|_2^2 \tag{8-24}$$

使用式（8-18）中的不等式$\|\boldsymbol{A}^{\mathrm{T}}\boldsymbol{A}\boldsymbol{d}\|_\infty\leqslant 2\lambda\sigma$，我们知道向量$\boldsymbol{A}^{\mathrm{T}}\boldsymbol{A}\boldsymbol{d}$中每一项的界都是$2\lambda\sigma$。向量$\boldsymbol{A}_q^{\mathrm{T}}\boldsymbol{A}\boldsymbol{d}$对这些元素中的$2s$个项进行累加，因此有

$$\|\boldsymbol{P}_q\boldsymbol{A}\boldsymbol{d}\|_2^2\leqslant\frac{1}{1-\delta_{2s}}\|\boldsymbol{A}_q^{\mathrm{T}}\boldsymbol{A}\boldsymbol{d}\|_2^2\leqslant\frac{2s\cdot(4\lambda^2\sigma^2)}{1-\delta_{2s}} \tag{8-25}$$

下面我们转而处理上式的左半部分，即考虑它的下界。我们将差别向量$\boldsymbol{d}$划分为一组向量$\{\boldsymbol{d}_j\}_{j=0,1,2,\cdots}$，所有的向量都具有相同长度$m$。每个$\boldsymbol{d}_j$包含$s$个非零项，其中$\boldsymbol{d}_0$具有支撑集$s$，$\boldsymbol{d}_1$具有支撑集$q\backslash s$，按照$\boldsymbol{d}$中非零值的幅度降序排列，依

① 译者注：原书误为幂零矩阵。

此类推。显然我们有 $\boldsymbol{d}=\sum_j \boldsymbol{d}_j$，因此可以得到

$$\begin{aligned}\boldsymbol{P}_q\boldsymbol{A}\boldsymbol{d}&=\boldsymbol{P}_q\boldsymbol{A}\boldsymbol{d}_0+\boldsymbol{P}_q\boldsymbol{A}\boldsymbol{d}_1+\sum_{j>1}\boldsymbol{P}_q\boldsymbol{A}\boldsymbol{d}_j\\&=\boldsymbol{A}_q\boldsymbol{d}+\sum_{j>1}\boldsymbol{P}_q\boldsymbol{A}\boldsymbol{d}_j\end{aligned}\tag{8-26}$$

前两项通过删除投影操作得到了简化，因为这两个向量就在投影的空间中。另外，我们使用了事实 $\boldsymbol{A}\boldsymbol{d}_0+\boldsymbol{A}\boldsymbol{d}_1=\boldsymbol{A}_q\boldsymbol{d}$。反向使用三角不等式（$\|\boldsymbol{v}\|_2=\|\boldsymbol{v}+\boldsymbol{u}-\boldsymbol{u}\|_2\leqslant\|\boldsymbol{v}+\boldsymbol{u}\|_2+\|\boldsymbol{u}\|_2$），可以得到

$$\begin{aligned}\|\boldsymbol{P}_q\boldsymbol{A}\boldsymbol{d}\|_2&=\left\|\boldsymbol{A}_q\boldsymbol{d}+\sum_{j>1}\boldsymbol{P}_q\boldsymbol{A}\boldsymbol{d}_j\right\|_2\\&\geqslant\|\boldsymbol{A}_q\boldsymbol{d}\|_2-\left\|\sum_{j>1}\boldsymbol{P}_q\boldsymbol{A}\boldsymbol{d}_j\right\|_2\\&\geqslant\|\boldsymbol{A}_q\boldsymbol{d}\|_2-\sum_{j>1}\|\boldsymbol{P}_q\boldsymbol{A}\boldsymbol{d}_j\|_2\end{aligned}\tag{8-27}$$

由式（8-21）给出的 RIP 关系可以得到 $\|\boldsymbol{A}_q\boldsymbol{d}\|_2\geqslant\sqrt{1-\delta_{2s}}\|\boldsymbol{d}\|_{2,q}$，因此有

$$\|\boldsymbol{P}_q\boldsymbol{A}\boldsymbol{d}\|_2\geqslant\sqrt{1-\delta_{2s}}\|\boldsymbol{d}\|_{2,q}-\sum_{j>1}\|\boldsymbol{P}_q\boldsymbol{A}\boldsymbol{d}_j\|_2\tag{8-28}$$

当 $j>1$ 时，$\|\boldsymbol{P}_q\boldsymbol{A}\boldsymbol{d}_j\|_2^2$ 项可以重新写成向量 $\boldsymbol{P}_q\boldsymbol{A}\boldsymbol{d}_j$ 和 $\boldsymbol{A}\boldsymbol{d}_j$ 的内积，其中 $\boldsymbol{P}_q\boldsymbol{A}\boldsymbol{d}_j$ 位于由 $\boldsymbol{A}_s$ 的 $2s$ 个列张成的空间中，$\boldsymbol{A}\boldsymbol{d}_j$ 由 $\boldsymbol{A}$ 中 s 个列的不相交集合张成（这里再次利用幂等特性 $\boldsymbol{P}_q=\boldsymbol{P}_q^2$）。使用 ROP，可以得到，这样的内积有如下的界限

$$\|\boldsymbol{P}_q\boldsymbol{A}\boldsymbol{d}_j\|_2^2=\langle\boldsymbol{P}_q\boldsymbol{A}\boldsymbol{d}_j,\boldsymbol{A}\boldsymbol{d}_j\rangle\leqslant\theta_{2s,s}\cdot\|\boldsymbol{P}_q\boldsymbol{A}\boldsymbol{d}_j\|_2\|\boldsymbol{A}\boldsymbol{d}_j\|_2\tag{8-29}$$

再次利用 RIP，可得 $\|\boldsymbol{A}\boldsymbol{d}_j\|_2\leqslant\sqrt{1+\delta_s}\|\boldsymbol{d}_j\|_2$，这是由于该乘积是 $\boldsymbol{A}$ 中 s 个列的组合。有

$$\begin{aligned}\|\boldsymbol{P}_q\boldsymbol{A}\boldsymbol{d}_j\|_2&\leqslant\theta_{2s,s}\cdot\sqrt{1+\delta_s}\|\boldsymbol{d}_j\|_2\\&\leqslant\frac{\theta_{2s,s}}{\sqrt{1-\delta_s}}\|\boldsymbol{d}_j\|_2\\&\leqslant\frac{\theta_{2s,s}}{\sqrt{1-\delta_{2s}}}\|\boldsymbol{d}_j\|_2\end{aligned}\tag{8-30}$$

这里我们使用了性质 $1+\delta_s\leqslant(1-\delta_s)^{-1}$ 和 $\delta_{2s}\geqslant\delta_s$。

现在我们观察到，当 $j>1$ 时，$\boldsymbol{d}_j$ 的 s 个非零项都小于 $|\boldsymbol{d}_{j-1}|$ 中各元素的均值，表示为 $\|\boldsymbol{d}_{j-1}\|_1/s$。累加 $\boldsymbol{d}_j$ 的这 s 个非零项的上界，可以得到 $\|\boldsymbol{d}_j\|_2\leqslant\|\boldsymbol{d}_{j-1}\|_1/\sqrt{s}$。因此

$$\begin{aligned}\sum_{j>1}\left\|\boldsymbol{P}_q \boldsymbol{A}\boldsymbol{d}_j\right\|_2 &\leqslant \frac{\theta_{2s,s}}{\sqrt{1-\delta_{2s}}}\sum_{j>1}\left\|\boldsymbol{d}_j\right\|_2 \\ &\leqslant \frac{\theta_{2s,s}}{\sqrt{s}\cdot\sqrt{1-\delta_{2s}}}\sum_{j>0}\left\|\boldsymbol{d}_j\right\|_1 \\ &= \frac{\theta_{2s,s}}{\sqrt{s}\cdot\sqrt{1-\delta_{2s}}}\left\|\boldsymbol{d}_j\right\|_{1,s^c}\end{aligned} \tag{8-31}$$

返回到式（8-28）中的不等式，代入上式，可以得到

$$\left\|\boldsymbol{P}_q \boldsymbol{A}\boldsymbol{d}\right\|_2 \geqslant \sqrt{1-\delta_{2s}}\left\|\boldsymbol{d}\right\|_{2,q} - \frac{\theta_{2s,s}}{\sqrt{s}\cdot\sqrt{1-\delta_{2s}}}\left\|\boldsymbol{d}\right\|_{1,s^c} \tag{8-32}$$

结合式（8-25），我们得到

$$\left\|\boldsymbol{d}\right\|_{2,q} \leqslant \frac{\sqrt{2s}\cdot(2\lambda\sigma)}{1-\delta_{2s}} + \frac{\theta_{2s,s}}{\sqrt{s}\cdot(1-\delta_{2s})}\left\|\boldsymbol{d}\right\|_{1,s^c} \tag{8-33}$$

使用（8-20）中给出的约束条件，以及长度为 s 的向量满足的 $\ell_1-\ell_2$ 关系，$\left\|\boldsymbol{v}\right\|_1 \leqslant \sqrt{s}\left\|\boldsymbol{v}\right\|_2$，我们得到 $\left\|\boldsymbol{d}\right\|_{1,s^c} \leqslant \left\|\boldsymbol{d}\right\|_{1,s} \leqslant \sqrt{s}\left\|\boldsymbol{d}\right\|_{2,s}$，进而有

$$\left\|\boldsymbol{d}\right\|_{2,q} \leqslant \frac{\sqrt{2s}\cdot(2\lambda\sigma)}{1-\delta_{2s}} + \frac{\theta_{2s,s}}{1-\delta_{2s}}\left\|\boldsymbol{d}\right\|_{2,s} \tag{8-34}$$

使用事实 $\left\|\boldsymbol{d}\right\|_{2,s} \leqslant \left\|\boldsymbol{d}\right\|_{2,q}$，上式可以写为

$$\left\|\boldsymbol{d}\right\|_{2,q} \leqslant \frac{\sqrt{2s}\cdot(2\lambda\sigma)}{1-\delta_{2s}} + \frac{\theta_{2s,s}}{1-\delta_{2s}}\left\|\boldsymbol{d}\right\|_{2,q} \tag{8-35}$$

重新组织各项，可以得到

$$\begin{aligned}\left(1-\frac{\theta_{2s,s}}{1-\delta_{2s}}\right)\left\|\boldsymbol{d}\right\|_{2,q} &\leqslant \frac{\sqrt{2s}\cdot(2\lambda\sigma)}{1-\delta_{2s}} \\ \Rightarrow \left\|\boldsymbol{d}\right\|_{2,q} &\leqslant \frac{\sqrt{2s}\cdot(2\lambda\sigma)}{1-\delta_{2s}-\theta_{2s,s}}\end{aligned} \tag{8-36}$$

该式成立需要以下约束条件成立 $1-\delta_{2s}-\theta_{2s,s}>0$。

为了完成证明，我们返回先前的观察结果 $\left\|\boldsymbol{d}_j\right\|_2 \leqslant \left\|\boldsymbol{d}_{j-1}\right\|_1/\sqrt{s}$，进而可得

$$\left\|\boldsymbol{d}\right\|_{2,q^c}^2 = \sum_{j>1}\left\|\boldsymbol{d}_j\right\|_2^2 \leqslant \frac{1}{s}\sum_{j>0}\left\|\boldsymbol{d}_j\right\|_1^2 = \frac{1}{s}\left\|\boldsymbol{d}\right\|_{1,s^c}^2 \tag{8-37}$$

使用上式，关系式（8-20）和事实 $\left\|\boldsymbol{d}\right\|_{2,s}^2 \leqslant \left\|\boldsymbol{d}\right\|_{2,q}^2$，可得

$$\begin{aligned}\left\|\boldsymbol{d}\right\|_2^2 &= \left\|\boldsymbol{d}\right\|_{2,q}^2 + \left\|\boldsymbol{d}\right\|_{2,q^c}^2 \\ &\leqslant \left\|\boldsymbol{d}\right\|_{2,q}^2 + \frac{1}{s}\left\|\boldsymbol{d}\right\|_{1,s^c}^2 \\ &\leqslant \left\|\boldsymbol{d}\right\|_{2,q}^2 + \frac{1}{s}\left\|\boldsymbol{d}\right\|_{1,s}^2 \\ &\leqslant 2\left\|\boldsymbol{d}\right\|_{2,q}^2\end{aligned} \tag{8-38}$$

通过代入式（8-36），就可以得到定理中声明的边界。

8.5 实用的 Dantzig 选择器

DS 实际运行的怎么样？和 BP 比较起来性能如何？当然，我们已经知道，如果 $\boldsymbol{A}$ 是酉矩阵，两种方法是精确等价的。本节中，我们用一个很局限的实验来回答这些问题。我们从 DCT 酉矩阵中随机选择其中的 50 行作为子集，并对列进行归一化，从而生成一个 50×80 的矩阵 $\boldsymbol{A}$。另外我们生成了一个长度为 80 的随机向量 $\boldsymbol{x}_0$，$\|\boldsymbol{x}_0\|_0=10$，其中非零项的位置随机，大小服从正态分布。最后，计算 $\boldsymbol{b}=\boldsymbol{A}\boldsymbol{x}_0+\boldsymbol{e}$，$\boldsymbol{e}$ 的各项是均值为零，独立同分布的高斯随机变量，标准差为 $\sigma=0.05$。这就是问题的构造参数，我们采用 DS 和 BP 来尝试恢复 $\boldsymbol{x}_0$。DS 的公式为

$$(P_{\mathrm{DS}}^{\lambda}) \qquad \hat{\boldsymbol{x}}_{\mathrm{DS}}^{\lambda}=\arg\min_{\boldsymbol{x}}\|\boldsymbol{x}\|_1 \qquad \text{s. t.} \qquad \|\boldsymbol{A}^{\mathrm{T}}(\boldsymbol{b}-\boldsymbol{A}\boldsymbol{x})\|_{\infty}\leqslant\lambda\sigma$$

我们利用 Matlab 中的线性规划工具求解这个问题，使用的是本章一开始就讨论的两个转换方法中的第两种。由于我们不知道使用多大的 λ，因此对[0.1,100]范围内的一组值进行了扫描（最大的值保证了可以考虑到零解，因为在那种情况下 $\|\boldsymbol{A}^{\mathrm{T}}\boldsymbol{b}\|_{\infty}\leqslant\lambda_{\max}\sigma$）。BP 的公式为

$$(P_{\mathrm{BP}}^{\mu}) \qquad \hat{\boldsymbol{x}}_{\mathrm{BP}}^{\mu}=\arg\min_{\boldsymbol{x}}\|\boldsymbol{x}\|_1 \qquad \text{s. t.} \qquad \|\boldsymbol{b}-\boldsymbol{A}\boldsymbol{x}\|_2\leqslant\mu\sigma$$

我们使用第 5 章中提到的 LARS 来求解这个问题，其中使用了不同的阈值 $\mu\sigma$，以便能涵盖所有可能的候选解，从空集到包含 49 个非零项的解。

由于在每种方法中我们都得到了一组解（是阈值变化的函数），因此可以将解的相对准确度 $\|\hat{\boldsymbol{x}}-\boldsymbol{x}_0\|_2^2/\|\boldsymbol{x}_0\|_2^2$ 与解中非零项个数 $\|\hat{\boldsymbol{x}}\|_0$ 的函数关系绘制成图。图 8.1 就是 200 次试验的平均结果。这张图也给出了 oracle 估计的性能，该结果是在真实的支撑集上将向量 $\boldsymbol{b}$ 在 $\boldsymbol{A}$ 的列中进行简单投影得到的。我们看到 DS 和 BP 的结果近似相等，它们的最佳性能都在解的势大约等于 25 时得到，此时误差是 oracle 估计的 4 倍。

可以回忆起来由于使用了 ℓ_1 惩罚项，这两个方法的解都偏向于给出更小的非零项。因此，只保留解的支撑集，并在其上利用最小二乘求解非零项，可以得到有所改善的结果，特别是如果找到的支撑集是近似正确的。投影误差同样也画在了图 8.1 中，实际上，这两种方法都能通过这种修改得到改进。此时，两种方法的最佳性能在解的势大约等于 10 的情况下得到，这才是正确的结果。两种方法再一次近似等价，并且都更接近于 oracle 结果（此时 DS/BP 的误差和 oracle 误差之间存在的因子为 2.8）。

图 8.2 与图 8.1 很相近，只是误差利用 $\|\boldsymbol{A}\hat{\boldsymbol{x}}-\boldsymbol{A}\boldsymbol{x}_0\|_2^2/\|\boldsymbol{A}\boldsymbol{x}_0\|_2^2$ 度量。这种差异在

如下情况下非常重要，即估计的目标不再是恢复稀疏表示 $\boldsymbol{x}_0$，而是从噪声 $\boldsymbol{e}$ 中分离出干净信号 $\boldsymbol{A}\boldsymbol{x}_0$。我们可以看到，整体的性能和图 8.1 非常相似，可以得出相同结论。

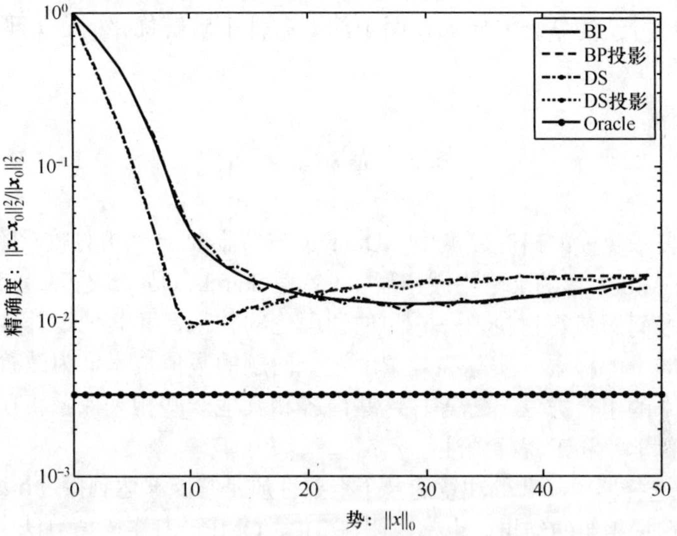

图 8.1　利用 $\|\hat{\boldsymbol{x}}-\boldsymbol{x}_0\|_2^2/\|\boldsymbol{x}_0\|_2^2$ 度量的解的精确度和势的关系图（DS 方法和 BP 方法）。这些图的不同之处是由算法的阈值变化产生。图中显示出了两个算法的最终结果，以及在找到的支撑集上的 LS 投影

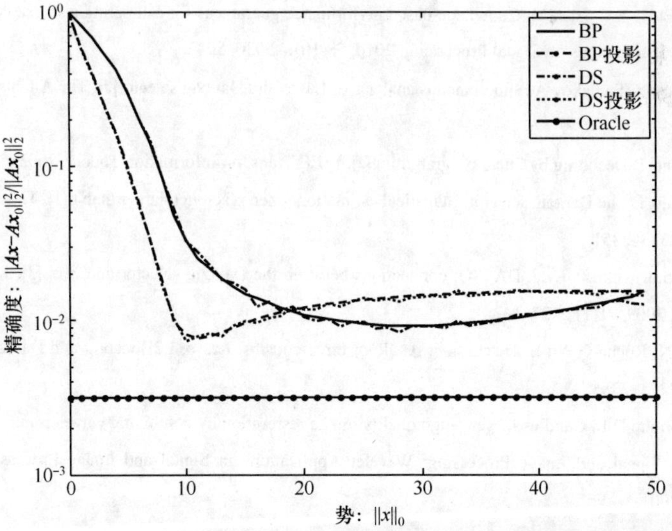

图 8.2　利用 $\|\boldsymbol{A}\hat{\boldsymbol{x}}-\boldsymbol{A}\boldsymbol{x}_0\|_2^2/\|\boldsymbol{A}\boldsymbol{x}_0\|_2^2$ 度量的解的精确度和势的关系图（DS 方法和 BP 方法）。这个图与图 8.1 非常相似

我们可以根据上面的实验，做出在一般情况下 BP 和 DS 近似等价的结论吗？肯定不行。首先，这个实验仅仅是众多能够实现的实验之一，很可能不同的问题设置就会带来不同的结论。DS 和 BP 之间相对性能的问题依然是个开放性的课题，需要未来理论工作者和实践人员的共同关注。由上面的实验可以得到一个有趣问题，就是两种方法的结合（例如在两个约束条件下求解优化问题）能否产生更好的结果。

8.6 总　结

在稀疏表示建模的研究领域中，Dantzig 选择器是一个相对较新的追踪技术，尽管它最早在 2001 年的文献中就出现了（参考 Starck，Donoho 和 Candes 的工作）。目前还有许多问题值得讨论——它和估计理论的关系，和其他追踪技术的性能比较，**平均**性能上的极限，实际高效求解这个问题的数值技术，为改善算法性能和其他已知技术的组合方法，等等。这些内容和其他一些相关课题将在今后几年里会受到很多科学家和工程师关注。

Dantzig 选择器引起我们注意的一个重要性质是它能够达到接近 oracle 估计的性能。最近又有了相似的结果，也都说明在 BP、OMP，甚至阈值算法中有相似的结论。然而，所有这些都还是最坏情况下的结果，因此，未来的改善空间依然很大。

延伸阅读

[1] Ben-Haim Z, Eldar Y C, Elad M. Coherence-based performance guarantees for estimating a sparse vector under random noise[J]. IEEE Transactions on Signal Processing, 2010, 58(10): 5030–5043.

[2] Bickel P J, Ritov Y, Tsybakov A. Simultaneous analysis of Lasso and Dantzig selector[J]. The Annals of Statistics, 2009, 37(4):1705–1732

[3] Cand`es E J, Tao T. Decoding by linear programming[J]. IEEE Trans. on Information Theory, 2005, 51(12) : 4203–4215.

[4] Cand`es E J, Tao T. The Dantzig selector: Statistical estimation when p is much larger than n[J]. The Annals of Statistics, 2007, 35(6) : 2313–2351.

[5] James G M, Radchenko P, Lv J. DASSO: connections between the Dantzig selector and lasso[J]. Journal of the Royal Statist. Soc. B, 2009, 71(1) : 127–142.

[6] Meinshausen N, Rocha G, Yu B. Discussion: A tale of three cousins: Lasso, L2Boosting and Dantzig[J]. Ann. Statist., 2007, 35(6) : 2373–2384.

[7] Starck J L, Donoho D L, Cand`es E. Very high quality image restoration by combining wavelets and curvelets[C]// SPIE conference on Signal and Image Processing: Wavelet Applications in Signal and Image Processing IX, Vol. 4478, December 5, 2001.

第二部分　从理论到实践——信号和图像处理应用

第 9 章 信号处理中的稀疏搜索方法

之前的所有章节已经告诉我们，对于求解欠定线性系统方程的稀疏解，或者其近似解的问题，可以给出一个有意义的定义，而且和想象的不同，这个问题是可以通过计算得出结论的。我们现在开始讨论它们在信号和图像处理中的适用性问题。本章将要讨论，基于精心挑选的字典，利用稀疏表示对各种信号进行建模是可行的。和前面讨论的内容一样，这都会产生线性系统以及它们的稀疏解。

下面的讨论中，我们用符号 $\boldsymbol{y}$ 替换线性系统 $\boldsymbol{A}\boldsymbol{x}=\boldsymbol{b}$ 中的 $\boldsymbol{b}$，以此来反映这个向量实质上就是我们感兴趣的信号。

9.1 信号的先验和变换

考虑一族信号——一组向量 $\mathcal{Y}=\{y_j\}_j \in \mathbf{R}^n$。更具体的，我们假设后面讨论的信号都是[$\sqrt{n}\times\sqrt{n}$]个像素大小的图像块，它们表示了自然、典型的图像内容。也可以对其他数据源进行相同的讨论，比如声信号、震动数据、医学信号、金融时间序列等。

尽管图像块是 $\mathbf{R}^n$ 空间中分布非常分散的向量，但也没有理由假设它们占据了整个空间。更准确地说，假设 $\boldsymbol{y}$ 中像素值在[0,1）之间，图像块在超立方体 $[0,1)^n \subset \mathbf{R}^n$ 中的分布并不均匀。举例来说，我们都知道在图像中，最常见的是空间平滑的图像块，而高度非平滑的无序块基本不可能存在。这个想法自然会让我们想到贝叶斯框架，可以为信号赋予一个概率密度函数（Probability-Density-Function，PDF）——一个“先验”分布函数 $P(\boldsymbol{y})$。

信号处理中广泛使用了信号的先验信息，主要用在信号的逆处理问题、压缩、异常检测等方面。这是因为它们为测量信号向量的概率提供了一个系统化的方法。举例来说，考虑去噪问题：给定图像 $\boldsymbol{y}$ 是干净图像 $\boldsymbol{y}_0$ 的带噪形式，它被一个加性干扰向量 $\boldsymbol{v}$ 所污染，$\boldsymbol{v}$ 的能量有限，$\|\boldsymbol{v}\|_2 \leqslant \epsilon$，即 $\boldsymbol{y}=\boldsymbol{y}_0+\boldsymbol{v}$。未知图像 $\boldsymbol{y}_0$ 一定位于 $\|\boldsymbol{y}_0-\boldsymbol{y}\|_2 \leqslant \epsilon$ 的球内。求解优化问题，

$$\max_{\hat{\boldsymbol{y}}} P(\hat{\boldsymbol{y}}) \quad \text{s. t.} \quad \|\hat{\boldsymbol{y}}-\boldsymbol{y}\|_2 \leqslant \epsilon \tag{9-1}$$

可以得到这个球体内最有可能的图像 $\hat{\boldsymbol{y}}$，它就是 $\boldsymbol{y}_0$ 的有效估计。在这种方式下可以利用先验信息解决去噪问题。实际上，上述去噪问题的公式就是最大后验概率

（Maximum-A-posteriori-Probability，MAP）估计，第 11 章中将对其展开更为详细和准确的解释。

在信号和图像处理的领域中，为了给出信号先验的闭合表达形式，已经做了很多的努力。一种用于构造 $P(\boldsymbol{y})$ 的通用方法是根据数据内容的直观期望来猜测该先验的结构。例如，吉布斯分布 $P(\boldsymbol{y}) = \text{Const} \cdot \exp\{-\lambda \|\boldsymbol{Ly}\|_2^2\}$ 利用拉普拉斯矩阵（定义为对图像 $\boldsymbol{y}$ 应用拉普拉斯滤波器时的线性空间不变运算）来给出图像 $\boldsymbol{y}$ 概率的评估。在这样的先验定义中，通过拉普拉斯算子测量的平滑度，可以用于判断信号的概率。

这种先验在信号和图像处理中非常有名，应用也很广泛。一方面，它跟 **Tikhonov 规则化**相关，另一方面，也与**维纳滤波**存在关联。再看式（9-1），这种先验可以得到如下形式的优化问题，即

$$\min_{\hat{\boldsymbol{y}}} \|\boldsymbol{L}\hat{\boldsymbol{y}}\|_2^2 \quad \text{s. t.} \quad \|\hat{\boldsymbol{y}} - \boldsymbol{y}\|_2 \leqslant \epsilon \tag{9-2}$$

它可以转换为

$$\min_{\hat{\boldsymbol{y}}} \|\boldsymbol{L}\hat{\boldsymbol{y}}\|_2^2 + \mu \|\hat{\boldsymbol{y}} - \boldsymbol{y}\|_2^2 \tag{9-3}$$

式中我们利用一个等价的惩罚项替换了约束。可以很容易得到如下形式的解

$$\hat{\boldsymbol{y}} = \mu[\boldsymbol{L}^{\mathrm{T}}\boldsymbol{L} + \mu\boldsymbol{I}]^{-1}\boldsymbol{y} \tag{9-4}$$

需要选择 μ 的值，使约束条件 $\|\hat{\boldsymbol{y}} - \boldsymbol{y}\|_2 \leqslant \epsilon$ 成立。

在一个类似的问题 $\boldsymbol{y} = \boldsymbol{H}\boldsymbol{y}_0 + \boldsymbol{v}$ 中，$\boldsymbol{H}$ 表示线性退化算子（比如模糊），相应的解为

$$\hat{\boldsymbol{y}} = \mu\left[\boldsymbol{L}^{\mathrm{T}}\boldsymbol{L} + \mu\boldsymbol{H}^{\mathrm{T}}\boldsymbol{H}\right]^{-1}\boldsymbol{y} \tag{9-5}$$

这就是著名的**维纳滤波**，对于空间不变的循环算子 $\boldsymbol{L}$ 和 $\boldsymbol{H}$，它能够在频域内直接求解。

我们已经知道，上述特定的先验过于强调平滑性，在应用到各种图像增强和重建任务中时会造成图像的模糊。为了对该问题进行补偿，可以将 ℓ_2-范数替换成更鲁棒的测量方法，比如 ℓ_1-范数，这样就可以允许 $\boldsymbol{Ly}$ 的值具有重尾分布形式。这样处理后，形如 $P(\boldsymbol{y}) = \text{Const} \cdot \exp\{-\lambda \|\boldsymbol{Ly}\|_1\}$ 的先验形式就更加通用，近些年它们也越来越流行。另一种与之相似的全变差（Total-Variation，TV）先验（Rudin，Osher 和 Fatemi，1993）也强调了平滑特性，但二者不同的是，它用梯度范数替代了拉普拉斯算子，从而可以用一阶导数代替二阶导数。根据前面的分析，我们可以直观地看到，选用 ℓ_1–范数可以加强信号/图像导数的稀疏度。

在构造信号的先验时可以采用的另一个特性是假设信号变换系数中存在着某种结构。一个典型的例子是 JPEG 压缩算法，它就是基于小图像块的二维 DCT 系数是可以预测的（集中在原点附近）事实。另一个例子是信号和图像的小波变换，变换的系数除了少数不为零外，多数都接近零，因此可以预计系数是稀疏的。

以上两个例子很好的说明了线性逼近与非线性逼近的对比。线性逼近中，我们使用变换并选择一组预先规定好的 M 个系数来逼近信号，就像上面提到的二维 DCT 系数[①]，以及一般情况中的 PCA（后面将提到）。非线性逼近使用主要的 M 个系数，并不考虑它们所处的位置。使用这 M 项系数的近似值，非线性逼近可以更好的表示原始信号。实际上，这就是小波系数的逼近方法。

我们更仔细地看一下小波变换，看看它是怎样得到先验知识的。对于信号 $\boldsymbol{y}$，用 $\boldsymbol{Ty}$ 表示它的小波变换系数，矩阵 $\boldsymbol{T}$ 是特别设计的正交矩阵，它的行包含有不同尺度的空间导数，这样可以提供信号的“多尺度”分析。此时，先验变成 $P(\boldsymbol{y}) = \text{Const} \cdot \exp\{-\lambda \|\boldsymbol{Ty}\|_p^p\}$，当 $p \leqslant 1$ 时可以提升稀疏性。这里与 TV 先验以及拉普拉斯先验之间的相同之处就很明显了，因为在以上所有的情形中，都是将某类导数和鲁棒测量结合起来构造先验分布 $P(\boldsymbol{y})$ 的。

基于小波的先验为一大类信号先验的构造方法指明了方向，也使得利用变换系数 $\boldsymbol{Ty}$ 的特点来描述图像概率的方法大放异彩。在信号和图像处理的文献里，这样的先验通常与各种变换结合在一起出现，比如离散傅里叶变换（Discrete-Fourier-Transform，DFT）、离散余弦变换（Discrete-Cosine-Transform，DCT）、哈达玛变换（Hadamard），甚至依赖于数据的变换，例如主成分分析（Principal-Component-Analysis，PCA，在信号处理领域里称为 KL 变换（Karhunen-Loeve-Transform，KLT）。

构造一个基于 PCA 的先验，首先要收集信号样本数据库 $\mathcal{Y} = \{y_j\}_j \in \mathbf{R}^n$。我们计算这些 n 维样点的中心 $\boldsymbol{c} = \frac{1}{N}\sum_j \boldsymbol{y}_j$ 作为样本的均值。然后计算自相关矩阵 $\boldsymbol{R} = \frac{1}{N}\sum_j (\boldsymbol{y}_j - \boldsymbol{c})(\boldsymbol{y}_j - \boldsymbol{c})^T$。这个高效的先验由多元高斯分布形式给出

$$P(\boldsymbol{y}) = \text{Const} \cdot \exp\left\{\frac{1}{2}\left(\boldsymbol{y}-\boldsymbol{c}\right)^{\mathrm{T}} \boldsymbol{R}^{-1}\left(\boldsymbol{y}-\boldsymbol{c}\right)\right\} \tag{9-6}$$

该模型假设样本集 $\mathcal{Y}$ 形如 $\mathbf{R}^n$ 空间中的一个高维椭球体，其中 $\boldsymbol{c}$ 是中心，$\boldsymbol{R}$ 描绘它的形状。如果我们假设 $\boldsymbol{c} = \mathbf{0}$（即如果我们将信号移到原点），这样，只要令 $\boldsymbol{L}^{\mathrm{T}}\boldsymbol{L} = \boldsymbol{R}^{-1}$，这个模型就跟前面提到的 Tikhonov 正则化很接近了。采用这个模型可以得出上述 JEPG 中的二维 DCT。

所有这些信号先验都可以采用一个共同的观点，就是把它们都视为一个能够产生感兴趣信号的随机产生器 $\mathcal{M}$。然而，在所有这些情况中，尽管利用 $P(\boldsymbol{y})$ 公式可以很容易地对一个给定信号进行概率的相对[②]评估，但要在这样的分布中给出随机样点非常困难。这一事实将驱使我们来研究**稀疏域**（Sparse-Land）模型，这是一种在由变换定义的信号先验基础上来合成信号的方法。

---

① 实际上，JEPG 执行起来略有不同，这主要是考虑到主要的 DCT 系数不为零，也允许存在一些粗差，因此，它并不是严格的线性逼近。

② 因为需要归一化的系数。

9.2 稀疏域模型

让我们再次考虑线性系统 $\boldsymbol{Ax}=\boldsymbol{y}$，并认为它是构建信号 $\boldsymbol{y}$ 的一种方法。$\boldsymbol{A}$ 中的每一列都是 $\mathbf{R}^n$ 中的一个可能信号——将这 m 列看成原子信号，则矩阵 $\boldsymbol{A}$ 是原子字典。我们可以把 $\boldsymbol{A}$ 看作是描述信号的“化学”基本元素周期表。

稀疏向量 $\boldsymbol{x}$ 满足 $\|\boldsymbol{x}\|_0^0=k_0<<n$，它与 $\boldsymbol{A}$ 相乘后得到 k_0 个原子不同的线性组合，这样可以生成信号 $\boldsymbol{y}$。我们把生成 $\boldsymbol{y}$ 的向量 $\boldsymbol{x}$ 叫做它的“表示”，因为这个向量描述了哪些原子和哪些“部分”被用来生成信号。原子线性组合得到信号的过程我们称之为**原子合成**（把信号看做化学中的分子）。

考虑所有势 $\|\boldsymbol{x}\|_0^0=k_0<<n$ 的可能稀疏表示向量，并假设这 $\begin{pmatrix} m \\ k_0 \end{pmatrix}$ 个可能的项按均匀分布提取得到。进一步假设，$\boldsymbol{x}$ 中的非零项都是从零均值高斯分布 $\text{Const}\cdot\exp\{-\alpha x_i^2\}$ 中提取。这为 $\boldsymbol{x}$ 的 PDF 以及信号 $\boldsymbol{y}$ 的生成方式都提供了完整的定义——这也定义了随机信号产生器 $\mathcal{M}_{\{\boldsymbol{A},k_0,\alpha\}}$。注意信号 $\boldsymbol{y}$ 是高斯变量的混合输出，k_0 维中的每一维都具有相等的概率。

在前面的模型中可以引入一处修改，就是用随机势替代原来的固定势。这种情况下，与其假设每个信号都是由固定的 k_0 个原子组成，不如假设势本身就是随机的，这样重点就在稀疏表示上，例如像与 $\exp\{-k_0\}$ 成比例概率。在我们这里的讨论，这个修改并不重要。

信号产生模型 $\mathcal{M}$ 的定义还应加上重要的一项，就是假定其有能量有界的随机扰动（噪声）向量 $\boldsymbol{e}\in\mathbf{R}^n$，$\|\boldsymbol{e}\|_2\leqslant\epsilon$，即 $\boldsymbol{y}=\boldsymbol{Ax}+\boldsymbol{e}$。附加扰动是有用的，有以下两点重要原因。

（1）模型 $\mathcal{M}$ 对信号的约束太严格，实际应用中必然会导致实际观测信号和建议模型的失配。扰动 ϵ 的引入弥补了这一问题。

（2）$\epsilon=0$ 的情况意味着由 $\mathcal{M}$ 产生的信号在 $\mathbf{R}^n$ 中的体积是“零测度”的。这是因为我们假设了一定数量的可能支撑集，共有 $\begin{pmatrix} m \\ k_0 \end{pmatrix}$ 个，每个都能生成 $\mathbf{R}^n$ 空间中的 k_0 维子空间信号。如果 ϵ 值增大，那么通过这些子空间周围的云层“加厚”，这个集合会有一个虽然很小但是正的体积。

加上了这样的扰动后，现在的**稀疏域**模型记为 $\mathcal{M}(\boldsymbol{A},k_0,\alpha,\epsilon)$。

现在，读者们可能会对**稀疏域**模型的任意性感到困惑，也会产生疑问，为什么这样的描述就符合感兴趣信号的特点呢？为了部分回答这个问题，需要提醒大家，不管这个模型看起来有多么不同，它实际上和 9.1 节中讨论的方法紧密相关。试想这样的例子，$\boldsymbol{A}$ 是方阵并可逆，那么 $\boldsymbol{Ax}=\boldsymbol{y}$ 可写为 $\boldsymbol{x}=\boldsymbol{A}^{-1}\boldsymbol{y}=\boldsymbol{Ty}$，其中 $\boldsymbol{T}=\boldsymbol{A}^{-1}$。

也就是说，这里使用的稀疏表示向量扮演了变换系数向量的角色。因此前面讨论过的形如 $P(\boldsymbol{y})=\text{Const}\cdot\exp\{-\lambda\|\boldsymbol{Ty}\|_p^p\}$ 的模型，实际上等价于模型 $P(\boldsymbol{y})=\text{Const}\cdot\exp\{-\lambda\|\boldsymbol{x}\|_p^p\}$，该模型根据表示向量 $\boldsymbol{x}$ 的稀疏性来描述信号 $\boldsymbol{y}$ 的概率，**稀疏域**就是这么做的。那么，这是否意味着**稀疏域**包含在上述基于变换的模型中？在我们讨论到本章的最后时，我们会对比分析模型与合成模型，那时会看到答案是否定的。

9.3 稀疏域的几何解释

为了从几何角度洞察**稀疏域**模型和一些变化形式，我们回到本章开头，考虑一个大型的信号样本（向量）集 $\mathcal{Y}=\{y_j\}_j\in\mathbf{R}^n$。我们关注于其中一个任意的信号 $\boldsymbol{y}_0\in\mathcal{Y}$ 和它的 δ 邻域，目标是研究这个邻域在第 n 维空间的行为表现。

对于足够小的 δ 值，从 $\boldsymbol{y}_0$ 出发，沿着 $\boldsymbol{e}=\boldsymbol{y}-\boldsymbol{y}_0$ 的方向移动，这个方向可以表示一些小的扰动允许方向，利用它们将可得到可用信号。我们给出的问题是：这样能填满整个 $\mathbf{R}^n$ 空间吗？我们把可允许的方向集表示为

$$\Omega_{y_0}^{\delta}=\left\{\boldsymbol{e}\middle|\boldsymbol{e}=\boldsymbol{y}-\boldsymbol{y}_0,\ \boldsymbol{y}\in\mathcal{Y},\ \|\boldsymbol{y}-\boldsymbol{y}_0\|_2\leqslant\delta\right\}\tag{9-7}$$

将所有的向量 $\boldsymbol{e}\in\Omega_{y_0}^{\delta}$ 集中表示成一个 $n\times\left|\Omega_{y_0}^{\delta}\right|$ 的矩阵 $\boldsymbol{E}_{y_0}$，然后研究它的奇异值特性。我们对这样的一大类结构化信号感兴趣，因为对任意的 $\boldsymbol{y}_0\in\mathcal{Y}$，这样的矩阵其有效秩都满足 $k_{y_0}<<n$。这等价于说矩阵中的第 $k_{y_0}+1$ 维以及更高维的奇异值都趋近于零，可以忽略不计。

从本质上来讲，满足上述局部低维假设的信号具有一个局部性质，即它近似为一个在 $\boldsymbol{y}_0$ 附近平移得到的、维度为 k_{y_0} 的线性子空间。虽然在信号空间中从一点移动到另一个点，这个子空间和它的维度会发生变化，但所有这些点还是可以被描述为具有这样的特点，即远小于周围的 n 个维度。实验研究表明，平时我们研究的大多数信号，比如图像、声音等，都遵循这一结构，在处理它们时就可以利用这一点。

作为一个简单的例子，我们再来考虑一下去噪问题，以此说明如何使用这个结构。干净信号 $\boldsymbol{y}_0$ 是从它的带噪形式 $\boldsymbol{y}$ 中恢复得到的，其中 $\|\boldsymbol{y}-\boldsymbol{y}_0\|_2\leqslant\delta_0<<\delta$。假设我们从完备集 $\mathcal{Y}$ 中抽取了 $\boldsymbol{y}$ 的 δ 邻域中的所有样本。计算该集合的平均向量 $\boldsymbol{c}$，并将其减去①，由于 $\delta_0<<\delta$，我们可以得到 $\Omega_{y_0}^{\delta}$ 的一个良好近似。近似的准确度由如下假设决定，即局部的允许子空间可以平滑的改变，从而使得假设 $\delta>>\delta_0$ 成立。

根据上述分析，$\Omega_{y_0}^{\delta}$ 就是由 $\boldsymbol{E}_{y_0}$ 的列张成的 k_{y_0} 维子空间。用 $n\times k_{y_0}$ 的矩阵 $\boldsymbol{Q}_{y_0}$ 表

① 构成的集合形成了一个仿射子空间，计算得到的均值是原点的估计值。

示这个子空间，它的列构成这些向量的正交集。可以解释为带噪信号 $\boldsymbol{y}$ 的可允许信号，能够表示为矩阵 $\boldsymbol{Q}_{y_0}$ 中列的线性组合，同时平移了 $\boldsymbol{c}$ ，也就是说，可能解的形式是 $\boldsymbol{Q}_{y_0}\boldsymbol{z}+\boldsymbol{c}$ 。这样，通过计算 $\boldsymbol{y}$ 到这个仿射子空间的映射，就可以实现有效去噪

$$z_{\text{opt}} = \arg\min_{z} \left\| \boldsymbol{Q}_{y_0}\boldsymbol{z}+\boldsymbol{c}-\boldsymbol{y} \right\|_2^2 = \boldsymbol{Q}_{y_0}^{\mathrm{T}}(\boldsymbol{y}-\boldsymbol{c}) \tag{9-8}$$

由此可以得到

$$\hat{\boldsymbol{y}} = \boldsymbol{Q}_{y_0}\boldsymbol{Q}_{y_0}^{\mathrm{T}}(\boldsymbol{y}-\boldsymbol{c})+\boldsymbol{c} \tag{9-9}$$

这个过程的实质是假设任何垂直于 $\boldsymbol{Q}_{y_0}$ 方向的向量都被认为是纯噪声并被丢弃。图 9.1 以图形化的方式进行了解释。

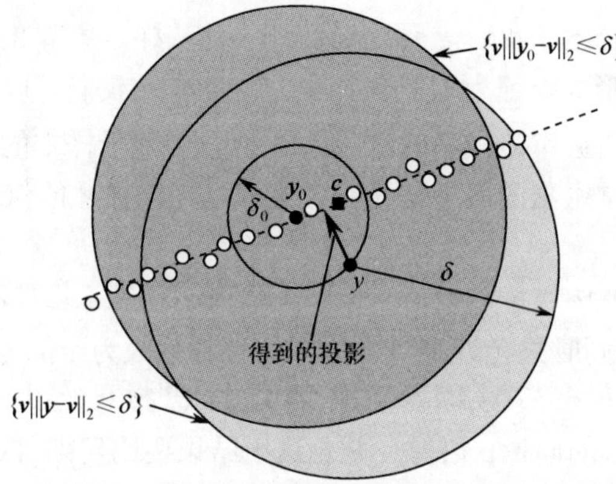

图 9.1　去噪过程的示意图，使用局部邻域来计算中心 $\boldsymbol{c}$ 和映射方向 $\boldsymbol{Q}_y$

基于上述描述，尝试提出一个包含很多信号实例 $\mathcal{Y}$ 的信号源模型，并直接用于去噪的想法就很吸引人了。我们可以重复上述过程，即寻找 δ-近邻域、估计局部子空间，并向其投影。该过程称为局部主成分分析（局部-PCA）模型。它的主要缺点是，为了保证有效建模，需要非常大的样本集，而且由于必须遍历整个数据库，信号去噪算法也很复杂。

在上述的局部-PCA 模型中，$\boldsymbol{Q}_{y_0}$ 是 $\boldsymbol{y}_0$ 位置信号的主方向，作为 $\boldsymbol{y}_0$ 的函数，它能够自由变化。通常来说，诸如此类的完整建模要么要求每次使用时都要存储 $\mathcal{Y}$ 和提取 $\boldsymbol{Q}_{y_0}$ ，要么要求存储所有可能的单位基，这需要离线收集每个 $\boldsymbol{y}\in\mathcal{Y}$ 。多数情况下，这两者都不现实。

如果我们能进一步假设，存在很少的投影矩阵和中心向量 $\{\boldsymbol{Q}_p,\boldsymbol{c}_p\}_{p=1}^{P}$（比如说没有几百个或几千个），就能够覆盖所有可能的情况，那么这个模型就能更有效。这需要对信号 $\boldsymbol{y}\in\mathcal{Y}$ 进行（可能是模糊的）聚类，使得每一类对应于不同的矩阵 $\boldsymbol{Q}_p$ 和中心 $\boldsymbol{c}_p$ 。一旦用这个模型来处理信号，首先（通过搜索 $\mathcal{Y}$ 中的最近邻）把这个信号分配到其中的一类中，然后赋予合适的投影矩阵和中心向量 $\left\{\boldsymbol{Q}_p,\boldsymbol{c}_p\right\}$ 以进行进

一步的处理。Yi Ma 等人提出了这个模型，称之为**泛化 PCA**（Generalized PCA），已经证明这个模型在分析图像特性时非常有效。

稀疏域模型在使局部模型更简明的方向上更深入了一步。简单起见，假设所有局部子空间维数都是 k，在具有 m 列的字典 $\boldsymbol{A}$ 中使用势为 k 的稀疏表示，这样我们要处理 $\binom{m}{k}$ 个子空间，只需要在所有可能的支撑集上允许 k–稀疏表示即可。利用这种方法，字典保存了为表示 $\mathbf{R}^n$ 中任何位置的信号所需的所有关键方向，同时也使得大量的概率成为可能，因此十分有效。然而，很明显的，它的代价是，由于字典中的原子被假设在很多的子空间中都是主方向，因此进一步约束了模型的结构。

为了完善上述表述，我们需要提到另外一种从样本集 $\mathcal{Y}$ 的可用性中受益的方法。给定 $\boldsymbol{y}_0$ 的带噪形式，记为 $\boldsymbol{y}$，有 $\|\boldsymbol{y}-\boldsymbol{y}_0\|_2 \leqslant \delta_0$，我们可以很简单地在 $\mathcal{Y}$ 中搜索 $\boldsymbol{y}$ 的最近邻，并把它作为去噪的结果。这种直接基于样本的技术很诱人，但只有在 $\mathcal{Y}$ 中的采样非常密集的严格假设下才能成功，这样才能保证得到干净信号 $\boldsymbol{y}_0$ 或非常接近的信号。

这个方法可以被认为是信号 $\boldsymbol{y}$ 的极端稀疏表示模型，此时 δ –邻域是它的局部（且变化的）字典，同时只允许用一个原子，且其系数为 1 的方法来表示它。

或者，可以在 $\mathcal{Y}$ 中寻找 $\boldsymbol{y}$ 的 K–最近邻信号，并将其平均。这跟前面仿射模型中用来作为估计中心的向量 $\boldsymbol{c}$ 很像，并且这个结果要比局部–PCA 方法差。因此，这些参数化模型，例如聚类-局部 PCA 和**稀疏域**，带来的好处，就是能让我们使用最合理的样本集，并对局部特征进行可靠的估计。

9.4 稀疏生成信号的处理

我们怎么实现**稀疏域**信号的处理呢？假设有一个由模型 $\mathcal{M}(\boldsymbol{A},k_0,\alpha,\epsilon)$ 产生的信号 $\boldsymbol{y}$，且模型的参数已知。现在有很多感兴趣的信号处理任务；下面就来讨论它们，看看在其中如何使用稀疏搜索的表示方法。

（1）分析：给定 $\boldsymbol{y}$，我们能确定生成它的向量 $\boldsymbol{x}_0$ 吗？这个过程也许可叫做**原子-分解**，因为它可以让我们推断那些实际生成 $\boldsymbol{y}$ 的具体原子。很清楚的是，真实的表示应满足 $\|\boldsymbol{A}\boldsymbol{x}_0-\boldsymbol{y}\|_2 \leqslant \epsilon$，但是还会有很多其他的向量 $\boldsymbol{x}$，同样能产生非常逼近 $\boldsymbol{y}$ 的信号。假设我们能解决如下的 (P_0) 问题

$$(P_0^\epsilon):\quad \min_{\boldsymbol{x}}\|\boldsymbol{x}\|_0 \quad \text{s. t.} \quad \|\boldsymbol{y}-\boldsymbol{A}\boldsymbol{x}\|_2 \leqslant \epsilon$$

在假设之下，这个问题的解 $\boldsymbol{x}_0^\epsilon$，即使不是必然的解 $\boldsymbol{x}_0$，那么也会是稀疏的，具有 k_0 个或者更少的非零项。前面章节的结论可以证明，如果 k_0 足够小，那么 (P_0) 解到 $\boldsymbol{x}_0$ 的距离最多只有 $O(\epsilon)$。

（2）**压缩**：$\boldsymbol{y}$ 在名义上要求用 n 个值来描述，然而，如果我们能在 $\delta \geqslant \epsilon$ 的情况下解决 (P_0^δ) 问题，那么解 $\boldsymbol{x}_0^\delta$ 可以只使用最多 $2k_0$ 个标量就给出 $\boldsymbol{y}$ 的逼近 $\hat{\boldsymbol{y}} = \boldsymbol{A}\boldsymbol{x}_0^\delta$，近似误差最大为 δ。通过增大 δ 值，可以以更少的非零项获得更大程度的压缩，当然逼近误差也会更大。采用这种方法，我们可以得到这种压缩机制的率失真曲线。

（3）**去噪**：假设观测到的不是 $\boldsymbol{y}$，而是其带噪形式 $\tilde{\boldsymbol{y}} = \boldsymbol{y} + \boldsymbol{v}$，已知噪声满足 $\|\boldsymbol{v}\|_2 \leqslant \delta$。如果能解决问题 $(P_0^{\delta+\epsilon})$，那么解 $\boldsymbol{x}_0^{\delta+\epsilon}$ 最多有 k_0 个非零项；之前的结果表明，如果 k_0 足够小，则 $\boldsymbol{x}_0^{\epsilon+\delta}$ 偏离 $\boldsymbol{x}_0$ 的距离最多为 $O(\epsilon+\delta)$。一旦找到这个解，我们就得到了干净信号的近似值 $\boldsymbol{A}\boldsymbol{x}_0^{\delta+\epsilon}$。

（4）**逆问题**：更加一般化，假设观测到的不是 $\boldsymbol{y}$，而是间接测量的带噪结果，$\tilde{\boldsymbol{y}} = \boldsymbol{H}\boldsymbol{y} + \boldsymbol{v}$。这里的线性算子 $\boldsymbol{H}$ 可以表示模糊，掩模（用于图像修补），投影，尺度缩小，或其他类型的线性退化，$\boldsymbol{v}$ 和以前一样还是噪声。如果能够解决如下问题

$$\min_{\boldsymbol{x}} \|\boldsymbol{x}\|_0 \quad \text{s. t.} \quad \|\tilde{\boldsymbol{y}} - \boldsymbol{H}\boldsymbol{A}\boldsymbol{x}\|_2 \leqslant \delta + \epsilon$$

那么可以预期能够直接确定未知信号的稀疏成分，并得到近似信号 $\boldsymbol{A}\boldsymbol{x}_0^{\delta+\epsilon}$

（5）**压缩感知（Compressed-Sensing，CS）**：对于稀疏信号来说，可以用较少的测量数来得到很好的重建——因此，对**感知过程**进行压缩要优于对感知**数据**进行压缩的传统方法。设 $\boldsymbol{P}$ 为 $j_0 \times n$ 的随机矩阵，各项是独立同分布的高斯变量，假如可以直接测量 $\boldsymbol{c} = \boldsymbol{P}\boldsymbol{y}$，得到 $j_0 \ll n$ 个测量值，而不是测量 $\boldsymbol{y}$ 得到 n 个值。可以通过求解下式恢复信号来得到稀疏表示，即

$$\min_{\boldsymbol{x}} \|\boldsymbol{x}\|_0 \quad \text{s. t.} \quad \|\boldsymbol{c} - \boldsymbol{P}\boldsymbol{A}\boldsymbol{x}\|_2 \leqslant \epsilon$$

并且可以使用 $\boldsymbol{A}\boldsymbol{x}_0$ 近似重构信号。压缩感知的结果表明，如果 $j_0 > 2k_0$，则可以以高概率成功地恢复信号。

（6）**形态成分分析（Morphological Component Analysis，MCA）**：假设观测到的信号是两个不同的子信号 $\boldsymbol{y}_1$，$\boldsymbol{y}_2$ 的叠加（即：$\boldsymbol{y} = \boldsymbol{y}_1 + \boldsymbol{y}_2$），$\boldsymbol{y}_1$ 由稀疏模型 $\mathcal{M}_1$ 生成，$\boldsymbol{y}_2$ 由稀疏模型 $\mathcal{M}_2$ 生成。我们能把这两个源分开吗？这样的源分离问题是声信号处理中的基本问题，例如采用**独立成分分析**（Independent Component Analysis，ICA）算法把语音从脉冲噪声中分离出来。返回这里的信号模型，如果能解决以下问题

$$\min_{\boldsymbol{x}_1, \boldsymbol{x}_2} \|\boldsymbol{x}_1\|_0 + \|\boldsymbol{x}_2\|_0 \quad \text{s. t.} \quad \|\boldsymbol{y} - \boldsymbol{A}_1\boldsymbol{x}_1 - \boldsymbol{A}_2\boldsymbol{x}_2\|_2^2 \leqslant \epsilon_1^2 + \epsilon_2^2$$

那么解 $(\boldsymbol{x}_1^\epsilon, \boldsymbol{x}_2^\epsilon)$ 就会为分离问题产生一个可能正确的结果 $\hat{\boldsymbol{y}}_1 = \boldsymbol{A}\boldsymbol{x}_1^\epsilon$，$\hat{\boldsymbol{y}}_2 = \boldsymbol{A}\boldsymbol{x}_2^\epsilon$。

Starck 等人采用这种想法做过一些成功的尝试，首先是在声信号处理中，然后又应用到了图像处理上。MCA 算法在图像处理中有一个引人入胜的应用，那就是图像修补，它在图像现存像素的稀疏表示基础上，对丢失的像素进行填补。MCA 在这种处理中很有必要，因为在图像恢复的过程中，分段平滑（卡通）部分和纹理内容必须分离开。

可以预想，还有更多其他的应用，包括加密、水印、置乱、目标检测、识别、特征提取等，都可以这样处理。所有这些应用都需要求解(P_0^δ)问题，或者它的某种变化形式。由于通常情况下(P_0^δ)问题并不易处理甚至定义都不是很容易，因此我们有意识的在条件模式下来描述这些应用。然而，之前有关(P_0^δ)的讨论表明，在合适的条件下，这个问题是实用的，并且可以用实际的算法近似解决。

9.5 分析信号模型与合成信号模型的对比

在此章即将结束之前，我们回到**稀疏域**模型定义的核心，并与另一个有趣的模型进行比较。**稀疏域**模型是关于信号$\boldsymbol{y}$的**生成**模型，它将信号构造为原子的线性组合，$\boldsymbol{Ax}=\boldsymbol{y}$。而另一个模型是分析模型，更符合本章开始时提到的先验，为$\boldsymbol{y}$赋予概率$P(\boldsymbol{y})$，并通过分析算子$\boldsymbol{T}$来高效地计算**分析表示$\boldsymbol{Ty}$**。

作为一个例子，考虑用**稀疏域**模型去噪。求解前面提出的$(P_0^{\epsilon+\delta})$问题以去噪

$$\hat{\boldsymbol{y}}=\boldsymbol{A}\cdot\arg\min_{\boldsymbol{x}}\|\boldsymbol{x}\|_0 \quad \text{s. t. } \|\boldsymbol{y}-\boldsymbol{Ax}\|_2\leqslant\epsilon+\delta$$

假设$\boldsymbol{A}$是方阵，并且可逆，定义$\boldsymbol{z}=\boldsymbol{Ax}$。上面的去噪过程可以重新写为等价形式

$$\hat{\boldsymbol{y}}=\boldsymbol{A}\cdot\arg\min_{\boldsymbol{z}}\|\boldsymbol{A}^{-1}\boldsymbol{z}\|_0 \quad \text{s. t. } \|\boldsymbol{y}-\boldsymbol{z}\|_2\leqslant\epsilon+\delta$$

这样，矩阵$\boldsymbol{A}^{-1}$变成了分析算子$\boldsymbol{T}$，这里得到的公式跟式（9-1）是相符的。

与这样的分析、合成公式对等价的一个经典实例是 1 维的全变分（Total-Variation，TV）分析算子和 Heaviside 合成字典。1 维全变分利用滤波器$[+1,-1]$对信号做卷积，实现对信号的简单微分。我们假定在信号的右边界上用零填补（意味着最右边的样点乘上 1）。这样可以得到$n\times n$的 Toeplitz 矩阵，主对角线包含（+1）值，紧贴主对角线右侧的第一次对角线包含着（−1）值。计算它的逆矩阵，$\boldsymbol{A}=\boldsymbol{T}^{-1}$，该矩阵就是 Heaviside 基矩阵。该矩阵的列是所有可能的n个位置上的简单阶梯函数。图 9.2 给出了这两种矩阵，大小都是100×100。

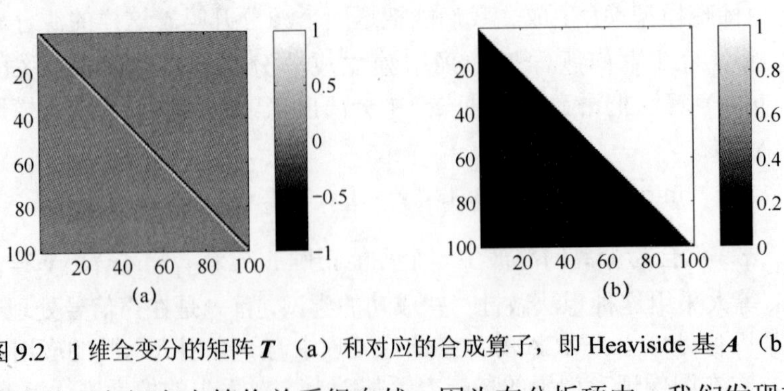

图 9.2　1 维全变分的矩阵$\boldsymbol{T}$（a）和对应的合成算子，即 Heaviside 基$\boldsymbol{A}$（b）

这两个算子之间存在等价关系很自然，因为在分析项中，我们发现在导数的绝对值总和中，分段平滑信号只占有极少的能量。而在生成方式中，这意味着这

样的一种信号是由很少的阶梯函数线性组合而成的。用这个方法，我们发现我们提出的模型可以包含人们熟知的马尔科夫随机场（Markov-Random-Field，MRF）模型，该模型已广泛地应用于信号和图像处理领域。

上述分析表明，在 $\boldsymbol{A}$ 是 $n\times m$ 的满秩矩阵（$n<m$）的一般情况下，基于分析的模型和基于合成的模型等价，在去噪应用中有如下 2 个大概等价的公式。

$$(P_{\text{Synthesis}}) \qquad \hat{\boldsymbol{y}}_s = \boldsymbol{A}\cdot\arg\min_{\boldsymbol{x}}\|\boldsymbol{x}\|_0 \quad \text{s. t.} \ \|\boldsymbol{y}-\boldsymbol{A}\boldsymbol{x}\|_2 \leqslant \epsilon+\delta$$

$$(P_{\text{Analysis}}) \qquad \hat{\boldsymbol{y}}_a = \arg\min_{\boldsymbol{z}}\|\boldsymbol{T}\boldsymbol{z}\|_0 \quad \text{s. t.} \ \|\boldsymbol{y}-\boldsymbol{z}\|_2 \leqslant \epsilon+\delta$$

其中 $\boldsymbol{A}=\boldsymbol{T}^{+}=(\boldsymbol{T}^{\mathrm{T}}\boldsymbol{T})^{-1}\boldsymbol{T}^{\mathrm{T}}$。事实上，从分析公式出发定义 $\boldsymbol{T}\boldsymbol{z}=\boldsymbol{x}$，就可以用更为简单的 $\|\boldsymbol{x}\|_0$ 来代替项 $\|\boldsymbol{T}\boldsymbol{z}\|_0$。在等式两侧乘上 $\boldsymbol{T}^{\mathrm{T}}$，得到关系式 $\boldsymbol{T}^{\mathrm{T}}\boldsymbol{T}\boldsymbol{z}=\boldsymbol{T}^{\mathrm{T}}\boldsymbol{x}$。基于前面 $\boldsymbol{A}$（$\boldsymbol{T}$ 也一样）满秩的假设，有 $\boldsymbol{z}=(\boldsymbol{T}^{\mathrm{T}}\boldsymbol{T})^{-1}\boldsymbol{T}^{\mathrm{T}}\boldsymbol{x}=\boldsymbol{A}\boldsymbol{x}$，因此，约束中的 ℓ_2-范数可以由 $\|\boldsymbol{y}-\boldsymbol{z}\|_2$ 替代为 $\|\boldsymbol{y}-\boldsymbol{A}\boldsymbol{x}\|_2$。

虽然这看上去是从分析模型到合成模型的完美转换，但是实际上中间缺少了一个关键环节。从上面得到的 2 个等式 $\boldsymbol{T}\boldsymbol{z}=\boldsymbol{x}$ 和 $\boldsymbol{z}=(\boldsymbol{T}^{\mathrm{T}}\boldsymbol{T})^{-1}\boldsymbol{T}^{\mathrm{T}}\boldsymbol{x}$ 来看，马上就可以得到关于 $\boldsymbol{x}$ 的约束，$\boldsymbol{T}(\boldsymbol{T}^{\mathrm{T}}\boldsymbol{T})^{-1}\boldsymbol{T}^{\mathrm{T}}\boldsymbol{x}=\boldsymbol{x}$。这个约束很简单，说明 $\boldsymbol{x}$ 必须在 $\boldsymbol{T}$ 的范围之内。把这个作为约束条件加在合成模型的公式中，就可以得到准确的等价表达式，另外，合成模型自由度更大，因此它最小值也可以更小（事实上，它的上界由分析公式给出）。

按照这个方式，我们看到了在一般情况下两个模型是不一样的。本章主要讨论的是合成模型，这也会是我们选用的信号处理模型的重点。然而，我们要强调，哪个模型更好的问题仍然没有定论。

9.6 总　　结

在本章中，我们提出了一个描述信号的生成模型。这个模型用 $\mathcal{M}(\boldsymbol{A},k_0,\alpha,\epsilon)$ 表示，它假设感兴趣信号由一个给定字典中的原子进行随机稀疏组合产生，同时允许存在小的扰动。我们也看到这个模型跟那些在信号和图像处理中得到广泛应用的模型，比如 MRF、全变分、PCA 和局部 PCA 等，有一定的联系。

很清楚的是，任意一个关于信号的数学模型，包括这里的**稀疏域**模型，由于不能很准确的描述信号，都会对建模信号造成损伤。然而，尽管与真实信号特性存在偏差，这些模型还是被成功的用于各种信号处理应用中。成功的原因可以解释如下。考虑一个 n 维的真实信号源，假设它的（先验）概率密度函数以 $P(\boldsymbol{y})$ 形式给出。当我们提出一个模型的时候，一般都会给出一个替代的 PDF，$\hat{P}(\boldsymbol{y})$。

完美的模型应该能够非常好的逼近这个 PDF，举例来说，也就是指 $\|P(\boldsymbol{y})-\hat{P}(\boldsymbol{y})\|$ 要非常小。那些性能稍微差些，但还是表现的不错的模型，会是那些

具有很小的加权误差$\left\|P(\boldsymbol{y})(P(\boldsymbol{y})-\hat{P}(\boldsymbol{y}))\right\|$的模型，这是指误差在信号分布的活跃区域很小，而在非活跃区域则可以变得大些。这表明这样的模型在说明信号是否发生时表现出色，而在检测信号有无时表现较差。

从不同的角度来看，假设在$\mathbf{R}^n$中被真实信号覆盖的部分是$\mu_{\text{true}} \ll 1$的部分（$P(\boldsymbol{y})$相对较高的区域）。上述稍差的模型可能在此空间中覆盖了$\mu_{\text{true}} \ll \mu_{\text{model}} \ll 1$的部分，如此一来，它就覆盖了全部的或基本上全部的真实区域，当然还有附加（错误!!）的部分。利用这样的模型来合成信号可能很不自然，因为这个模型支持的区域大部分都在信号的真实区域之外。因此，利用这样的模型来合成信号只能失败。然而，用此模型给带噪信号去噪，效果可以很好。这是因为加性噪声使得信号落在了$P(\boldsymbol{y})$很低的区域内，同时很可能在此区域$\hat{P}(\boldsymbol{y})$也很低（因为$\mu_{\text{model}} \ll 1$）。去噪对应于在$\boldsymbol{y}$的附近搜索令$\hat{P}(\boldsymbol{y})$值最大的$\hat{\boldsymbol{y}}$，因此如果这与真实概率$P(\boldsymbol{y})$的最大化是一致的话，那么它就是一个很好的去噪算法。

我们还需要进一步的研究，来验证上面这些基本的想法，并证明对于大量感兴趣的信号，这些想法都是正确的。

延伸阅读

[1] Bobin J, Moudden Y, Starck J L, et al. Morphological diversity and source separation[J]. IEEE Signal Processing Letters, 2006, 13(7) : 409–412.

[2] Bobin J, Starck J L, et al. SZ and CMB reconstruction using generalized morphological component analysis[C]//Astronomical Data Analysis ADA'06, Marseille, France, September, 2006.

[3] Buccigrossi R W, Simoncelli E P. Image compression via joint statistical characterization in the wavelet domain[J]. IEEE Trans. on Image Processing, 1999, 8(12):1688–1701.

[4] Cand`es E J, Donoho D L. Recovering edges in ill-posed inverse problems: optimality of curvelet frames[J]. The Annals of Statistics, 2000, 30(3):784–842.

[5] Cand`es EJ, Donoho D L. New tight frames of curvelets and optimal representations of objects with piecewise-C2 singularities[J]. Comm. Pure Appl. Math., 2002, 57(2):219–266.

[6] Cand`es E J, J. Romberg. Practical signal recovery from random projections[C]// Wavelet XI, Proc. SPIE Conf., 2005, 5674:76–86.

[7] Cand`es E J, Romberg J, Tao T. Robust uncertainty principles: exact signal reconstruction from highly incomplete frequency information[J]. IEEE Trans. On Information Theory, 2006, 52(2):489–509.

[8] Cand`es E, Romberg J, Tao T. Stable signal recovery from incomplete and inaccurate measurements[J]. Communications on Pure and Applied Mathematics, 2006, 59(8):1207–1233.

[9] Cand`es E J, Tao T. Decoding by linear programming[J]. IEEE Trans. on Information Theory, 2005, 51(12):4203–4215.

[10] Chandrasekaran V, Wakin M, Baron D, Baraniuk R. Surflets: a sparse representation for multidimensional functions containing smooth discontinuities[C]// IEEE Symposium on Information Theory, Chicago, IL, 2004.

[11] Chen S S, Donoho D L, Saunders M A. Atomic decomposition by basis pursuit[J]. SIAM Journal on Scientific Computing, 1998, 20(1):33–61.

[12] Chen S S, Donoho D L, Saunders M A. Atomic decomposition by basis pursuit[J]. SIAM Review, 2001, 43(1):129–159.

[13] Coifman R, Donoho D L. Translation-invariant denoising[M]// Wavelets and Statistics, Lecture Notes in Statistics, Vol. 103. 1995:120–150.

[14] Coifman R R, Meyer Y, et al. Signal processing and compression with wavelet packets[M]// Progress in wavelet analysis and applications, Toulouse, 1992:77–93.

[15] Coifman R R, Wickerhauser M V, Adapted waveform analysis as a tool for modeling, feature extraction, and denoising[J]. Optical Engineering, 1994, 33(7):2170–2174.

[16] DeVore R A, Jawerth B, Lucier B J. Image compression through wavelet transform coding[J]. IEEE Trans. Information Theory, 1992, 38(2):719–746.

[17] Do M N, Vetterli M. The finite ridgelet transform for image representation[J]. IEEE Trans. on Image Processing, 2003, 12(1):16–28.

[18] Do M N, Vetterli M. Framing pyramids[J]. IEEE Trans. on Signal Processing, 2003, 51(9):2329–2342.

[19] Do M N, Vetterli M. The contourlet transform: an efficient directional multiresolution image representation[J]. IEEE Trans. Image on Image Processing, 2005, 14(12):2091–2106.

[20] Donoho D L. Compressed sensing[J]. IEEE Trans. on Information Theory, 2006, 52(4):1289–1306.

[21] Donoho D L. De-noising by soft thresholding[J]. IEEE Trans. on Information Theory, 1995, 41(3):613–627.

[22] Donoho D L. For most large underdetermined systems of linear equations, the minimal `1-norm solution is also the sparsest solution[J]. Communications on Pure and Applied Mathematics, 2006, 59(6):797–829.

[23] Donoho D L. For most large underdetermined systems of linear equations, the minimal `1-norm near-solution approximates the sparsest near-solution[J]. Communications on Pure and Applied Mathematics, 2006, 59(7):907–934.

[24] Donoho D L, Tsaig Y. Extensions of compressed sensing[J]. Signal Processing, 2006, 86(3):549–571.

[25] Elad M, Matalon B, Zibulevsky M. Image denoising with shrinkage and redundant representations[C]// CVPR 2006-IEEE Conference on Computer Vision and Pattern Recognition, NY, June 17-22, 2006.

[26] Elad M, Starck J L, et al. Simultaneous cartoon and texture image inpainting using morphological component analysis (MCA)[J]. Journal on Applied and Comp. Harmonic Analysis, 2005, 19(3):340–358.

[27] Eslami R, Radha H. The contourlet transform for image de-noising using cycle spinning[C]// Proceedings of Asilomar Conference on Signals, Systems, and Computers, November 2003. 2003: 1982-1986

[28] Eslami R, Radha H. Translation-invariant contourlet transform and its application to image denoising[J]. IEEE Trans. on Image Processing, 2006, 15(11):3362–3374.

[29] Guleryuz O G. Nonlinear approximation based image recovery using adaptive sparse reconstructions and iterated denoising - Part I: Theory[J]. IEEE Trans. On Image Processing, 2006, 15(3):539–554.

[30] Guleryuz O G. Nonlinear approximation based image recovery using adaptive sparse reconstructions and iterated denoising - Part II: Adaptive algorithms[J]. IEEE Trans. on Image Processing, 2006, 15(3):555–571.

[31] Hong W, Wright J, Huang K, Ma Y. Multi-scale hybrid linear models for lossy image representation[J]. IEEE Transactions on Image Processing, 2006, 15(12):3655–3671.

[32] Jain A K. Fundamentals of Digital Image Processing[M]. Englewood Cliffs, NJ: Prentice-Hall, 1989.

[33] Jansen M. Noise Reduction by Wavelet Thresholding[M]. New York : Springer-Verlag, 2001.

[34] Kidron E, Schechner Y Y, Elad M. Cross-modality localization via sparsity[J]. IEEE Trans. on Signal Processing, 2007, 55(4):1390-1404.

[35] Lang M, Guo H, Odegard J E. Noise reduction using undecimated discrete wavelet transform[J]. IEEE Signal Processing Letters, 1996, 3(1):10–12.

[36] Lustig M, Donoho D L, Pauly J M. Sparse MRI: The application of compressed sensing for rapid MR imaging[J]. submitted to Magnetic Resonance in Medicine.2007 ,58(6): 1182-1195.

[37] Lustig M, Santos J M, et al. k-t SPARSE: High frame rate dynamic MRI exploiting spatio-temporal sparsity[C] //Proceedings of the 13th Annual Meeting of ISMRM, Seattle, 2006.

[38] Ma Y, Yang A, et al. Estimation of subspace arrangements with applications in modeling and segmenting mixed data[J]. SIAM Review, 2008, 50(3):413–458.

[39] Malioutov D M, Cetin M, Willsky A S. Sparse signal reconstruction perspective for source localization with sensor arrays[J]. IEEE Trans. on Signal Processing, 2005, 53(8):3010–3022.

[40] Meyer F G, Averbuch A, Stromberg J O. Fast adaptive wavelet packet image compression[J]. IEEE Trans. on Image Processing, 2000, 9(5):792–800.

[41] Meyer F, Averbuch A, Coifman R. Multilayered image representation: Application to image compression[J]. IEEE Trans. on Image Processing, 2002, 11(9):1072–1080.

[42] Meyer F G, Coifman R R. Brushlets: a tool for directional image analysis and image compression[J]. Applied and Computational Harmonic Analysis, 1997, 4(2):147–187.

[43] Moulin P, Liu J. Analysis of multiresolution image denoising schemes using generalized Gaussian and complexity priors[J]. IEEE Trans. on Information Theory, 1999, 45(3):909–919.

[44] Peyr′e G. Sparse modeling of textures[J]. Journal of Mathematical Imaging and Vision, 2009, 34(1):17-31.

[45] Peyr′e G. Manifold models for signals and images[J]. Computer Vision and Image Understanding, 2009, 113(2):249–260.

[46] Portilla J, Strela V, et al. Image denoising using scale mixtures of gaussians in the wavelet domain[J]. IEEE Trans. on Image Processing, 2003, 12(11):1338–1351.

[47] Rudin L, Osher S, Fatemi E. Nonlinear total variation based noise removal algorithms[J]. Physica D, 1992, 60(1-4):259–268.

[48] Simoncelli E P, Adelson E H. Noise removal via Bayesian wavelet coring[C]// Proceedings of the International Conference on Image Processing, Laussanne, Switzerland. September 1996. 1996, Vol. 1: 379-382.

[49] Simoncelli E P, Freeman W T, et al. Shiftable multiscale transforms[J]. IEEE Trans. on Information Theory, 1992, 38(2):587–607.

[50] Starck J L, Cand`es E J, Donoho D L. The curvelet transform for image denoising[J]. IEEE Trans. on Image Processing, 2002, 11(6):670–684.

[51] Starck J L, Elad M, Donoho D L. Redundant multiscale transforms and their application for morphological component analysis[J]. Journal of Advances in Imaging and Electron Physics, 2004, 132:287–348.

[52] Starck J L, Elad M, Donoho D L. Image decomposition via the combination of sparse representations and a variational approach[J]. IEEE Trans. on Image Processing, 2005, 14(10):1570–1582.

[53] Starck J L, Fadili M A, Murtagh F. The undecimated wavelet decomposition and its reconstruction[J]. IEEE

Transactions on Image Processing, 2007, 16(2):297–309.
[54] Taubman D S, Marcellin M W. JPEG 2000: Image Compression Fundamentals, Standards and Practice[S]. Norwell, MA, USA, Kluwer Academic Publishers, 2001.
[55] Tropp J A, Gilbert A A. Signal recovery from random measurements via orthogonal matching pursuit[J], IEEE Transactions on Information Theory, 2007, 53(12): 4655-4666.
[56] Vidal R, Ma Y, Sastry S. Generalized principal component analysis (GPCA)[J]. IEEE Transactions on Pattern Analysis and Machine Intelligence, 2005, 27(12):1945–1959.
[57] Zibulevsky M, Pearlmutter B A. Blind source separation by sparse decomposition in a signal dictionary[J]. Neural Computation, 2001, 13(4):863–882.

第10章 图像锐化——专题研究

本章我们介绍**稀疏域**模型在图像锐化中的应用，以说明上述模型和算法的适用性。我们将看到，在模型没有任何改变的情况下，只使用它的基本原理，就能够高效地解决这个长期研究的问题。本章内容紧扣 M. A. T. Figueiredo 和 R. D. Nowak 在 ICIP 2005 上发表的论文，以及后来 M. Elad，B. Matalon 和 M. Zibulevsky（2007）所发表的论文。虽然最近一些研究成果的性能有所改进，但本章介绍的内容依然具有吸引力，因为它比较简单，而且也能得到接近最好的结果。

10.1 问题描述

假设原始图像 $\boldsymbol{y}$ 的大小为 $\sqrt{n}\times\sqrt{n}$ 个像素（这里 $\sqrt{n}=256$），经过一个**已知的**空间不变的线性模糊算子 $\boldsymbol{H}$，同时带有均值为零、方差**已知**为 σ^2 的高斯噪声。这样，我们得到了一幅同样大小的模糊加噪图像，$\tilde{\boldsymbol{y}}=\boldsymbol{H}\boldsymbol{y}+\boldsymbol{v}$。我们假设 $\boldsymbol{y}$ 可以用一个**已知的**字典 $\boldsymbol{A}$ 和一个稀疏向量 $\boldsymbol{x}$ 表示为 $\boldsymbol{A}\boldsymbol{x}$，在此假设下我们的目标是恢复 $\boldsymbol{y}$。如我们在第6章和第9章所见，这个问题可以变为如下的最小化问题

$$\hat{\boldsymbol{x}}=\arg\min_{\boldsymbol{x}}\frac{1}{2}\|\tilde{\boldsymbol{y}}-\boldsymbol{H}\boldsymbol{A}\boldsymbol{x}\|_2^2+\lambda\cdot\mathbf{1}^{\mathrm{T}}\cdot\rho(\boldsymbol{x}) \tag{10-1}$$

式中 $\rho(\boldsymbol{x})$ 是分别定义在 $\boldsymbol{x}$ 各项上的算子。其常用的选择是 $\rho(x)=|x|^p$，$p\leqslant 1$，这样就可以得到 ℓ_p-范数，当然也存在许多其他选择。恢复图像由 $\hat{\boldsymbol{y}}=\boldsymbol{A}\hat{\boldsymbol{x}}$ 得到，我们的目标是在均方误差（mean-squared-error，MSE）准则下得到尽可能接近原始图像的结果。在下面一系列的合成实验中，我们从原始图像开始，对其进行恶化处理，然后恢复 $\hat{\boldsymbol{y}}$，并计算均方误差。

这里的恢复技术跟全变分（Total-Variation，TV）图像恢复有相似之处，TV 方法中需要最小化的惩罚函数由下式给出，即

$$\hat{\boldsymbol{y}}=\arg\min_{\boldsymbol{y}}\frac{1}{2}\|\tilde{\boldsymbol{y}}-\boldsymbol{H}\boldsymbol{y}\|_2^2+\lambda\cdot\mathbf{1}^{\mathrm{T}}\cdot\rho_{\mathrm{TV}}(\boldsymbol{y}) \tag{10-2}$$

式中 $\rho_{\mathrm{TV}}(\boldsymbol{y})$ 项按下式计算每个像素的局部（离散）二维梯度幅度值（长度）（h 和 v 表示水平和垂直方向），并将其排列成一个长度为 $\boldsymbol{n}$ 的列向量。

$$\sqrt{\left(\partial\boldsymbol{y}(h,v)/\partial h\right)^2+\left(\partial\boldsymbol{y}(h,v)/\partial v\right)^2}$$

根据我们在第9章中的定义，既然未知的是图像本身，而不是图像的表示，

那么这就是一个基于分析的逆问题。我们已经看到，在一维情况下，分析形式中的一阶微分与合成形式中的 Heaviside 基相对应。由于这里处理的是二维图像，上述关系将不再成立。然而，我们可以将 TV 中的惩罚项 $\mathbf{1}^{\mathrm{T}} \cdot \rho_{\mathrm{TV}}(\boldsymbol{y})$ 换成一个近似版本，它计算 $0°, 45°, 90°$ 和 $135°$ 共 4 个方向上的一阶微分，并且对它们的绝对值进行适当的加权求和，即为

$$\left\|\partial \boldsymbol{y} / \partial d_0\right\|_1 + \frac{1}{\sqrt{2}}\left\|\partial \boldsymbol{y} / \partial d_{45}\right\|_1 + \left\|\partial \boldsymbol{y} / \partial d_{90}\right\|_1 + \frac{1}{\sqrt{2}}\left\|\partial \boldsymbol{y} / \partial d_{135}\right\|_1,$$

这个惩罚项可以写为 $\|\boldsymbol{T y}\|_1$，$\boldsymbol{T}$ 为 $4n \times n$ 的矩阵，其中包含了 4 个微分运算。这个方案具有精确的分析结构，利用它我们可以考察相应的合成方案。我们注意到尽管算子 $\boldsymbol{T}$ 接近旋转不变，但它本质上并不是多尺度的，也就是说，所有的微分都在同一尺度上。这个方案需要跟我们将要介绍的小波方案进行对比。

10.2 字　　典

为了从式（10-1）推导出图像锐化的实用算法，我们必须具体说明字典 $\boldsymbol{A}$，这样才能得到图像内容的稀疏表示模型。采用 Figueiredo 等人的方法，我们使用变换不变（非抽样的）小波变换，该小波变换使用 Db2 滤波器（Haar 小波基），包含 2 层分辨率，这样可以得到 7:1 的冗余因子。

对图像分别采用核函数为 $[+1, +1]/2$ 和 $[+1, -1]/2$ 的二维滤波器进行水平滤波，然后对 2 个输出利用同样的滤波器进行垂直滤波，就可以实现所选的 Haar 小波变换。这样就得到 4 幅输出图像，大小与输入图像一样。之后再对经过低通-低通处理的图像（即两个方向都经过 $[+1, +1]/2$ 核函数滤波的图像）进行相同的处理，这样总共可以得到 7 幅大小为 $\sqrt{n} \times \sqrt{n}$ 的输出图像。按照我们的定义，整个过程可以表示为乘法 $\boldsymbol{A}^{\mathrm{T}} \boldsymbol{y}$。图 10.1 给出了整个滤波过程。图 10.2 是将这些滤波图像还原成原始图像的相反操作，也就是计算 $\boldsymbol{A x}$ 的过程。图 10.3 给出的是用传统的小波表示得到的 7 个不同频带，然而它与这里描述的归一化 Haar 小波不同，我们这里每个频带都给出了同样大小的图像。

这个字典还远不是图像稀疏表示的最优选择，如果使用一个更适当的字典，也许能获得更好的结果。这样的变换可以在 Wavelab 工具箱中找到，这个工具箱是 Rice 大学开发的一个小波工具箱，当然还有其他一些公开的小波包可以使用。

对这种冗余情况，通过 Haar 逆变换就可以完成 $\boldsymbol{A x}$ 运算。由于这个变换表示一个紧框架（即 $\boldsymbol{A A}^{\mathrm{T}} = \boldsymbol{I}$），那么伴随阵和（伪）逆矩阵是一样的[①]。这个伴随阵的运算允许滤波内插，它与运算 $\boldsymbol{A}^{\mathrm{T}} \boldsymbol{y}$ 很像，但这里我们不会详细讨论它。

[①] 通过计算两个随机向量 $\boldsymbol{v}, \boldsymbol{u}$ 前向变换之间的内积 $\langle \boldsymbol{A}^{\mathrm{T}} \boldsymbol{v}, \boldsymbol{A}^{\mathrm{T}} \boldsymbol{u} \rangle$，可以验证逆变换就是伴随（转置）矩阵，并能验证它和 $\boldsymbol{v}^{\mathrm{T}} \boldsymbol{u}$ 是一致的。只要几个测试都能精确相等就可以充分说明这个结论。

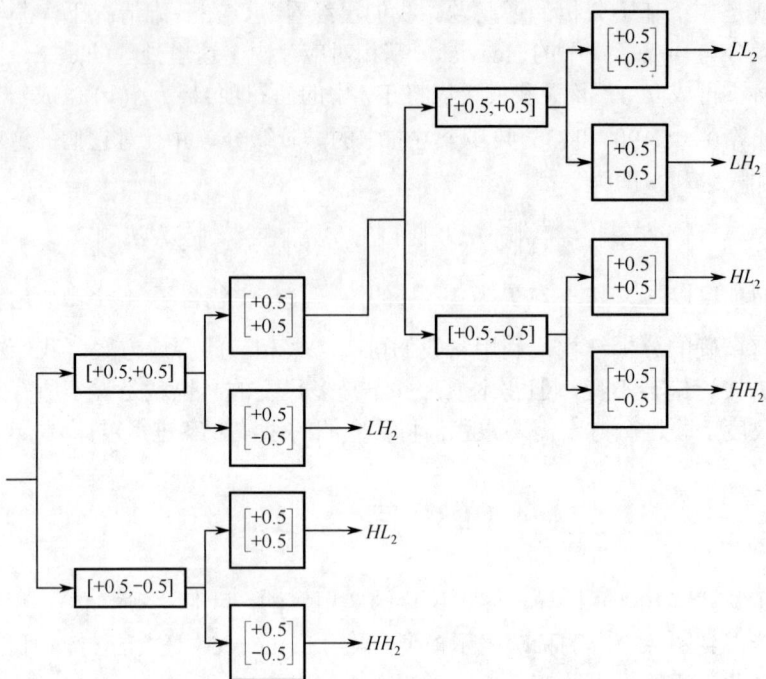

图 10.1　计算 $A^{\mathrm{T}}y$ 的前向滤波过程

图 10.2　计算 Ax 的逆滤波过程

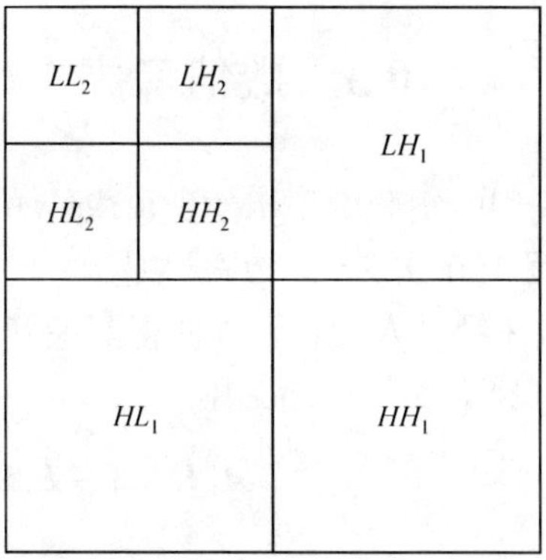

图 10.3　2 层分辨率的 Haar 小波得到的 7 个通带。图示情况符合一元的 Haar 小波，在实现过程中，每个通带都得到（跟原始图像）一样大小的图像

对向量 $\boldsymbol{x}=\boldsymbol{e}_i$（即只有第 i 项等于 1，其他的项均为 0）计算逆变换，可以得到 $\boldsymbol{A}$ 的第 i 列，这个计算过程可以用于字典原子的可视化。图 10.4 给出了从 2800 个原子中随机抽取的 20 个这样的原子，这 2800 个原子以相同的冗余因子来表示 20×20 个像素大小的图像。

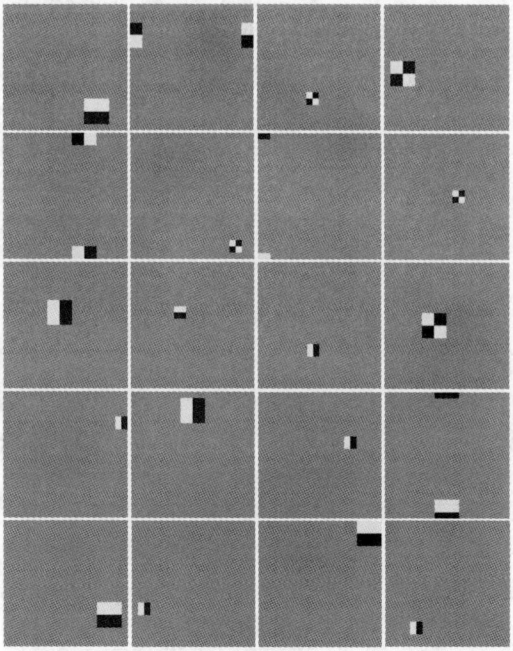

图 10.4　从一个大小为 400×2800 的字典中随机抽取的 20 个原子，用于表示大小为 20×20 像素的图像。这些原子是 2 层分辨率变换不变的 Haar 小波变换。在这些原子中可以看到水平、垂直或组合方向上的导数，以及两种不同尺寸的支撑集，还可以看到在表示变换的低通-低通部分时，这些原子在支撑集上是常数

10.3 数值考虑

为完成锐化任务，我们的实验中采用的数值求解方法是第 6 章介绍的 SSF 和 PCD 方法，每个方法采用 100 次迭代，实验中也比较了使用或不使用线性搜索或 SESOP 加速的结果。参数 λ 经过人工设置以便得到最好结果。Figueiredo 和 Nowak 最初使用的方法是简单的 SSF，由下式给出

$$x_{k+1} = S_{\rho,\lambda/c}\left(x_k + \frac{1}{c}A^{\mathrm{T}}H^{\mathrm{T}}(\tilde{y} - HAx_k)\right) \tag{10-3}$$

式中 $c=1$，因为 $\|HA\|_2^2 = 1$。

在实验中，我们使用 $\rho(x) = |x| - s\log(1+|x|/s)$，对于 $s>0$ 却很小的情况（我们实验中 $s=0.01$），它近似为 ℓ_1-范数。图 10.5 给出了参数 s 取不同大小时函数 $\rho(x)$ 的曲线。不同于直观印象，该函数是处处平滑的凸函数，它的导数证明了这一点

$$\frac{\mathrm{d}\rho(x)}{\mathrm{d}x} = \frac{|x|\,\mathrm{sign}(x)}{s+|x|}, \quad \frac{\mathrm{d}^2\rho(x)}{\mathrm{d}x^2} = \frac{s}{(s+|x|)^2}$$

选择这种形式的 ρ，有一个很大优点，就是它可以为收缩步骤给出闭合形式的解析表达式。来看下面的函数

$$f(x) = \frac{(x-x_0)^2}{2} + \lambda\rho(x) \tag{10-4}$$

通过下式可以获得最小值

$$0 = \frac{\mathrm{d}f(x)}{\mathrm{d}x} = x - x_0 + \lambda\frac{|x|\,\mathrm{sign}(x)}{s+|x|} \tag{10-5}$$

假设 $x_0 \geqslant 0$，这必然意味着上面方程的解 x_{opt} 也是非负值。这是因为式（10-4）中的第 1 项 $((x-x_0)^2/2)$ 更倾向于正值，而第 2 项 $(\lambda\rho(x))$ 对符号影响不大。因此，我们要处理的等式是

$$0 = \frac{\mathrm{d}f(x)}{\mathrm{d}x} = x - x_0 + \lambda\frac{x}{s+x} = \frac{(x+s)(x-x_0)+\lambda x}{s+x} \tag{10-6}$$

上式的解为（忽略负值）

$$x_{\mathrm{opt}} = \frac{(x_0 - s - \lambda) + \sqrt{(s+\lambda-x_0)^2 + 4sx_0}}{2} \tag{10-7}$$

很自然地，当 $x_0 < 0$ 时，将曲线进行变号处理，再进行镜像，也可以得到同样的公式。$\lambda=1$ 时的解析收缩规则如图 10.6 所示，其中参数 s 的取值和图 10.5 中的一样。我们可以看到，当 s 越变越小时，我们会得到一个软阈值函数。

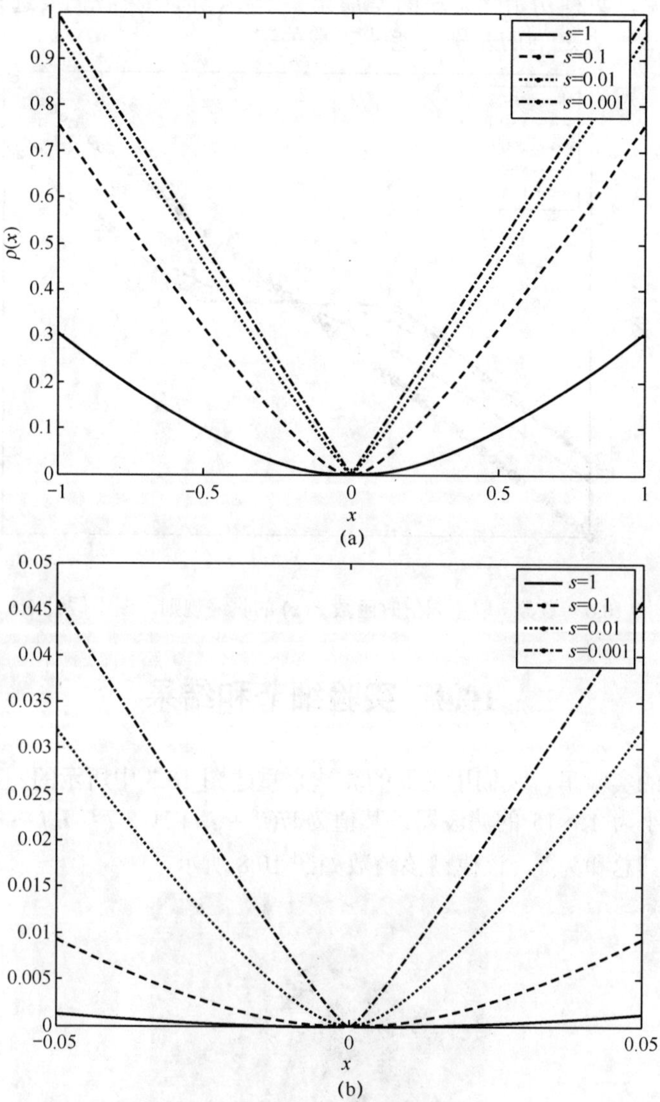

图 10.5　参数 s 取不同值时的函数 $\rho(x)$ 。图（a）给出了一般结构，

图（b）给出了在原点附近的放大图

使用上述平滑的 ℓ_1-范数表达式还有一个好处，就是能够在每次迭代都要用到的线性搜索（或 SESOP 优化）中应用牛顿优化。

Figueiredo 和 Nowak 的研究工作在选择函数 ρ 时有所不同，他们考虑采用 p=0.7 的 ℓ_p-范数，或者一个叫做 Jeffrey 无先验信息的表示。两种研究方法的另一个不同之处是初始化：我们的初始化值为 $\boldsymbol{x}_0=\mathbf{0}$，而 Figueiredo 等人则提出了一个性能更好的初始化方法，该方法基于自适应 Wiener 复原。对于我们所用的这个凸惩罚函数来说，两种初始化方法的差别无关紧要，但如果我们要选择一个非凸函数 $\rho(x)$，那么两者之间的差别可能就非常关键了。

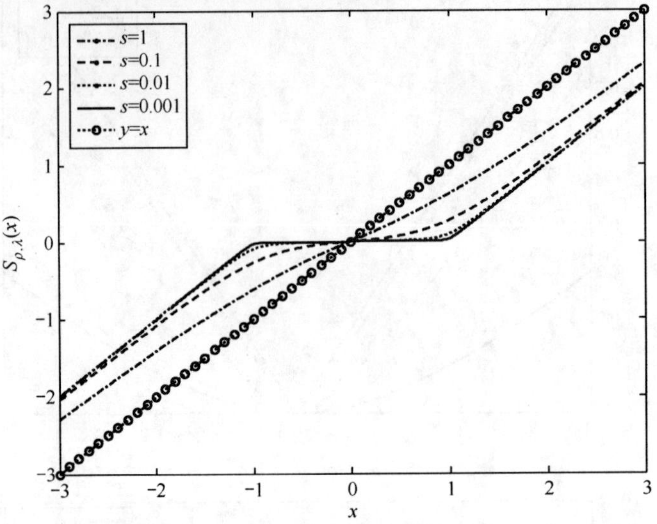

图 10.6　参数 s 取不同值时函数 $\rho(x)$ 的收缩规则，图中假设 $\lambda = 1$

10.4　实验细节和结果

接下来的实验里，我们用上面的算法来重建图 10.7 中所示的图像。假设模糊核函数是大小为 15×15 的滤波器，其值为 $1/(i^2 + j^2 + 1)$ ($-7 \leqslant i, j \leqslant 7$)，滤波器的值归一化后其总和为 1。该模糊核函数如图 10.8 所示。

图 10.7　cameraman 原始图像，基于它进行重建实验

首先我们给出了 $\sigma^2 = 2(\lambda = 0.075)$ 时的图像去模糊性能。图 10.9 比较了 SSF（简单实现，线性搜索，SESOP-5 加速）和 PCD（常规方法，SESOP-5 加速）的性能。图中绘制了性能参数作为迭代次数的函数曲线。跟第 6 章得到的结论相同，可以很清楚地看到：①线性搜索对 SSF 很有帮助；②SESOP 加速有助于提升 SSF 和 PCD 的速度；③PCD-SESOP-5 收敛速度最快。

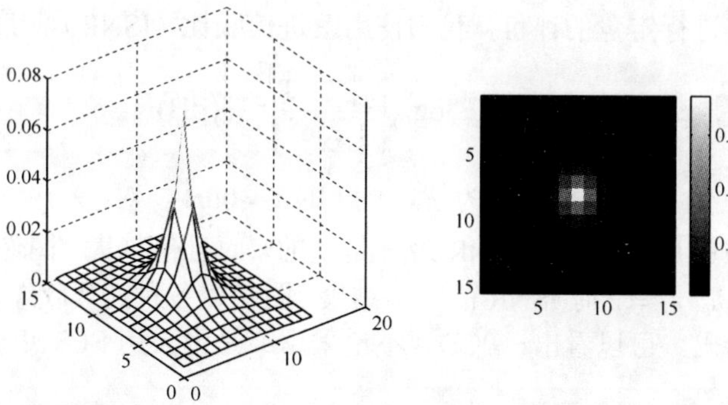

图 10.8 使用的模糊核函数，即大小为15×15的滤波器，其值为$1/(i^2+j^2+1)(-7 \leqslant i,j \leqslant 7)$，归一化后总和为 1。模糊函数同时以网状图和图像两种形式显示

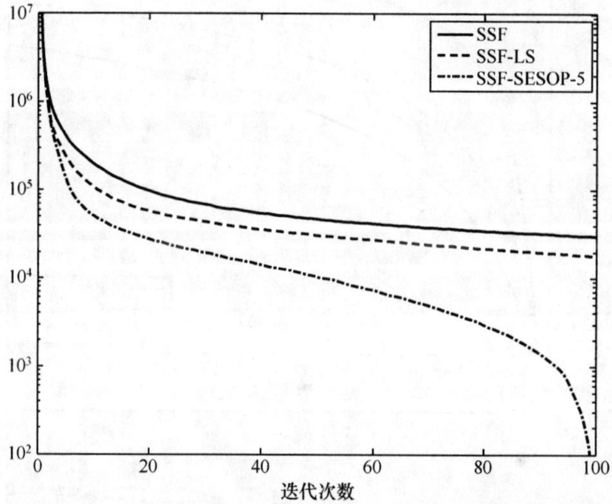

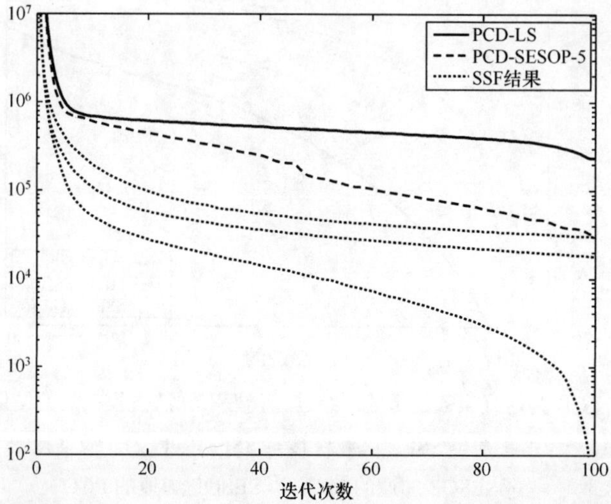

图 10.9 式（10.1）中的惩罚函数与迭代次数之间的函数关系。各图对应几种迭代收缩算法：①简单 SSF；②线性搜索 SSF；③PCD（线性搜索）；④SESOP 加速的 SSF；⑤SESOP 加速的 PCD

为了对结果进行定量的评价，我们使用改进信噪比（ISNR）测度，定义如下：

$$\mathrm{ISNR} = 10 \cdot \log_{10}\left(\frac{\|\boldsymbol{y}-\tilde{\boldsymbol{y}}\|_2^2}{\|\boldsymbol{A}\hat{\boldsymbol{x}}-\boldsymbol{y}\|_2^2}\right)(\mathrm{dB}) \tag{10-8}$$

按照这个方法，如果我们把 $\tilde{\boldsymbol{y}}$ 作为解，则 $\mathrm{ISNR}=0\mathrm{dB}$ 。对于一个重建的图像，如果要得到更好的质量，那么 ISNR 最好是正的，而且值越大，图像的质量越好。图 10.10 给出的是 $\sigma^2=2$ 时 ISNR 的实验结果，图中以各种迭代收缩算法中迭代次数的函数形式给出。可以看出，PCD（不论采用或是没采用 SESOP 加速）总能最快地得到最优质量[①]。

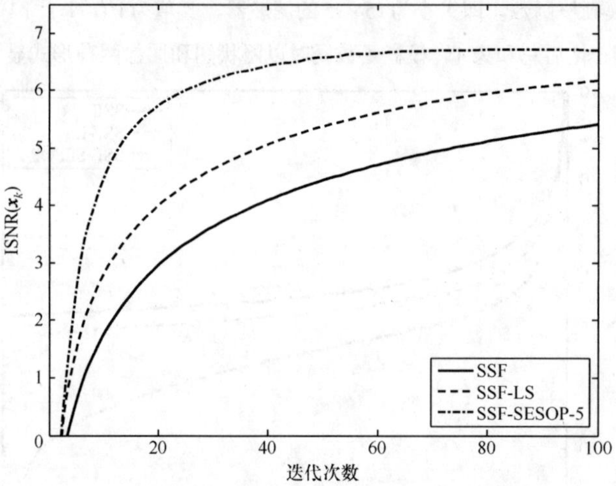

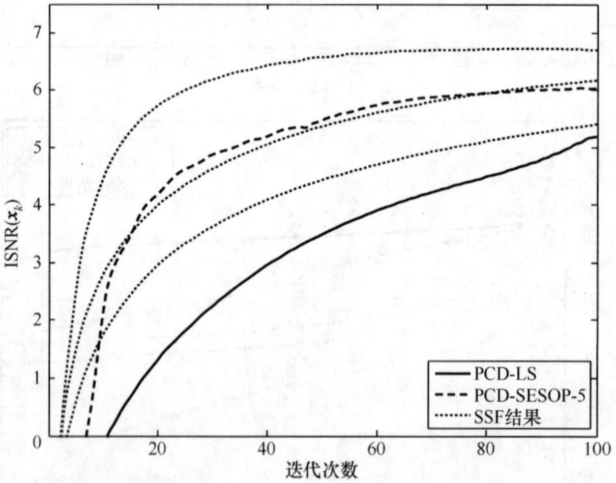

图 10.10　ISNR 作为迭代次数的函数，经过迭代搜索算法去模糊后的结果，各图对应的算法为：①简单 SSF；②线性搜索 SSF；③PCD（线性搜索）；④SESOP 加速的 SSF；⑤SESOP 加速的 PCD

① 有很多方法可以基于 SURE 估计器，在这些算法到达 ISNR 峰值时，使它们停止。

图 10.11 显示的是使用 PCD 算法经过 30 次迭代得到的重建图像。图 10.12 是同样情况下 $\sigma^2=8$ 时的结果（为了得到最优 ISNR，我们选择 $\lambda=0.15$）。可以看到，虽然使用的是如此简单粗陋的算法，依然可以获得很好的重建效果。

（a）　　　　　　　　　　　　　　　　（b）

图 10.11　经过 30 次迭代之后 PCD 算法的结果；模糊带噪图像（a），重建图像（b）。此结果对应的 $\sigma^2=2$（得到的 ISNR = 7.05dB）

（a）　　　　　　　　　　　　　　　　（b）

图 10.12　经过 30 次迭代之后 PCD 算法的结果；模糊带噪图像（a），重建图像（b）。此结果对应的 $\sigma^2=8$（得到的 ISNR = 5.17dB）

作为一个棘手的问题，在总结本章内容之前，请读者们看看以下这个奇怪现象。由于我们要对本章提出的惩罚函数进行最小化，$f(\boldsymbol{x})=0.5\|\boldsymbol{A}\boldsymbol{x}-\boldsymbol{y}\|_2^2+\lambda\cdot\mathbf{1}^{\mathrm{T}}\cdot\rho(\boldsymbol{x})$，我们的目标还是恢复重建图像的稀疏表示 $\boldsymbol{x}$。正因如此，我们希望这个向量是稀疏的，这样才能满足**稀疏域**模型的假设。很自然的，我们想问：得到解时，这个向量有多稀疏？图 10.13 显示了 $\boldsymbol{x}$ 中各项绝对值的排序结果。可以看到，结果根本就不稀疏！

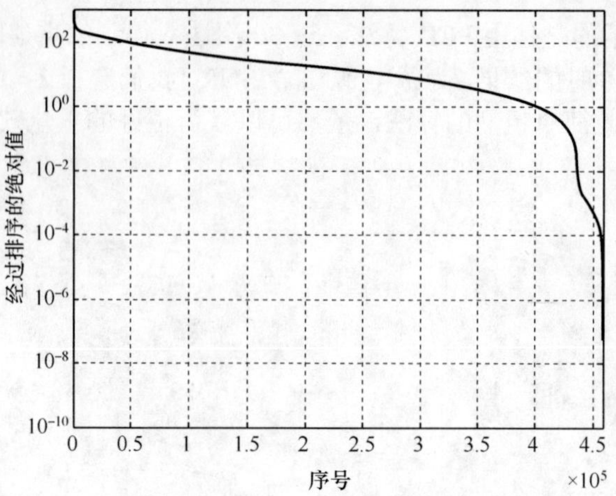

图 10.13　经过 30 次迭代后 PCD 算法的结果，按各元素绝对值排序的形式给出。可以看到，结果根本不稀疏!!

得到这个结果的原因很清楚，主要就在于 λ 的选择，它使得惩罚函数的第二项无足轻重，才导致了非稀疏解的出现。我们前面曾说过，为了得到最好的 ISNR 结果（或者是最小的均方误差——两者是相互关联的），λ 的选择需要深思熟虑。我们会问：为什么表现最好的 λ 会得到一个稠密的结果，这与我们之前费力描述的**稀疏域**模型不是矛盾吗？在第 11 章里将对这个问题给出一个有趣的答案，那时我们将考虑采用一个清晰明了的方法来计算**稀疏域**模型中（均方误差准则下）的最佳 $\boldsymbol{x}$ 估计。

10.5 总　　结

直接用第 9 章的**稀疏域**模型来解决图像锐化问题看上去是个很成功的应用。这是稀疏域模型实际应用到图像处理任务中的第一份证明。之所以特别选择从这个问题开始我们的应用之旅，是因为我们从第 9 章的核心思想转移到这类逆问题的实际求解时，思路非常单纯和直接。

还有一些更好的图像锐化算法，其中一个是 Dabov 等人提出的基于 BM3D 的算法。有趣的是，虽然它也是基于**稀疏域**模型的，却跟我们这里的方法大相径庭。这个方法建立在图像块上，根据图像内容进行协作处理。我们将会在后面的章节里，再回到这个主题，讨论基于图像块的稀疏方法并着重讨论 BM3D。

本章还重温了第 6 章提出的迭代收缩算法问题。我们又一次看到了 SSF 和 PCD 以及他们加速版本的表现。这里我们概括的结论表明，经过 10～20 次迭代，每次计算矩阵 $\boldsymbol{A}$ 和其伴随矩阵的乘积，就可以得到想要的结果。这里有一个事实会使这一结论黯然失色，即我们观察到输出并没有任何稀疏的趋势。这和**稀疏域**模型矛盾吗？请看后面的第 11 章，那里将会给出一个有趣和令人惊讶的回答。

延伸阅读

[1] Bioucas-Dias J. Bayesian wavelet-based image deconvolution: a GEM algorithm exploiting a class of heavy-tailed priors[J]. IEEE Trans. on Image processing, 2006, 15(4):937–951.

[2] Dabov K, Foi A, Egiazarian K. Image restoration by sparse 3D transform-domain collaborative filtering[C]// Proc. SPIE Electronic Imaging '08, San Jose, California, USA, January 2008.

[3] Daubechies I, Defrise M, De-Mol C. An iterative thresholding algorithm for linear inverse problems with a sparsity constraint[J]. Communications on Pure and Applied Mathematics, 2004, 57(11):1413–1457.

[4] Elad M, Matalon B, Zibulevsky M. On a Class of Optimization methods for Linear Least Squares with Non-Quadratic Regularization[J]. Applied and Computational Harmonic Analysis, 2007, 23(3):346–367.

[5] Elad M, Matalon B, et al. A wide-angle view at iterated shrinkage algorithms[C]// SPIE (Wavelet XII) 2007, San-Diego CA, August 26-29, 2007.

[6] Fadili M J, Starck J L. Sparse representation-based image deconvolution by iterative thresholding[C]// Astronomical Data Analysis ADA'06, Marseille, France, September, 2006.

[7] Figueiredo M A, Nowak R D. An EM algorithm for wavelet-based image restoration[J]. IEEE Trans. Image Processing, 2003, 12(8):906–916.

[8] Figueiredo M A, Nowak R D. A bound optimization approach to waveletbased image deconvolution[C]// IEEE International Conference on Image Processing - ICIP 2005, Genoa, Italy, September 2005. 2005, Vol.2:782-785.

[9] Figueiredo M A, Bioucas-Dias J M, Nowak R D. Majorization-minimization algorithms for wavelet-based image restoration[J]. IEEE Trans. on Image Processing, 2007, 16(12):2980–2991.

[10] Rudin L, Osher S, Fatemi E. Nonlinear total variation based noise removal algorithms[J]. Physica D: Nonlinear Phenomena, 1992, 60(1-4):259–268.

[11] Takeda H, Farsiu S, Milanfar P. Deblurring using regularized locally adaptive kernel regression[J]. IEEE Trans. on Image Processing, 2008, 17(4):550–563.

第 11 章　MAP 估计和 MMSE 估计

到目前为止，我们只是从确定性角度，将追踪算法作为直观的优化过程进行了介绍。第 9 章中我们提到，这些算法相当于最大后验概率（Maximum-A'posteriori-Probability，MAP）估计器的近似，但二者之间的联系并不是那么明显。本章，我们把寻找稀疏表示的过程定义为一个估计任务，并以此来具体阐述它们的联系。我们会看到，这需要为生成稀疏表示向量的随机模型给出一个清晰规范的定义。这样处理有个好处，就是能够推导出最小均方误差（Mimimum-Mean-Squared-Error，MMSE）估计器，并且这也可以说明近似它的必要性。本章将讨论这些问题以及其他一些内容。

11.1　随机模型和估计目标

首先定义一个稀疏向量的随机生成器。尽管这个定义是任意的，并能够以多种方式修改，但它抓住了稀疏表示及其通常性质的本质。

定义的生成器根据概率密度函数 $P_s(|s|)$ 随机选取一个整数标量 $|s|$，用它来生成一个稀疏向量 $\boldsymbol{x} \in \mathbf{R}^m$，该向量的势为 $\|\boldsymbol{x}\|_0 = |s|$。$P_s(|s|)$ 的一个典型作用是有助于给出更为稀疏的向量，比如 $P_s(|s|) \sim 1/|s|$，$P_s(|s|) \sim \exp(-\alpha|s|)$，甚至是可以强制给出固定 k 个非零项的 $P_s(|s|) \sim \delta(k-|s|)$。简单起见，我们下面来讨论这种 $|s|=k$ 的受限情况。

一旦选定 k 值（或如上所述，设定好 k 值），我们考虑所有的 $\begin{pmatrix} m \\ k \end{pmatrix}$ 个等概率的支撑集，并随机选取其中一个满足 $|s|=k$ 的支撑集 s。最后，假设 s 中的非零项都是服从 $N(0,\sigma_x^2)$ 的独立同分布项。这里给出了生成 $\boldsymbol{x}$ 的完整描述，同时引入了数据源的 PDF，用 $P_x(\boldsymbol{x})$ 表示。记随机向量生成器为 $\mathcal{G}_1$。

如上所述，修改这个模型的方法很多。例如，可以给选中的非零项赋予不同的方差，可以不用均匀分布而是采用不同的概率来选择各项，或者将各项的高斯分布替换成粗尾分布等。

另一种为 $\boldsymbol{x}$ 设置先验概率的方法，就是赋予原子概率 P_i 以使其被选入有效支撑集中。一旦选定了支撑集，可以按照前面相同的规则，设定其中的每一项都是服从高斯分布的独立同分布变量。利用这样的模型可能得到各种各样的支撑集，既有非常空的，也有非常满的。假设所有的原子都有同样的概率和方差σ_x^2，也就是说这两个参数决定了这个模型的全部表现。这个模型的巨大吸引力在于：跟$\mathcal{G}_1$中存在（有点隐含）的相关性不同，$\boldsymbol{x}$的 m 个元素之间完全独立。我们称这个模型为$\mathcal{G}_2$。本章中的大量分析都同样涉及到$\mathcal{G}_1$和$\mathcal{G}_2$这两个模型。

再来看上述的随机生成器模型$\mathcal{G}_1$，假设用大小为$n \times m$的字典$\boldsymbol{A}$乘上随机向量$\boldsymbol{x}$，得到信号$\boldsymbol{z}$，可知$\boldsymbol{z}$具有稀疏表示。该信号再乘上大小为$q \times n$的退化矩阵$\boldsymbol{H}$。测量向量为$\boldsymbol{y} = \boldsymbol{HAx} + \boldsymbol{e}$，其中$\boldsymbol{e}$是均值为零的高斯白噪声向量，各项独立同分布，均服从$N(0,\sigma_e^2)$。估计的目标是利用$\boldsymbol{y}$以及有关$\boldsymbol{x}$和$\boldsymbol{e}$的有用统计信息来恢复$\boldsymbol{x}$（或$\boldsymbol{z}$）。

我们的估计需要建立在全面考虑之上。首先，需要定义估计器的目标。MAP估计的目标是找到能够使后验概率$P(\boldsymbol{x} \mid \boldsymbol{y})$最大的估计量$\hat{\boldsymbol{x}}$。MMSE 估计的目标是找到能使期望$\ell_2$-误差最小的估计量$\hat{\boldsymbol{x}}$。还可以提出其他一些目标和估计方法，但本章我们着重讨论这两种。除了估计器要达到的目标之外，我们还对应用中的数值问题感兴趣，尤其是那些无法计算或推导出精确估计的情况。接下来我们会看到，用于上述问题的所有实用估计器通常都只是近似的。

11.2 MAP 估计和 MMSE 估计的基础

由于在本章中要广泛地应用 MAP 估计和 MMSE 估计，这里给出这两个贝叶斯工具的通用定义。给定一个测量向量$\boldsymbol{y}$和一个待估计的未知向量$\boldsymbol{x}$，MAP 估计给出如下估计量：

$$\hat{\boldsymbol{x}}^{\mathrm{MAP}} = \max_{\boldsymbol{x}} P(\boldsymbol{x} \mid \boldsymbol{y}) \tag{11-1}$$

其中$P(\boldsymbol{x} \mid \boldsymbol{y})$是已知测量值$\boldsymbol{y}$情况下$\boldsymbol{x}$的后验概率。很明显，MAP 估计的复杂性主要体现在条件概率公式的准确构造中。这个工作一旦完成，估计问题就转化成优化任务。在存在很多局部最小值的非凸优化情况下，估计量可能会偏离真实目标，此时该问题非常棘手。

根据贝叶斯准则，给定测量值的情况下，$\boldsymbol{x}$的后验概率为

$$P(\boldsymbol{x} \mid \boldsymbol{y}) = \frac{P(\boldsymbol{y} \mid \boldsymbol{x}) P(\boldsymbol{x})}{P(\boldsymbol{y})} \tag{11-2}$$

分母$P(\boldsymbol{y})$不是未知量$\boldsymbol{x}$的函数，因此可以被忽略，那么 MAP 估计实际上就是

$$\hat{\boldsymbol{x}}^{\mathrm{MAP}} = \max_{\boldsymbol{x}} P(\boldsymbol{x} \mid \boldsymbol{y}) = \max_{\boldsymbol{x}} P(\boldsymbol{y} \mid \boldsymbol{x}) P(\boldsymbol{x}) \tag{11-3}$$

式中：概率$P(\boldsymbol{y} \mid \boldsymbol{x})$就是所谓的似然函数；$P(\boldsymbol{x})$是未知的先验概率。如果先验概率是平坦的，不提供任何信息，那么上述过程实际就只是似然函数的最大化，这就是著名的最大似然（Maximum-Likelihood，ML）估计。

再来看 MMSE 估计，它有一个众所周知的经典表达式，表明该估计是通过对

未知量的条件平均得到的。通过写出均方误差的公式就可以很容易地看出这一点：

$$\text{MSE}_{x} = E(\|\hat{\boldsymbol{x}} - \boldsymbol{x}\|_2^2 \mid \boldsymbol{y}) = \int_{\boldsymbol{x}} \|\hat{\boldsymbol{x}} - \boldsymbol{x}\|_2^2 P(\boldsymbol{x} \mid \boldsymbol{y}) \mathrm{d}\boldsymbol{x} \tag{11-4}$$

为了得到误差的最小值，对估计 $\hat{\boldsymbol{x}}$ 求导，可以得到

$$\frac{\partial \text{MSE}_{x}}{\partial \hat{\boldsymbol{x}}} = 2\int_{\boldsymbol{x}} (\hat{\boldsymbol{x}} - \boldsymbol{x}) P(\boldsymbol{x} \mid \boldsymbol{y}) \mathrm{d}\boldsymbol{x} = \boldsymbol{0} \tag{11-5}$$

这样最优的（MMSE）估计由下式给出：

$$\hat{\boldsymbol{x}}^{\text{MMSE}} = \frac{\int_{\boldsymbol{x}} \boldsymbol{x} P(\boldsymbol{x} \mid \boldsymbol{y}) \mathrm{d}\boldsymbol{x}}{\int_{\boldsymbol{x}} P(\boldsymbol{x} \mid \boldsymbol{y}) \mathrm{d}\boldsymbol{x}} = \int_{\boldsymbol{x}} \boldsymbol{x} P(\boldsymbol{x} \mid \boldsymbol{y}) \mathrm{d}\boldsymbol{x} = E(\boldsymbol{x} \mid \boldsymbol{y}) \tag{11-6}$$

上式中的分母等于 1，因为它对概率密度函数 $P(\boldsymbol{x} \mid \boldsymbol{y})$ 做了完整的积分。

有意思的是，如果我们要最小化用矩阵 $\boldsymbol{W}$ 加权过的误差，需要考虑的误差是

$$\text{WMSE}_{x} = E(\|\boldsymbol{W}(\hat{\boldsymbol{x}} - \boldsymbol{x})\|_2^2 \mid \boldsymbol{y}) = \int_{\boldsymbol{x}} \|\boldsymbol{W}(\hat{\boldsymbol{x}} - \boldsymbol{x})\|_2^2 P(\boldsymbol{x} \mid \boldsymbol{y}) \mathrm{d}\boldsymbol{x} \tag{11-7}$$

通过如下处理可以得到 WMMSE 估计：

$$\frac{\partial \text{WMSE}_{x}}{\partial \hat{\boldsymbol{x}}} = 2\boldsymbol{W}^{\mathrm{T}}\boldsymbol{W} \int_{\boldsymbol{x}} (\hat{\boldsymbol{x}} - \boldsymbol{x}) P(\boldsymbol{x} \mid \boldsymbol{y}) \mathrm{d}\boldsymbol{x} = \boldsymbol{0} \tag{11-8}$$

如果 $\boldsymbol{W}^{\mathrm{T}}\boldsymbol{W}$ 可逆，那么由于乘以 $\boldsymbol{W}^{\mathrm{T}}\boldsymbol{W}$ 可以忽略，由上式可以得到与之前相同的估计。如果这个矩阵不可逆，也就意味着估计不是唯一的，因为加上 $\boldsymbol{W}^{\mathrm{T}}\boldsymbol{W}$ 的零空间对应的任意部分，估计依然保持最优性。

考虑估计任务，$\boldsymbol{y}=\boldsymbol{HAx}+\boldsymbol{e}$，我们可以考虑表示域中的最小 MSE，$E(\|(\boldsymbol{x} - \hat{\boldsymbol{x}})\|_2^2 \mid \boldsymbol{y})$，或者信号域中的误差 $E(\|\boldsymbol{Ax} - \hat{\boldsymbol{z}}\|_2^2 \mid \boldsymbol{y})$。一眼就能看出这两个估计任务的一致性，因为它们都要求最小化 $E(\|(\boldsymbol{x} - \hat{\boldsymbol{x}})\|_2^2 \mid \boldsymbol{y})$，如果我们需要得到信号，只要再乘上 $\boldsymbol{A}$。这是因为由

$$\begin{aligned}\frac{\partial E(\|\boldsymbol{Ax} - \hat{\boldsymbol{z}}\|_2^2 \mid \boldsymbol{y})}{\partial \hat{\boldsymbol{z}}} &= \frac{\partial}{\partial \hat{\boldsymbol{z}}} \int_{\boldsymbol{x}} \|\boldsymbol{Ax} - \hat{\boldsymbol{z}}\|_2^2 P(\boldsymbol{x} \mid \boldsymbol{y}) \mathrm{d}\boldsymbol{x} \\ &= 2\int_{\boldsymbol{x}} (\hat{\boldsymbol{z}} - \boldsymbol{Ax}) P(\boldsymbol{x} \mid \boldsymbol{y}) \mathrm{d}\boldsymbol{x} = \boldsymbol{0}\end{aligned} \tag{11-9}$$

可以得到

$$\hat{\boldsymbol{z}} = \boldsymbol{A}\int_{\boldsymbol{x}} \boldsymbol{x} P(\boldsymbol{x} \mid \boldsymbol{y}) \mathrm{d}\boldsymbol{x} = \boldsymbol{A}E(\boldsymbol{x} \mid \boldsymbol{y}) \tag{11-10}$$

11.3 Oracle 估计

11.3.1 Oracle 估计的推导

我们在 Dantzig 选择器的章节中已经讨论过 oracle 估计，为了当前的估计问题，我们进一步研究它。Oracle 实际上是个不可行的估计器，因为它假设 $\boldsymbol{x}$ 的支撑集

已知，而实际问题中这些信息是不可知的。尽管如此，它的构造仍值得我们去考虑：

（1）Oracle 估计是下面将要推导的实用估计方法的核心部分；

（2）Oracle 估计给出了可用于对比的参考性能；

（3）Oracle 估计为估计问题和推导出的 MSE 提供了一个简单方便的闭合表达形式；

（4）Oracle 估计的推导相对比较容易，而且对其进行研究也为分析后续更复杂的估计方法提供了有趣的视角。

由于支撑集 s 已知，剩下要估计的就是 $\boldsymbol{x}$ 中非零项的大小。用 $\boldsymbol{x}_s$ 表示包含了这些未知项的长度为 s 的向量。同样，用 $\boldsymbol{A}_s$ 表示对应于这个支撑集，大小为 $n\times k$ 的子矩阵。显然有，$\boldsymbol{y}=\boldsymbol{HA}_s\boldsymbol{x}_s+\boldsymbol{e}$，其中 $\boldsymbol{x}_s \sim N(\boldsymbol{0},\sigma_x^2\boldsymbol{I})$。根据贝叶斯准则，给定测量值条件下，$\boldsymbol{x}_s$ 的后验概率由下式给出：

$$P(\boldsymbol{x}_s\mid\boldsymbol{y})=\frac{P(\boldsymbol{y}\mid\boldsymbol{x}_s)P(\boldsymbol{x}_s)}{P(\boldsymbol{y})} \tag{11-11}$$

分母 $P(\boldsymbol{y})$ 是用来归一化此概率的常数因子，可以被忽略。概率 $P(\boldsymbol{y}\mid\boldsymbol{x}_s)$ 和 $P(\boldsymbol{x}_s)$ 由于是简单的多元高斯分布，因此可以轻松地得到

$$P(\boldsymbol{x}_s)=\frac{1}{(2\pi)^{s/2}\sigma_x^s}\exp\left(-\frac{\boldsymbol{x}_s^{\mathrm{T}}\boldsymbol{x}_s}{2\sigma_x^2}\right) \tag{11-12}$$

和

$$P(\boldsymbol{y}\mid\boldsymbol{x}_s)=\frac{1}{(2\pi)^{q/2}\sigma_e^q}\exp\left(-\frac{\left\|\boldsymbol{HA}_s\boldsymbol{x}_s-\boldsymbol{y}\right\|_2^2}{2\sigma_e^2}\right) \tag{11-13}$$

这样就得到了 oracle 的后验概率，如下式所示，仅相差一个归一化因子：

$$P(\boldsymbol{x}_s\mid\boldsymbol{y})\propto\exp\left(-\frac{\boldsymbol{x}_s^{\mathrm{T}}\boldsymbol{x}_s}{2\sigma_x^2}-\frac{\left\|\boldsymbol{HA}_s\boldsymbol{x}_s-\boldsymbol{y}\right\|_2^2}{2\sigma_e^2}\right) \tag{11-14}$$

MAP-oracle 估计应该是最大化上述概率的向量 $\boldsymbol{x}_s$，即

$$\begin{aligned}\hat{\boldsymbol{x}}_s^{\text{MAP-oracle}}&=\max_{\boldsymbol{x}_s}P(\boldsymbol{x}_s\mid\boldsymbol{y})\\&=\max_{\boldsymbol{x}_s}\exp\left\{-\frac{\boldsymbol{x}_s^{\mathrm{T}}\boldsymbol{x}_s}{2\sigma_x^2}-\frac{\left\|\boldsymbol{HA}_s\boldsymbol{x}_s-\boldsymbol{y}\right\|_2^2}{2\sigma_e^2}\right\}\\&=\left(\frac{1}{\sigma_e^2}\boldsymbol{A}_s^{\mathrm{T}}\boldsymbol{H}^{\mathrm{T}}\boldsymbol{HA}_s+\frac{1}{\sigma_x^2}\boldsymbol{I}\right)^{-1}\frac{1}{\sigma_e^2}\boldsymbol{A}_s^{\mathrm{T}}\boldsymbol{H}^{\mathrm{T}}\boldsymbol{y}\end{aligned} \tag{11-15}$$

注意上式中存在着（线性）收缩效果，因为跟直接求 $\boldsymbol{HA}_s$ 的伪逆相比，$\frac{1}{\sigma_x^2}\boldsymbol{I}$ 项使结果变小。

和推导 MAP 不同，oracle 估计可以直接将最小化 MSE 作为它的设计目标。如上所见，可以通过求后验概率 $P(\boldsymbol{x}_s \mid \boldsymbol{y})$ 的均值来得到 MMSE-oracle。既然概率服从高斯分布，那么其峰值点就是它的均值，也就是说 MAP-oracle 也是 MMSE 的一种。在维纳滤波器的相关内容中，这个结果十分经典且广为人知。

如果想在信号域最小化 oracle 误差，那么待处理的误差就是 $E(\|\boldsymbol{A}_s(\hat{\boldsymbol{x}}-\boldsymbol{x})\|_2^2 \mid \boldsymbol{y})$。假设 $\boldsymbol{A}_s^{\mathrm{T}}\boldsymbol{A}_s$ 是可逆的，那么对这个目标来讲，这个相同的估计值 $\hat{\boldsymbol{x}}$ 还是最优的。这意味着，需要假设 $n \geqslant k$，对于我们感兴趣的稀疏向量 $\boldsymbol{x}$ 来说，这是非常容易满足的。同样的，如果在测量域看误差，$\boldsymbol{A}_s^{\mathrm{T}}\boldsymbol{H}^{\mathrm{T}}\boldsymbol{H}\boldsymbol{A}_s$ 的非奇异性也意味着估计还是相同的，而这个约束也要求 $q \geqslant k$。

11.3.2 Oracle 估计误差

现在我们来讨论由 oracle 估计得到的 MSE。我们已经看到结果表达式同时符合这两个待讨论的估计器（MMSE 和 MAP），因此以后就将其记为 $\hat{\boldsymbol{x}}^{\text{oracle}}$。MSE 由下式给出，即

$$
\begin{aligned}
E\left(\left\|\hat{\boldsymbol{x}}_s^{\text{oracle}}-\boldsymbol{x}_s\right\|_2^2\right) &= E\left(\left\|\left(\frac{1}{\sigma_e^2}\boldsymbol{A}_s^{\mathrm{T}}\boldsymbol{H}^{\mathrm{T}}\boldsymbol{H}\boldsymbol{A}_s+\frac{1}{\sigma_x^2}\boldsymbol{I}\right)^{-1}\frac{1}{\sigma_e^2}\boldsymbol{A}_s^{\mathrm{T}}\boldsymbol{H}^{\mathrm{T}}\boldsymbol{y}-\boldsymbol{x}_s\right\|_2^2\right) \\
&= E\left(\left\|\left(\frac{1}{\sigma_e^2}\boldsymbol{A}_s^{\mathrm{T}}\boldsymbol{H}^{\mathrm{T}}\boldsymbol{H}\boldsymbol{A}_s+\frac{1}{\sigma_x^2}\boldsymbol{I}\right)^{-1}\frac{1}{\sigma_e^2}\boldsymbol{A}_s^{\mathrm{T}}\boldsymbol{H}^{\mathrm{T}}\left(\boldsymbol{H}\boldsymbol{A}_s\boldsymbol{x}_s+\boldsymbol{e}\right)-\boldsymbol{x}_s\right\|_2^2\right)
\end{aligned}
$$

上式使用了等式 $\boldsymbol{y}=\boldsymbol{H}\boldsymbol{A}_s\boldsymbol{x}_s+\boldsymbol{e}$。整理上式中各项，令 $\boldsymbol{Q}_s=\dfrac{1}{\sigma_e^2}\boldsymbol{A}_s^{\mathrm{T}}\boldsymbol{H}^{\mathrm{T}}\boldsymbol{H}\boldsymbol{A}_s+\dfrac{1}{\sigma_x^2}\boldsymbol{I}$，有

$$
\begin{aligned}
&E\left(\left\|\hat{\boldsymbol{x}}_s^{\text{oracle}}-\boldsymbol{x}_s\right\|_2^2\right) \\
&= E\left(\left\|\boldsymbol{Q}_s^{-1}\left(\frac{1}{\sigma_e^2}\boldsymbol{A}_s^{\mathrm{T}}\boldsymbol{H}^{\mathrm{T}}\boldsymbol{H}\boldsymbol{A}_s-\frac{1}{\sigma_e^2}\boldsymbol{A}_s^{\mathrm{T}}\boldsymbol{H}^{\mathrm{T}}\boldsymbol{H}\boldsymbol{A}_s-\frac{1}{\sigma_x^2}\boldsymbol{I}\right)\boldsymbol{x}_s+\boldsymbol{Q}_s^{-1}\frac{1}{\sigma_e^2}\boldsymbol{A}_s^{\mathrm{T}}\boldsymbol{H}^{\mathrm{T}}\boldsymbol{e}\right\|_2^2\right) \\
&= E\left(\left\|-\boldsymbol{Q}_s^{-1}\frac{1}{\sigma_x^2}\boldsymbol{x}_s+\boldsymbol{Q}_s^{-1}\frac{1}{\sigma_e^2}\boldsymbol{A}_s^{\mathrm{T}}\boldsymbol{H}^{\mathrm{T}}\boldsymbol{e}\right\|_2^2\right) \\
&= \operatorname{trace}\left(\frac{1}{\sigma_x^4}\boldsymbol{Q}_s^{-2}E(\boldsymbol{x}_s\boldsymbol{x}_s^{\mathrm{T}})-\frac{2}{\sigma_e^2\sigma_x^2}\boldsymbol{Q}_s^{-2}\boldsymbol{A}_s^{\mathrm{T}}\boldsymbol{H}^{\mathrm{T}}E(\boldsymbol{e}\boldsymbol{x}_s^{\mathrm{T}})+\frac{1}{\sigma_e^4}\boldsymbol{Q}_s^{-2}\boldsymbol{A}_s^{\mathrm{T}}\boldsymbol{H}^{\mathrm{T}}E(\boldsymbol{e}\boldsymbol{e}^{\mathrm{T}})\boldsymbol{H}\boldsymbol{A}_s\right) \\
&= \operatorname{trace}\left[\boldsymbol{Q}_s^{-2}\left(\frac{1}{\sigma_x^2}\boldsymbol{I}+\frac{1}{\sigma_e^2}\boldsymbol{A}_s^{\mathrm{T}}\boldsymbol{H}^{\mathrm{T}}\boldsymbol{H}\boldsymbol{A}_s\right)\right]=\operatorname{trace}(\boldsymbol{Q}_s^{-1})
\end{aligned}
$$

此处我们利用了 $E(\boldsymbol{e}\boldsymbol{x}_s^{\mathrm{T}})=E(\boldsymbol{e})E(\boldsymbol{x}_s^{\mathrm{T}})=0$，因为二者是相互独立的。这样 oracle 给出的 MSE 误差为

$$E\left(\left\|\hat{\boldsymbol{x}}_s^{\text{oracle}}-\boldsymbol{x}_s\right\|_2^2\right)=\operatorname{trace}\left[\left(\frac{1}{\sigma_e^2}\boldsymbol{A}_s^{\mathrm{T}}\boldsymbol{H}^{\mathrm{T}}\boldsymbol{H}\boldsymbol{A}_s+\frac{1}{\sigma_x^2}\boldsymbol{I}\right)^{-1}\right] \tag{11-16}$$

举个例子，如果 $\boldsymbol{HA}_s$ 的列是正交的，$\boldsymbol{H}$ 是 $n\times n$ 的方阵，那么这个误差就变成 $\sigma_x^2\sigma_e^2\cdot k/(\sigma_x^2+\sigma_e^2)$。由于加性噪声的功率是 $n\sigma_e^2$，oracle 误差要小于这个能量的 k/n 倍（实际上由于附加了因子 $\sigma_x^2/(\sigma_x^2+\sigma_e^2)$，其值还要稍小）。对于非正交列，噪声衰减要更小一些。

图 11.1 给出的是以下实验的 oracle 结果：随机字典 $\boldsymbol{A}$ 的大小为 20×30，各项是独立同分布的高斯变量，各列均归一化。假设 $\boldsymbol{H}=\boldsymbol{I}$。使用 $\mathcal{G}_1$ 模型产生随机稀疏向量 $\boldsymbol{x}$，势固定为 $k=3$，$\sigma_x=1$。给 $\boldsymbol{Ax}$ 加上高斯独立同分布的噪声向量，噪声的标准偏差在[0.1,2]之间。对每一种参数设置的情况，我们都进行 1000 次实验，并对结果进行平均。

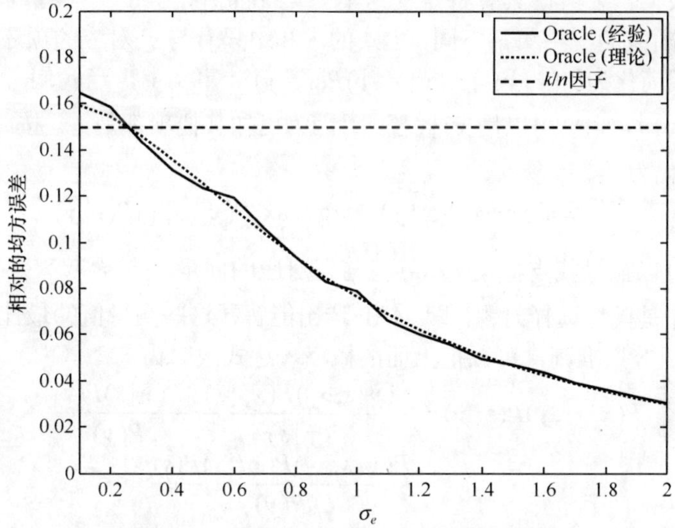

图 11.1　Oracle 的性能与输入噪声的函数关系。图中的性能通过 oracle 估计的经验计算值以及与之比较的基准给出，同时也给出了使用准确的期望误差公式计算得到的结果。结果均为与输入噪声能量 $n\sigma_e^2$ 的相对值

图 11.1 展示的结果是 oracle 误差和输入噪声 $E(\|\boldsymbol{e}\|^2)=n\sigma_e^2$ 之间的比例，比值小于 1 意味着有效去除了噪声。第一条曲线绘出了使用式（11-15）计算 $\hat{\boldsymbol{x}}^{\text{oracle}}$，并通过 $\left\|\boldsymbol{x}-\hat{\boldsymbol{x}}^{\text{oracle}}\right\|_2^2$ 评估得到的经验误差。第二条曲线是利用式（11-16）预测的误差。该图还显示了常数因子 $k/n=0.15$，这是在酉矩阵情况下期望的噪声衰减因子。由于实验中使用了普通矩阵 $\boldsymbol{A}$，oracle 误差对应的实际比值并不一定小于 k/n，但是我们看到，比值达到甚至好于这一比例。

11.4 MAP 估计

11.4.1 MAP 估计的推导

现在回到本章最初定义的估计问题，并假设没有支撑集的相关知识。为了得到 MAP 估计，我们需要给出后验概率 $P(\boldsymbol{x} \mid \boldsymbol{y})$ 的公式。对所有可能的支撑集 $s \in \Omega$ 计算边缘分布，有

$$P(\boldsymbol{x} \mid \boldsymbol{y}) = \sum_{s \in \Omega} P(\boldsymbol{x} \mid s, \boldsymbol{y}) P(s \mid \boldsymbol{y}) \tag{11-17}$$

考虑一个候选解 $\boldsymbol{x}$，如果其支撑集不符合任何 $s \in \Omega$，那么上式求和中的后验概率 $P(\boldsymbol{x} \mid s, \boldsymbol{y})$ 都是零，因而这个候选解的整个概率也是零。这样的解由于无法使后验概率最大化，也无法成为 MAP 估计值。

所以，我们需要考虑具有特定支撑集 $s^* \in \Omega$ 的潜在解 $\boldsymbol{x}$。很清楚，既然 s^* 与 $\Omega \setminus s^*$ 中其他所有的支撑集都不同，上式的求和中只有与 s^* 对应的项还保留着，因此 $\boldsymbol{x}$ 的概率就简化为 $P(\boldsymbol{x} \mid \boldsymbol{y}) = P(\boldsymbol{x} \mid s^*, \boldsymbol{y}) P(s^* \mid \boldsymbol{y})$。事实上，当我们考虑 $\boldsymbol{x}$ 对应的特定支撑集 s^* 时，完全可以用 $\boldsymbol{x}_s$ 代替 $\boldsymbol{x}$，因为已知其他项都是零。按照这种推理，MAP 估计简化为

$$\hat{\boldsymbol{x}}^{\mathrm{MAP}} = \arg\max_{\boldsymbol{x}} P(\boldsymbol{x} \mid \boldsymbol{y}) = \arg\max_{s \in \Omega, \boldsymbol{x}_s} P(\boldsymbol{x}_s \mid s, \boldsymbol{y}) P(s \mid \boldsymbol{y}) \tag{11-18}$$

这意味着，可以把寻找支撑集 s 和寻找与之对应的向量 $\boldsymbol{x}_s$ 结合起来。换句话说，可以把它看作是模型选择问题，即 MAP 选出能解释这些测量值的最佳模型（支撑集 s）。根据贝叶斯准则，可以把上面的概率表达式改写为

$$\begin{aligned} P(\boldsymbol{x}_s \mid s, \boldsymbol{y}) P(s \mid \boldsymbol{y}) &= \frac{P(\boldsymbol{y} \mid s, \boldsymbol{x}_s) P(\boldsymbol{x}_s \mid s)}{P(\boldsymbol{y} \mid s)} \cdot \frac{P(\boldsymbol{y} \mid s) P(s)}{P(\boldsymbol{y})} \\ &= \frac{P(\boldsymbol{y} \mid s, \boldsymbol{x}_s) P(\boldsymbol{x}_s \mid s) P(s)}{P(\boldsymbol{y})} \end{aligned}$$

除以 $P(\boldsymbol{y})$ 的计算可以删除，这样可以进一步简化 MAP 估计，因为对于未知变量来说，它是个常数，由此可得

$$\hat{\boldsymbol{x}}^{\mathrm{MAP}} = \arg\max_{\boldsymbol{x}} P(\boldsymbol{x} \mid \boldsymbol{y}) = \arg\max_{\boldsymbol{x}, s} P(\boldsymbol{y} \mid s, \boldsymbol{x}_s) P(\boldsymbol{x}_s \mid s) P(s) \tag{11-19}$$

如果假设 s 已知，如表达式 $P(\boldsymbol{x}_s \mid s)$ 所示，随机向量 $\boldsymbol{x}_s$ 就变成多元高斯随机向量，均值为零，协方差矩阵为 $\sigma_x^2 \boldsymbol{I}$，因而有

$$P(\boldsymbol{x}_s \mid s) = \frac{1}{(2\pi)^{k/2} \sigma_x^k} \exp\left(-\frac{\|\boldsymbol{x}_s\|_2^2}{2\sigma_x^2} \right) \tag{11-20}$$

同样，对于已知的 $\boldsymbol{x}_s$ 和支撑集 s，测量值 $\boldsymbol{y}$ 是确定向量 $\boldsymbol{H}\boldsymbol{A}_s \boldsymbol{x}_s$ 和随机噪声 $\boldsymbol{e}$ 之和，因此该向量也服从高斯分布

$$P(\boldsymbol{y}\mid s,\boldsymbol{x}_s)=\frac{1}{(2\pi)^{q/2}\sigma_e^q}\exp\left(-\frac{\|\boldsymbol{H}\boldsymbol{A}_s\boldsymbol{x}_s-\boldsymbol{y}\|_2^2}{2\sigma_e^2}\right) \tag{11-21}$$

将上述两个表达式代入 MAP 定义式（11-19），并对其取对数，可以得到一个等价的优化问题，形式为

$$\hat{\boldsymbol{x}}^{\text{MAP}}=\arg\min_{\boldsymbol{x},s}\left(\frac{\|\boldsymbol{H}\boldsymbol{A}_s\boldsymbol{x}_s-\boldsymbol{y}\|_2^2}{2\sigma_e^2}+\frac{\|\boldsymbol{x}_s\|_2^2}{2\sigma_x^2}+k\log_{10}(\sqrt{2\pi}\sigma_x)-\log_{10}(P(s))\right)$$

式中 $k\log_{10}(\sqrt{2\pi}\sigma_x)$ 项是概率 $P(\boldsymbol{x}_s|s)$ 的归一化因子。如果 k 是固定值，这一项可以忽略，但如果不是固定值，那么这一项必须保留，因为它会影响到最优解中非零项的个数 k。

举例来说，如果我们用更一般的分布 $P(s)=\text{const}\cdot\exp(-\alpha\,|s|)$ 替换掉最初假设的支撑集先验概率 $P(s)=\delta(|s|-k)$，可得

$$\hat{\boldsymbol{x}}^{\text{MAP}}=\arg\min_{\boldsymbol{x},s}\left[\frac{\|\boldsymbol{H}\boldsymbol{A}_s\boldsymbol{x}_s-\boldsymbol{y}\|_2^2}{2\sigma_e^2}+\frac{\|\boldsymbol{x}_s\|_2^2}{2\sigma_x^2}+(\alpha+\log_{10}(\sqrt{2\pi}\sigma_x))\,|s|\right] \tag{11-22}$$

利用 $|s|=\|\boldsymbol{x}\|_0$，可以得到如下表达式，即

$$\hat{\boldsymbol{x}}^{\text{MAP}}=\arg\min_{\boldsymbol{x}}\left[\frac{\|\boldsymbol{H}\boldsymbol{A}_s\boldsymbol{x}_s-\boldsymbol{y}\|_2^2}{2\sigma_e^2}+\frac{\|\boldsymbol{x}_s\|_2^2}{2\sigma_x^2}+(\alpha+\log_{10}(\sqrt{2\pi}\sigma_x))\|\boldsymbol{x}\|_0\right] \tag{11-23}$$

上式反映出这个估计与前几章里我们处理过的问题之间存在着联系，而实际上这就是 (P_0^ϵ) 问题的一种变化形式。有意思的是，那几章里没有出现过 $\|\boldsymbol{x}\|_2^2$ 项，它在这里出现部分是因为这里的公式更为精确，特别是因为 $\boldsymbol{x}$ 中的非零值是高斯分布的。

让我们重新回到如下假设，即支撑集的势只允许为预先指定的 k（即 $P(s)=\delta(|s|-k)$），$P(s)$ 对于所有的集合都是均匀分布的，等于 $1\Big/\begin{pmatrix}m\\k\end{pmatrix}$。此时，式（11-22）中的最后一项可以被忽略，因为它不影响最大化的过程。当 s 固定时，式（11-22）给出的最小化问题很容易求解，在推导 oracle 估计时我们已经得到过它，即

$$\hat{\boldsymbol{x}}_s^*=\left(\frac{1}{\sigma_e^2}\boldsymbol{A}_s^{\text{T}}\boldsymbol{H}^{\text{T}}\boldsymbol{H}\boldsymbol{A}_s+\frac{1}{\sigma_x^2}\boldsymbol{I}\right)^{-1}\frac{1}{\sigma_e^2}\boldsymbol{A}_s^{\text{T}}\boldsymbol{H}^{\text{T}}\boldsymbol{y}=\frac{1}{\sigma_e^2}\boldsymbol{Q}_s^{-1}\boldsymbol{A}_s^{\text{T}}\boldsymbol{H}^{\text{T}}\boldsymbol{y} \tag{11-24}$$

然而，我们必须遍历所有可能的支撑集 $s\in\Omega$ 来计算这个表达式，将其代入式（11-22）中的惩罚函数，并选择能够得到最小值的项。将上式代入惩罚函数（在一些乏味的数学推导之后），可得

$$
\begin{aligned}
\text{Penalty} &= \frac{\left\|\boldsymbol{H}\boldsymbol{A}_s\boldsymbol{x}_s^* - \boldsymbol{y}\right\|_2^2}{2\sigma_e^2} + \frac{\left\|\boldsymbol{x}_s^*\right\|_2^2}{2\sigma_x^2} \\
&= \frac{\left\|\frac{1}{\sigma_e^2}\boldsymbol{H}\boldsymbol{A}_s\boldsymbol{Q}_s^{-1}\boldsymbol{A}_s^{\mathrm{T}}\boldsymbol{H}^{\mathrm{T}}\boldsymbol{y} - \boldsymbol{y}\right\|_2^2}{2\sigma_e^2} + \frac{\left\|\frac{1}{\sigma_e^2}\boldsymbol{Q}_s^{-1}\boldsymbol{A}_s^{\mathrm{T}}\boldsymbol{H}^{\mathrm{T}}\boldsymbol{y}\right\|_2^2}{2\sigma_x^2} \\
&= \boldsymbol{y}^{\mathrm{T}}\left[\frac{1}{2\sigma_e^6}(\boldsymbol{H}\boldsymbol{A}_s\boldsymbol{Q}_s^{-1}\boldsymbol{A}_s^{\mathrm{T}}\boldsymbol{H}^{\mathrm{T}})^2 - \frac{1}{\sigma_e^4}(\boldsymbol{H}\boldsymbol{A}_s\boldsymbol{Q}_s^{-1}\boldsymbol{A}_s^{\mathrm{T}}\boldsymbol{H}^{\mathrm{T}})\right. \\
&\qquad \left. + \frac{1}{2\sigma_e^2}\boldsymbol{I} + \frac{1}{2\sigma_e^4\sigma_x^2}(\boldsymbol{H}\boldsymbol{A}_s\boldsymbol{Q}_s^{-2}\boldsymbol{A}_s^{\mathrm{T}}\boldsymbol{H}^{\mathrm{T}})\right]\boldsymbol{y} \\
&= \frac{\|\boldsymbol{y}\|_2^2}{2\sigma_e^2} - \frac{1}{\sigma_e^4}\boldsymbol{y}^{\mathrm{T}}\boldsymbol{H}\boldsymbol{A}_s\boldsymbol{Q}_s^{-1}\left(\boldsymbol{I} - \frac{1}{2\sigma_x^2}\boldsymbol{Q}_s^{-1} - \frac{1}{2\sigma_e^2}\boldsymbol{A}_s^{\mathrm{T}}\boldsymbol{H}^{\mathrm{T}}\boldsymbol{H}\boldsymbol{A}_s\boldsymbol{Q}_s^{-1}\right)\boldsymbol{A}_s^{\mathrm{T}}\boldsymbol{H}^{\mathrm{T}}\boldsymbol{y} \\
&= \frac{\|\boldsymbol{y}\|_2^2}{2\sigma_e^2} - \frac{1}{2\sigma_e^4}\boldsymbol{y}^{\mathrm{T}}\boldsymbol{H}\boldsymbol{A}_s\boldsymbol{Q}_s^{-1}\boldsymbol{A}_s^{\mathrm{T}}\boldsymbol{H}^{\mathrm{T}}\boldsymbol{y}
\end{aligned}
\tag{11-25}
$$

在上式的最后一步，我们利用了括号内的部分等于 $0.5\boldsymbol{I}$ 的事实。这个式子表明要寻找 MAP 支撑集，需要使下式最大化，即

$$\mathrm{Val}(s) = \boldsymbol{y}^{\mathrm{T}}\boldsymbol{H}\boldsymbol{A}_s\boldsymbol{Q}_s^{-1}\boldsymbol{A}_s^{\mathrm{T}}\boldsymbol{H}^{\mathrm{T}}\boldsymbol{y} = \left\|\boldsymbol{Q}_s^{-0.5}\boldsymbol{A}_s^{\mathrm{T}}\boldsymbol{H}^{\mathrm{T}}\boldsymbol{y}\right\|_2^2$$

这意味着要遍历 Ω 中所有 $\begin{pmatrix} m \\ k \end{pmatrix}$ 个可能的支撑集，这通常是不可能的。总结如下，通过下式可以得到 MAP 估计，即

$$\hat{\boldsymbol{x}}^{\mathrm{MAP}} = \frac{1}{\sigma_e^2}\boldsymbol{Q}_{s*}^{-1}\boldsymbol{A}_{s*}^{\mathrm{T}}\boldsymbol{H}^{\mathrm{T}}\boldsymbol{y} \tag{11-26}$$

式中

$$s* = \arg\max_{s\in\Omega}\left\|\boldsymbol{Q}_s^{-0.5}\boldsymbol{A}_s^{\mathrm{T}}\boldsymbol{H}^{\mathrm{T}}\boldsymbol{y}\right\|_2^2$$

在 $\boldsymbol{HA}$ 是方阵且为酉矩阵的情况下，这个估计还能进一步简化。矩阵 $\boldsymbol{Q}_s$ 跟 $\boldsymbol{I}$ 是成比例的，不影响上面的最大化。令 $\beta = \boldsymbol{A}^{\mathrm{T}}\boldsymbol{H}^{\mathrm{T}}\boldsymbol{y}$，则可以通过计算这个向量并选择它的 k 个绝对值最大的项来确定 MAP 的最优支撑集。与不能实际计算的普通 MAP 估计不同，酉矩阵情况下，MAP 估计可以得到简单的闭合形式的解。

在讨论 MAP 估计的近似之前，我们特别指出如下事实。另一种定义 MAP 估计的方法是后验概率 $P(s\,|\,\boldsymbol{y})$ 的最大化，即搜索最适合解释测量数据的支撑集。根据贝叶斯准则，这等同于 $P(\boldsymbol{y}\,|\,s)P(s)$ 的最大化，其中 $P(\boldsymbol{y}\,|\,s)$ 服从多元高斯分布，可以通过对 $\boldsymbol{x}_s$ 求边缘分布得到（参照式（11-31）和之后的公式）。在这里考虑的情况中（势固定为 $|s|=k$），这个方法和前面的方法所得的解很接近。但在更复杂的情况中，这个方法却可能产生完全不同但更稳定的结果——这部分的讨论详见 Turek 等人的文章。

11.4.2 MAP 估计的近似

对于一般的势k，上述计算过程并不可行，因为它要求遍历所有$\begin{pmatrix} m \\ k \end{pmatrix}$种可能，因此也就没办法为我们的问题给出精确的MAP估计值。有意思的是，对于$k=1$，我们只需要考虑$\begin{pmatrix} m \\ 1 \end{pmatrix}=m$项，此时这个问题就比较可行了。实际上，可用$\tilde{\boldsymbol{a}}_i$（$i=1,2,\cdots,m$）表示矩阵$\boldsymbol{HA}$的$m$个列，当$k=1$时，之前的表达式可以使用这些单个的列对下面的项最大化，即

$$\mathrm{Val}(i)=\frac{\left\|\tilde{\boldsymbol{a}}_i^{\mathrm{T}}\boldsymbol{y}\right\|_2^2}{\frac{\|\tilde{\boldsymbol{a}}_i\|_2^2}{\sigma_e^2}+\frac{1}{\sigma_x^2}} \tag{11-27}$$

如果我们进一步假设所有的列$\tilde{\boldsymbol{a}}_i$都有相同的ℓ_2-范数，这个表达式就简化为对测量向量与$\boldsymbol{HA}$的每一列的内积绝对值进行最大化，以得到最优列（这样，支撑集的势$k=1$）。

基于这个观点，可以提出一种贪婪算法，一项项的累积得到支撑集中的k项——每次执行$k=1$的过程并选择支撑集中的第一项。然后进入下一步，给支撑集增加新的一列，并做$m-1$次测试（因为已经选定了一列）。这个过程需要重复k次，通过这种贪婪方式累积出k个向量。这实际是匹配追踪算法的一种变形，因为这个方法也依赖于测量向量与$\boldsymbol{HA}$的列之间内积的最大化。因此，对于给出的估计问题而言，我们可以认为OMP算法（或其某种变形）是MAP估计的近似。

需要注释一下：OMP算法和上面的贪婪算法之间稍有不同，也就是说，根据上述模型的适用性，为了更适合估计的目标，需要对OMP算法做些修正。举例来说，在上述贪婪方法的第二阶段，假设i_1是在第一阶段中选定的序号，需要寻找第二个序号i_2。此时要最大化的项是

$$\begin{aligned}\mathrm{Val}(i_2)&=\boldsymbol{y}^{\mathrm{T}}\boldsymbol{HA}_s\boldsymbol{Q}_s^{-1}\boldsymbol{A}_s^{\mathrm{T}}\boldsymbol{H}^{\mathrm{T}}\boldsymbol{y}\\&=\begin{bmatrix}\tilde{\boldsymbol{a}}_{i_1}^{\mathrm{T}}\boldsymbol{y} & \tilde{\boldsymbol{a}}_{i_2}^{\mathrm{T}}\boldsymbol{y}\end{bmatrix}\begin{bmatrix}\dfrac{\left\|\tilde{\boldsymbol{a}}_{i_1}\right\|_2^2}{\sigma_e^2}+\dfrac{1}{\sigma_x^2} & \dfrac{\tilde{\boldsymbol{a}}_{i_1}^{\mathrm{T}}\tilde{\boldsymbol{a}}_{i_2}}{\sigma_e^2}\\ \dfrac{\tilde{\boldsymbol{a}}_{i_1}^{\mathrm{T}}\tilde{\boldsymbol{a}}_{i_2}}{\sigma_e^2} & \dfrac{\left\|\tilde{\boldsymbol{a}}_{i_2}\right\|_2^2}{\sigma_e^2}+\dfrac{1}{\sigma_x^2}\end{bmatrix}^{-1}\begin{bmatrix}\tilde{\boldsymbol{a}}_{i_1}^{\mathrm{T}}\boldsymbol{y}\\ \tilde{\boldsymbol{a}}_{i_2}^{\mathrm{T}}\boldsymbol{y}\end{bmatrix}\end{aligned} \tag{11-28}$$

这与去掉$\boldsymbol{y}$的第一列后计算残差，再重复进行$k=1$测试的过程明显不同。以上的数值计算过程可能让人望而却步，但实际上这里的计算存在着捷径，可以使得每次迭代的计算量与第一次迭代基本相同。

回到图11.1中的那个实验，那里给大家展示了oracle估计的性能，现在再加

上 MAP 的性能。图 11.2 给出了 MAP 的经验误差，该误差是利用式（11-26）估计 $\hat{\boldsymbol{x}}^{\text{MAP}}$，并直接计算 $\left\|\boldsymbol{x}-\hat{\boldsymbol{x}}^{\text{MAP}}\right\|_2^2$ 来评估的。此图还显示出了利用 OMP 实现的 MAP 近似。这里的方法和之前讨论的方法不同——我们使用了在第 5 章里讨论过的 OMP，得到了势 $\|\boldsymbol{x}\|_0=3$ 的解。在我们的近似估计中，将该解作为已选定的支撑集，再利用 oracle 估计得到最终结果。可以看出，这个近似跟穷举型的 MAP 估计结果非常接近，而后者为了搜索最优解，需要遍历所有 $\begin{pmatrix} m \\ k \end{pmatrix}=4060$ 个支撑集。

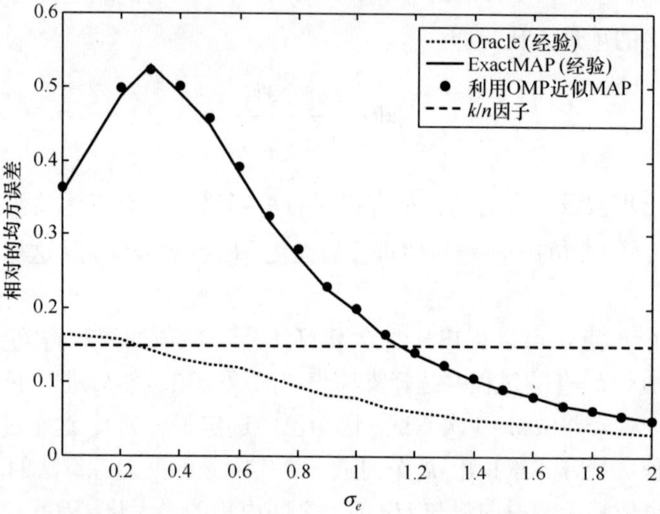

图 11.2 精确的（也是穷举型）MAP 和近似 MAP 的性能与输入噪声的函数关系。近似值通过使用 OMP 检测支撑集，并在该集合上计算 oracle 公式得到。输出结果均为相对于输入噪声能量 $n\sigma_e^2$ 的相对值

11.5 MMSE 估计

11.5.1 MMSE 估计的推导

我们已经看到，MMSE 估计可由 $E(\boldsymbol{x}\mid\boldsymbol{y})$ 给出，使用式（11-17）中的后验概率公式，得到下式：

$$
\begin{aligned}
E(\boldsymbol{x}\mid\boldsymbol{y}) &= \int_{\boldsymbol{x}} \boldsymbol{x}P(\boldsymbol{x}\mid\boldsymbol{y})\mathrm{d}\boldsymbol{x} \\
&= \sum_{s\in\Omega} P(s\mid\boldsymbol{y})\int_{\boldsymbol{x}} \boldsymbol{x}P(\boldsymbol{x}\mid s,\boldsymbol{y})\mathrm{d}\boldsymbol{x}
\end{aligned} \tag{11-29}
$$

式中内部积分代表的是支撑集 s 已知情况下的 MMSE 估计，这也是我们已经见过的 oracle 估计，由下式给出：

$$\int_{\boldsymbol{x}} \boldsymbol{x} P(\boldsymbol{x}\mid s,\boldsymbol{y})\mathrm{d}\boldsymbol{x} = E(\boldsymbol{x}\mid \boldsymbol{y},s) = \hat{\boldsymbol{x}}_s^{\text{oracle}} \\ = \left(\frac{1}{\sigma_e^2}\boldsymbol{A}_s^{\mathrm{T}}\boldsymbol{H}^{\mathrm{T}}\boldsymbol{H}\boldsymbol{A}_s + \frac{1}{\sigma_x^2}\boldsymbol{I}\right)^{-1}\frac{1}{\sigma_e^2}\boldsymbol{A}_s^{\mathrm{T}}\boldsymbol{H}^{\mathrm{T}}\boldsymbol{y} \tag{11-30}$$

式中 MMSE 估计值就是很多“oracle”估计结果的加权平均，其中每个结果都有不同的支撑集，都利用可能正确的似然值（定义为$P(s\mid \boldsymbol{y})$）进行加权。我们现在来推导这个概率的表达式。

再次根据贝叶斯准则，有$P(s\mid \boldsymbol{y}) = P(\boldsymbol{y}\mid s)P(s)/P(\boldsymbol{y})$。在$|s|=k$的所有支撑集$s\in\Omega$中，概率$P(s)$是常数，可以被忽略。同样的，在推导$P(s\mid \boldsymbol{y})$时，$P(\boldsymbol{y})$可以被视为一个归一化因子，也可以被忽略。这样，我们只需要计算$P(\boldsymbol{y}\mid s)$。这个概率可以通过对$\boldsymbol{x}_s$进行边缘积分得到，即对支撑集s中所有可能的非零值进行积分：

$$P(\boldsymbol{y}\mid s) = \int_{\boldsymbol{x}_s} P(\boldsymbol{y}\mid s,\boldsymbol{x}_s)P(\boldsymbol{x}_s\mid s)\mathrm{d}\boldsymbol{x}_s \tag{11-31}$$

这个积分是k维的，即在所有$\boldsymbol{x}_s\in\mathbf{R}^k$上对$P(\boldsymbol{y}\mid s,\boldsymbol{x}_s)$做平均。已知概率$P(\boldsymbol{x}_s\mid s)$服从高斯分布，$N(\boldsymbol{0},\sigma_x^2\boldsymbol{I})$。同样，一旦同时给定支撑集和其中的非零值（$s$和$\boldsymbol{x}_s$），$\boldsymbol{y}$也服从高斯分布，$\boldsymbol{H}\boldsymbol{A}_s\boldsymbol{x}_s$是它的均值，$\sigma_e^2\boldsymbol{I}$是它的协方差。将它们代入式(11-31)，可得

$$P(\boldsymbol{y}\mid s) = \int_{\boldsymbol{x}_s} P(\boldsymbol{y}\mid s,\boldsymbol{x}_s)P(\boldsymbol{x}_s\mid s)\mathrm{d}\boldsymbol{x}_s \\ \propto \int_{\boldsymbol{v}\in\mathbf{R}^k}\exp\left(-\frac{\|\boldsymbol{H}\boldsymbol{A}_s\boldsymbol{v}-\boldsymbol{y}\|_2^2}{2\sigma_e^2} - \frac{\|\boldsymbol{v}\|_2^2}{2\sigma_x^2}\right)\mathrm{d}\boldsymbol{v} \tag{11-32}$$

重新整理指数项，可得

$$\frac{\|\boldsymbol{H}\boldsymbol{A}_s\boldsymbol{v}-\boldsymbol{y}\|_2^2}{2\sigma_e^2} + \frac{\|\boldsymbol{v}\|_2^2}{2\sigma_x^2} = \frac{1}{2}(\boldsymbol{v}-\boldsymbol{h}_s)^{\mathrm{T}}\boldsymbol{Q}_s(\boldsymbol{v}-\boldsymbol{h}_s) - \frac{1}{2}\boldsymbol{h}_s^{\mathrm{T}}\boldsymbol{Q}_s\boldsymbol{h}_s + \frac{1}{2\sigma_e^2}\|\boldsymbol{y}\|_2^2 \tag{11-33}$$

式中

$$\begin{cases} \boldsymbol{Q}_s = \dfrac{1}{\sigma_e^2}\boldsymbol{A}_s^{\mathrm{T}}\boldsymbol{H}^{\mathrm{T}}\boldsymbol{H}\boldsymbol{A}_s + \dfrac{1}{\sigma_x^2}\boldsymbol{I} \\ \boldsymbol{h}_s = \dfrac{1}{\sigma_e^2}\boldsymbol{Q}_s^{-1}\boldsymbol{A}_s^{\mathrm{T}}\boldsymbol{H}^{\mathrm{T}}\boldsymbol{y} \end{cases} \tag{11-34}$$

$\boldsymbol{Q}_s$就是我们先前定义的矩阵，$\boldsymbol{h}_s$是支撑集s条件下的 oracle 解。将它们代入式（11-32），可得

$$P(\boldsymbol{y}\mid s) \propto \int_{\boldsymbol{v}\in\mathbf{R}^k}\exp\left(-\frac{\|\boldsymbol{H}\boldsymbol{A}_s\boldsymbol{v}-\boldsymbol{y}\|_2^2}{2\sigma_e^2} - \frac{\|\boldsymbol{v}\|_2^2}{2\sigma_x^2}\right)\mathrm{d}\boldsymbol{v} \\ = \exp\left(\frac{1}{2}\boldsymbol{h}_s^{\mathrm{T}}\boldsymbol{Q}_s\boldsymbol{h}_s - \frac{1}{2\sigma_e^2}\|\boldsymbol{y}\|_2^2\right) \\ \cdot\int_{\boldsymbol{v}\in\mathbf{R}^k}\exp\left(-\frac{1}{2}(\boldsymbol{v}-\boldsymbol{h}_s)^{\mathrm{T}}\boldsymbol{Q}_s(\boldsymbol{v}-\boldsymbol{h}_s)\right)\mathrm{d}\boldsymbol{v} \tag{11-35}$$

除了缺省的常系数之外，上式的积分在多元高斯分布的整个空间中进行。这样可得

$$\int_{v\in \mathbf{R}^k} \exp\left(-\frac{1}{2}(\boldsymbol{v}-\boldsymbol{h}_s)^{\mathrm{T}}\boldsymbol{Q}_s(\boldsymbol{v}-\boldsymbol{h}_s)\right)\mathrm{d}\boldsymbol{v} = \sqrt{(2\pi)^k \det(\boldsymbol{Q}_s^{-1})} \tag{11-36}$$

由此可得如下结果：

$$P(\boldsymbol{y}\,|\,s) \propto \exp\left(\frac{1}{2}\boldsymbol{h}_s^{\mathrm{T}}\boldsymbol{Q}_s\boldsymbol{h}_s\right)\cdot\sqrt{\det(\boldsymbol{Q}_s^{-1})} = \exp\left[\frac{1}{2}\boldsymbol{h}_s^{\mathrm{T}}\boldsymbol{Q}_s\boldsymbol{h}_s + \frac{1}{2}\log_{10}(\det(\boldsymbol{Q}_s^{-1}))\right] \tag{11-37}$$

注意我们已经删除了 $\exp\left(-\|\boldsymbol{y}\|_2^2/2\sigma_e^2\right)$ 和 $(2\pi)^k$ 项，因为我们只对依赖于支撑集 s 的项感兴趣，以上两项都可以被纳入比例常数。小结一下，为了计算 MMSE 估计，我们需要对所有的 $s\in\Omega$，计算下式：

$$\begin{aligned} q_{\mathrm{s}} &= \exp\left[\frac{1}{2}\boldsymbol{h}_s^{\mathrm{T}}\boldsymbol{Q}_s\boldsymbol{h}_s + \frac{1}{2}\log_{10}(\det(\boldsymbol{Q}_s^{-1}))\right] \\ &= \exp\left[\frac{\boldsymbol{y}^{\mathrm{T}}\boldsymbol{H}\boldsymbol{A}_s\boldsymbol{Q}_s^{-1}\boldsymbol{A}_s^{\mathrm{T}}\boldsymbol{H}^{\mathrm{T}}\boldsymbol{y}}{2\sigma_e^4} + \frac{1}{2}\log_{10}(\det(\boldsymbol{Q}_s^{-1}))\right] \end{aligned} \tag{11-38}$$

并将它们归一化使得总和为 1。实际上计算得到的值就是 MMSE 估计中用于式（11-30）加权求和的 $P(s\,|\,\boldsymbol{y})$。读者应该注意到上式中的 $\boldsymbol{y}^{\mathrm{T}}\boldsymbol{H}\boldsymbol{A}_s\boldsymbol{Q}_s^{-1}\boldsymbol{A}_s^{\mathrm{T}}\boldsymbol{H}^{\mathrm{T}}\boldsymbol{y}$——这一项跟 MAP 估计中用于测试支撑集的项完全相同（参见式（11-25））。

总结一下，通过结合式（11-29）和式（11-30），并利用式（11-38）给出的 q_{s} 定义，我们可以得到 MMSE 估计值

$$\hat{\boldsymbol{x}}^{\mathrm{MMSE}} = \frac{\sum_{s\in\Omega} q_s\left(\frac{1}{\sigma_e^2}\boldsymbol{A}_s^{\mathrm{T}}\boldsymbol{H}^{\mathrm{T}}\boldsymbol{H}\boldsymbol{A}_s + \frac{1}{\sigma_x^2}\boldsymbol{I}\right)^{-1}\frac{1}{\sigma_e^2}\boldsymbol{A}_s^{\mathrm{T}}\boldsymbol{H}^{\mathrm{T}}\boldsymbol{y}}{\sum_{s\in\Omega} q_s} \tag{11-39}$$

既然在酉矩阵情况下，MAP 估计可以有一个简单的闭合形式的解，那么我们也很有兴趣知道 MMSE 估计是否有同样的结论。我们这里不给出具体的分析过程，但是我们确实需要指出：MMSE 估计能够得到这样闭合形式的公式，并且也已经推导出来（参见 Protter 和 Turek 等人最近的文章），且完全消除了组合的复杂性。更进一步，在我们定义的 $\boldsymbol{x}$ 的生成模型 $\mathcal{G}_2$ 中，MMSE 估计和 MAP 一样，采用了收缩运算的形式。两者之间的差别仅仅是收缩曲线的形状不同而已。

11.5.2 MMSE 估计的近似

为了寻找最合适的支撑集，精确的 MAP 估计需要遍历所有的 $s\in\Omega$，MMSE 估计不仅要做类似的搜索，还要对每个支撑集进行 oracle 估计，并利用合适的权重对这些估计值进行加权平均。显然，MMSE 比 MAP 更加复杂，由于具有指数型增长的运算量，一般情况下也和 MAP 一样是不可行的。

跟我们在 MAP 估计中所做的一样，考虑 $k=1$ 的简化情况。在这种情况下，式（11-38）中的 $q_i(i=1,2,\cdots,m)$ 变为

$$
\begin{aligned}
q_i &= \exp\left[\frac{\boldsymbol{y}^{\mathrm{T}}\boldsymbol{H}\boldsymbol{A}_s\boldsymbol{Q}_s^{-1}\boldsymbol{A}_s^{\mathrm{T}}\boldsymbol{H}^{\mathrm{T}}\boldsymbol{y}}{2\sigma_e^4}+\frac{1}{2}\log_{10}(\det(\boldsymbol{Q}_s^{-1}))\right] \\
&= \exp\left[\frac{1}{2\sigma_e^2}\cdot\frac{(\tilde{\boldsymbol{a}}_i^{\mathrm{T}}\boldsymbol{y})^2}{\|\tilde{\boldsymbol{a}}_i\|_2^2+\frac{\sigma_e^2}{\sigma_x^2}}+\frac{1}{2}\log_{10}\left(\frac{\|\tilde{\boldsymbol{a}}_i\|_2^2}{\sigma_e^2}+\frac{1}{\sigma_x^2}\right)\right]
\end{aligned}
\tag{11-40}
$$

可以计算出这些值，并在所有 m 个势 $k=1$ 的可能集合上对它们进行加权平均。假设列 $\tilde{\boldsymbol{a}}_i$ 是归一化的，这些加权值与 $\exp(C(\tilde{\boldsymbol{a}}_i^{\mathrm{T}}\boldsymbol{y})^2)$ 成正比，这样的加权优先选择那些与测量向量平行的原子。

对于 $k>1$ 的情况，可以在对较小的 q_i 进行裁剪的基础之上提出 MMSE 的近似算法。如果我们选择几个（即 $p \ll m$）q_i 值最大的序号 $1 \leqslant i \leqslant m$，并忽略其他项，那么我们就保留了加权平均中大部分重要的项。在 $k=2$ 时，我们不去搜索所有 $\begin{pmatrix} m \\ 2 \end{pmatrix}$ 个可能的支撑集，而只需要利用 $k=1$ 时已选定的 p 项，对这 p 项我们将剩下的 $m-1$ 个原子作为第 2 候选项进行测试，总共搜索 $p(m-1)$ 个可能集合。我们对这 $p(m-1)$ 个测试有一个质量评估 q_s，如式（11-38）所示。这样，我们可以再次忽略大多数项，并选择最好的 p 个。对于 $k=3$ 和更大的势，可以重复此过程，当达到 k 时，我们保留了通过贪婪方法得到的 p 个支撑集，这些支撑集具有较高的概率 q_s。对它们进行加权平均能够替代穷举型的 MMSE，且对它的结果进行了近似。

也可以基于随机化方法对一般的 k 值给出另一种 MMSE 近似算法。这种方法通过在支撑集 $s \in \Omega$ 中进行随机抽样，以得到用于平均的子集。当 $k=1$ 时，（归一化之后的）q_i 是那些势为 $|s|=1$ 的支撑集的精确概率 $P(s|\boldsymbol{y})$。与前面方法中确定地选择几个最大值不同，这里按照与 q_i 成比例的概率，随机选取一些序号。有了这样一组序号之后，对这些序号对应的解进行简单平均，就可以得到 MMSE 加权平均的无偏估计。

上述过程原则上对于 $|s|=k>1$ 也是适用的，同样的随机选取支撑集并对其 oracle 估计做平均。但为使平均值更准确些，我们需要进行海量的随机抽取，这使得这个想法不切实际。作为替代，我们建议采用贪婪的方法来累积抽取到的支撑集。举例来说，采用之前的方法选择第一个原子 i_1 后，我们以该原子 i_1 作为第一项，计算该原子与原子 i 匹配的 $m-1$ 个概率 $q_i = P(s=[i_1,i]|\boldsymbol{y})$，并考虑所有 $m-1$ 个概率。利用这个分布，我们可以提取出第 2 个原子，记其为 i_2。持续这个过程，直到 k 次随机抽取后，得到势为 k 的支撑集，这其中每一次抽取都要考虑 $O(m)$ 个概率（实际上在第 j 步时有 $m-j+1$ 个概率）。

随机-OMP 算法是上述过程的简化版本，遵循同样的通用算法结构，即基于 m 个概率 q_i 来选择下一个原子。从普通的 OMP 出发，我们不再确定地选择最好的原子加入支撑集，而像上面一样进行随机选取。然而，考虑到残差信号也是在 $\boldsymbol{A}$ 中的原子上映射的项，每次贪婪迭代之后，都需要用式（11-40）重新计算概率 q_i。执行几次随机算法后，就能得到几个不同的（有潜力的）支撑集以及它们的 oracle 估计值。将其平均（不进行加权!!）可以得到近似的 MMSE。

以上两个过程可以被认为是那些给出概率函数 $P(\boldsymbol{y}\,|\,s)$ 峰值的支撑集的近似 Gibbs 采样器。随机-OMP 算法如图 11.3 所示。

（1）**任务**：计算式（11-39）中的近似 MMSE 估计。

（2）**参数**：参数对 $(\boldsymbol{A}, \boldsymbol{y})$，支撑集的势 $|s|$，值 σ_e 和 σ_x，循环次数 J。

（3）**主迭代**：运行以下随机算法 J 次。

① **初始化**。令 $k=0$，并设置：

—— 初始解为 $\boldsymbol{x}^0=\boldsymbol{0}$；

—— 初始残差为 $\boldsymbol{r}^0=\boldsymbol{y}-\boldsymbol{A}\boldsymbol{x}^0=\boldsymbol{y}$；

—— 初始解的支撑集为 $S^0=\text{Support}\{\boldsymbol{x}^0\}=\varnothing$。

② **贪婪迭代**。k 加 1 并执行下列步骤 $|s|$ 次。

—— **随机提取**：根据正比于下式的概率随机提取 j_0，即

$$q_i=\exp\left\{\frac{1}{2\sigma_e^2}\cdot\frac{(\boldsymbol{a}_i^{\mathrm{T}}\boldsymbol{r}^{k-1})^2}{\|\boldsymbol{a}_i\|_2^2+\frac{\sigma_e^2}{\sigma_x^2}}+\frac{1}{2}\log_{10}\left(\frac{\|\boldsymbol{a}_i\|_2^2}{\sigma_e^2}+\frac{1}{\sigma_x^2}\right)\right\}$$

—— **更新支撑集**：利用 $S^k=S^{k-1}\cup\{j_0\}$ 更新支撑集。

—— **增加解**：在 $\text{Support}\{\boldsymbol{x}\}=S^k$ 的条件下计算 $\|\boldsymbol{A}\boldsymbol{x}-\boldsymbol{y}\|_2^2$ 的最小点，解为 $\boldsymbol{x}^k$。

—— **更新残差**：计算 $\boldsymbol{r}^k=\boldsymbol{y}-\boldsymbol{A}\boldsymbol{x}^k$。

③ **确定第 j 个解**。令检测到的支撑集为 $s=S^k$，利用 oracle 公式计算估计

$$\hat{\boldsymbol{x}}_j=\left(\frac{1}{\sigma_e^2}\boldsymbol{A}_s^{\mathrm{T}}\boldsymbol{A}_s+\frac{1}{\sigma_x^2}\boldsymbol{I}\right)^{-1}\frac{1}{\sigma_e^2}\boldsymbol{A}_s^{\mathrm{T}}\boldsymbol{y}$$

（4）**输出**：在 J 个随机结果上进行简单的平均，就得到近似值

$$\hat{\boldsymbol{x}}=\frac{1}{J}\sum_{j=1}^{J}\hat{\boldsymbol{x}}_j$$

图 11.3　用于计算近似 MMSE 估计量的随机 OMP 算法（简化起见，假设 $\boldsymbol{H}=\boldsymbol{I}$）

再次回到图 11.1 和图 11.2 所示的实验，这次加上 MMSE 性能曲线。我们利用式（11-39）计算 $\hat{\boldsymbol{x}}^{\text{MMSE}}$，并通过 $\left\|\boldsymbol{x}-\hat{\boldsymbol{x}}^{\text{MMSE}}\right\|_2^2$ 直接评估误差。我们同样实现了随机-OMP，在迭代 25 次后对其结果进行简单平均，以此来近似 MMSE。由于 $\boldsymbol{A}$ 中的所有原子都是单位范数，在随机-OMP 中原子的随机抽取概率正比于 $\exp(C(\boldsymbol{a}_i^{\mathrm{T}}\boldsymbol{y})^2)$，其中 $1/C=2\sigma_e^2(1+\sigma_e^2/\sigma_x^2)$——这个常数需要在随机-OMP 函数中使用。每次都用随机-OMP 来提取出支撑集，并在此集合上得到 oracle 估计值。它们平均之后可以得到最后的结果。

图 11.4 给出了这次实验的结果，可以看出，近似结果与穷举型的 MMSE 非常接近，而后者必须要遍历所有 $\begin{pmatrix} m \\ k \end{pmatrix} = 4060$ 个支撑集，并对它们的 oracle 估计值做平均。

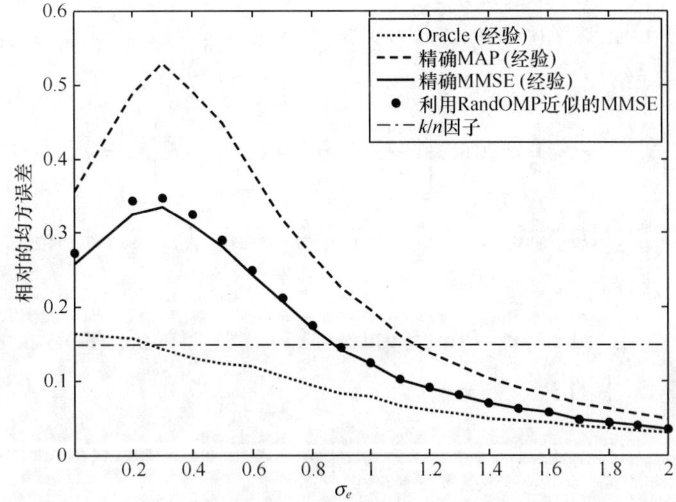

图 11.4　精确的（也是穷举的）MMSE 与近似 MMSE 的性能和输入噪声的函数关系。近似值是通过对 25 次随机-OMP 的运行结果进行平均得到的。结果均为相对于输入噪声能量 $n\sigma_e^2$ 的相对值

11.6　MMSE 和 MAP 的估计误差

我们已经得到了 MAP 和 MMSE 估计的表达式，现在的目标是推导这些估计器中实际 MSE 的类似表达式。下面的分析从一般的估计量 $\hat{\boldsymbol{x}}$ 的误差开始，注意到它可以写为

$$\begin{aligned} E(\|\hat{\boldsymbol{x}}-\boldsymbol{x}\|_2^2) &= \int_{\boldsymbol{x}\in\mathbf{R}^n} \|\hat{\boldsymbol{x}}-\boldsymbol{x}\|_2^2 P(\boldsymbol{x}\mid\boldsymbol{y})\mathrm{d}\boldsymbol{x} \\ &= \sum_{s\in\Omega} P(s\mid\boldsymbol{y}) \int_{\boldsymbol{x}\in\mathbf{R}^n} \|\hat{\boldsymbol{x}}-\boldsymbol{x}\|_2^2 P(\boldsymbol{x}\mid s,\boldsymbol{y})\mathrm{d}\boldsymbol{x} \end{aligned} \tag{11-41}$$

式中使用了式（11-17）中的后验概率的边缘积分。

修改 $\|\hat{\boldsymbol{x}}-\boldsymbol{x}\|_2^2$ 项，分别加减对应于已知支撑集 s 的 oracle 估计量 $\hat{\boldsymbol{x}}_s^{\text{oracle}}$，我们可以重新改写上面的积分。对整个估计问题来讲，这里的 oracle 估计不应该混同于理想 oracle 估计，后者必须要知道产生测量 $\boldsymbol{y}$ 的真正支撑集 s^*。我们利用公式 $\|\hat{\boldsymbol{x}}-\boldsymbol{x}\|_2^2 = \|\hat{\boldsymbol{x}}-\hat{\boldsymbol{x}}_s^{\text{oracle}}+\hat{\boldsymbol{x}}_s^{\text{oracle}}-\boldsymbol{x}\|_2^2$，得到

$$\begin{aligned}&\int_{\boldsymbol{x}\in\mathbf{R}^n}\|\hat{\boldsymbol{x}}-\boldsymbol{x}\|_2^2 P(\boldsymbol{x}\mid s,\boldsymbol{y})\mathrm{d}\boldsymbol{x}\\&\quad=\int_{\boldsymbol{x}\in\mathbf{R}^n}\|\hat{\boldsymbol{x}}_s^{\text{oracle}}-\boldsymbol{x}\|_2^2 P(\boldsymbol{x}\mid s,\boldsymbol{y})\mathrm{d}\boldsymbol{x}+\int_{\boldsymbol{x}\in\mathbf{R}^n}\|\hat{\boldsymbol{x}}-\hat{\boldsymbol{x}}_s^{\text{oracle}}\|_2^2 P(\boldsymbol{x}\mid s,\boldsymbol{y})\mathrm{d}\boldsymbol{x}\end{aligned}\tag{11-42}$$

注意，交叉项 $(\hat{\boldsymbol{x}}_s^{\text{oracle}}-\boldsymbol{x})^{\mathrm{T}}(\hat{\boldsymbol{x}}-\hat{\boldsymbol{x}}_s^{\text{oracle}})$ 的积分消失了，因为 $(\hat{\boldsymbol{x}}-\hat{\boldsymbol{x}}_s^{\text{oracle}})$ 项是确定的，能够从积分中移出来。而根据定义 $\hat{\boldsymbol{x}}_s^{\text{oracle}}=E(\boldsymbol{x}\mid\boldsymbol{y},s)$，积分表达式中剩下的项是零。

返回式（11-42），其中第 1 项表示给定支撑集 s 的 oracle 估计 MSE，这在式（11-16）中已经给出：

$$E(\|\hat{\boldsymbol{x}}_s^{\text{oracle}}-\boldsymbol{x}_s\|_2^2)=\operatorname{trace}\left[\left(\frac{1}{\sigma_e^2}\boldsymbol{A}_s^{\mathrm{T}}\boldsymbol{H}^{\mathrm{T}}\boldsymbol{H}\boldsymbol{A}_s+\frac{1}{\sigma_x^2}\boldsymbol{I}\right)^{-1}\right]=\operatorname{trace}(\boldsymbol{Q}_s^{-1})$$

第 2 项更加简单：既然 $\|\hat{\boldsymbol{x}}-\hat{\boldsymbol{x}}_s^{\text{oracle}}\|_2^2$ 是确定的，就可以将其移出积分，剩下的部分就简化为 1。这样可得

$$\int_{\boldsymbol{x}\in\mathbf{R}^n}\|\hat{\boldsymbol{x}}-\boldsymbol{x}\|_2^2 P(\boldsymbol{x}\mid s,\boldsymbol{y})\mathrm{d}\boldsymbol{x}=\|\hat{\boldsymbol{x}}-\hat{\boldsymbol{x}}_s^{\text{oracle}}\|_2^2+\operatorname{trace}(\boldsymbol{Q}_s^{-1})$$

利用式（11-38）中的 $P(s\mid\mathbf{y})\propto q_s$，有

$$E(\|\hat{\boldsymbol{x}}-\boldsymbol{x}\|_2^2)=\frac{1}{\sum_{s\in\Omega}q_s}\cdot\sum_{s\in\Omega}q_s\cdot\left[\|\hat{\boldsymbol{x}}-\hat{\boldsymbol{x}}_s^{\text{oracle}}\|_2^2+\operatorname{trace}(\boldsymbol{Q}_s^{-1})\right]\tag{11-43}$$

代入表达式 $\hat{\boldsymbol{x}}=\hat{\boldsymbol{x}}^{\text{MMSE}}$，就可以得到 MMSE 的误差。有趣的是，如果我们针对 $\hat{\boldsymbol{x}}$ 求上式的最小值，就可以得到式（11-39）中给出的 MMSE 估计公式，这是因为将上式对 $\hat{\boldsymbol{x}}$ 求偏导，并使其等于零，可得

$$\begin{aligned}&\frac{\partial E(\|\hat{\boldsymbol{x}}-\boldsymbol{x}\|_2^2)}{\partial\hat{\boldsymbol{x}}}=2\frac{\sum_{s\in\Omega}q_s(\hat{\boldsymbol{x}}-\hat{\boldsymbol{x}}_s^{\text{oracle}})}{\sum_{s\in\Omega}q_s}=\boldsymbol{0}\\&\Rightarrow\hat{\boldsymbol{x}}^{\text{MMSE}}=\frac{\sum_{s\in\Omega}q_s\hat{\boldsymbol{x}}_s^{\text{oracle}}}{\sum_{s\in\Omega}q_s}\end{aligned}$$

作为一个有趣的例子，考虑 $\boldsymbol{H}=\boldsymbol{I}$，且 $\boldsymbol{A}$ 是酉矩阵的情况，此时 $\boldsymbol{A}_s^{\mathrm{T}}\boldsymbol{H}^{\mathrm{T}}\boldsymbol{H}\boldsymbol{A}_s$ 项是大小为 $|s|=k$ 的单位阵，而且对于任何 $s\in\Omega$，$\operatorname{trace}(\boldsymbol{Q}_s^{-1})=k\sigma_x^2\sigma_e^2/(\sigma_x^2+\sigma_e^2)$ 都是常数。考虑 q_s 的值，我们注意到，此时 $q_s\propto\exp(C\cdot\|\beta_s\|_2^2/2\sigma_e^2)$，其中 $\beta_s=\boldsymbol{A}_s^{\mathrm{T}}\boldsymbol{y}$ 是 $\boldsymbol{y}$ 到支撑集 s 列上的投影，常数 $C=\sigma_x^2/(\sigma_x^2+\sigma_e^2)$。最后，$s$-oracle 估计由公式 $\hat{\boldsymbol{x}}_s^{\text{oracle}}=\sigma_x^2\beta_s/(\sigma_x^2+\sigma_e^2)=C\beta_s$ 给出。将所有这些结合起来，得到

$$E(\|\hat{\boldsymbol{x}}-\boldsymbol{x}\|_2^2)=\frac{\sum_{s\in\Omega}\exp\left(\frac{C\cdot\|\beta_s\|_2^2}{2\sigma_e^2}\right)\cdot\|\hat{\boldsymbol{x}}-c\beta_s\|_2^2}{\sum_{s\in\Omega}\exp\left(\frac{C\cdot\|\beta_s\|_2^2}{2\sigma_e^2}\right)}+\frac{k\sigma_x^2\sigma_e^2}{\sigma_x^2+\sigma_e^2}\tag{11-44}$$

返回一般情况，我们注意到式（11-43）中的一般误差表达式可以利用加减 $\hat{\boldsymbol{x}}^{\text{MMSE}}$ 进行改写，得到

$$\begin{aligned}
E(\|\hat{\boldsymbol{x}}-\boldsymbol{x}\|_2^2)&=\frac{\sum_{s\in\Omega}q_s\cdot\left[\left\|\hat{\boldsymbol{x}}-\hat{\boldsymbol{x}}_s^{\text{oracle}}\right\|_2^2+\text{trace}(\boldsymbol{Q}_s^{-1})\right]}{\sum_{s\in\Omega}q_s}\\
&=\frac{\sum_{s\in\Omega}q_s\cdot\left[\left\|\hat{\boldsymbol{x}}-\hat{\boldsymbol{x}}^{\text{MMSE}}+\hat{\boldsymbol{x}}^{\text{MMSE}}-\hat{\boldsymbol{x}}_s^{\text{oracle}}\right\|_2^2+\text{trace}(\boldsymbol{Q}_s^{-1})\right]}{\sum_{s\in\Omega}q_s}\\
&=\left\|\hat{\boldsymbol{x}}-\hat{\boldsymbol{x}}^{\text{MMSE}}\right\|_2^2+\frac{\sum_{s\in\Omega}q_s\cdot\left[\left\|\hat{\boldsymbol{x}}^{\text{MMSE}}-\hat{\boldsymbol{x}}_s^{\text{oracle}}\right\|_2^2+\text{trace}(\boldsymbol{Q}_s^{-1})\right]}{\sum_{s\in\Omega}q_s}\\
&=\left\|\hat{\boldsymbol{x}}-\hat{\boldsymbol{x}}^{\text{MMSE}}\right\|_2^2+E(\left\|\hat{\boldsymbol{x}}^{\text{MMSE}}-\boldsymbol{x}\right\|_2^2)
\end{aligned}\tag{11-45}$$

再一次的，上述表达式中去除了交叉项 $(\hat{\boldsymbol{x}}-\hat{\boldsymbol{x}}^{\text{MMSE}})^{\text{T}}(\hat{\boldsymbol{x}}^{\text{MMSE}}-\hat{\boldsymbol{x}}_s^{\text{oracle}})$，因为第 1 部分可以从求和中移出，而第 2 部分由于 $\hat{\boldsymbol{x}}^{\text{MMSE}}$ 是 oracle 估计的线性组合而被消去。因此这就意味着

$$E(\left\|\hat{\boldsymbol{x}}^{\text{MAP}}-\boldsymbol{x}\right\|_2^2)=\left\|\hat{\boldsymbol{x}}^{\text{MAP}}-\hat{\boldsymbol{x}}^{\text{MMSE}}\right\|_2^2+E(\left\|\hat{\boldsymbol{x}}^{\text{MMSE}}-\boldsymbol{x}\right\|_2^2)\tag{11-46}$$

图 11.5 给出了上面这个公式的趋势，它准确描述了 MMSE 和 MAP 估计的经验性能。该图给出了如图 11.2 和图 11.4 中一样的经验结果，同时也显示了式(11-43)中的 MMSE 期望误差以及式（11-46）中的 MAP 期望误差。

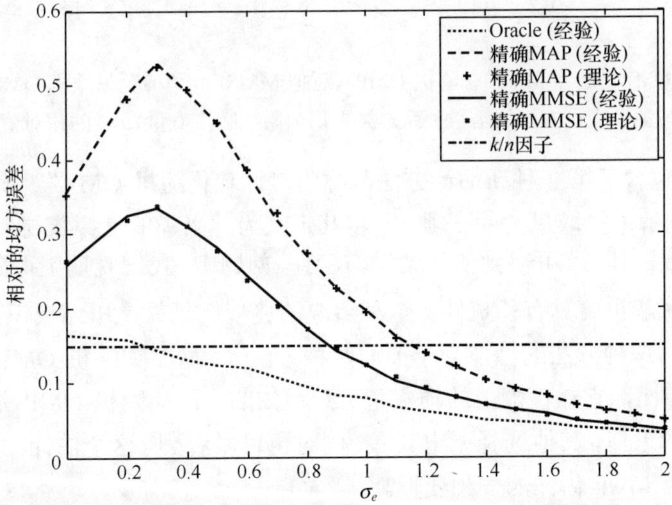

图 11.5　MAP 和 MMSE 估计的性能曲线。既有经验评估结果，也有使用期望误差式（11-43）和式（11-46）计算得到的结果。结果均为相对于输入噪声能量 $n\sigma_e^2$ 的相对值

11.7 更多的实验结果

到目前为止，所有仿真实验处理的都是维数非常低的问题，精确的穷举型估计也能在合理时间内计算结束。现在我们来看更高维上的类似仿真。就像以前一样，我们也使用随机字典，但大小为 200×400。令未知表示的势为 $k = 20$。图 11.6 给出了 OMP 和随机-OMP（平均运行 25 次）的性能，结果是在不同的噪声方差条件下，经过 100 次独立实验并进行平均得到的。从图中我们看到，结果跟低维测试的结果类似。

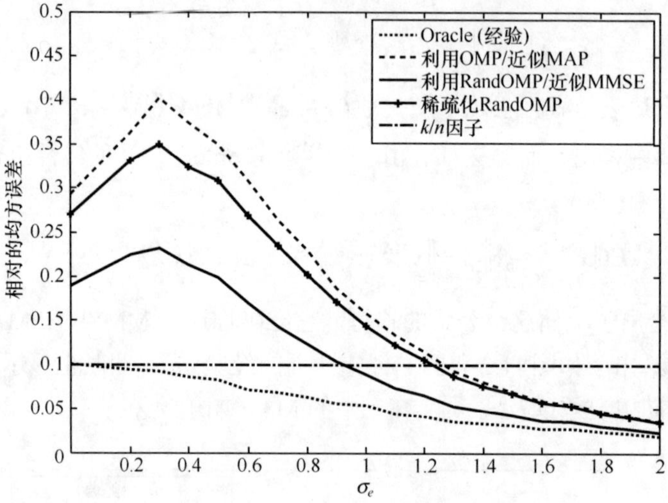

图 11.6 OMP（近似 MAP）、随机-OMP（近似 MMSE）和稀疏版随机-OMP 的性能与加性噪声方差的函数关系。结果均为附加噪声变量 $n\sigma_e^2$ 的相对值

图 11.6 包含了第 2 种新估计方法，称为“稀疏化随机-OMP”。该估计通过在随机-OMP 的解中提取最大的 k 项，并将其定义为感兴趣的支撑集得到。在该集合上计算 oracle 估计，就可得到估计结果。在有些问题中，我们既期望得到精确的 ℓ_2-估计量，同时解也要具有稀疏性。这种情况的典型例子就是压缩或识别。

我们看到这种方法的性能介于前面两种方法（OMP 和随机-OMP）之间。跟随机-OMP 相比，它在性能上的损失是可想而知的，因为随机-OMP 是 MMSE 估计相对较好的近似，其他选择无出其右。同时也可以看到，这个估计比 OMP 好些，这说明它不是 MAP 估计的一种变形。

随机-OMP 要随机运行多少次才能足够接近 MMSE 估计呢？使用和上述实验相同的设置参数，图 11.7 给出了算法运行不同次数后的性能。可以看到，只需 4 次就能足够接近期望的结果。

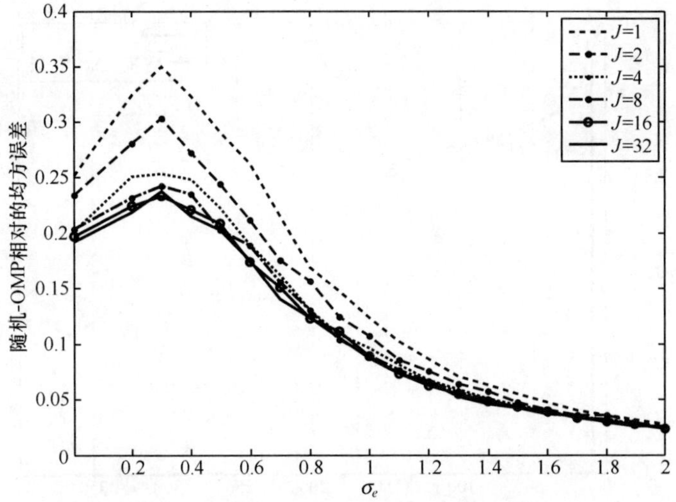

图 11.7　不同运行次数后平均的随机-OMP 性能

最后的实验重点关注随机-OMP，特别是在它能得到非稀疏解的趋势上。我们只做一个和前面实验很类似的估计实验，使用的字典是大小为 200×400 的过完备 DCT 矩阵，该矩阵从大小为 400×400 的 DCT 酉矩阵中隔行抽取得到。所用参数为 $k=10$，$\sigma_e=0.2$，$\sigma_x=1$ 和 $J=100$。图 11.8 给出了随机-OMP 的结果，不出所料，虽然结果跟原始表示 $\boldsymbol{x}_0$ 很接近，但由于计算过程中的大量平均，解不是稀疏的。为进一步考察解的性能，图 11.9 给出了这两个表示经过排序后的绝对值，很显然，随机-OMP 的解是稠密的。如果噪声比较强，或者字典的一致性比较差，这个趋势更加明显。

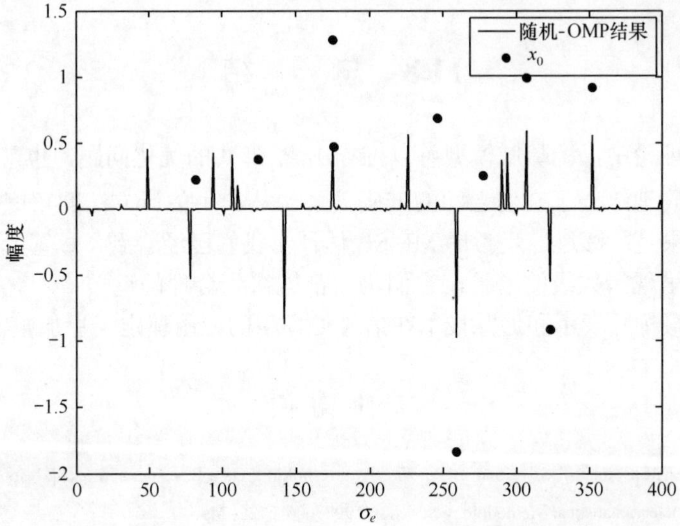

图 11.8　随机-OMP 的结果（J=100）与真实表示 $\boldsymbol{x}_0$ 的对比

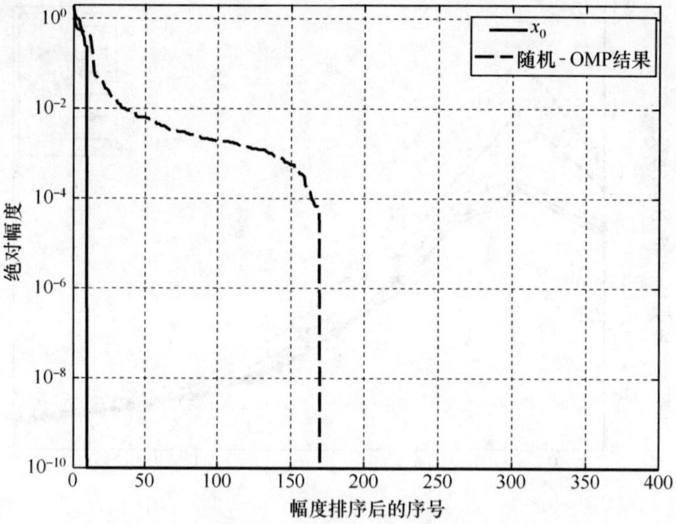

图 11.9　随机-OMP 的结果与真实表示 $\boldsymbol{x}_0$ 的各项元素绝对值排序

随机-OMP（实际上是它给出的 MMSE 近似）给出非稀疏解的这件事将我们带回到第 10 章结束时提出的问题。在那里我们已经看到最优的 λ（从 MSE 的角度考虑）导致了稠密的解。现在我们可以很简单地给出解释，因为它是 MMSE 的一种近似，而 MMSE 估计本来也没期望是稀疏的。进一步扩展所考虑的范围，即便我们要估计的未知量是稀疏的，甚至势也是已知的，这也并不意味着它的 MMSE 估计就能是稀疏的。跟此相关的一个有趣的问题是：对我们的问题来讲，k-稀疏的 MMSE 估计是什么？它跟我们介绍过的稀疏化随机-OMP 类似吗？到目前为止，这还是个没有解决的问题。

11.8　总　　结

在估计理论中，**稀疏域**模型可以推导出 P_0^ε 形式的优化问题，也就是 MAP 估计。本章明确地给出了它们之间的准确关系。从选用估计方法的角度来看，本章更重要的成果是能够进一步考虑 MMSE 估计。我们已经看到，尽管所有这些估计的计算量都呈现指数级的增长，它们仍然都能得到合理的近似值。这里的分析为进一步研究最稀疏表示和追踪技术在信号处理中的应用奠定了更加坚实的基础。

延伸阅读

[1] Abramovich F, Sapatinas T, Silverman B W. Wavelet thresholding via a Bayesian approach[J]. Journal of the Royal Statistical Society. Statistical Methodology Series B, 1998, 60(4):725–749.

[2] Antoniadis A, Bigot J, Sapatinas T. Wavelet estimators in nonparametric regression: a comparative simulation

study[J]. J. Stat. Software, 2001, 6(6):1–83.

[3] Clyde M, George E I. Empirical Bayes estimation in wavelet nonparametric regression[M]//. Bayesian Inference in Wavelet Based Models, Lect. Notes in Statistics, Vol.141. P. Muller P, Vidakovic B, Eds. New York, Springer-Verlag, 1999 : 309-322.

[4] Clyde M, George E I. Flexible empirical Bayes estimation for wavelets[J], J. R. Statist. Soc. B, 2000, 62(4):681–698.

[5] Clyde M, Parmigiani G, Vidakovic B. Multiple shrinkage and subset selection in wavelets[J]. Biometrika, 1998, 85(2):391–401.

[6] Elad M, Yavneh I. A weighted average of sparse representations is better than the sparsest one alone[J]. IEEE Transactions on Information Theory, 2009, 55(10):4701–4714.

[7] Turek J, Yavneh I, et al. On MMSE and MAP denoising under sparse representation modeling over a unitary dictionary[J]. submitted to Applied Computational Harmonic Analysis.

[8] Larsson E, Selen Y. Linear regression with a sparse parameter vector[J]. IEEE Transactions on Signal Processing, 2007, 55(2):451–460.

[9] Mallat S, Zhang Z. Matching pursuits with time-frequency dictionaries[J]. IEEE Trans. Signal Processing, 1993, 41(12):3397–3415.

[10] Moulin P, Liu J. Analysis of multiresolution image denoising schemes using generalized Gaussian and complexity priors[J]. IEEE Trans. Inf. Theory, 1999, 45(3):909–919.

[11] Protter M, Yavneh I, Elad M. Closed-form MMSE for denoising signals under sparse-representation modeling[C]// The IEEE 25-th Convention of Electrical and Electronics Engineers in Israel, Eilat, Israel. December 3-5, 2008.

[12] Protter M, Yavneh I, Elad M. Closed-Form MMSE estimation for signal denoising under sparse representation modelling over a unitary dictionary[J]. IEEE Trans. on Signal Processing, 2010, 58(7):3471-3484.

[13] Simoncelli E P, Adelson E H. Noise removal via Bayesian wavelet coring[C]// Proc. ICIP, Laussanne, Switzerland, September 1996. 1996:379-382.

[14] Schnitter P, Potter L C, Ziniel J. Fast Bayesian matching pursuit[C]// Proc. Workshop on Information Theory and Applications (ITA), La Jolla, CA, Jan. 2008. 2008:326-333.

[15] Schintter P, Potter L C, Ziniel J. Fast Bayesian matching pursuit: Model uncertainty and parameter estimation for sparse linear models[C]// Information Theory and Applications Workshop, 2008. 2008:326-333.

第 12 章 字典的探索

字典 A 是定义**稀疏域**信号并推广应用它的基本要素。为了更好地处理问题中的信号，应怎样明智地选择 A 呢？这是本章的讨论主题，我们将通过一组例子来重点讨论字典学习方法。

12.1 选择和学习的对比

为了在应用中寻求恰当的字典，有一种思路是考虑选择预构的字典，例如，非抽样小波（undecimated wavelet，见第 10 章），导向小波（steerable wavelet），轮廓波（contourlets），曲波（curvelets）等。许多最近提出的字典是专为图像设计的，特别是针对“卡通”类型的图像内容，其被认为是分段光滑的且边缘光滑的。

其中一些被提到的字典（常被称为变换）都有着详细的理论分析，已证明对于信号中的这种简化内容，其表示系数存在着稀疏性。这典型地体现于 M 项近似值（即用变换系数中最优的 M 个非零值来表示信号）的衰减率。

我们还可以选择使用可调整的字典，其中的基或框架的生成受控于特定参数（离散的或连续的）。这种类型中两个最有名的例子是小波包（wavelet packets）和条带波（bandelets）。小波包（由 Coifman 等人提出）建议对时频细分进行控制，从而针对特定情况下的信号实现最优性能。条带波（由 Mallat 等人提出）通过将规则小波原子指向局部处理区域的主方向，从而在空间上更好地适应图像。

采用预构字典或自适应字典时，计算速度很快（直接应用的复杂度是 $O(n\log_{10} n)$ 而不是 nm），但它们的稀疏化能力局限于所设计的信号。此外，这些字典中的绝大部分都局限在某一类的信号/图像上，不能用于任意感兴趣的新信号类。这令我们要去寻找另一种方法，以突破这些限制——即采用学习的观点。

这种学习方法首先要建立信号实例的**训练数据库**，这些实例要与实际应用中的信号相似，利用它们构造出基于经验学习的字典，字典中的原子来自于经验数据，而不是某些理论模型。这样的字典在应用中可以被当成一个固定的冗余字典。在本章中我们将详细探讨这第三种选择。

与预构字典和自适应字典不同，学习方法能够适用于任何符合**稀疏域**模型的信号。然而，这是以更高的计算负荷为代价的——因为学习型字典是由明显的无结构矩阵来构造的，因此和预构字典相比，其在应用中计算量更大。训练方法的另一个缺点是它局限于低维信号[1]。这就是为什么用这种字典处理图像时都要在小块上进行。我们将在这一章的后面部分讨论克服这两种有局限性的方法。

12.2 字典学习算法

我们现在讨论构造 $\boldsymbol{A}$ 的学习方法。假设给定训练数据库 $\{\boldsymbol{y}_i\}_{i=1}^{M}$，其中的数据被认为由某个固定的未知模型 $\mathcal{M}_{\{\boldsymbol{A},k_0,\alpha,\epsilon\}}$ 生成。这个训练数据库能够让我们辨认出生成模型，特别是能确定字典 $\boldsymbol{A}$ 吗？这是相当困难的问题，早在 1996 年，Field 和 Olshausen 就开始了有关的最初研究，他们从字典的原子和简单视觉层细胞的分布之间存在的相似性中得到了启发。他们认为基于经验地学习一个字典可以对进化过程进行建模，以得到简单细胞的当前聚集状态；而且他们也确实能够在学习型字典的性质和简单细胞分布的某些已知性质之间找到粗糙的经验匹配。

Lewicki，Engan，Rao，Gribonval，Aharon 以及其他一些研究者进行了后续工作，将 Field 和 Olshausen 的方法和实现算法按不同的方式进行了扩展。这里我们主要描述两种训练机制，一种是由 Engan 等人研究的最优方向方法（Method of Optimal Directions，MOD），另一种是 Aharon 等人研究的 K-SVD 方法。

12.2.1 字典学习的核心问题

假设模型偏差 ϵ 已知，我们的目标是估计 $\boldsymbol{A}$ 。考虑以下优化问题：

$$\min_{\boldsymbol{A},\{\boldsymbol{x}_i\}_{i=1}^{M}} \sum_{i=1}^{M} \|\boldsymbol{x}_i\|_0 \quad \text{s. t.} \quad \|\boldsymbol{y}_i - \boldsymbol{A}\boldsymbol{x}_i\|_2 \leqslant \epsilon,\ 1 \leqslant i \leqslant M \tag{12-1}$$

该问题将每个信号 $\boldsymbol{y}_i$ 描述为未知字典 $\boldsymbol{A}$ 之上的最稀疏表示 $\boldsymbol{x}_i$，目的是同时找到恰当的表示和字典。很明显，如果能找到一个解使得每个表示的非零项有 k_0 个或者更少，那么就得到了可行的候选模型 $\mathcal{M}$ 。

如果我们将稀疏性作为约束，目标是得到信号的最优拟合，那么式（12-1）中的惩罚项与约束项的作用可能会颠倒过来，即

$$\min_{\boldsymbol{A},\{\boldsymbol{x}_i\}_{i=1}^{M}} \sum_{i=1}^{M} \|\boldsymbol{y}_i - \boldsymbol{A}\boldsymbol{x}_i\|_2^2 \quad \text{s. t.} \quad \|\boldsymbol{x}_i\|_0 \leqslant k_0,\ 1 \leqslant i \leqslant M \tag{12-2}$$

这两个问题提的恰当吗？它们存在有意义的解吗？要回答这些问题，其中还有很多明显的不确定因素（如列的缩放和交换）。如果我们固定尺度和顺序，一般情况下式（12-1）和式（12-2）中的这些问题是否存在有意义的解呢？我们马上将证明，这些问题的答案是肯定的。

在前面给出的字典学习问题的规范表述之中，有一个基本的疑问，就是这个问题是否存在唯一性，以及是否仅存在一个字典，可以稀疏地表示训练向量集合。

---

① 至少到目前为止，多级学习型字典的构造方法还在研究之中，可以相信在不久的将来能克服这个缺点。

令人吃惊的是，至少对于 $\epsilon=0$ 的情况，Aharon 等人已经证明，这个问题是有答案的。假设存在一个字典 $\boldsymbol{A}_0$，数据库中的样本足够丰富，所有的样本都可用最多 $k_0<\mathrm{spark}(\boldsymbol{A}_0)/2$ 个原子进行表示。那么，不论如何调整列的尺度或顺序，$\boldsymbol{A}_0$ 是唯一使得训练数据库中所有元素都达到这种稀疏度的字典。

一些读者可能更喜欢从矩阵分解的角度考虑问题。将数据库中所有的向量按列方式拼接起来，构成一个 $n\times M$ 的矩阵 $\boldsymbol{Y}$，类似地，所有对应的稀疏表示构成一个 $m\times M$ 的矩阵 $\boldsymbol{X}$；这样，字典在无噪的情况下满足 $\boldsymbol{Y}=\boldsymbol{AX}$。找出这个隐含字典的问题就等同于矩阵 $\boldsymbol{Y}$ 分解为 $\boldsymbol{AX}$ 的问题，其中 $\boldsymbol{A}$ 和 $\boldsymbol{X}$ 具有明确的大小，$\boldsymbol{X}$ 具有稀疏的列。矩阵分解的观点将这一问题与非负矩阵分解，特别是稀疏非负矩阵分解关联了起来。

12.2.2 MOD 算法

很明显，求解式（12-1）或式（12-2）没有通用的实际算法，原因和没有通用的实际算法来解决 (P_0) 问题相同，只不过更加明显。然而，和处理 (P_0) 问题一样，尽管缺少一般性的保证，我们不能就此放弃启发式方法，而不看看这些方法在特定情况下是如何处理的。

我们可以将式（12-1）的问题看作是嵌套的最小化问题：内层是在给定 $\boldsymbol{A}$ 的情况下关于表示向量 $\boldsymbol{x}_i$ 中非零项个数的最小化问题，外层是定义在 $\boldsymbol{A}$ 之上的最小化问题。交替最小化的方案似乎非常自然；在第 k 步，我们采用第 $k-1$ 步得到的字典 $\boldsymbol{A}_{(k-1)}$ 来求解 (P_0^{ϵ}) 的 M 个实际数据，每个数据库中的元素 $\boldsymbol{y}_i$ 都用字典 $\boldsymbol{A}_{(k-1)}$ 求解一次。这样可以得到矩阵 $\boldsymbol{X}_{(k)}$，然后就可以用最小二乘来求解 $\boldsymbol{A}_{(k)}$，即

$$\begin{aligned}\boldsymbol{A}_{(k)}&=\arg\min_{\boldsymbol{A}}\left\|\boldsymbol{Y}-\boldsymbol{AX}_{(k)}\right\|_F^2\\&=\boldsymbol{YX}_{(k)}^{\mathrm{T}}(\boldsymbol{X}_{(k)}\boldsymbol{X}_{(k)}^{\mathrm{T}})^{-1}=\boldsymbol{YX}_{(k)}^{+}\end{aligned}\tag{12-3}$$

这里我们采用了 Frobenius 范数来估计误差。我们也可以对所得字典的列进行尺度调整。我们对 k 加 1，如果没有满足收敛标准，就重复上面的循环。这个由 Engan 等人提出的块坐标松弛（Block-Coordinate-Relaxation）算法，被命名为最优方向方法（Method of Optimal Directions，MOD）。该算法的详细描述如图 12.1 所示。

图 12.2 通过一个合成实验展示了 MOD 方法的性能。生成一个大小为 30×60 的随机字典（各项是独立同分布的高斯随机变量，列归一化），并由其生成 4000 个信号样本，每一个样本由 4 个原子随机组合而成，组合系数服从正态分布 $N(0,1)$。每个信号被 $\sigma=0.1$ 的零均值高斯随机噪声污染。这意味着实验中的信噪比约为 8。对这组信号执行 50 次 MOD 迭代，尝试恢复出原始字典。此时 MOD 方法中的势固定为 $k_0=4$，初始化时采用最前面的 60 个样本作为字典原子。图 12.2（b）给出了平均表示误差作为迭代次数的函数。

（1）**任务**。通过近似求解式（12-2）问题的解，来训练可以稀疏表示数据 $\{\boldsymbol{y}_i\}_{i=1}^{M}$ 的字典 $\boldsymbol{A}$ 。

（2）**初始化**。初始化 $k=0$ ，并：

① **初始化字典**：构造 $\boldsymbol{A}_{(0)} \in \mathbf{R}^{n\times m}$ ，可以使用随机元素，也可以使用 m 个随机选择的样本。

② **归一化**：将 $\boldsymbol{A}_{(0)}$ 的各列归一化。

（3）**主迭代**。k 增 1，并执行以下步骤：

① **稀疏编码阶段**：使用追踪算法近似求解，即

$$\hat{\boldsymbol{x}}_i = \arg\min_{\boldsymbol{x}} \left\| \boldsymbol{y}_i - \boldsymbol{A}_{(k-1)}\boldsymbol{x} \right\|_2^2 \qquad \text{s. t.} \quad \left\| \boldsymbol{x} \right\|_0 \leqslant k_0$$

得到稀疏表示 $\hat{\boldsymbol{x}}_i\ (1 \leqslant i \leqslant M)$，它们构成矩阵 $\boldsymbol{X}_{(k)}$ 。

② **MOD 字典更新阶段**：利用公式更新字典，即

$$\boldsymbol{A}_{(k)} = \arg\min_{\boldsymbol{A}} \left\| \boldsymbol{Y} - \boldsymbol{A}\boldsymbol{X}_{(k)} \right\|_F^2 = \boldsymbol{Y}\boldsymbol{X}_{(k)}^{\mathrm{T}}(\boldsymbol{X}_{(k)}\boldsymbol{X}_{(k)}^{\mathrm{T}})^{-1}$$

③ **停止规则**：如果 $\left\| \boldsymbol{Y} - \boldsymbol{A}\boldsymbol{X}_{(k)} \right\|_F^2$ 的改变足够小，停止迭代；否则，继续迭代。

（4）**输出**。得到结果 $\boldsymbol{A}_{(k)}$ 。

图 12.1　MOD 字典学习算法

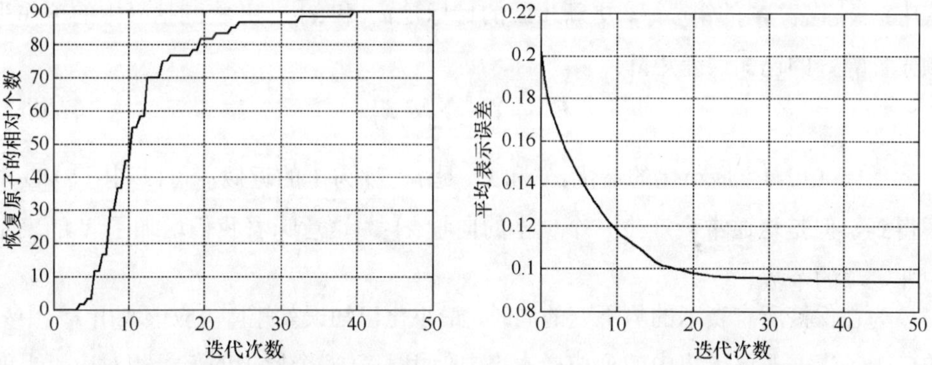

(a) 正确恢复原子的相对数量（in%）　　(b) 平均表示误差

图 12.2　MOD 在人工合成实验中的性能

既然这是一个人工合成实验，真实的字典已知，那么我们就可以对估计字典与原始目标的接近程度进行评估。图 12.2（a）给出了能恢复的原子数量的图示。如果能从估计字典中找到 $\hat{\boldsymbol{a}}_j$ ，与真实字典中的原子 $\boldsymbol{a}_i$ 相匹配，使得 $|\boldsymbol{a}_i^{\mathrm{T}}\hat{\boldsymbol{a}}_j| > 0.99$ ，则认为该原子 $\boldsymbol{a}_i$ 被恢复出来了。注意，如果估计出的原子被与训练数据中相同大小的噪声所污染（即，$\hat{\boldsymbol{a}}_j = \boldsymbol{a}_i + \boldsymbol{e}_j$ ，$\boldsymbol{e}_j \sim N(\boldsymbol{0}, \sigma^2\boldsymbol{I})$），内积的方差将为

$$E((\boldsymbol{a}_i^{\mathrm{T}}\hat{\boldsymbol{a}}_j - \boldsymbol{a}_i^{\mathrm{T}}\boldsymbol{a}_i)^2) = \boldsymbol{a}_i^{\mathrm{T}}E(\boldsymbol{e}_j\boldsymbol{e}_j^{\mathrm{T}})\boldsymbol{a}_i = \sigma^2 = 0.01$$

式中我们利用了 $\boldsymbol{a}_i^{\mathrm{T}}\boldsymbol{a}_i = 1$ 这一事实。因此，内积的标准差被要求为 0.01，这要比期望的标准差小 10 倍，由前面的分析知道，这是非常苛刻的条件。

图 12.2 中的结果说明，在这个实验中 MOD 算法的性能非常好，采用 20～30 次迭代就能恢复出原始字典中的大部分原子。而且，每个样本只用 4 个原子，MOD 就能够使平均表示误差低于 0.1——也就是噪声水平。这就意味着对于我们的问题而言，得到的字典是可行解。

12.2.3 K-SVD 算法

可以提出不同的字典更新准则，其中就包括对 $\boldsymbol{A}$ 的原子（即列）按顺序进行处理。这就产生了由 Aharon 等人提出的 K-SVD 算法。除了第 j_0 列 $\boldsymbol{a}_{j_0}$ 之外保持所有的列不变，列 $\boldsymbol{a}_{j_0}$ 可通过在 $\boldsymbol{X}$ 中乘以它的系数来更新。我们将与 $\boldsymbol{a}_{j_0}$ 相关的元素孤立出来，重写式（12-3）如下[①]：

$$\begin{aligned}\|\boldsymbol{Y}-\boldsymbol{A}\boldsymbol{X}\|_F^2 &= \left\|\boldsymbol{Y}-\sum_{j=1}^{m}\boldsymbol{a}_j\boldsymbol{x}_j^{\mathrm{T}}\right\|_F^2 \\ &= \left\|\left(\boldsymbol{Y}-\sum_{j\neq j_0}\boldsymbol{a}_j\boldsymbol{x}_j^{\mathrm{T}}\right)-\boldsymbol{a}_{j_0}\boldsymbol{x}_{j_0}^{\mathrm{T}}\right\|_F^2\end{aligned} \tag{12-4}$$

式中：$\boldsymbol{x}_j^{\mathrm{T}}$ 代表 $\boldsymbol{X}$ 的第 j 行。更新步骤的目标是 $\boldsymbol{a}_{j_0}$ 和 $\boldsymbol{x}_{j_0}^{\mathrm{T}}$，并将圆括号中的项作为预先计算好的已知误差矩阵。

$$\boldsymbol{E}_{j_0}=\boldsymbol{Y}-\sum_{j\neq j_0}\boldsymbol{a}_j\boldsymbol{x}_j^{\mathrm{T}} \tag{12-5}$$

使式（12-4）最小化的最优 $\boldsymbol{a}_{j_0}$ 和 $\boldsymbol{x}_{j_0}^{\mathrm{T}}$ 是 $\boldsymbol{E}_{j_0}$ 秩为 1 的近似，可以利用 SVD 求解得到，但是这通常会产生一个稠密的向量 $\boldsymbol{x}_{j_0}^{\mathrm{T}}$，这意味着我们增加了 $\boldsymbol{X}$ 的表示中非零项的个数。

为在保持所有表示的势不变的同时，最小化已知误差矩阵，应该取出 $\boldsymbol{E}_{j_0}$ 中列的一个子集——该子集中的列与样本集中使用了第 j_0 个原子的信号相对应，也就是说这些列在行 $\boldsymbol{x}_{j_0}^{\mathrm{T}}$ 中的项非零。这样，我们只允许 $\boldsymbol{x}_{j_0}^{\mathrm{T}}$ 中存在的非零系数进行变化，就可以保持势不变了。

为此，我们定义一个约束算子 $\boldsymbol{P}_{j_0}$，令其右乘 $\boldsymbol{E}_{j_0}$ 以消去非相关列。矩阵 $\boldsymbol{P}_{j_0}$ 有 M 行（所有样本的数目），M_{j_0} 列（使用第 j_0 个原子的样本数）。我们将行 $\boldsymbol{x}_{j_0}^{\mathrm{T}}$ 上的约束定义为 $(\boldsymbol{x}_{j_0}^{R})^{\mathrm{T}}=\boldsymbol{x}_{j_0}^{\mathrm{T}}\boldsymbol{P}_{j_0}$，这个操作仅选择非零项。

对于子矩阵 $\boldsymbol{E}_{j_0}\boldsymbol{P}_{j_0}$ 而言，通过 SVD 得到的秩为 1 的近似值可以用于更新原子 $\boldsymbol{a}_{j_0}$ 以及在稀疏表示 $\boldsymbol{x}_{j_0}^{R}$ 中的对应系数。这一同步更新可以大大加快训练算法的收敛速度。图 12.3 详细地描述了 K-SVD 算法。

---

① 为简化符号，我们忽略迭代次数 k。

（1）**任务**。通过近似求解式（12-2）问题的解，来训练可以稀疏表示数据 $\{\boldsymbol{y}_i\}_{i=1}^{M}$ 的字典 $\boldsymbol{A}$。

（2）**初始化**。初始化 $k=0$，并：

① **初始化字典**：构造 $\boldsymbol{A}_{(0)} \in \mathbf{R}^{n\times m}$，可以使用随机元素，也可以使用 m 个随机选择的样本。

② **归一化**：将 $\boldsymbol{A}_{(0)}$ 的各列归一化。

（3）**主迭代**。k 增 1，并执行以下步骤：

① **稀疏编码阶段**：使用追踪算法近似求解，即

$$\hat{\boldsymbol{x}}_i = \arg\min_{\boldsymbol{x}} \left\| \boldsymbol{y}_i - \boldsymbol{A}_{(k-1)}\boldsymbol{x} \right\|_2^2 \qquad \text{s.t.} \quad \|\boldsymbol{x}\|_0 \leqslant k_0$$

得到稀疏表示 $\hat{\boldsymbol{x}}_i$ ($1\leqslant i\leqslant M$)，它们构成矩阵 $\boldsymbol{X}_{(k)}$。

② **K-SVD 字典更新阶段**：使用下列步骤来更新字典的列并获得 $\boldsymbol{A}_{(k)}$（重复 $j_0=1,2,\cdots,m$）。

— 定义使用原子 $\boldsymbol{a}_{j_0}$ 的样本集 $\Omega_{j_0}=\left\{i \mid 1\leqslant i\leqslant M, \boldsymbol{X}_{(k)}[j_0,j]\neq 0\right\}$；

— 计算残差 $\boldsymbol{E}_{j_0} = \boldsymbol{Y} - \sum\limits_{j\neq j_0} \boldsymbol{a}_j \boldsymbol{x}_j^{\mathrm{T}}$，其中 $\boldsymbol{x}_j$ 是矩阵 $\boldsymbol{X}_{(k)}$ 的第 j 行；

— 通过只选择对应于 Ω_{j_0} 的列来限制 $\boldsymbol{E}_{j_0}$，得到 $\boldsymbol{E}_{j_0}^{R}$；

— 应用 SVD 分解 $\boldsymbol{E}_{j_0}^{R} = \boldsymbol{U\Delta V}^{\mathrm{T}}$，更新字典原子 $\boldsymbol{a}_{j_0}=\boldsymbol{u}_1$ 和表示 $\boldsymbol{x}_{j_0}^{R} = \boldsymbol{\Delta}[1,1]\cdot \boldsymbol{v}_1$。

③ **停止规则**：如果 $\left\|\boldsymbol{Y}-\boldsymbol{A}\boldsymbol{X}_{(k)}\right\|_F^2$ 的改变足够小，停止迭代；否则，继续迭代。

（4）**输出**：得到结果 $\boldsymbol{A}_{(k)}$。

图 12.3　K-SVD 字典学习算法

要注意的是只需要计算 $\boldsymbol{E}_{j_0}\boldsymbol{P}_{j_0}$ 的第一个秩对应的部分，因此无需使用完整的 SVD。根据相同的块坐标推导方法，可以提出另一种确定 $\boldsymbol{a}_{j_0}$ 和 $\boldsymbol{x}_{j_0}^{R}$ 的数值方法：固定 $\boldsymbol{a}_{j_0}$，可以通过简单的最小二乘法来更新 $\boldsymbol{x}_{j_0}^{R}$，即

$$\min_{\boldsymbol{x}_{j_0}^{R}} \left\| \boldsymbol{E}_{j_0}\boldsymbol{P}_{j_0} - \boldsymbol{a}_{j_0}(\boldsymbol{x}_{j_0}^{R})^{\mathrm{T}} \right\|_F^2 \Rightarrow \boldsymbol{x}_{j_0}^{R} = \frac{\boldsymbol{P}_{j_0}^{\mathrm{T}}\boldsymbol{E}_{j_0}^{\mathrm{T}}\boldsymbol{a}_{j_0}}{\left\|\boldsymbol{a}_{j_0}\right\|_2^2}$$

更新后，固定 $\boldsymbol{x}_{j_0}^{R}$，再通过下式更新 $\boldsymbol{a}_{j_0}$，即

$$\min_{\boldsymbol{a}_{j_0}} \left\| \boldsymbol{E}_{j_0}\boldsymbol{P}_{j_0} - \boldsymbol{a}_{j_0}(\boldsymbol{x}_{j_0}^{R})^{\mathrm{T}} \right\|_F^2 \Rightarrow \boldsymbol{a}_{j_0} = \frac{\boldsymbol{E}_{j_0}\boldsymbol{P}_{j_0}\boldsymbol{x}_{j_0}^{R}}{\left\|\boldsymbol{x}_{j_0}^{R}\right\|_2^2}$$

要得到待求的更新字典，对这两个未知量进行少量的更新迭代就够了。

有趣的是，如果在 k_0=1 的情况下考虑上述过程，并将表示系数限制为二元数据（1 或 0），这个问题就退化成一个简单的聚类任务。此外，在这种情况下，上述训练算法就简化成熟知的 K-均值算法。K-均值每次迭代计算的是 K 个不同子集的均值，而 K-SVD 算法每次都对 K 个不同子矩阵执行一次 SVD，K-SVD 的名称由此而来（K 指的是 $\boldsymbol{A}$ 中列的数目）。

字典学习问题是聚类的推广，这个事实为我们揭示了更多有关学习任务的性质：

（1）与聚类问题和解决它的K-均值方法一样，我们不能确保MOD和K-SVD算法可以得到式（12-2）中惩罚函数的全局最小解。事实上，也无法保证得到局部最小解，因为这些算法可能收敛到处于鞍点上的稳态解。

（2）依然是收敛的问题，由于稀疏编码阶段采用的追踪可能得到一个次优解，我们不能保证惩罚函数是迭代过程的单调非增函数。但我们可以修改算法，使得在追踪步骤之后，仅采用那些表示误差呈现下降趋势的样本，从而确保误差全面下降。

（3）K-均值和K-SVD（以及MOD）之间的相似性使我们能够借鉴在提高K-均值方法速度方面积累的大量实际经验。这些技术包括在学习过程中逐步改变原子个数，逐步改变用于每个样本的原子个数，多尺度方法（样本由多尺度金字塔表示，训练首先在低维上进行）等。这里不再赘述。

图12.4给出了在上节人工合成实验中K-SVD的运行结果。对于这两种算法，我们在字典更新后都添加了一个修正步骤，其中如果字典中的某个原子很少用到，或者它与字典中的另一个原子非常相近，则用表示误差最大的样本取代它。

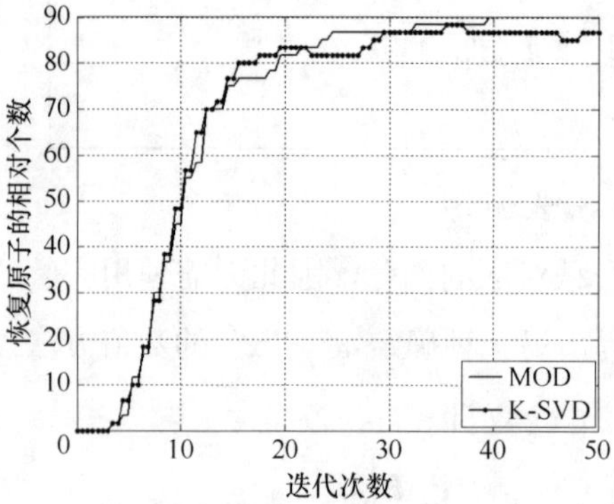

(a) 正确恢复原子的相对个数（in%）

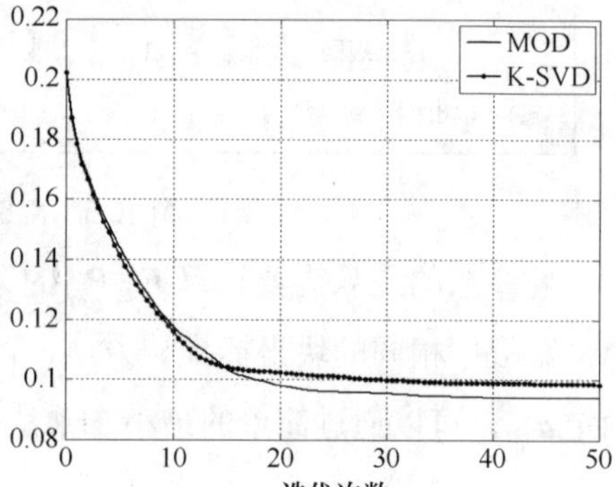

(b) 平均表示误差

图12.4　K-SVD用于人工合成实验的性能

可以看出，在这个实验中，在最终输出（在平均表示误差为0.09时字典恢复率为100%）以及收敛速度两方面，K-SVD算法的结果都略好于MOD算法。一般来说，这两个算法表现相近，K-SVD略有优势。

我们现在给出一个在真实数据上进行的基础实验。我们从图像Barbara（如图12.5）中提取出8×8大小的图像块，并训练用于稀疏表示这些图像块的字典。图像大小是512×512，考虑所有的重叠部分，意味着将有（512−7）^{2}=255,025个可能的块。我们提取1/10的块（均匀分布的）用于训练，分别用MOD和K-SVD算法进行50次迭代。两种测试中，我们设定的势都是每块k_0=4个原子。

两个算法都使用大小为64×121的二维可分离DCT字典进行初始化。字典构造过程如下：首先构造一个 8×11 的一维 DCT 矩阵 $\boldsymbol{A}_{1D}$，其中第k个原子（$k=1,2,\cdots,11$）由 $\boldsymbol{a}_k^{1D}=\cos((i-1)(k-1)\pi/11)\ (i=1,2,\cdots,8)$ 给出。然后除第一个之

外的所有原子减去它们的平均值。最后的字典是由矩阵张量积（Kronecker-product）$\boldsymbol{A}_{2D}=\boldsymbol{A}_{1D}\otimes\boldsymbol{A}_{1D}$ 计算得到，这意味着当处理二维图像块时这个矩阵具有可分离性。

图 12.5　Barbara 的原图，在其上训练字典并进行评估

图 12.6 给出了这 2 种算法在训练集中的平均表示误差。我们看到，尽管通常认为 DCT 字典在图像块稀疏表示上的性能良好，这两种算法依然能在初始化的基础上极大地改善其性能。本实验中，MOD 和 K-SVD 的性能相当，最终的误差也几乎相同。DCT 字典和实验中得到的两个字典如图 12.7 所示。

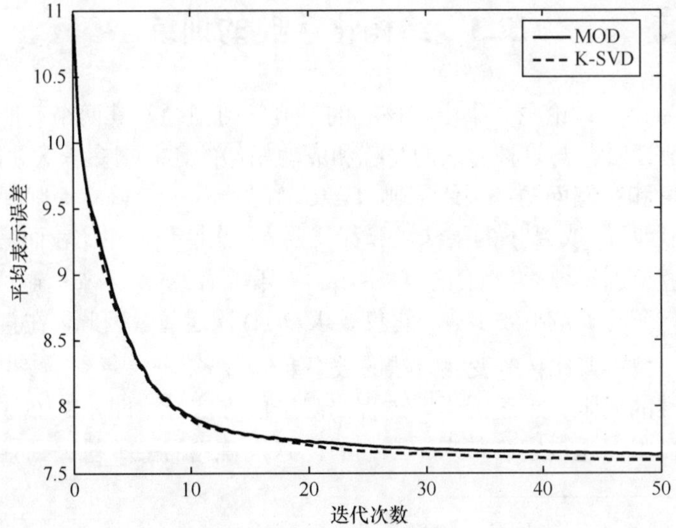

图 12.6　MOD 和 K-SVD 算法在训练集上的平均表示误差（表示为迭代次数的函数）

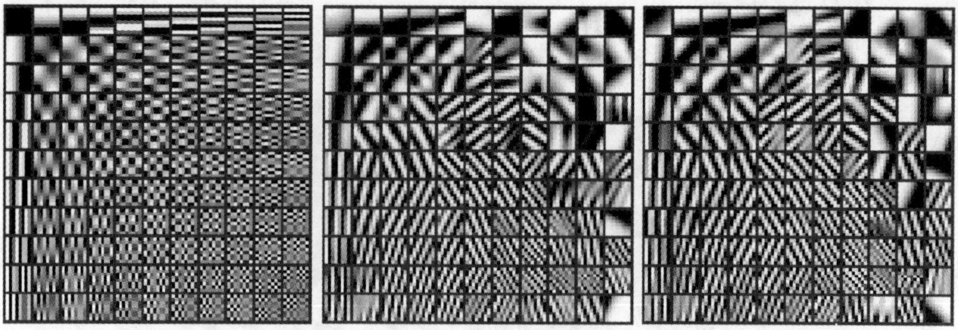

(a) (b) (c)

图 12.7　DCT 字典（a），MOD 字典（b），K-SVD 字典（c），
由图像 Barbara 的 8×8 块训练得到

两个学习过程都会产生由分段光滑的原子和纹理原子组成的字典，这是由训练图像的属性决定的。有人可能会认为 MOD 和 K-SVD 字典是相同的或相近的，但用前面提到的过程来衡量两个字典间的距离时我们会发现仅有大约 14%原子重叠，剩下的则认为是不同的（即它们的交叉内积低于 0.99）。

由于我们只用了可用图像块中的很小一部分来训练字典，那么会很自然地问如下问题，即得到的字典是否也能对图像块的剩余部分进行稀疏表示。在所有的图像块上执行 OMP，用 DCT 字典得到的平均表示误差是 10.97，用 MOD 字典得到的误差是 7.82，用 K-SVD 字典得到的误差是 7.80。两个训练所得字典的表示误差与仅在训练集上得到的误差非常接近，也都远胜 DCT 字典，这意味着稀疏性质很好地推广到了图像的其他块上。

12.3　结构化字典的训练

到目前为止，讨论主要集中在核心的字典学习问题及其两个可能的解决方案上。应该提醒读者，与这种方法的简练和成功相伴的还有很多重大缺陷，包括：

（1）**速度和存储问题**：训练字典 $\boldsymbol{A}\in\mathbf{R}^{n\times m}$ 被当作一个确定矩阵保存和使用。在应用时，形如 $\boldsymbol{Ax}$ 或 $\boldsymbol{A}^{\mathrm{T}}\boldsymbol{y}$ 的乘法运算都需要 nm 次操作。相比较而言，结构化字典需要的计算量则少得多。例如，一个相同大小[①]的可分离 2 维字典只需要 $2n\sqrt{m}$ 次运算。另一个例子是小波字典，它仅要求 $O(m)$ 次运算。因此，在直接存储和使用方面，学习型字典比传统变换方法的效率要低得多。

（2）**低维的局限**：上述的学习过程局限于低维信号，即 $n\leqslant 1000$ 是一个不能超过的合理极限。超过它会带来一系列的问题，首先需要数量大到难以忍受的训

① 在大小为 $\sqrt{n}\times\sqrt{n}$ 的图像块上计算，字典的乘法按如下方法执行：先利用大小为 $\sqrt{m}\times\sqrt{n}$ 的矩阵左乘图像块，再利用大小为 $\sqrt{n}\times\sqrt{m}$ 的矩阵右乘图像块。

练数据，非常慢的训练过程，以及在搜索字典时由于存在太多的自由参数而导致的过拟合风险。这些问题给学习型字典的应用加上了一个硬性限制。例如，在图像处理的一系列算法中（有些在后续章节中会讲到），学习型字典通常用在小的图像块而不是整个图像上。

（3）**在单一尺度上操作**：通过 MOD 和 K-SVD 得到的学习型字典仅在信号的固有尺度上进行操作。过去小波变换的经验告诉我们，多数时候在多个尺度上处理信号，并在每个尺度上采取不同的处理手段，效果会更好。这一缺陷与上述提到的信号维度（没有为多尺度处理留下充分的自由度）和速度（多尺度字典可能相乘会更快）的局限相关。

（4）**不变性的缺失**：在一些应用中，我们希望得到的字典具有特定的不变性。最典型的例子是平移不变性，旋转不变性和尺度不变性。它们意味着当字典用于图像的平移、旋转或尺度变化时，期望得到的稀疏表示与原始图像的表示紧密相关。将这些不变性加入到字典学习过程中是有价值的，但上述方法没有提到这一问题。

所有上述缺陷也反映出了预先设计字典的性质，将这些性质引入到学习型字典中也是有益的，这样可以创造一个比经典变换更具吸引力的可选方案。从这个角度来说，上述的字典学习方法在替换经典变换的过程中只实现了第 1 步。

为解决部分上述问题，本节将介绍字典学习中 3 个活跃性发展方向。当然，为了使学习方法趋于成熟，还有更多的工作要做，只有这样，才能在各个方面——结果性能、算法速度和简洁性等等——都比预选方案或自适应方案更有竞争力。

12.3.1 双稀疏模型

这里描述的双稀疏模型，其目的是解决输入信号维度的限制，同时解决求取字典的速度问题。我们回到式（12-2）给出的字典学习公式

$$\min_{\boldsymbol{A},\{\boldsymbol{x}_i\}_{i=1}^M} \sum_{i=1}^{M} \|\boldsymbol{y}_i - \boldsymbol{A}\boldsymbol{x}_i\|_2^2 \qquad \text{s. t.} \ \ \|\boldsymbol{x}_i\|_0 \leqslant k_1, 1 \leqslant i \leqslant M$$

式中，已知每个信号都由 k_1 个原子构造得到（从原始的 k_0 到 k_1 的改变将很快变得清晰）。假设字典 $\boldsymbol{A} \in \mathbf{R}^{n \times m}$ 中 m 个原子中的每一个都呈现出非常特别的内部结构，这将有助于得到乘法运算更快的字典。

我们假设选择的字典 $\boldsymbol{A}$ 具有如下结构，它的每个原子都可以利用预先指定的字典 $\boldsymbol{A}_0 \in \mathbf{R}^{n \times m_0}$ 中的 k_0 个原子稀疏组合而成。我们的假设可以用公式表示为 $\boldsymbol{A} = \boldsymbol{A}_0 \boldsymbol{Z}$，其中 $\boldsymbol{Z} \in \mathbf{R}^{m_0 \times m}$ 是每列有 k_0 个非零项的稀疏矩阵。这一结构受到了表现图像块分段光滑，周期性或纹理等内容的典型字典的启发。这种方法的关键在于 $\boldsymbol{A}_0$ 的选择。一方面，应该选择使得上面的假设近似正确的矩阵。另一方面，它应该是能够实现快速乘法运算的矩阵，这样对 $\boldsymbol{A}$ 及其伴随矩阵的操作才比较简单。

将这种结构置于字典学习的优化任务中，如式（12-2）所示，可以得到

$$\min_{\{x_i\}_{i=1}^M,\{z_j\}_{j=1}^m} \sum_{i=1}^{M}\|\boldsymbol{y}_i - \boldsymbol{A}_0\boldsymbol{Z}\boldsymbol{x}_i\|_2^2 \quad \text{s. t.} \quad \begin{Bmatrix} \|\boldsymbol{z}_j\|_0 \leqslant k_0, 1\leqslant j \leqslant m \\ \|\boldsymbol{x}_i\|_0 \leqslant k_1, 1\leqslant i \leqslant M \end{Bmatrix} \tag{12-6}$$

最小化这个问题可以采用上述算法，交替实现以下两个步骤完成：利用稀疏编码更新$\{\boldsymbol{x}_i\}_{i=1}^M$，以及利用字典更新来更新$\{\boldsymbol{z}_j\}_{j=1}^m$。

假设$\boldsymbol{Z}$是固定的，对稀疏表示$\boldsymbol{x}_i$进行最小化可以像往常一样按稀疏编码来处理，这时可以采用 OMP 来完成。这个阶段比常规的 MOD/K-SVD 稀疏编码计算量小，因为$\boldsymbol{A}$（或者它的伴随矩阵）与任何向量相乘的计算量预期都远少于$O(nm)$。例如，在大小为$\sqrt{n}\times\sqrt{n}$的图像块上采用二维可分离 DCT 酉矩阵，只需要$O(n\log_{10} n)$的计算量。一个冗余的二维可分离 DCT 没有计算量仅为$n\log_{10} n$的快速算法，但是其可分离性的优势将只需要$O(n^{1.5})$次运算，而不是常规的$O(n^2)$。

固定$\boldsymbol{X}=\{\boldsymbol{x}_i\}_{i=1}^M$，$\{\boldsymbol{z}_j\}_{j=1}^m$的更新貌似耗时更多，但事实上只相当于非常类似的稀疏编码。每次只考虑一列$\boldsymbol{z}_j$，参照 K-SVD 算法，更新整个字典中的一个原子$\boldsymbol{A}_0\boldsymbol{z}_j$。与 K-SVD 一样，之后我们只考虑构造时使用了第j个原子的样本。因此，$\boldsymbol{Y}-\boldsymbol{AZX}$现在包括了一个由全部$M$个列构成的子集。我们用$\tilde{\boldsymbol{x}}_j^T$表示$\boldsymbol{X}$的第$j$行（不是列!!）。$\boldsymbol{ZX}$可以写成$\boldsymbol{z}_j\tilde{\boldsymbol{x}}_j^{\mathrm{T}}$中$m_0$项外积的和。这样，式（12-6）中的$\ell_2$-项就成为（再次提醒，对$i$的累加求和仅考虑了使用第$j$个原子的相关样本）

$$\sum_i\|\boldsymbol{y}_i - \boldsymbol{A}_0\boldsymbol{Z}\boldsymbol{x}_i\|_2^2 = \left\|\boldsymbol{Y} - \boldsymbol{A}_0\sum_{j=1}^{m}\boldsymbol{z}_j\tilde{\boldsymbol{x}}_j^{\mathrm{T}}\right\|_F^2 \tag{12-7}$$

这样，式（12-6）中关于$\boldsymbol{z}_j$的最小化问题就变为如下的最优化问题：

$$\min_{\boldsymbol{z}_j}\left\|\boldsymbol{E}_j - \boldsymbol{A}_0\boldsymbol{z}_j\tilde{\boldsymbol{x}}_j^{\mathrm{T}}\right\|_F^2 \quad \text{s. t.} \quad \|\boldsymbol{z}_j\|_0 \leqslant k_0 \tag{12-8}$$

式中，我们已经定义了$\boldsymbol{E}_j=\boldsymbol{Y}-\boldsymbol{A}_0\sum\limits_{k=1,k\neq j}^{m}\boldsymbol{z}_k\tilde{\boldsymbol{x}}_k^{\mathrm{T}}$。注意行$\tilde{\boldsymbol{x}}_j^{\mathrm{T}}$包含了第$j$个原子的所有系数，同时我们已经将误差限定在使用了这个原子的样本上，因此这个向量是稠密的。

上面得到的优化问题可以通过对$\tilde{\boldsymbol{x}}_j^{\mathrm{T}}$和$\boldsymbol{z}_j$交替最小化处理来实现。关于$\tilde{\boldsymbol{x}}_j^{\mathrm{T}}$的最小化问题是一个简单的最小二乘，即

$$\boldsymbol{z}_j^{\mathrm{T}}\boldsymbol{A}_0^{\mathrm{T}}(\boldsymbol{E}_j - \boldsymbol{A}_0\boldsymbol{z}_j\tilde{\boldsymbol{x}}_j^{\mathrm{T}}) = 0 \Rightarrow \tilde{\boldsymbol{x}}_j^{\mathrm{T}} = \frac{1}{\boldsymbol{z}_j^{\mathrm{T}}\boldsymbol{A}_0^{\mathrm{T}}\boldsymbol{A}_0\boldsymbol{z}_j}\boldsymbol{z}_j^{\mathrm{T}}\boldsymbol{A}_0^{\mathrm{T}}\boldsymbol{E}_j \tag{12-9}$$

式中，分母代表第j个原子的范数，可以假设通过$\boldsymbol{z}_j$的恰当归一化令该分母为 1。

关于稀疏向量$\boldsymbol{z}_j$的最小化问题可以证明等价于下式的解①：

---

① 很容易验证如下结论：$\left\|\boldsymbol{E}_j - \boldsymbol{A}_0\boldsymbol{z}_j\tilde{\boldsymbol{x}}_j^{\mathrm{T}}\right\|_F^2 = \left\|\boldsymbol{E}_j\tilde{\boldsymbol{x}}_j - \boldsymbol{A}_0\boldsymbol{z}_j\right\|_F^2 + f(\boldsymbol{E}_j,\tilde{\boldsymbol{x}}_j)$。

$$\min_{z_j} \left\| E_j \tilde{x}_j - A z_j \right\|_2^2 \quad \text{s. t.} \quad \left\| z_j \right\|_0 \leqslant k_0 \tag{12-10}$$

这是一个典型的稀疏编码过程，可以通过 OMP 算法解决。上述几个回合更新之后，可以得到更新的原子 z_j 及 $\tilde{x}_j^{\mathrm{T}}$ ，其中后者给出了更新后使用该原子的表示系数。

除了速度加快了之外，在字典中引入结构在其他两个方面也是有益的：①由于字典中的自由度更小了，那么一次有效的学习只需要更少的样本，学习算法的收敛也会更快；②可以处理更高维的信号。关于这种方法的更多好处和说明可以参考 Rubinstein 等人的工作。

12.3.2 酉基的联合

将结构加入到学习型字典中的另一种方法是令字典成为一个酉矩阵的联合。这种结构由于其伴随矩阵和伪逆矩阵是相同的，因此确保了字典是一个紧框架。我们现在来详细描述这种方法。

再次从字典学习式（12-2）开始：

$$\min_{A,\{x_i\}_{i=1}^M} \sum_{i=1}^{M} \left\| y_i - A x_i \right\|_2^2 \quad \text{s. t.} \quad \left\| x_i \right\|_0 \leqslant k_0, 1 \leqslant i \leqslant M$$

参照 Lesage 等人提出的方法，假设 A 是酉矩阵的联合。采用这种结构的一个很好的理由是在稀疏编码阶段可以使用第 6 章提到的块坐标松弛（Block-Coordinate-Relaxation，BCR）算法。这个算法只需要酉矩阵相乘和简单的收缩处理，非常高效。采用这种结构的其他原因有训练简单（接下来我们会讲到），以及框架 A 天生是紧致的。简单来说，可以假设字典中只有两个酉矩阵，即，$A = [\boldsymbol{\Psi}, \boldsymbol{\Phi}] \in \mathbf{R}^{n \times 2n}$ 。

现在重点来看字典更新过程，假设稀疏表示是固定的，我们的目标是解决

$$\min_{\boldsymbol{\Psi},\boldsymbol{\Phi}} \left\| \boldsymbol{\Psi} X_{\Psi} + \boldsymbol{\Phi} X_{\Phi} - Y \right\|_F^2 \quad \text{s. t.} \quad \boldsymbol{\Psi}^{\mathrm{T}} \boldsymbol{\Psi} = \boldsymbol{\Phi}^{\mathrm{T}} \boldsymbol{\Phi} = I \tag{12-11}$$

这里我们用到了分解 $AX = \boldsymbol{\Psi} X_{\Psi} + \boldsymbol{\Phi} X_{\Phi}$。固定 $\boldsymbol{\Psi}$ ，针对 $\boldsymbol{\Phi}$ 对上式进行优化，可以得到有名的正交 Procrastes 问题。这个问题有闭合形式的解，我们下面将进行推导。这样，我们经过几次 $\boldsymbol{\Phi}$ 和 $\boldsymbol{\Psi}$ 的更新迭代，就实现了字典的更新。

Procrastes 问题可以写成一个普通的最小二乘问题形式 $\left\| A - QB \right\|_F^2$ ，式中 A 和 B 是相同大小的任意矩阵对，未知的 Q 是一个正交方阵，可在方差最小的情况下将 B 的列按照 A 的对应列进行旋转。首先观察到

$$\left\| A - QB \right\|_F^2 = \mathrm{tr}\{A^{\mathrm{T}} A\} + \mathrm{tr}\{B^{\mathrm{T}} B\} - 2\mathrm{tr}\{QBA^{\mathrm{T}}\} \tag{12-12}$$

这样，我们的最小化任务就等同于 $\mathrm{tr}\{QBA^{\mathrm{T}}\}$ 的最大化。假设矩阵 BA^{T} 的 SVD 已知，$BA^{\mathrm{T}} = U \boldsymbol{\Sigma} V^{\mathrm{T}}$ ，惩罚项就可以写成

$$\mathrm{tr}\{QBA^{\mathrm{T}}\} = \mathrm{tr}\{QU\boldsymbol{\Sigma} V^{\mathrm{T}}\} = \mathrm{tr}\{V^{T} QU\boldsymbol{\Sigma}\} = \mathrm{tr}\{Z\boldsymbol{\Sigma}\} \tag{12-13}$$

这里我们利用了（对于任意方阵对）$\mathrm{tr}\{AB\} = \mathrm{tr}\{BA\}$ 的性质和 $Z = V^{\mathrm{T}} QU$ 。Z 也是一个酉矩阵，而 $\boldsymbol{\Sigma}$ 是一个主对角线上为奇异值 $\{\sigma_i\}_{i=1}^n$ 的对角阵。这样

$$\operatorname{tr}\{\boldsymbol{Z\Sigma}\} = \sum_{i=1}^{n} \sigma_i z_{ii} \leqslant \sum_{i=1}^{n} \sigma_i \tag{12-14}$$

后面的不等式是因为酉矩阵的各项都在 $[-1,1]$ 区间内。选择 $\boldsymbol{Z} = \boldsymbol{I}$，可以得到取值上界，这又说明了 $\boldsymbol{Q} = \boldsymbol{V}\boldsymbol{U}^{\mathrm{T}}$ ——这就是上面提到的闭合解。

12.3.3 标志字典

一个可以产生平移不变性的有趣结构是由 Aharon 等人提出的图像标志字典（Image Signature Dictionary，ISD）。我们利用简单的一维情况来介绍这种方法，以减少使用的符号。

和本章的记号相同，这里的字典也记为 $\boldsymbol{A} \in \mathbf{R}^{n\times m}$。但是，这个字典是通过提取所有长度为 n 的可能图像块（包括循环平移），利用一个**单一的**信号 $\boldsymbol{a}_0 \in \mathbf{R}^{m\times 1}$ 构造的。我们利用 $\boldsymbol{a}_0$ 作为标志信号来定义这个字典。在一维的情况下，这个字典具有循环结构。虽然字典有 mn 个元素，但 m 个自由参数就可以决定其全部内容。

用算子 $\boldsymbol{R}_k$ 来表示从 $\boldsymbol{a}_0$ 的位置 k 上提取长度为 n 的块的操作，则 $\boldsymbol{A}$ 中的第 k 个原子可以表示为 $\boldsymbol{a}_k = \boldsymbol{R}_k \boldsymbol{a}_0$。信号 $\boldsymbol{y}$ 可以表示成字典中原子的线性组合

$$\boldsymbol{y} = \sum_{k=1}^{m} x_k \boldsymbol{a}_k = \sum_{k=1}^{m} x_k \boldsymbol{R}_k \boldsymbol{a}_0 \tag{12-15}$$

有了这个结构，我们现在返回到字典学习的目标上，即

$$\min_{\boldsymbol{A},\{x_i\}_{i=1}^{M}} \sum_{i=1}^{M} \|\boldsymbol{y}_i - \boldsymbol{A}\boldsymbol{x}_i\|_2^2 \quad \text{s. t.} \quad \|\boldsymbol{x}_i\|_0 \leqslant k_0, 1 \leqslant i \leqslant M \tag{12-16}$$

既然 $\boldsymbol{A}$ 的构造和往常一样，那么也可以采用相同的块坐标下降算法来更新 $\boldsymbol{x}_i$，这样稀疏编码过程保持不变。事实上，我们可以利用这种结构带来的数值便利，通过快速傅里叶变换（FFT）来实现快速卷积，从而避免烦琐的内积计算。

考虑到 $\boldsymbol{A}$ 的内部结构，字典更新的过程有所不同。采用式（12-15）来代替式（12-16）中的 $\boldsymbol{A}\boldsymbol{x}_i$，有

$$\sum_{i=1}^{M} \|\boldsymbol{y}_i - \boldsymbol{A}\boldsymbol{x}_i\|_2^2 = \sum_{i=1}^{M} \left\| \boldsymbol{y}_i - \sum_{k=1}^{m} x_i(k) \boldsymbol{R}_k \boldsymbol{a}_0 \right\|_2^2 \tag{12-17}$$

这样，可以针对上述 ℓ_2-表达式对 $\boldsymbol{a}_0$ 进行优化，从而更新字典。得到方程

$$0 = \sum_{i=1}^{M} \left(\sum_{k=1}^{m} x_i(k) \boldsymbol{R}_k \right)^{\mathrm{T}} \left(\boldsymbol{y}_i - \sum_{k=1}^{m} x_i(k) \boldsymbol{R}_k \boldsymbol{a}_0 \right) \tag{12-18}$$

由此，结果为

$$\boldsymbol{a}_0^{\text{opt}} = \left\{ \sum_{k=1}^{m} \sum_{j=1}^{m} \left[\sum_{i=1}^{M} x_i(k) x_i(j) \right] \boldsymbol{R}_k^{\mathrm{T}} \boldsymbol{R}_j \right\}^{-1} \sum_{i=1}^{M} \sum_{k=1}^{m} x_i(k) \boldsymbol{R}_k^{\mathrm{T}} \boldsymbol{y}_i \tag{12-19}$$

在上述公式中，$\rho(k,j) = \sum_{i=1}^{M} x_i(k) x_i(j)$ 代表表示向量中各项之间的互相关。$\boldsymbol{v} = \boldsymbol{R}_k^{\mathrm{T}} \boldsymbol{u}$

生成了一个零向量 $\boldsymbol{v}$，并将（长度为 n 的）$\boldsymbol{u}$ 放置于第 k 个位置。很显然可以利用这个公式简单地更新 $\boldsymbol{a}_0$，这里不再进一步分析这个公式及其含义。更多的细节可以在 Aharon 和 Elad 最近的工作中找到，他们将这种结构用到了二维图像上。这种结构的优点有以下几个方面：

（1）自由度远小于 nm，意味着仅需较少的训练数据，学习过程收敛的也更快。

（2）学习过程中使用性能更好的惩罚函数意味着收敛到局部最小值的可能性更小。

（3）由于字典是由单一的信号（或图像）经过简单的平移得到，处理两个经过平移得到的信号就可以非常高效的完成，首先对第一个信号进行稀疏编码，然后简单的平移这些原子来近似第二个信号。这一思想在 Aharon 和 Elad 的工作已经被成功地应用，有效降低了图像块稀疏编码的复杂度。

（4）这是第一种可以很容易地适应不同大小原子的结构。

由于以上及更多的原因，ISD 看起来是一种很令人鼓舞的概念，还需要做更多的工作来揭示和利用它的潜力。

12.4 总　结

如果拥有了合适的字典，**稀疏域**模型就可以在各种应用中产生更好的性能。字典学习看来是能得到良好模型的一个确切方向。在这一章中，我们给出了几种已经在文献中出现过的算法和思想。但很显然，要使这种方法真正具有竞争力，稳定而又可靠，还有很多的工作要做。

在字典学习问题中，还需要更多工作的另一个前沿是扩展**稀疏域**模型。要考虑的扩展方向包括原子之间的相关性，原子使用的不同概率，也许还会引入非线性。在所有这些情况下，都必须更新字典学习算法来应对这些变化。

作为本章的最后一点，我们指出：在构造好字典的众多因素中，真正的多尺度结构是极为重要的。到目前为止，由于这种结构存在着巨大困难，还并没有得到彻底的研究。一旦这种结构被恰当地引入后，那么借助于在小波变换和 X-let 变换上的大量研究，我们将拥有新的视野，并将使得这两个分支（学习字典和设计多尺度帧）上的研究融会贯通。

延 伸 阅 读

［1］ Aharon M, Elad M, Bruckstein A M. K-SVD and its non-negative variant for dictionary design[C]// Proceedings of the SPIE conference wavelets, July 2005. 2005, 5914.

［2］ Aharon M, Elad M, Bruckstein A M. On the uniqueness of overcomplete dictionaries, and a practical way to retrieve them[J]. Journal of Linear Algebra and Applications, 2006, 416(1):48–67.

［3］ Aharon M, Elad M, Bruckstein A M. K-SVD: An algorithm for designing of vercomplete dictionaries for sparse

representation[J]. IEEE Trans. on Signal Processing, 2006, 54(11):4311–4322.
[4] Cand`es E J, Donoho D L. Recovering edges in ill-posed inverse problems: optimality of curvelet frames[J]. Annals of Statistics, 2000, 30(3):784–842.
[5] Cand`es E J, Donoho D L. New tight frames of curvelets and optimal representations of objects with piecewise-C2 singularities[J]. Comm. Pure Appl. Math., 2002, 57(2):219–266.
[6] Cichocki A, Zdunek R, et al. Nonnegative Matrix and Tensor Factorizations Applications to Exploratory Multi-way Data Analysis and Blind Source Separation[M]. Wiley, Tokyo, Japan, 2009.
[7] Chandrasekaran V, Wakin M, et al. Surflets: a sparse representation for multidimensional functions containing smooth discontinuities[C]// IEEE Symposium on Information Theory, Chicago, IL, 2004.
[8] Coifman R R, Wickerhauser M V. Adapted waveform analysis as a tool for modeling, feature extraction, and denoising[J]. Optical Engineering, 1994, 33(7):2170–2174.
[9] Do M N, Vetterli M. Rotation invariant texture characterization and retrieval using steerable wavelet-domain hidden Markov models[J]. IEEE Trans. On Multimedia, 2002, 4(4):517–527.
[10] Do M N, Vetterli M. The finite ridgelet transform for image representation[J]. IEEE Trans. on Image Processing, 2003, 12(1):16–28.
[11] Do M N, Vetterli M. Framing pyramids[J]. IEEE Trans. on Signal Processing, 2003, 51(9):2329–2342.
[12] Do M N, Vetterli M. The contourlet transform: an efficient directional multiresolution image representation[J]. IEEE Trans. Image on Image Processing, 2005, 14(12):2091–2106.
[13] Donoho D L, Stodden V. When does non-negative matrix factorization give a correct decomposition into parts?[C]// Advances in Neural Information Processing 16 (Proc. NIPS 2003), British Columbia, Canada, 2003. MIT Press, 2004.
[14] Elad M, Aharon M. Image denoising via learned dictionaries and sparse representation[C]// CVPR 2006 - International Conference on Computer Vision and pattern Recognition, New-York, June 17-22, 2006. 2006:895-900.
[15] Elad M, Aharon M. Image denoising via sparse and redundant representations over learned dictionaries[J]. IEEE Trans. on Image Processing, 2006, 15(12):3736–3745.
[16] Engan K, Aase S O, Husoy J H. Multi-frame compression: Theory and design[J]. EURASIP Signal Processing, 2000, 80(10):2121–2140.
[17] Eslami R, Radha H. The contourlet transform for image de-noising using cycle spinning[C]// Proceedings of Asilomar Conference on Signals, Systems, and Computers, Pacific Grove ,USA, November 2003. 2003: 1982–1986.
[18] Eslami I R, Radha H. Translation-invariant contourlet transform and its application to image denoising[J]. IEEE Trans. on Image Processing, 2006, 15(11):3362–3374.
[19] Gersho A, Gray R M. Vector Quantization And Signal Compression[M]. Dordrecht, Netherlands : Kluwer Academic Publishers, 1992.
[20] Golub G H, Van Loan C F. Matrix Computations[M]//Johns Hopkins Studies in Mathematical Sciences, Third edition. Johns Hopkins University Press, 1996.
[21] Hoyer P O. Non-negative matrix factorization with sparseness constraints[J]. Journal of Machine Learning Research, 2004, 5(11)： 1457–1469.
[22] Kreutz-Delgado K, Murray J F, et al. Dictionary learning algorithms for sparse representation[J]. Neural Computation, 2003, 15(2):349–396.
[23] Lee D, Seung H. Learning the parts of objects by non-negative matrix factorization[J]. Nature, 1999, (401):788–791.

[24] Lesage S, Gribonval R, et al. Learning unions of orthonormal bases with thresholded singular value decomposition[C]// ICASSP 2005 (IEEE Conf. on Acoustics, Speech and Signal Proc.), Philadaphia, Pennsylvania, 2005.

[25] Lewicki M S, Olshausen B A. A probabilistic framework for the adaptation and comparison of image codes[J]. Journal of the Optical Society of America A: Optics, Image Science and Vision, 1999, 16(7):1587–1601.

[26] Lewicki M S, Sejnowski T J. Learning overcomplete representations[J]. Neural Computation, 2000, 12(2):337–365.

[27] Li Y, Cichocki A, Amari S I. Analysis of sparse representation and blind source separation[J]. Neural Computation, 2004, 16(6):1193–1234.

[28] Meyer F G, Averbuch A, Stromberg J O. Fast adaptive wavelet packet image compression[J]. IEEE Trans. on Image Processing, 2000, 9(5):792–800.

[29] Meyer F G, Coifman R R. Brushlets: a tool for directional image analysis and image compression[J]. Applied and Computational Harmonic Analysis, 1997, 4(2):147–187.

[30] Olshausen B A, Field D J. Natural image statistics and efficient coding[J]. Network – Computation in Neural Systems, 1996, 7(2):333–339.

[31] Olshausen B A, Field B J. Emergence of simple-cell receptive field properties by learning a sparse code for natural images[J]. Nature, 1996, 381(6583):607–609.

[32] Olshausen B A, Field B J. Sparse coding with an overcomplete basis set: A strategy employed by V1? [J]. Vision Research, 1997, 37(23):3311-3325.

[33] Simoncelli E P, Freeman W T, et al. Shiftable multiscale transforms[J]. IEEE Trans. on Information Theory, 1992, 38(2):587–607.

[34] Starck J L, Cand`es E J, Donoho D L. The curvelet transform for image denoising[J]. IEEE Trans. on Image Processing, 2002, 11(6):670–684.

第 13 章　图像压缩——人脸图像

讨论至今，稀疏表示以及字典学习仍只是一个观点。得到的理论结果也仅仅告诉我们，在合适的情况下，稀疏模型有着完备的数学基础，也有实用的计算工具。要讨论稀疏模型在现实中是否适用，唯一的方法就是去应用它，并观察它运行的怎么样！我们已经看到稀疏表示模型在图像锐化中的成功应用，结果令人振奋。在本章和后面的章节中，我们再将稀疏建模用于其他几个图像处理任务，看看它们的结果如何。

在本章中，我们考虑人脸图像压缩的问题。这部分内容主要取自 Bryt 和 Elad 的工作。使用稀疏表示模型来进行压缩看上去是非常自然的方法。因此，大家一直在尝试提出一种基于该模型的图像/视频压缩方案。然而，即使有可能实现，发展出这样一种压缩方案来与 JPEG2000（静态图像）和 H.264（视频）相媲美也是很困难的。原因在于这些方法中的熵编码近乎完美。因此，仅改变编码算法中的基本步骤并不够——还必须包含有力的熵编码方法。

鉴于此，我们选择讨论一个特定的编码任务，其中模型自身就可以带来所期望的差异。这就是本章的主题内容，人脸图像的处理。

13.1　人脸图像压缩

静态图像压缩是个非常活跃和成熟的研究领域，不论是在理论研究界还是在工程应用界都很活跃。图像之所以能压缩，是因为其中存在着大量的空间冗余，而且重构图像能容纳一定的错误。这个领域的研究产生了很多成果，其中一些已经成为应用广泛的标准算法。在图像压缩的众多方法中，最优秀的一个算法就是 JPEG2000 标准——一个基于小波的通用图像压缩算法，具有良好的压缩性能。

JPEG2000 的核心在于图像用小波表示时是稀疏的。从这个角度上看，JPEG2000 早已经有力地证明了**稀疏域**作为一种图像模型的有效性和相关性。然而，如前所述，JPEG2000 的成功还要部分归功于这个压缩算法中经过良好设计的熵编码。我们的目标是研究一个熵编码相对并不重要的压缩任务。

当考虑对特定的一小类图像进行压缩时，冗余的增加将令压缩性能变得更好。人脸图像压缩的情况就是如此。实际上，最近的几篇关于人脸图像压缩算法的文献中，这种预料中的性能提升已经被观察到了。其中最新的论文已经给出了超过 JPEG2000 的性能。

人脸图像的压缩是一个引人入胜的问题，不仅因为问题本身的研究具有挑战性，还因为它具有非常重要的应用价值。从研究角度看，首先要考虑如何挖掘这一特定类图像所包含的额外冗余，以便用来超过通用压缩算法。这并不是一个简单的挑战，因为通用算法已有非常好的效果，特别是它们的熵编码部分。

就应用而言，人脸图像大概是最常见的图像，它们保存在各类组织，例如公安和执法机关、学校和政府的大型数据库中，或者在大型公司的雇员数据库中。高效存储这类图像，尤其是电子身份证中的身份照片，非常有价值。在这样的应用中，需要考虑极低速率的压缩，而此时通用算法难以胜任。

受到上面想法的启发，本章重点讨论人脸图像压缩。我们以预先选定的身份证照片图像为研究对象，这些图像是大小固定为 179×221 像素的灰度图，每像素用 8bit 表示[1]。压缩的目标是非常低的比特率（粗略地讲，我们考虑压缩率≈100），此时大多数算法都无法显示出可辨认的脸庞。我们使用的数据库包含了大约 4500幅这样的人脸图像，其中一些用于算法的训练和调整，另一些用于测试。

前面已提到，本章描述的压缩算法摘自 Bryt 和 Elad 的工作。这个算法主要依赖于信号的稀疏和冗余表示，以及稀疏字典学习方面的研究进展。该算法中，使用 K-SVD 算法对字典进行学习，以便能按局部自适应的方式表示小图像块，并用得到的字典对图像块的内容进行稀疏编码。这是一个相对简单而又直接的算法，不需要熵编码阶段。然而，已经证明它优于几个参与比较的算法：①JPEG 和JPEG2000；②Goldenberg 等人提出的基于 VQ 的算法；③主成分分析（Principal-Component-Analysis，PCA）方法[2]。

13.2 前人的工作

在研究静态图像压缩算法的成百上千份论文中，研究人脸图像的相对较少。其中，性能最好的一种算法是最近由 Goldenberg 等人提出的。他们的工作同时对以前的文献进行了总结，比较了众多方法，讨论了其间的异同。这里我们将对其进行重点描述，因为它是本章基于稀疏表示方法的基础。

Goldenberg 等人的算法与之前的一些算法类似，从输入图像的几何校准开始，将主要的脸部特征（耳朵、鼻子、嘴巴、发线等）和预先校准好的人脸图像数据库中的特征相配准。这样的校准可以进一步提高待处理图像的冗余度，因为它与数据库有很高的相似度。然后根据自动检测到的面部 13 个特征点进行弯折，将这些特征点移到预定的规范位置上。这些点将输入图像分成覆盖全图像的不相交三

---

① 数据库中的数据是在均匀的白色背景下用 400 万像素的数码相机（富士 FinePix A400）拍摄的彩色图像，按最佳质量的压缩方式保存。这些照片经过裁剪和尺度调整后得到上述的大小，并转换为灰度图格式。

② 作为一个用于参照的方法，PCA 算法也是由 Bryt 和 Elad 推导出来的，虽然一般来说它的性能很好，但它要比他们论文里使用稀疏和冗余表示的算法差。

角切片，每个切片都进行仿射弯曲，对应表示为 3 个顶点的位移函数。13 个特征位置对应的边信息可以在解码器中用于重构图像的逆弯折。图 13.1（a）显示了定位特征和对应的三角形。弯折后，图像分割成互不重叠的均匀方块（大小为 8×8 像素），每个块独立编码。这样的切片在图 13.1（b）中展示出来（为显示需要，我们采用了大一点的块来展示这种切片）。

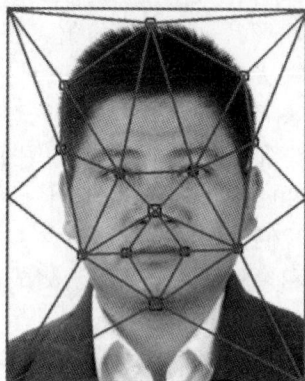

(a) 利用三角化实现的图像分块仿射弯曲　　　(b) 用于编码的不重叠的均匀小方块

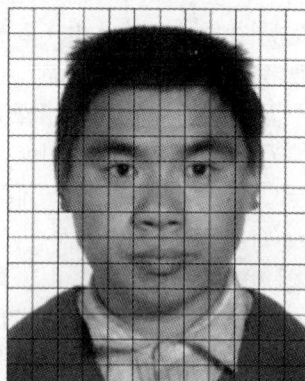

图 13.1　图像的分块

图像块的编码使用向量量化（Vector-Quantization，VQ）来实现。从 4500 幅训练图像的相同位置上提取图像块，每个位置上的图像块独立地进行树状 K-均值训练得到 VQ 字典。采用这种方式，每个 VQ 都自适应于局部的内容，因此可以给出很好的性能。VQ 中码字的数量是每个块比特分配的函数。我们将在下一节讨论到，作为接近于理想编码器的 VQ，虽然其理论支撑充分，但由于受到可用的样本数和期望速率的限制，只能局限于较小的块上。这又将导致相邻块间冗余性的丢失，也就失去了进一步压缩的潜力。

在这个算法中，另一个可以部分补偿上述不足的部分是多级编码方案。首先将图像按比例缩小，并用 8×8 块进行 VQ 编码。随后内插回原始分辨率，再次在 8×8 块上对残差进行 VQ 编码。这个方法可以应用于原始（弯折）图像的多尺度 Laplacian 金字塔方案上。

前面已提到，不论是视觉效果还是峰值信噪比（Peak-Signal-to-Noise Ratio，PSNR）的比较[①]，Goldenberg 工作给出的结果都超过了 JPEG2000 的性能。本章将介绍另一种算法，该算法将编码阶段中的 VQ 换成稀疏和冗余表示。这就是我们下一节中要描述的编码原则。

---

① PSNR 由公式 $10 \cdot \lg(255^2/\text{MSE})$ 计算，其中 MSE 是每像素的均方差。

13.3 基于稀疏表示的编码方案

我们下面要描述的算法基于图像块和训练字典的稀疏表示模型，符合第 9 章给出的**稀疏域**模型和第 12 章建议的学习字典。采用这种方式，我们推广了以前工作中的 VQ 观点，并将它们替换成稀疏表示，从而得到了更好的结果。

13.3.1 总体方案

编码器和解码器的框图在图 13.2 中给出。算法包括两个主要过程：离线 K-SVD 训练处理和在线图像压缩/解压处理。

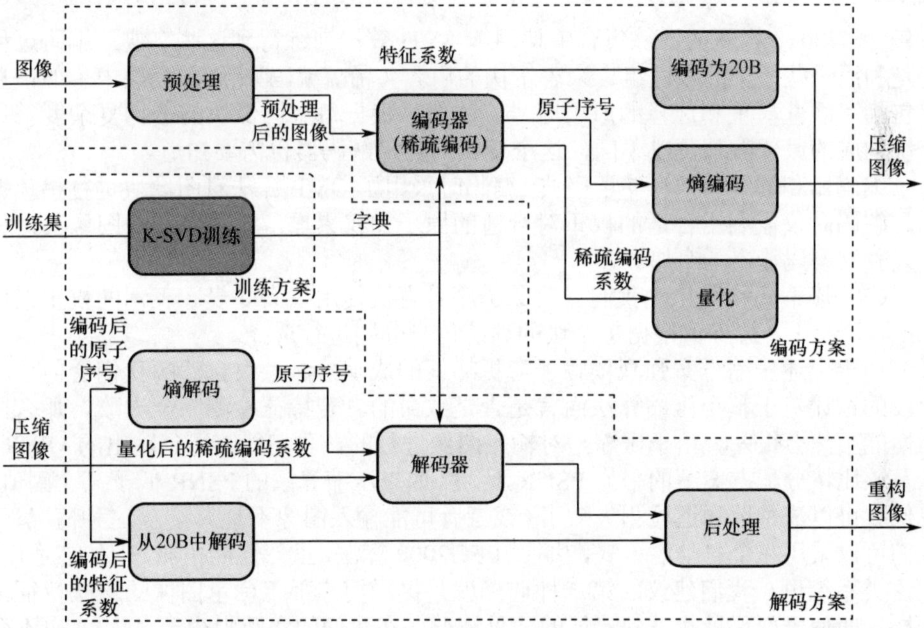

图 13.2 编码/解码建议方法的详细框图

K-SVD 训练是一个离线过程，在图像压缩之前完成。训练结果是一组 K-SVD 字典，在图像压缩-解压缩阶段可以认为固定不变。利用训练集中的一组图像样本，在其每个 15×15 块上进行训练得到一个字典。训练过程符合第 12 章的描述，参数细节描述如下。在每个块的训练之前，要计算训练集中样本块的均值图像，并在集合内的所有样本中减去它。这等价于下面的说法：计算学习数据库中的平均脸图像并从所有图像中减去它，这实际上可看成是对输入的待编码图像的粗预测。整个编码在残差上进行，解码后再加上平均脸（同时保存在编码器和解码器内）。

在编码器中图像压缩处理采用如下步骤，在解码器中对它们进行了逆向应用：

（1）**预处理**：这是和前述几何弯折相同的预处理阶段，可以增加与图像数据库间的冗余度，从而使输入图像的训练效果更好。弯折参数作为边信息发送到解码器端用于逆弯折。所有参数用 20B 编码。

（2）**切分成块**：和 VQ 算法一样，在固定大小的块上进行基于稀疏表示的处理，对每个块进行独立的自适应编码。然而，采用的编码策略完全不同，它是基于稀疏和冗余表示的。方法的改变带来了处理大图像块的能力，也产生了更高效的编码。在这里的仿真中，我们使用 15×15 像素大小的块[①]（我们将图像块写为向量形式，长度记为 n，则 $\sqrt{n}=15$ 像素），当然也可以使用更大的尺寸。基于稀疏表示的算法另一个好处是能对不同比特率使用相同的字典。这和 VQ 方法完全不同，后者需要对每种速率使用不同训练码本。

（3）**去除均值**：每个块的内容必须和字典相匹配，因此需要从输入图像中减去相应的均值块图像，这个均值块图像在训练之前利用训练集中的数据计算得到。

（4）**稀疏编码**：每个位置上的块都有一个预先训练好的字典，其码字（原子）$\boldsymbol{A}_{ij}\in\mathbf{R}^{n\times m}$。这里 m 大小为 512——在有关仿真结果的小节中将讨论对它的选择。在包含 4400 个样本的训练集合中使用 K-SVD 算法训练得到这些字典。编码过程就是利用一些原子的线性组合来表示块的内容（稀疏编码）。因此，块内容的信息就包括了线性权重和选择的原子序号。注意，根据每个图像块的平均复杂度，每个块构成的原子数都可以不同，这个变化的数量解码器也需要知道。

编码器和解码器都存储了字典。编码时采用了 OMP 算法对图像块进行稀疏编码。解码时仅需利用合适的权重对合适的原子加权累加，就可以重构图像块，每次只独立解码输出一个块。

（5）**熵编码和量化**：我们只对原子序号直接使用霍夫曼表。表示的权重采用 7bit 均匀量化，边界值根据每个块的训练信息分别进行选择。

由于上述压缩方案强烈依赖于弯折特征的成功检测，很自然的我们会问这个阶段的错误对于整个压缩算法而言是否是致命的。若特征检测完全失败，那么压缩性能当然会很差。由于压缩是对输入图像进行的，我们能够得到输出的 PSNR，以及该比特分配方案下的平均 PSNR。因此，如果压缩算法的 PSNR 低于某个阈值，我们就可以清楚地知道检测失败了（或者有可能输入图像不是人脸）。这种情况下，我们可以采用完全自动的方式，执行 JPEG2000 算法，虽然性能稍弱，但依然适用。在这类系统里，我们建议的第二种选择就是提示用户手工标示图像的这些特征。这样，即使出现那种找不到特征的罕见情况（在我们的实验中少于 1%），也不会对采用这种算法的系统产生崩溃性的影响。

13.3.2 VQ 与稀疏表示的对比

前面提到过，在使用 VQ 时，最终压缩比和训练样本个数对允许使用的块大小会产生限制。这是因为在保持速率（每像素比特数）固定的同时若增加块的大小，则字典会呈指数型增长，达到的规模将远远超过用于训练的样本数。更准确的说，使用包含 m 个码字的 VQ 字典，对大小为 $\sqrt{n}\times\sqrt{n}$ 像素的块进行处理，考虑一幅包含 P 像素的图像，整幅图像的目标速率是 Bbit，所有这些参数由下式互相关联起来：

---

① 由于图像和小块的尺寸不匹配，在右侧和底部边缘处的一些块和别的块相比具有不同的大小。

$$B = \frac{P}{n} \cdot \log_2(m) \Rightarrow m = 2^{\frac{nB}{P}} \tag{13-1}$$

举例来说，对一幅大小为 179×221 像素的图像（$P = 39559$）[①]编码，目标速率为 $B = 500 \times 8$ bit，采用 $\sqrt{n} = 8$ 大小的块将得到 $m = 88$，这是合理的。然而，如果块增大到 $\sqrt{n} = 12$，将使得 $m \approx 24000$，此时字典已经无法从 4500 个样本中训练得到。因此，VQ 方法受限于相对较小的块尺寸（Goldenberg 等人使用了 8×8 大小的块），这意味着相邻块间的很多空间冗余都被忽略了。

但采用稀疏和冗余字典时，情况就会发生戏剧性的变化。考虑大小为 $\sqrt{n} \times \sqrt{n}$ 像素的块，字典中包含 m 个原子，在表示中平均使用 k_0 个原子[②]（假设权重用 7bit 量化）。处理一幅有 P 像素的图像，整幅图像的目标速率为 Bbit，所有参数的关系如下：

$$B = \frac{P}{n} \cdot k_0 \cdot (\log_2(m) + 7) \tag{13-2}$$

这意味着对每个图像块而言，使用 VQ 时需要使用 $\log_2 m$ bit 量化，现在则平均需要 $k_0(\log_2 m + 7)$ bit。这样，若每块所需的比特数过高（当 n 增大时确实会发生），则通过调整 k_0 可以将其消化掉。例如，一幅像素个数为 $P = 39{,}600$ 的图像，使用 $m = 512$ 个原子编码，目标速率为 $B = 500 \sim 1000$ B，块大小的范围为 $8 \leqslant \sqrt{n} \leqslant 30$，所有这些参数将导致一个如图 13.3 所示的平均原子数 k_0。可以看到，这些值是合理的，并且我们可以通过在 1～12 范围内调整 k_0 来灵活的控制编码速率。

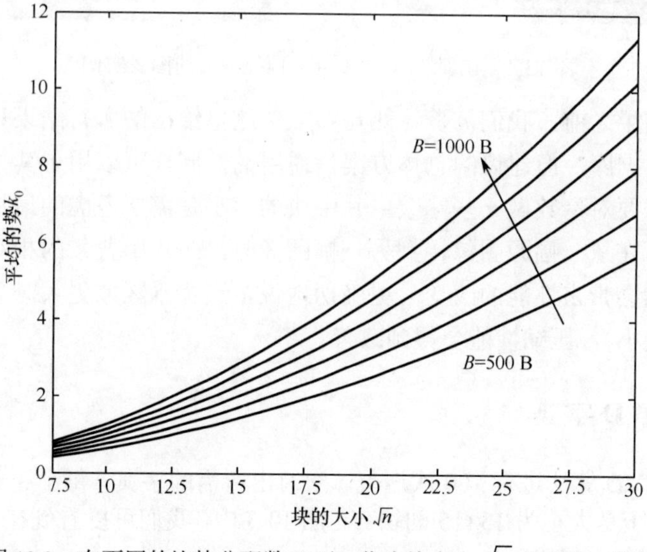

图 13.3　在不同的比特分配数 B 下，作为块大小 $\sqrt{n}$ 的函数，所需平均原子数 k_0 的变化曲线

---

① 这是我们实验使用的实际大小。

② 如果不同块间 k_0 是变化的，为了告知解码器每个块中使用了多少原子，边信息是必需的。然而，在所提方案中，虽然 k_0 实际上在空间中是变化的，但它对所有的图像来说是固定的，因此解码器知道每个块位置上分配的原子数目，不需要额外的边信息。

13.4 更多的细节和结果

Bryt 和 Elad 的工作包含了几个实验，用来评估建议的压缩方法性能和输出图像的质量。本节中，我们给出了利用这种压缩方法得到的重构图像的相关统计结果，同时也将这些结果与其他一些压缩技术进行了比较。

Bryt 和 Elad 使用了 4400 幅人脸图像作为训练集，另外 100 幅图像作为测试集。集合中所有图像的大小都固定为 179×221 像素。对图像进行不重叠的切分，对覆盖全图像的块统一用大小为 15×15 像素表示。图 13.4 中给出了这种预处理的训练/测试图像实例。

图 13.4　在训练/测试集合中预处理后的图像实例

在介绍结果之前，我们需赘述几句：虽然这里给出的所有结果只针对我们所处理的特定数据库，但建议的总体方案是通用的，同样可以用于其他人脸图像数据库。当然需要对参数做一些修改，其中块的大小是需要考虑的最重要因素。我们同样指出，在从一幅源图像转到另一幅图像时，照片中背景的相对大小会发生变化，这必然会带来性能的改变。更确切地说，当背景区域更大时（即使用的图像区域相对较小），压缩性能会得到改善。

13.4.1 K-SVD 字典

利用 K-SVD 算法进行 100 次迭代，学习出所需的字典。每个字典包含 512 个原子，每个原子是大小为 15×15 的块。在图 13.5 中，我们可以看到在设定有 $k_0 = 4$ 个稀疏编码原子情况下，针对第 80 个块（左眼）训练得到的字典，在图 13.6 中，同样可以看到设定有 $k_0 = 4$ 个稀疏编码原子时，第 87 块（右鼻孔）训练得到的字典。可以看到，两个字典包含的原子与用于训练的图像块具有天然的相似性。在其他字典中也能观察到同样的性质。

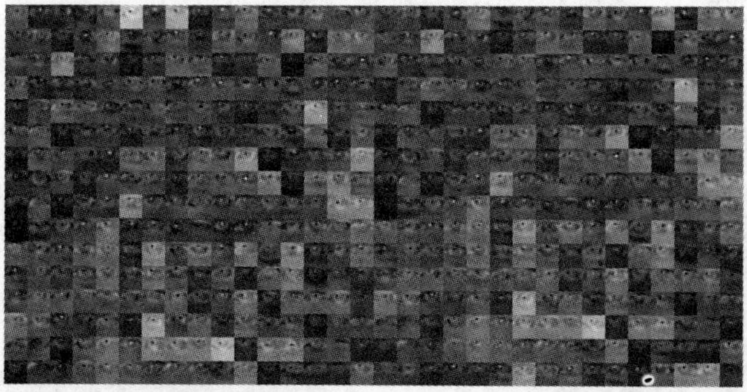

图 13.5 利用 K-SVD 得到的第 80 个块（左眼）的字典，使用了 OMP 方法，$k_0 = 4$

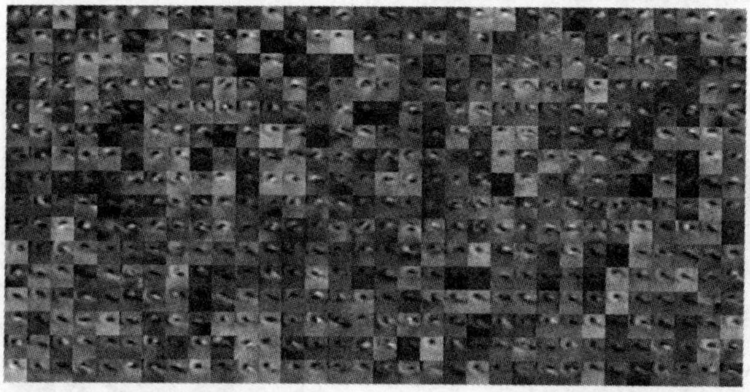

图 13.6 利用 K-SVD 得到的第 87 个块（右鼻孔）的字典，使用了 OMP 方法，$k_0 = 4$

13.4.2 重构图像

建议的编码策略可以用于学习那些比其他块更难以编码的图像块。这可以通过以下方式实现：对所有的块规定相同的表示误差阈值，并观察表示每个块平均需要多少原子。很明显，用很少的原子就能表示的块比其他块更简单。我们预计图像中类如背景、脸部某些区域和衣服的某些区域等光滑区域，其表示比包含细节的例如头发或者眼睛等部分更简单。图 13.7 显示了在两种不同比特率条件下，测试集中图像每个块的原子分配和表示误差均方根（Root Mean-Squared- Error，RMSE）图。可以看到包含脸部细节的块需要分配更多的原子（头发、嘴巴、眼睛、脸的边缘），这些块中的表示误差也更高一些。同样可以看出，随着图像比特率的变化，分配原子的总数会增加，而表示误差会降低。

和别的压缩方法一样，重构图像也会产生某些类型的人工痕迹。这些痕迹是我们在不重叠的块上进行处理以及独立编码的结果。与 JPEG、JPEG2000 这些方法相比，利用建议方法得到的重构图像在全局没有很重的涂抹痕迹，但是局部小块上会有一些。其他一些人工痕迹表现为图像中高频成分的表示不准确，复杂纹理无法表示（主要是衣服上），以及和原始图像相比一些人脸元素在空间位置上出现了不一致的情况。这些人工痕迹是由算法本身带来的，因为从给定字典中重构图像的能力有限。

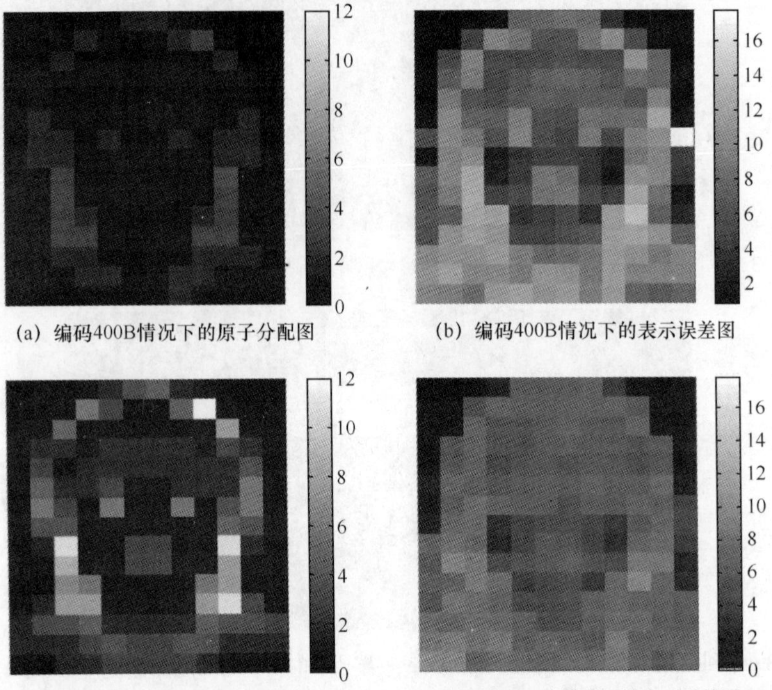

(a) 编码400B情况下的原子分配图　　(b) 编码400B情况下的表示误差图

(c) 编码820B情况下的原子分配图　　(d) 编码820B情况下的表示误差图

图 13.7　两种不同比特率条件下，每个块的原子分配和表示误差

在图 13.8 中，我们看到训练集中的两幅原始图像，以及用 630B 编码得到的重构图像。在图像中可以看到前面提到的人工痕迹，特别是下巴、脖子、嘴巴、衣服和发际线的区域。虽然图像中有些地方存在着涂抹效应，但整体上干净清晰，视觉质量很好。

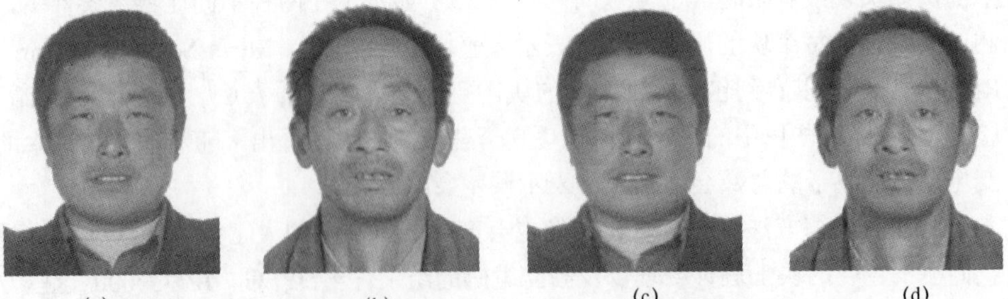

(a)　(b)　(c)　(d)

图 13.8　训练集中原始图像（a、b）与重构图像（c、d）的实例。两幅图都用为 630B 编码。两图的 RMSE 误差相对较低（4.0，（a、c））、相对较高（5.9，（b、d））

图 13.9 给出了测试集中的三幅原始图像，以及用 630B 编码得到的重构图像。和前面的图像相同，在那些相同的区域还是能看到人工痕迹的。在预料之中的是，测试集的重构图像质量没有训练集的质量高，但它们也很干净清晰，视觉质量很好。

(a)

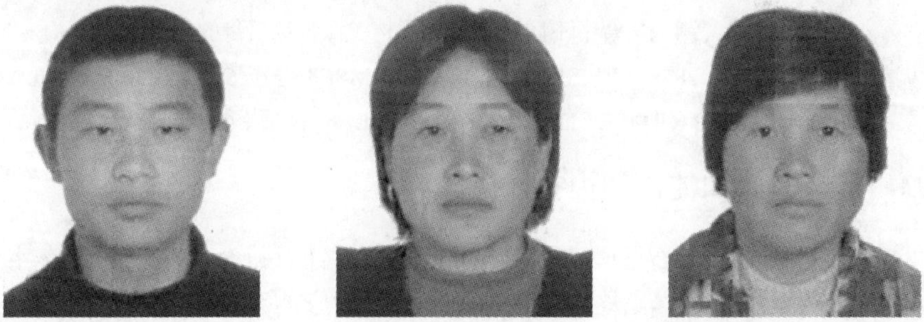

(b)

图 13.9　测试集中原始图像（a）与重构图像（b）的实例，三幅图都用 630B 编码。三图的 RMSE 误差相对较低（5.3，左）、平均水平（6.84，中）、相对较高（11.2，右）

和其他压缩方法一样，随着比特率的提高，建议算法的重构图像质量也得到改善。然而，速率增长带来的改善并没有平均分散到整个图像上。新增的比特分配给了有着较高表示误差的块，它们首先得到改善。这个特性是由压缩过程的本质决定的，因为整个过程是由 RMSE 导向而非编码速率导向。压缩过程对所有的块定义了一个 RMSE 阈值，这就造成每个块达到这个阈值时没有固定的原子分配数。简单（光滑）内容的块很可能具有远低于阈值的表示误差，甚而至于只使用一个或很少的原子，而块的内容越复杂，表示误差越接近阈值。当 RMSE 阈值降低时，这些存在问题的块随着原子数目的增加将改善表示误差，而表示误差低于阈值的简单块并不需要改变其原子分配。图 13.10 给出了当比特率增加时图像质量逐步得到提高的情况。可以看到，当比特率增加时并不是所有的块得到改善，仅仅是例如衣服、耳朵和发际线位置的某些块效果改善了。这些块比其他块更难以表示。

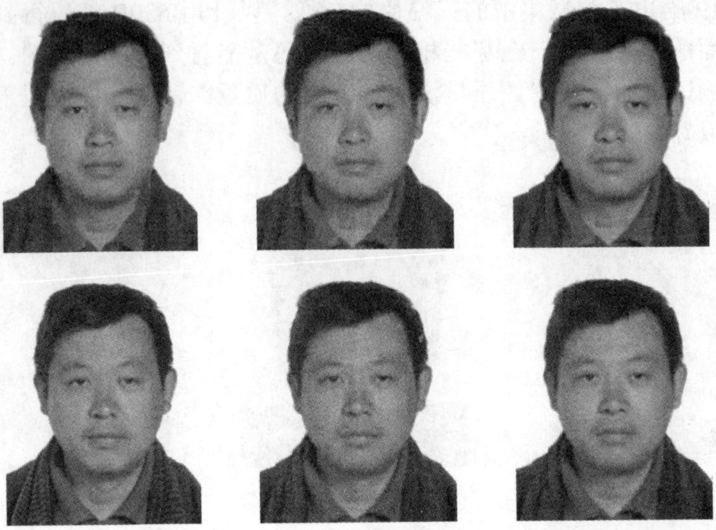

图 13.10　测试集合中不同比特率的重构图像视觉质量的比较。

从左上顺时针顺序，285B（RMSE10.6）、459B（RMSE8.27）、630B（RMSE7.61）、820B（RMSE7.11）、1021B（RMSE6.8）、原始图像

13.4.3　运行时间和使用的内存

为评价建议的压缩方法需要的内存，需要考虑针对每个块产生的所有字典，前面提到的平均图像块、霍夫曼表，以及每个块对应的系数表和量化级。所有这些需要小于 20MB 的存储空间。

实际的训练和测试过程都在普通的 PC 机（Pentium 2，2GHz 主频，1GB RAM）上，使用没有优化的 Matlab 代码实现。训练出所有需要的字典要花费 100h（这也是在几台计算机上并行完成，每台机器计算不同的块分组）。单幅图像的压缩需要 5s，解压缩时间小于 1s。

13.4.4　与其他技术的比较

评价这个压缩方法性能的一个重要部分是将它与具有竞争力的已知压缩技术相比较。如前所述，我们将算法结果与 JPEG，JPEG2000，讨论过的基于 VQ 的压缩方法，以及专门实现的基于 PCA 的压缩方法进行了比较。这里先简要介绍一下 PCA 技术。

基于 PCA 的压缩方法和前面的方案非常相似，只要将 K-SVD 字典简单替换成主成分分析（PCA）字典即可。这些字典都是方阵，保存了训练样本中每个块的自相关阵的特征向量，这些向量按照对应特征值的降序排列。另一个不同的地方是将稀疏编码表示替换成了简单的线性逼近，将信号用排在最前面的几个特征向量的投影进行近似，直到表示误差降到指定阈值之下。与基于 PCA 的压缩方法

比较很重要，因为可以认为建议的技术是 JPEG2000 针对训练图像类别的自适应，而 PCA 技术是对 JPEG 进行相同改进的结果。

图 13.11、图 13.12 和图 13.13 给出了 3 种不同比特率下与采用 JPEG、JPEG2000 和 PCA 方法所得结果的视觉比较。注意到图 13.11 中不包含 JPEG 的例子，因为此时比特率低于其实现能力。这些图清楚地显示了在所有方法中，建议的基于稀疏表示的方法在视觉效果和质量上都具有优势。特别的，与建议算法相比，JPEG 和 JPEG2000 图像有很强的涂抹效果。

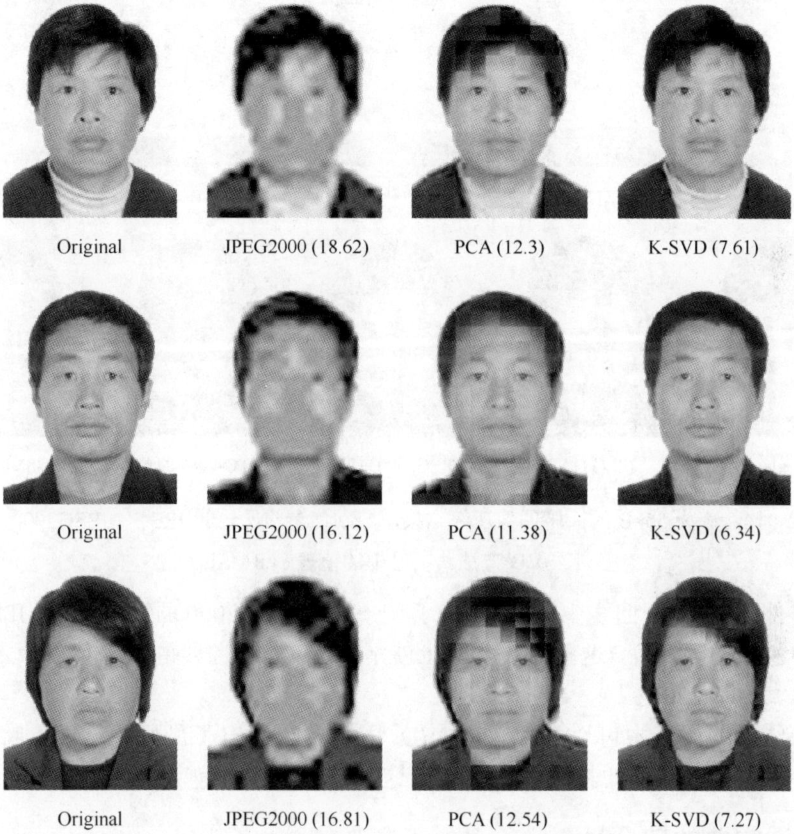

图 13.11　比特率为 400B 的人脸图像压缩结果，分别为参与比较的 JPEG2000、PCA、K-SVD 方法。括号中的值表示 RMSE

图 13.14 比较了以上各种算法的率失真曲线，结果是在 100 幅测试图像上进行平均得到的。为了评价稀疏编码和重构阶段引入的表示误差，在不考虑几何弯折导致错误的前提下，这里给出了所有方法的 PSNR 值，对应于排列好的灰度图。若加入由几何弯折引入的误差，将导致 VQ，PCA 和 K-SVD 方法性能下降 0.2～0.4dB，但并不影响这些算法的性能排序。

Original
JPEG (15.81)
JPEG2000 (13.89)
PCA (10.66)
K-SVD (6.67)
Original
JPEG (14.67)
JPEG2000 (12.41)
PCA (9.44)
K-SVD (5.63)
Original
JPEG (15.3)
JPEG2000 (12.57)
PCA (10.27)
K-SVD (6.45)

图 13.12 比特率为 550B 的人脸图像压缩结果，分别为参与比较的 JPEG、JPEG2000、PCA 和 K-SVD 方法。括号中的值表示 RMSE

另外，在率失真曲线中，我们增加了一条“纯”JPEG2000 曲线，考虑到 JPEG2000 标准中包含的头信息，这条曲线实际上就是 JPEG2000 曲线的水平移动版本。这个头信息大约有 220B。

从结果的比较中可以看出，K-SVD 压缩方法给出了最好的性能，特别是在 300B～1000B 的极低比特率条件下，而这正是我们的兴趣所在。

13.4.5 字典的冗余性

字典的冗余性，或称为过完备性，定义为 m/n，其值为 1 表示完备（非冗余）表示，而在前面的实验中，比值都大于 1。此时自然会产生一个问题，就是为了得到所给出的压缩结果，冗余是否真的必需。固定块大小 n，改变原子数 m 会有什么样的效果呢？图 13.15 给出了 4 条曲线，它们是在冗余度变化情况下测试集中图像的平均 PSNR。每条曲线都给出了在不同的图像比特率时的表现。注意到，由于块大小是 15×15 像素，一个字典拥有 225 个原子就意味着是完备（非冗余）的，当有 150 个原子时，实际上是欠完备的情况。

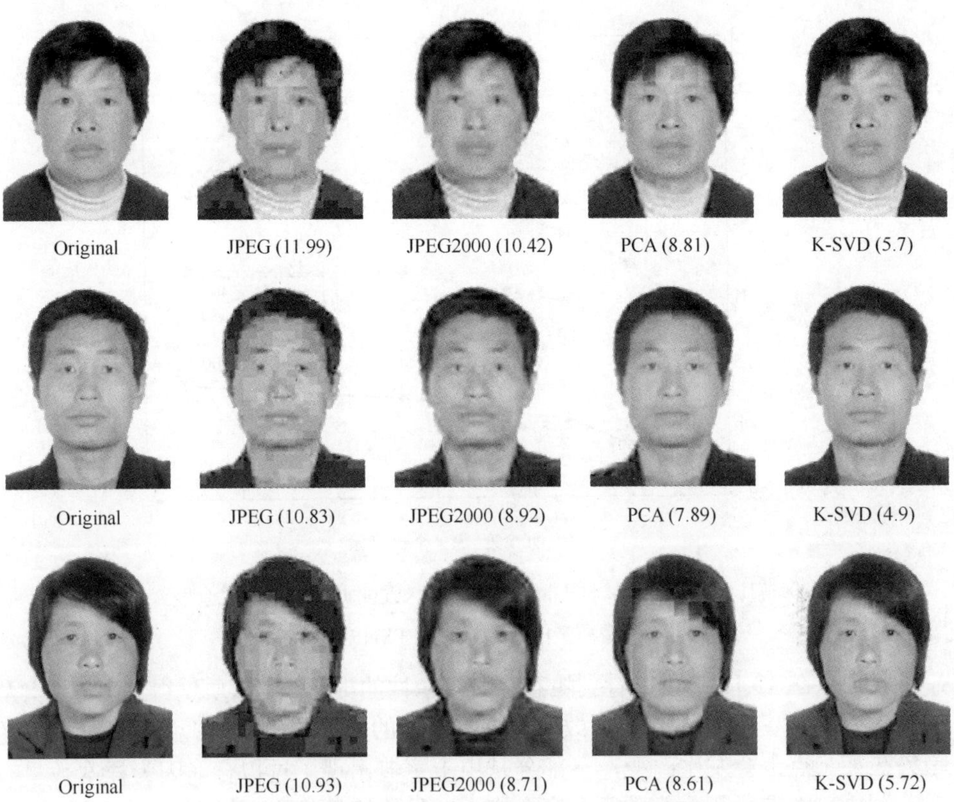
Original
JPEG (11.99)
JPEG2000 (10.42)
PCA (8.81)
K-SVD (5.7)
Original
JPEG (10.83)
JPEG2000 (8.92)
PCA (7.89)
K-SVD (4.9)
Original
JPEG (10.93)
JPEG2000 (8.71)
PCA (8.61)
K-SVD (5.72)

图 13.13　比特率为 820B 的人脸图像压缩结果，分别为参与比较的 JPEG、JPEG2000、PCA 和 K-SVD 方法。括号中的值表示 RMSE

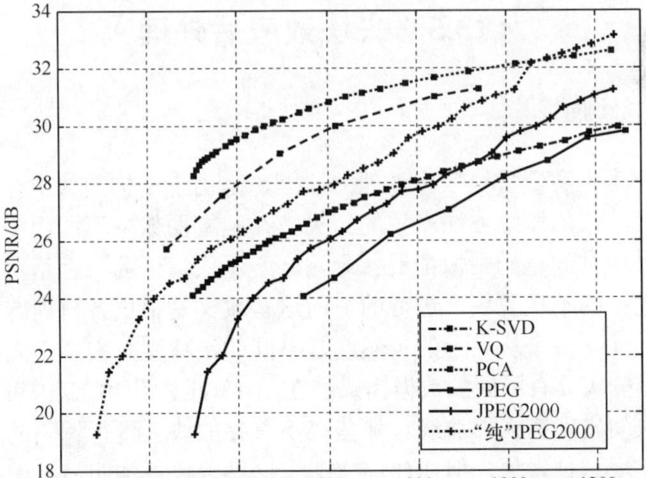

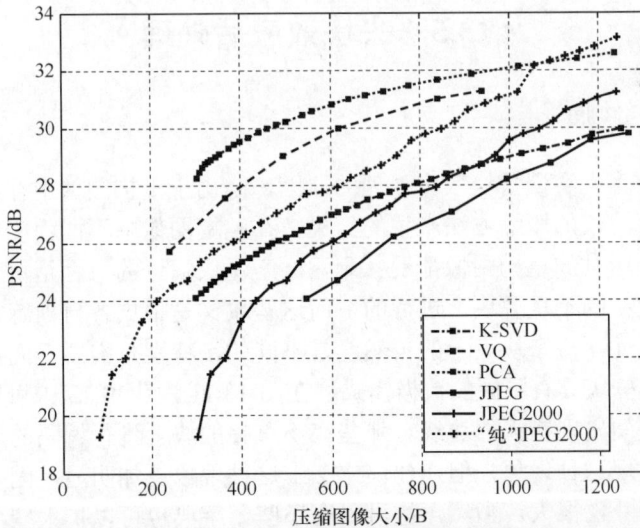

图 13.14　JPEG、JPEG2000、“纯” JPEG2000（即消除头部比特）、PCA、VQ 和 K-SVD 方法的率失真曲线

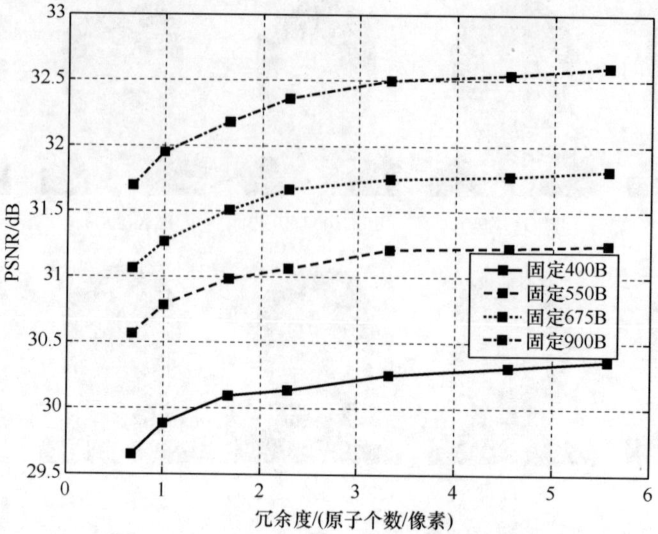

图 13.15　保持比特率不变（4 种不同的比特率），改变训练字典的冗余度，对测试集中图像质量的影响，利用 PSNR 度量

我们从图 13.15 中可以看到随着字典冗余性的提高，图像质量得到了改善（从 PSNR 这个角度考虑），但这个改善是逐步减弱的。直观上来说，可以预期曲线的趋势在某一点上会发生改变，一部分是由于字典出现了过拟合（因为样本数量有限），另一部分是由于太高的冗余度会增大序号传输的代价，从而带来性能的下降。这个趋势的改变受到训练数据大小的限制，实际上在图中没有显现。

13.5　去块效应后处理

13.5.1　人工块痕迹

在这个方案中实现去块效应处理的原因，是由于重构图像中存在着块状人工痕迹，而这是建议的压缩方法产生的结果。在整幅图像中不同程度地都能看到这种痕迹，而且所有的重构图像都受其影响。产生块痕迹的原因是每个图像的编码都是在相同大小的不重叠块上进行的，而这些块又是根据各自训练得到的字典独立编码的。因此，每个块表示的自然度是不同的，特别是需要不同数目的原子来表示，或者这些块具有不同的数据模式。在图 13.11～图 13.13 中可以看到，这些差异会导致块间出现错误的边缘。那些在不重叠的块上进行编码的压缩技术，都可以预见会出现这种现象，但在建议方法中这种现象更加明显，因为它的压缩比很大，块的尺寸也很大。当然，块可以变小些，字典也可以扩大些，但这样做并不能完全消除人工痕迹，同时由于每幅压缩图像的比特率上升，也会严重损伤压缩算法的性能。因此从更广的角度看，这种解决方法的效率很低。

13.5.2 去块效应的方法

有一些可以消除这些块痕迹的方法，主要分为 2 类：编码阶段法和后处理法。编码阶段法建议在块痕迹最初产生的时候就解决它。这些方法包括基于重叠块进行编码，在两个或更多的平移栅格中训练字典，结合相邻字典来训练字典，以及类似思路的其他方法。这些方法为这个问题提供了清晰的结构性解决方案，可以用来完全消除块效应。然而，这些方法的不利之处也难以忽略——它们很复杂，有的太过复杂难以实现，而且它们会使得压缩图像的比特率上升，这都是不期望看到的。

与编码阶段法不同，后处理法尝试在块痕迹产生之后消除它们。这些方法包括多种应用于经过压缩/解压处理图像上的滤波技术。这些方法很简单，易于实现，也并不增加压缩图像的比特率。它们的主要缺陷就是不能保证消除掉所有情况所有图像中的块痕迹，因为这种处理方法能力是受限的，也没有触及到问题的本源。

13.5.3 基于学习的去块效应方法

我们现在要给出的去块效应方法属于策略 2，它对重构图像应用了一个特制的滤波器。我们为每个块定义一个三像素宽的“边帧”，作为固定的感兴趣区（Region-Of-Interest，ROI）。这些区域受块效应影响最大，而且一旦图像栅格设好，感兴趣区的位置就是已知的。对于不同块的 ROI 中像素，我们计算不同的 5×5 线性滤波器来消除这些块痕迹。这通过对训练集的同一像素进行操作，并在多幅（这里有 1000 幅）相似图像上处理后累积实现。训练集包含了原始像素和经过压缩、解压处理后的重构像素。

一般来说，这种方法的本质与建议的压缩算法相似，后者对新图像编码也是根据训练集训练得到的字典完成的。这种情况下，我们计算最小二乘意义下的最优滤波器

$$\hat{\boldsymbol{h}}_k = \arg\min_{\boldsymbol{h}_k} \left\| \boldsymbol{Y}\boldsymbol{R}_k\boldsymbol{h}_k - \boldsymbol{X}\boldsymbol{e}_k \right\|_2^2 \qquad (13\text{-}3)$$

式中 $\boldsymbol{h}_k$ 是第 k 像素所需的 5×5 滤波器，排成列向量形式。矩阵 $\boldsymbol{X}$ 包含了训练集中以行向量形式出现的原始图像，同样 $\boldsymbol{Y}$ 包含了训练集中以行向量形式出现的解码图像。$\boldsymbol{R}_k$ 是从 $\boldsymbol{Y}$ 中提取的矩阵，包含了第 k 像素的 5×5 格子中的合适像素，$\boldsymbol{e}_k$ 是个选择向量，从图像 $\boldsymbol{X}$ 中提取出第 k 像素。

这个最小化问题的目标是设计出一个线性滤波器，只用第 k 像素的 5×5 邻域，就能实现重构图像中该像素与原始图像中对应像素之间的最优拟合。从式（13-3）可以得到 $\hat{\boldsymbol{h}}_k$ 的一个简单的解析解，形式如下：

$$\hat{\boldsymbol{h}}_k = (\boldsymbol{R}_k^{\mathrm{T}}\boldsymbol{Y}^{\mathrm{T}}\boldsymbol{Y}\boldsymbol{R}_k)^{-1} \cdot \boldsymbol{R}_k^{\mathrm{T}}\boldsymbol{Y}^{\mathrm{T}}\boldsymbol{X}\boldsymbol{e}_k \qquad (13\text{-}4)$$

注意到每个比特率下所需的滤波器都不相同，因此每种情况都要分别计算①。对于一组给定的比特率，训练得到的滤波器组合成大矩阵 $\boldsymbol{H}_r$ 的行，当它乘以压缩、解压后的图像时，所有的滤波器都被选中，这样就可以实现去块效应的处理了。

滤波器计算的过程非常简单，且易于实现，并不增加压缩的比特率，因为每个比特率对应的滤波器矩阵都已离线计算好，存储在解码器中。对任意给定的重构图像使用这些滤波器也非常方便，只要在压缩算法的后处理阶段根据图像的字典表示，简单地乘以矩阵 $\boldsymbol{H}_r$ 即可。

13.6 去块效应结果

我们使用了 1000 幅人脸图像作为训练集，100 幅不同的图像作为测试集。两个集合中的所有图像在预处理后都是 179×221 像素的大小。图 13.16 给出了如同图 13.14 的率失真曲线，其中的曲线对应于去块效应后的结果。可以看出，建议的去块效应方法将性能提高了 0.4dB。

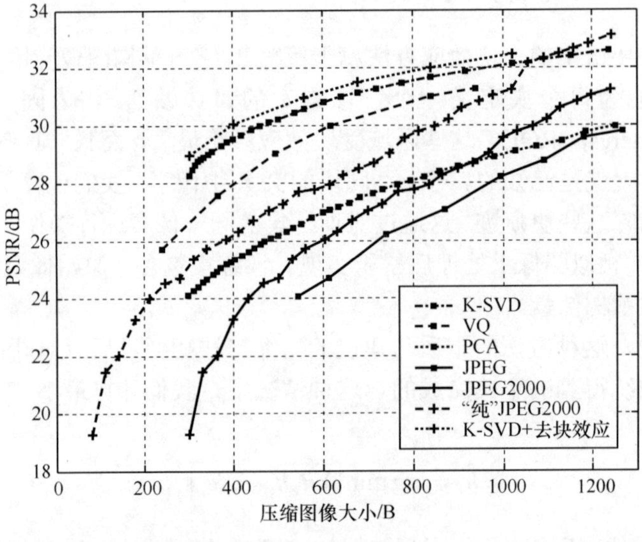

图 13.16 JPEG、JPEG2000、“干净”JPEG2000、PCA、VQ 和 2 种 K-SVD 方法的率失真曲线

为了直观地观察建议方法的效果，我们在图 13.12 中的图像上进行了应用，编码速率为 550B。我们另外增加了一幅块效应非常明显的图像。这个比特率下的滤波器矩阵作为一种后处理应用在了重构图像上，结果在图 13.17 中给出。虽然这个方法有局限性，但可以很清楚地看到，去块效应方法已经消除了大多数地方的块

① 对每个比特率完成这个计算并不实际，也不必要。我们可以将比特率范围（300～1000B）分成不同的组，每组有自己的滤波器集合。

痕迹，其他地方的痕迹也显著减弱了。虽然去块效应滤波器在应用的块边缘产生了一定的平滑，但图像依然很锐利，整体的视觉质量得到了改善。从图 13.16 中可以看出，除了改善视觉效果外，我们同样改善了图像的 PSNR。

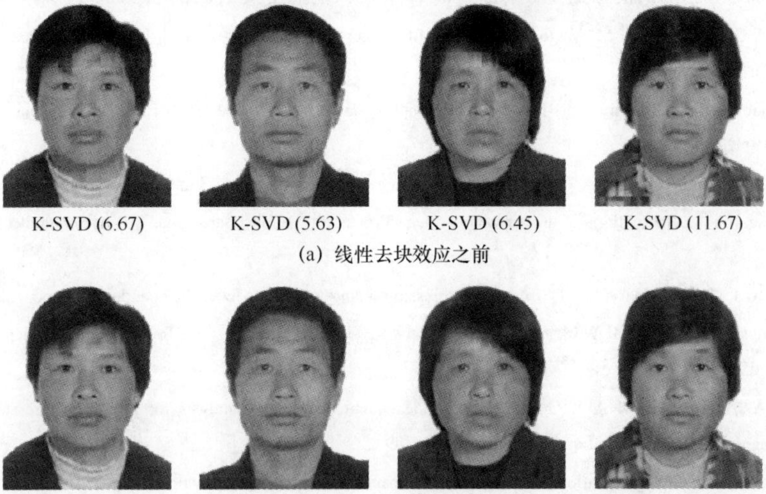

K-SVD (6.67)　K-SVD (5.63)　K-SVD (6.45)　K-SVD (11.67)

(a) 线性去块效应之前

Deblocking (6.24)　Deblocking (5.27)　Deblocking (6.03)　Deblocking (11.32)

(b) 线性去块效应之后

图 13.17　速率为 550B 的重构图像，线性去块效应之前（a）和之后（b）的对比

13.7 总　结

本章我们说明了稀疏和冗余表示以及 K-SVD 学习算法如何用于处理人脸图像编码这个实际的图像压缩应用。给出的方案不仅实用，而且简单直接，其性能也超过了 JPEG2000。

不幸的是，不能套用本章的途径，来实现通用图像压缩算法，今后的研究中这仍是一个重大挑战。然而从这里给出的实验中，我们依然能获得如下的重要结论：

（1）和直觉相反，冗余在提高压缩性能时具有价值；

（2）在某些条件下，稀疏和冗余表示可以成功替代 VQ 方案，并能得到更好的结果；

（3）在线性近似和非线性近似这样的领域对比中（我们实验中的 PCA 和 K-SVD），我们看到在不讨论传输序号的附加代价情况下，非线性近似的性能总是更好些。

延伸阅读

[1] Burt P J, Adelson E H. The Laplacian pyramid as a compact image code[J]. IEEE Trans. on Communications, 1983, 31(4): 532-540.

[2] Bryt O, Elad M. Compression of facial images using the K-SVD algorithm[J]. Journal of Visual Communication and Image Representation, 2008, 19(4): 270–283.

[3] Bryt O, Elad M. Improving the K-SVD facial image compression using a linear deblocking method[C]// The IEEE 25-th Convention of Electrical and Electronics Engineers in Israel, Eilat, Israel, December 3–5, 2008.

[4] Cosman P, Gray R, Vetterli M. Vector quantization of images subbands: A survey[J]. IEEE Trans. Image Processing, 1996, 5(2): 202–225.

[5] Elad M, Goldenberg R, Kimmel R. Low bit-rate compression of facial images[J]. IEEE Trans. on Image Processing, 2007, 16(9): 2379–2383.

[6] Ferreira A J, Figueiredo M A T. Class-adapted image compression using independent component analysis[C]// Proceedings of the International Conference on Image Processing (ICIP), Barcelona, Spain, September 2003. 2003: 14–17.

[7] Ferreira A J, Figueiredo M A T. Image compression using orthogonalized independent components bases[C]// Proceedings of the IEEE XIII Workshop on Neural Networks for Signal Processing, Toulouse, France, September 2003. 2003: 17–19.

[8] Ferreira A J, Figueiredo M A T. On the use of independent component analysis for image compression[J]. Signal Processing: Image Communication, 2006, 21(5): 378–389.

[9] Gerek O N, Hatice C. Segmentation based coding of human face images for retrieval[J]. Signal-Processing, 2004, 84(6): 1041–1047.

[10] Gersho A, Gray R M. Vector Quantization And Signal Compression[M]. Dordrecht, Netherlands: Kluwer Academic Publishers, 1992.

[11] Hazan T, Polak S, Shashua A. Sparse image coding using a 3D nonnegative tensor factorization[C]// Proceedings of the Tenth IEEE International Conference on Computer Vision (ICCV), Beijing, China, October 2005. 2005: 17-21.

[12] Hu J H, Wang R S, Wang Y. Compression of personal identification pictures using vector quantization with facial feature correction[J]. 1996, 35(1): 198–203.

[13] Huang J, Wang Y. Compression of color facial images using feature correction two-stage vector quantization[J]. IEEE Trans. on Image Processing, 1999, 8(1): 102–109.

[14] Inoue K, Urahama K. DSVD: a tensor-based image compression and recognition method[C]// Proceedings of the IEEE International Symposium on Circuits and Systems(ISCAS), Kobe, Japan, May 2005. 2005: 23–26.

[15] Lanitis A, Taylor C J, Cootes T F. Automatic interpretation and coding of face images using flexible models[J]. IEEE Trans. on Pattern Analysis and Machine Intelligence, 1997, 19(7): 743–756.

[16] Linde Y, Buzo A, Gray R M. An algorithm for vector quantiser design[J]. IEEE Trans. on Communications, 1980, 28(1):84–95.

[17] Moghaddam B, Pentland A. An automatic system for model-based coding of faces[C]// Proceedings of DCC ’95 Data Compression Conference, Snowbird, UT, USA, March 1995. 1995: 28–30.

[18] Peotta L, Granai L, Vandergheynst P. Image compression using an edge adapted redundant dictionary and wavelets[J]. Signal-Processing, 2006, 86(3): 444–456.

[19] Qiuyu Z, Suozhong W. Color personal ID photo compression based on object segmentation[C]// Proceedings of the Pacific Rim Conference on Communications, Computers and Signal Processing(PACRIM), Victoria, BC, Canada, August 2005. 2005: 24–26.

[20] Sakalli M, Yan H. Feature-based compression of human face images[J]. Optical-Engineering, 1998, 37(5): 1520–1529.

[21] Sakalli M, Yan H, Fu A. A region-based scheme using RKLT and predictive classified vector quantization[J]. Computer Vision and Image Understanding, 1999, 75(3): 269–280.

[22] Sakalli M, Yan H, et al. Model-based multi-stage compression of human face images[C]// Proceedings of 14th International Conference on Pattern Recognition(ICPR), Brisbane, Qld., Australia, August 1998. 1998: 16–20.

[23] Shashua A, Levin A. Linear image coding for regression and classification using the tensor-rank principle[C]// CVPR 2001. Proceedings of the IEEE Computer Society Conference on Computer Vision and Pattern Recognition, Kauai, HI, USA, December 2001.

[24] Taubman D S, Marcellin M W. JPEG2000: Image Compression Fundamentals, Standards and Practice[S]. Norwell, MA, USA, Kluwer Academic Publishers, 2001.

第 14 章　图像去噪

14.1　概述——图像去噪

图像中经常含有噪声，这些噪声可能来自于传感器的缺陷、光线的照度不足或传输错误。很多应用都亟需去除这些噪声，这也是为什么图像去噪，不论是问题本身还是去噪结果会受到如此多关注的原因。但是，图像去噪的重要性不仅仅体现在实际应用之中。作为一种可能是最简单的逆问题，它也可以为图像处理理论和技术的测试与完善提供一个便利的平台。过去 50 多年来，对这个问题已从不同的观点出发进行了大量研究。如各种类型的统计估计器、空间自适应滤波器、随机分析、偏微分方程、变换域方法、样条以及其他的近似理论方法、形态学分析、微分几何、有序统计量等等，这些都是研究本问题所涉及的众多方向和工具中的一部分。

在本章中，我们无意对图像去噪的诸多热点进行综述。相反，我们将关注于本书所感兴趣的一类特定算法——采用**稀疏和冗余表示**建模的算法。近年来的研究表明，这些方法十分有效并且潜力巨大，在用于噪声消除时，所能达到的性能常常是最佳的。

与第 10 章的结构类似，本章一开始我们将讨论以稀疏表示模型为原始核心的算法，并对图像去噪问题进行全面论述。随后，将介绍该算法的多种改进方法，包括局部处理、收缩曲线学习、混合字典训练等。由于涉及到稀疏表示的方法，我们也将介绍非局部均值（Non-Local-Means，NLM）算法。本章最后，我们将对 Stein 无偏风险估计（Stein Unbiased Risk Estimator，SURE）算法进行介绍，以用于某些图像去噪算法的参数自动调整。

我们从图像去噪问题的适用模型开始讨论。考虑一个理想的图像 $\mathbf{y}_0 \in \mathbf{R}^N$（大小为 $\sqrt{N} \times \sqrt{N}$ 像素），测量中存在均值为零、标准差为 σ 的加性高斯白噪声 $\mathbf{v}$。测量得到的图像 $\mathbf{y}$ 为

$$\mathbf{y} = \mathbf{y}_0 + \mathbf{v} \tag{14-1}$$

我们的目标是设计一个算法，可以从 $\mathbf{y}$ 中消除噪声，得到尽可能与原图像 $\mathbf{y}_0$ 接近的结果。为解决该问题，我们从直接应用第 9 章和第 10 章中的想法开始，再推进到更先进的方法。

14.2 开始：全局模型

14.2.1 图像去噪的核心算法

本书中，我们已反复提及图像去噪问题，每当要用稀疏和冗余表示模型来解决该问题时，都会带来对优化问题(P_0^ϵ)的一些改变，即

$$(P_0^\epsilon)\ \min_{x}\|x\|_0 \quad \text{s.t.}\ \|Ax-y\|_2^2 \leqslant \epsilon \tag{14-2}$$

阈值 ϵ 与噪声功率紧密相关，正常可选为 $cN\sigma^2$，式中 $0.5 \leqslant c \leqslant 1.5$。该问题的解用 $\hat{x}$ 表示，即所需干净图像的稀疏表示。因此，去噪后的输出为 $\hat{y} = A\hat{x}$。

在前面的章节中，我们已经从确定性和随机性两个角度讨论过这个方法，我们还介绍了改进的方法，可以通过增加关于 x 非零项的统计假设来提升其效果，我们还研究了通过逼近 MMSE 估计以进一步提高去噪效果的多种思路等。所有这些努力都使得这种方法变得坚实可信。

当然，式（14-2）的成功依赖于对字典 A 的恰当选择。十几年来，使用精心选择的 A 进行稀疏表示，并以此来改进图像去噪效果的想法，已催生了一系列的研究热点。起初，考虑了归一化小波系数的稀疏处理，由此得到了在第 6 章中讨论过的著名的收缩算法。然而，该方法的实用性能却不理想，还存在着很大的提升空间，这促使广大研究人员转而考虑冗余表示。

使用冗余表示的原因之一是希望得到平移不变性。从图像去噪算法来说，这意味着无论边缘在何处，对它们的处理都将是相同的。另外，随着关于正则可分离 1 维小波不适用于图像处理的认识不断加深（即这些变换不适合表示图像的稀疏性），又引入了一些新修订过的多尺度和方向性冗余变换，包括曲波（Curvelet）、轮廓波（Contourlet）、楔波（Wedgelet）、条带波（Bandelet），以及导向小波（Steerable Wavelets）。与归一化小波收缩方法相比，这些字典应用于上面的图像去噪公式时得到了更好的结果。有一阵子（21 世纪的头几年），这些算法被认为是最适用的图像去噪方法。

基于上述讨论，我们给出一个基于冗余字典的基本图像去噪算法。为进行图像去噪，我们对 A 执行第 10 章中采用的冗余 Harr 变换[①]。为得到式（14-2）的近似解，这里采用了阈值算法。这样，整个去噪处理可以由下式表示：

$$\hat{y} = AS_T(A^{\mathrm{T}}y) \tag{14-3}$$

式中，$S_T(z)$ 是一个硬阈值标量算子（即对于 $|z|<T$，$S_T(z)=0$；否则，$S_T(z)=z$）。

由于 A 的列没有经过 ℓ_2-范数归一，因此必须用这些列的范数来调整阈值，即向量 $A^{\mathrm{T}}y$ 的第 i 个元素 $a_i^{\mathrm{T}}y$ 将以 $\|a_i\|_2 \cdot T$ 为阈值进行处理。采用如下式的形式，我

① 这个矩阵表示了一个冗余因子为7:1的紧框架。

们可以在其中采用固定阈值 T，即

$$\hat{\boldsymbol{y}} = \boldsymbol{A}\boldsymbol{W}\mathcal{S}_T(\boldsymbol{W}^{-1}\boldsymbol{A}^{\mathrm{T}}\boldsymbol{y}) \tag{14-4}$$

式中，$\boldsymbol{W}$ 为一个对角矩阵，对角线上包含了各原子的范数 $\|\boldsymbol{a}_i\|_2$。注意，这个算法可以被认为是迭代收缩算法的第一次迭代，解初始化为零。随后将给出更多使用 $\boldsymbol{W}$ 的理由。

图 14.1 给出了本算法的性能（用 PSNR 来表征），它表示为参数 T 的函数，其输入图像为带噪 Barbara 测试图像，其中包含有标准差为 $\sigma = 20$ 的加性高斯噪声①。可以看出，与输入带噪图像相比，T 的最优选择将带来大于 5.2dB 的改善。图 14.2 显示了原始图像，带噪图像、以及采用最优 T 值时得到的去噪结果，其结果看起来比带噪图像要干净得多。

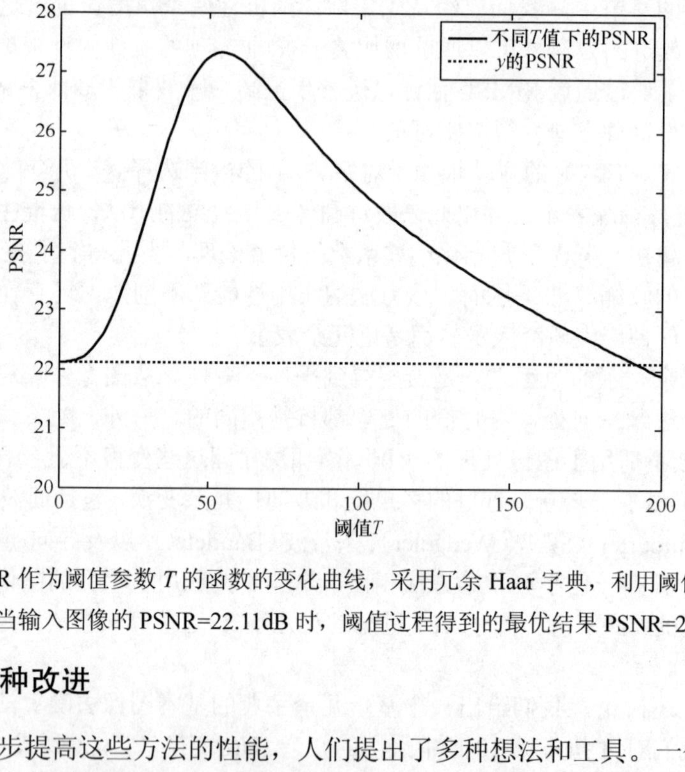

图 14.1 PSNR 作为阈值参数 T 的函数的变化曲线，采用冗余 Haar 字典，利用阈值算法计算的结果。当输入图像的 PSNR=22.11dB 时，阈值过程得到的最优结果 PSNR=27.33dB

14.2.2 各种改进

为进一步提高这些方法的性能，人们提出了多种想法和工具。一个简单有效的想法就是，对表示中的每个非零系数按方差的不同进行分别处理。它来源于以下的观察结果，就是图像典型稀疏表示的幅度在不同的尺度和方向上的方差不同。代入到基追踪公式，可以得到如下的问题：

$$\hat{\boldsymbol{x}} = \min_{\boldsymbol{x}} \lambda\|\boldsymbol{W}\boldsymbol{x}\|_1 + \frac{1}{2}\|\boldsymbol{A}\boldsymbol{x} - \boldsymbol{y}\|_2^2 \tag{14-5}$$

① 作为各种去噪策略的比较基准，这个图像以及对它进行去噪输出的结果（特别是消除均值为0，$\sigma = 20$ 的加性高斯白噪声）将在本章中一直陪伴我们。

式中，$\boldsymbol{W}$ 是一个对角矩阵，包含已选方差的倒数，与式（14-4）描述的相同。在第3章中我们已经看到，这种结构意味着字典 $\boldsymbol{A}$ 中各原子的范数是变化的。$\boldsymbol{W}$ 的对角线可以通过如下的离线方式获得：研究不同图像的稀疏表示，考察出其中共同的特性。另一方面，这些加权值也可以从给定图像的在线学习中得到，Chang，Yu 和 Vetterli 均对此进行了阐述，随后再用于求解。

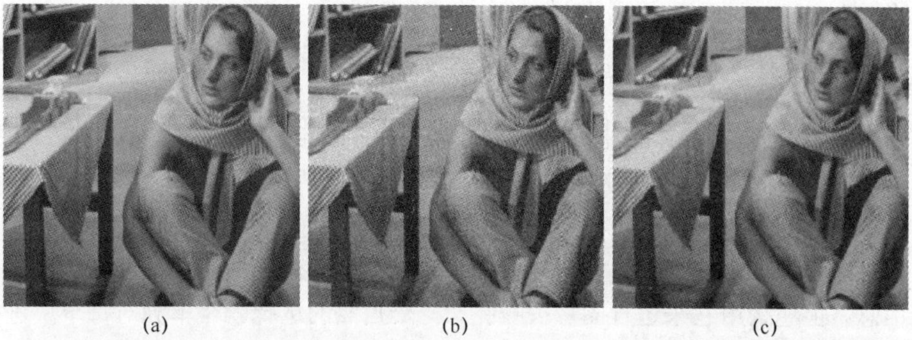

图 14.2　原始图像（a），带噪图像，灰度级（b），使用冗余 Haar 字典，采用阈值算法得到的去噪结果（c）。输入图像的质量为 PSNR=22.11dB，这里显示的结果质量为 PSNR=27.33dB

其他有关改善去噪效果的想法更复杂，集中在如何将表示系数与另一个系数相关联上。例如，假设我们知道表示 $\boldsymbol{x}$ 中各元的估计方差。同时，对于表示中的每个元 x_i，我们定义其邻域 $N(i)$（即空间域中具有相似方向和尺度的相邻元素）。则

$$\hat{\boldsymbol{x}} = \min_{\boldsymbol{x}} \lambda \sum_i \left[\sum_{j \in N(i)} \left(\frac{x_j}{\sigma_j} \right)^2 \right]^{\frac{1}{2}} + \frac{1}{2} \|\boldsymbol{A}\boldsymbol{x} - \boldsymbol{y}\|_2^2 \tag{14-6}$$

用一个新的 ℓ_1-ℓ_2 混合测度替代了加权的 ℓ_1-范数，从而促使邻域内的元表现出相似的特性（邻域中的所有元要么都为零，要么都有效）。当邻域中仅包含中心元时，上式与式（14-5）相一致。

我们在这里不讨论这个方法，但我们要指出，这种技术利用了相邻系数的绝对值之间存在的固有相关性，以使得图像去噪算法的效果更好。同样的动机也存在于更复杂的去噪方案中，比如 Portilla 等人采用了使用高斯尺度混合（Gaussian Scale-Mixture，GSM）的贝叶斯最小二乘（Bayesian Least-Squares）方法（在上面的 Barbara 测试图像实验，其 PSNR 值为 30.32dB）。这些技术确实显示出更好的性能，但由于结构太复杂，其吸引力有所下降。随后可见，还存在其他简单又直观的图像去噪算法，结果更佳。

综上所述，上述方法的实施都必须对图像 $\boldsymbol{x}$ 施加一个全局模型。该模型的一个重大缺陷就是需要提供一个字典，能够对整体图像进行稀疏化。相对于整体法而言，另一种有吸引力的方法是在图像的分块上进行局部处理。随后可见，这将指导我们引入训练字典，对收缩曲线进行学习，并提出了易于实现且高度并行的

简单算法。

14.3 从全局模型到局部模型

14.3.1 方法概述

不同于每次都对整体图像进行操作，我们可以考虑大小为 $\sqrt{n}\times\sqrt{n}$ 像素的小图像块 $\boldsymbol{p}$，这里 $n \ll N$。将这些块按列向量 $\boldsymbol{p}\in\mathbf{R}^n$ 组织起来。并假设这些块符合**稀疏域**模型 $\mathcal{M}(\boldsymbol{A},\epsilon,k_0)$。这表明存在着字典 $\boldsymbol{A}\in\mathbf{R}^{n\times m}$，使得每个块 $\boldsymbol{p}$ 都有相对应的表示 $\boldsymbol{q}\in\mathbf{R}^m$，其满足 $\|\boldsymbol{A}\boldsymbol{q}-\boldsymbol{p}\|_2 \leqslant \epsilon$，且 $\|\boldsymbol{q}\|_0 = k_0$。这里我们假定 $\boldsymbol{A}$ 已知并且是固定的。

从图像中各位置局部块的角度来看，上述模型的假设实际上给图像加上了先验信息。但怎么用它来进行图像去噪呢？一个自然的选择就是单独对每个块进行去噪，随后再把结果拼接起来。但这样做会带来块边缘的可见痕迹。也可以采用重叠块进行操作，并对结果进行平均，以达到消除这类块痕迹的目的，近来很多文章确实也是这样做的。

作为这种局部去噪方法的一个实例，考虑如下算法，其最初由 Guleryuz 提出，后来又由其他学者进行了改进。算法中所用的字典是 2 维 DCT 酉矩阵，这有 2 个重大好处：①与 $\boldsymbol{A}$ 及其伴随矩阵相乘的计算很快（由于其可分离性，以及它与 FFT 的联系）；②用这个字典进行稀疏编码简单而又直接。对整个图像 $\boldsymbol{y}$ 的去噪分成以下几个步骤进行。

（1）将 $\boldsymbol{y}$ 中的每像素看作一个 $\sqrt{n}\times\sqrt{n}$ 大小块的中心（n 的典型值为 64），这些块被记为 $\boldsymbol{p}_{ij}$。

（2）采用阈值算法，对每个块 $\boldsymbol{p}_{ij}$ 进行去噪。

① 计算 $\tilde{\boldsymbol{q}}_{ij} = \boldsymbol{A}^{\mathrm{T}}\boldsymbol{p}_{ij}$（前向二维 DCT 变换）；

② 对得到的向量 $\tilde{\boldsymbol{q}}_{ij}$，采用预设阈值（取决于噪声功率，每个元可能不同）进行阈值操作，得到 $\hat{\boldsymbol{q}}_{ij}$；

③ 计算 $\hat{\boldsymbol{p}}_{ij} = \boldsymbol{A}\hat{\boldsymbol{q}}_{ij}$，即得到块的去噪结果。

（3）对这些去噪后的块取平均以得到融合结果。采用加权平均有可能进一步改善性能，这里不进行讨论。

这个简单算法的图像去噪效果似乎比较令人惊喜，下一节中我们将探讨对它的进一步改进。有趣的是，不论在哪儿，块间重叠对于算法获取良好性能都有重大影响，而不仅仅是改善了块效应。这里取平均的效果与第 11 章中为逼近 MMSE 估计而提出的取平均方法效果一样。

14.3.2 收缩曲线学习

本小节描述的思想来自于 Yakov Hel-Or 和 Doron Shaked 近期的研究工作。

上述算法中的块去噪过程可以表达成下式：

$$\hat{\boldsymbol{p}}_{ij} = \boldsymbol{A}\hat{\boldsymbol{q}}_{ij} = \boldsymbol{A}S\{\boldsymbol{A}^{\mathrm{T}}\boldsymbol{p}_{ij}\} \tag{14-7}$$

式中，S 代表施加于 $\tilde{\boldsymbol{q}}_{ij}$ 系数的基于元素的收缩处理。

假设我们拥有海量的干净图像块 $\{\boldsymbol{p}_k^0\}_{k=1}^M$ 用于训练。我们通过在图像上叠加预设方差为 σ^2 的加性高斯白噪声，生成带噪版本 $\{\boldsymbol{p}_k\}_{k=1}^M$。我们要利用这 M 对 $\{\boldsymbol{p}_k^0,\boldsymbol{p}_k\}_{k=1}^M$ 来找出最佳收缩规则，以取代上述的硬阈值法，并找出常用的最优阈值参数集。首先构造如下的惩罚函数：

$$F_{\text{local}}(S) = \sum_{k=1}^{M}\left\|\boldsymbol{p}_k^0 - \boldsymbol{A}S\{\boldsymbol{A}^{\mathrm{T}}\boldsymbol{p}_k\}\right\|_2^2 \tag{14-8}$$

这个惩罚函数实际就是收缩操作函数，利用这个惩罚函数，我们打算对带噪图像块应用上述算法，以获得与干净（原始）图像尽可能接近的结果。

自此我们将假设，对于输入向量中每个元素的收缩操作都是不同的。这个假设很自然，因为与高频 AC 区的系数相比，邻近 DC 区的系数对噪声更不敏感，所以对它们的收缩操作相对不会很激烈。因此，对于任意向量 $\boldsymbol{u}\in\mathbf{R}^m$ 的操作 $S\{\boldsymbol{u}\}$ 将变为下式：

$$S\{\boldsymbol{u}\} = \begin{bmatrix} S_1\{u[1]\} \\ S_2\{u[2]\} \\ \vdots \\ S_m\{u[m]\} \end{bmatrix} \tag{14-9}$$

这里每个 S_i 的操作都可能不同。回到式（14-8）的惩罚函数，记 $\boldsymbol{u}_k = \boldsymbol{A}^{\mathrm{T}}\boldsymbol{p}_k$，则它可以写成下式为

$$F_{\text{local}}(S_1,S_2,\cdots,S_m) = \sum_{k=1}^{M}\left\|\boldsymbol{p}_k^0 - \boldsymbol{A}S\{\boldsymbol{A}^{\mathrm{T}}\boldsymbol{p}_k\}\right\|_2^2 = \sum_{k=1}^{M}\left\|\boldsymbol{p}_k^0 - \sum_{i=1}^{m}\boldsymbol{a}_i S_i\{u_k[i]\}\right\|_2^2 \tag{14-10}$$

注意到如果所使用的字典都是酉矩阵，我们引入 $\boldsymbol{u}_k^0 = \boldsymbol{A}^{\mathrm{T}}\boldsymbol{p}_k^0$ 以及 $\boldsymbol{u}_k = \boldsymbol{A}^{\mathrm{T}}\boldsymbol{p}_k$，惩罚函数也可以写为下式形式，即

$$\begin{aligned} F_{\text{local}}(S_1,S_2,\cdots,S_m) &= \sum_{k=1}^{M}\left\|\boldsymbol{p}_k^0 - \boldsymbol{A}S\{\boldsymbol{A}^{\mathrm{T}}\boldsymbol{p}_k\}\right\|_2^2 = \sum_{k=1}^{M}\left\|\boldsymbol{A}^{\mathrm{T}}\boldsymbol{p}_k^0 - S\{\boldsymbol{A}^{\mathrm{T}}\boldsymbol{p}_k\}\right\|_2^2 \\ &= \sum_{k=1}^{M}\left\|\boldsymbol{u}_k^0 - S\{\boldsymbol{u}_k\}\right\|_2^2 = \sum_{i=1}^{m}\sum_{k=1}^{M}\left(u_k^0[i] - S_i\{u_k[i]\}\right)_2^2 \end{aligned} \tag{14-11}$$

这表明 m 条收缩曲线的学习可以相互独立。因为 m 个惩罚间相关性不强，每个对应一条收缩曲线。

返回到更一般的情况，下一步将给出这个收缩算子的合适表达式，以优化该曲线。我们给出如下的多项式形式：

$$S_i\{u\}=\sum_{j=0}^{J}c_i[j]u^j \tag{14-12}$$

因此，$\{c_i[j]\}_{j=0}^{J}$ 的选择完全决定了该算子的特性。这种表示的好处就是当代入式（14-10）的惩罚函数中时，整个表达式可以简化为一个二次项，这样就能够用普通的最小二乘法求出其最优解。$S_i\{u\}$ 还存在其他的表达形式，例如只有奇次幂项的理想反对称多项式，样条表达式，等等。Hel-Or 和 Shaked 在他们的工作中采用了分段线性曲线，其连接点通过训练得到。

回到我们的公式，代入收缩算子的多项式模型，则惩罚函数变为下式：

$$\begin{aligned} F_{\text{local}}\left(S_1,S_2,\cdots,S_m\right) &= \sum_{k=1}^{M}\left\|\boldsymbol{p}_k^0-\sum_{i=1}^{M}a_i\delta_i\left\{u_k\left[i\right]\right\}\right\|_2^2 \\ &= \sum_{k=1}^{M}\left\|\boldsymbol{p}_k^0-\sum_{i=1}^{m}a_i\sum_{j=0}^{J}c_i[j]u_k[i]^j\right\|_2^2 \end{aligned} \tag{14-13}$$

为便于最小化上述的惩罚函数，我们继续引入如下的矩阵符号。定义向量 $\boldsymbol{c}\in\mathbf{R}^{mJ}$，其中包含了所有的 $\left\{c_i[j]\right\}_{j=0}^{J}$ 序列，$i=1,2,\cdots,m$。即：

$$\boldsymbol{c}^{\mathrm{T}}=\left[c_1[0],c_1[1],\cdots,c_1[J],c_2[0],c_2[1],\cdots,c_m[0],c_m[1],\cdots,c_m[J]\right]$$

类似的，我们定义矩阵 $\boldsymbol{U}_k\in\mathbf{R}^{m\times mJ}$ 是包含 m 个块的块对角矩阵

$$\boldsymbol{U}_k=\begin{bmatrix}\boldsymbol{b}_k[1] & \mathbf{0} & \cdots & \mathbf{0}\\ \mathbf{0} & \boldsymbol{b}_k[2] & \cdots & \mathbf{0}\\ \vdots & \vdots & & \vdots\\ \mathbf{0} & \mathbf{0} & \cdots & \boldsymbol{b}_k[m]\end{bmatrix} \tag{14-14}$$

每个块 $\boldsymbol{b}_k[i]$ 的大小为 $1\times J$ 值为：

$$\boldsymbol{b}_k[i]=\left[u_k[i]^0,u_k[i]^1,\cdots,u_k[i]^J\right],i=1,2,\cdots,m$$

使用这些符号，待最小化的函数变为下式，即

$$F_{\text{local}}(\boldsymbol{c})=\sum_{k=1}^{M}\left\|\boldsymbol{p}_k^0-\boldsymbol{A}\boldsymbol{U}_k\boldsymbol{c}\right\|_2^2 \tag{14-15}$$

定义收缩曲线的最优参数集由下式给出，即

$$\frac{\partial F_{\text{local}}(\boldsymbol{c})}{\partial\boldsymbol{c}}=\mathbf{0}=\sum_{k=1}^{M}\boldsymbol{U}_k^{\mathrm{T}}\boldsymbol{A}^{\mathrm{T}}(\boldsymbol{A}\boldsymbol{U}_k\boldsymbol{c}-\boldsymbol{p}_k^0) \tag{14-16}$$

而这将得到

$$\boldsymbol{c}_{\text{opt}}=\left[\sum_{k=1}^{M}\boldsymbol{U}_k^{\mathrm{T}}\boldsymbol{A}^{\mathrm{T}}\boldsymbol{A}\boldsymbol{U}_k\right]^{-1}\sum_{k=1}^{M}\boldsymbol{U}_k^{\mathrm{T}}\boldsymbol{A}^{\mathrm{T}}\boldsymbol{p}_k^0 \tag{14-17}$$

一旦训练得到收缩曲线，去噪算法就可以用于受到同样功率为 σ 的加性噪声干扰的新图像上。如果这些图像与用于训练曲线的图像相似，整体的去噪效果将会很好。

图 14.3　图像 Lena 的 200×200 部分，我们利用它来训练收缩曲线

为实际验证这个算法，我们给出下列实验结果。从图 14.3 所示的大小为 200×200 的部分 Lena 图像中，提取出所有$(200-5)^2$个块，每个块大小为 6×6 像素（n=6）。其噪声标准差为 σ=20 。用这些块训练出了 36 条收缩曲线，以作用于这些块的二维 DCT 酉矩阵系数上。去噪的处理与式（14-15）相同，我们利用了不同曲线可以分离且独立进行优化的事实。由于数值的原因，我们对块进行形如 $(\boldsymbol{p}_k-127)/128$ 的归一化后再进行处理。所得到的收缩曲线如图 14.4 所示。可以看出，靠近 DC 区（左上角图）的系数几乎不受影响，而高频部分的系数被剧烈地压缩了。

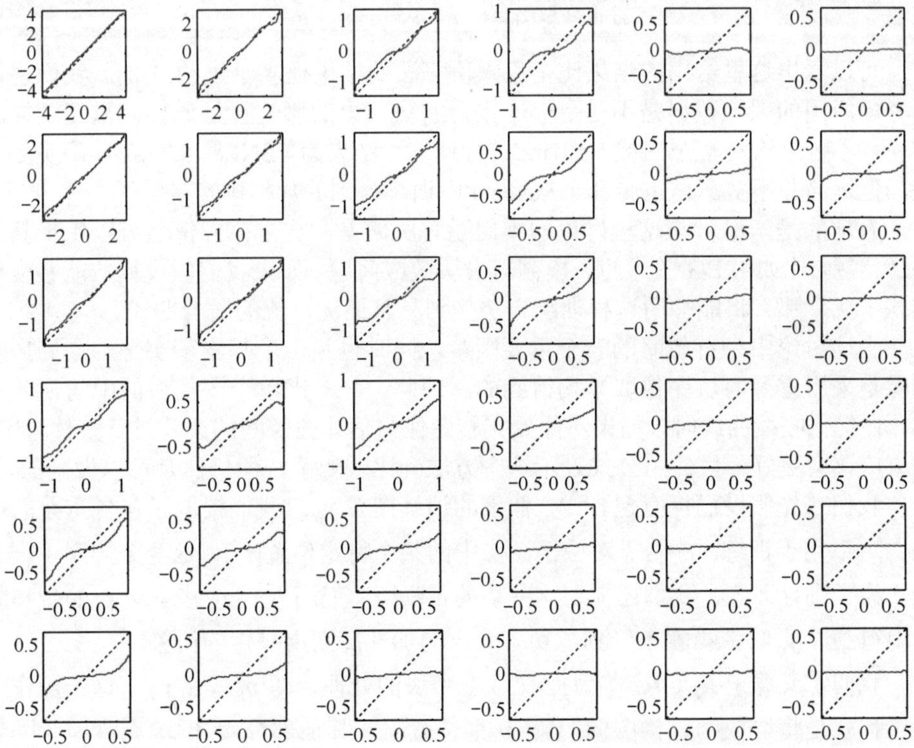

图 14.4　利用式（14-15）给出的惩罚函数训练得到的 36 个收缩曲线。每个曲线对应一个归一化二维 DCT 的变换系数

一旦训练得出曲线后，就可以应用于其他图像，以消除相同强度（σ=20）的噪声。图 14.5 给出了对图像 Barbara 的处理结果。注意到由于收缩曲线被表示为多项式形式，因此对于大数值元的计算可能完全失真。此时，超出训练范围的输入值会被急剧放大。为解决这种幅度敏感性，我们将检查输入是否在训练数据的范围内，如果不是，将不去修改它。

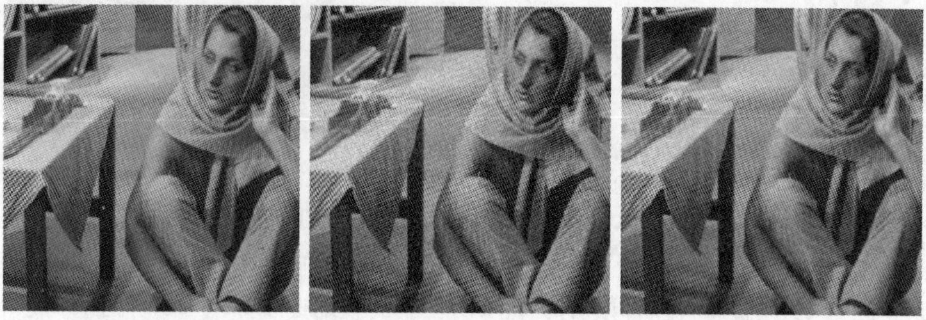

(a) (b) (c)

图 14.5 原始图像（a），带噪图像，$\sigma = 20$ 灰度级（b）。利用基于块的归一化 2 维 DCT 学习收缩曲线得到去噪图像（c）。输入图像的质量为 PSNR=22.11dB，这里结果的质量为 PSNR=28.35dB

可以看出这里给出的结果比全局阈值算法的结果提高了大约 1dB。我们也许会考虑所用的训练数据是不是足够丰富，它对结果的影响又是怎样。重复同样的实验，不过这次对整个图像 Brabara 进行训练，结果为 PSNR=28.75dB，确实更好些，但提高并不多。这也验证了从 Lena 中训练得到的数据确实足够了。

有趣的是，尽管与这里讨论的本问题有所偏差，这个范例依然可以用于其他的逆问题，比如 JPEG 图像的去模糊与去块效应问题。如果我们假设算法能够应付这些干扰，那么将能够用这种训练方法找到具有最优性能的适合曲线。

上述讨论中一直忽略的一个重要因素，同时也是一个基本事实是，全局去噪图像是采用重叠的块图像取平均得到的。因此，与考虑单个图像块的中间误差相比，在优化收缩曲线时，如果对原始完整图像与估计图像间的误差进行整体考虑，效果应该会更好。虽然用公式表示这个方法会比较棘手，但仍然是可以做到的。

我们首先假设已拥有包含 M 像素的训练图像 $\boldsymbol{y}_0$。我们提取了包含重叠的块 $\{\boldsymbol{p}_k^0\}_{k=1}^M$ 以用于训练。序号 k 对应于图像中的某个特定位置[i,j]，这两个排序一一对应。为了进行训练，我们还需要这些块的带噪版本 $\{\boldsymbol{p}_k\}_{k=1}^M$，这些块从 $\boldsymbol{y}_0$ 的带噪版本中得到，$\boldsymbol{y}_0$ 的带噪版本受到了功率为 σ 的加性高斯白噪声的污染。

我们定义算子 $\boldsymbol{R}_k \in \mathbf{R}^{n\times M}$ 为提取第 k 个块的处理，即 $\boldsymbol{p}_k^0 = \boldsymbol{R}_k \boldsymbol{y}_0$。这个操作的逆过程就是将块放回重构图像的第 k 个位置上，其他部分用 0 填充。因此回到式（14-8），合适的惩罚函数应为

$$F_{\text{global}}(S) = \left\| \boldsymbol{y}_0 - \frac{1}{n}\sum_{k=1}^{M} \boldsymbol{R}_k^{\mathrm{T}} \boldsymbol{A} S\{\boldsymbol{A}^{\mathrm{T}} \boldsymbol{R}_k \boldsymbol{y}\} \right\|_2^2 \tag{14-18}$$

注意，这里除以了 n，这是因为在完全重叠[①]的情况下，每像素都被覆盖了 n 次，因此需要平均。无论如何，这个系数可以被纳入未知向量 $\boldsymbol{c}$ 中加以消除。经过与之前相同的处理，得到的惩罚函数为

$$F_{\text{global}}(S)=\left\|\boldsymbol{y}_0-\sum_{k=1}^{M}\boldsymbol{R}_k^{\mathrm{T}}\boldsymbol{A}\boldsymbol{U}_k\boldsymbol{c}\right\|_2^2 \tag{14-19}$$

则收缩参数的最优集合由下式得到，即

$$\boldsymbol{c}_{\text{opt}}=\left[\left(\sum_{j=1}^{M}\boldsymbol{U}_j^{\mathrm{T}}\boldsymbol{A}^{\mathrm{T}}\boldsymbol{R}_j\right)\left(\sum_{k=1}^{M}\boldsymbol{R}_k^{\mathrm{T}}\boldsymbol{A}\boldsymbol{U}_k\right)\right]^{-1}\left(\sum_{k=1}^{M}\boldsymbol{U}_k^{\mathrm{T}}\boldsymbol{A}^{\mathrm{T}}\boldsymbol{R}_k\right)\boldsymbol{y}_0 \tag{14-20}$$

我们采用与前述实验相类似的方法对这个算法进行仿真，所得的结果更好。采用与前面相同的块数据库进行训练，但这次的目标是最小化式（14-19）的惩罚函数，所得出的曲线相差很大，如图 14.6 所示。在这些曲线中出现了有趣的现象——其中一些小数值的元素显现出了过收缩效果，即不仅被赋零了，而且实际上乘以了一个负的系数以抵消其影响。

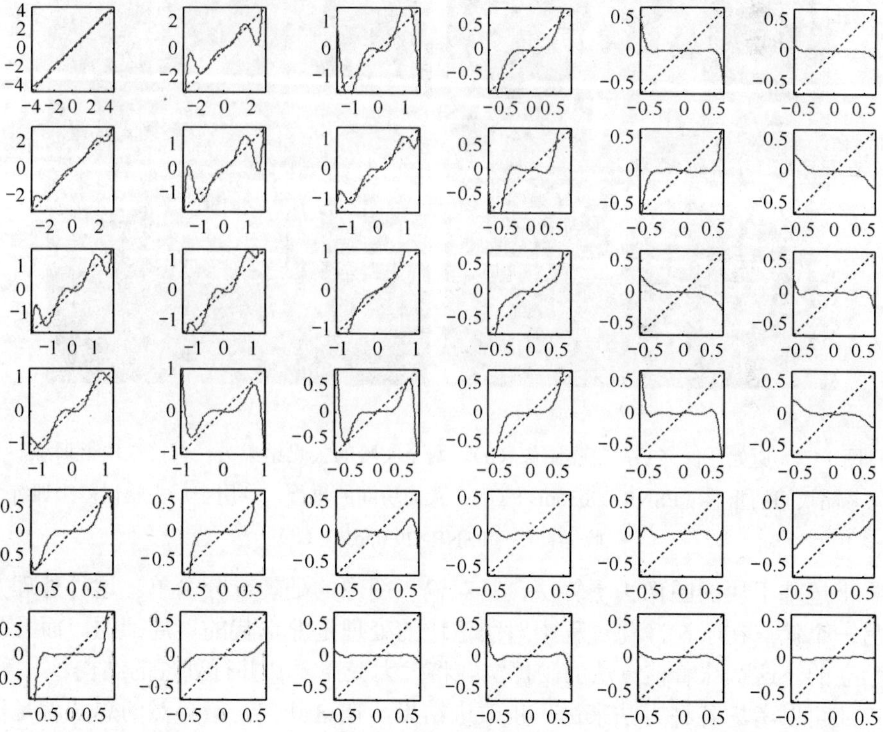

图 14.6　使用式（14-19）给出的惩罚函数，训练得到的 36 个收缩曲线，其中考虑了图像块间的重叠

① 对循环边界条件的设定，意味着 $\boldsymbol{y}_0$ 中每像素都可以按其相应块中的左上角像素的方式对待，而当块超出图像外时，将假定图像在这里是周期延伸的。

采用如前所述的方法，将这些曲线应用于图像 Barbara，我们得到了一个更好的结果，PSNR=29.05dB（对于 8×8 大小的块，结果为 PSNR=29.41dB）[①]。如图 14.7 所示。

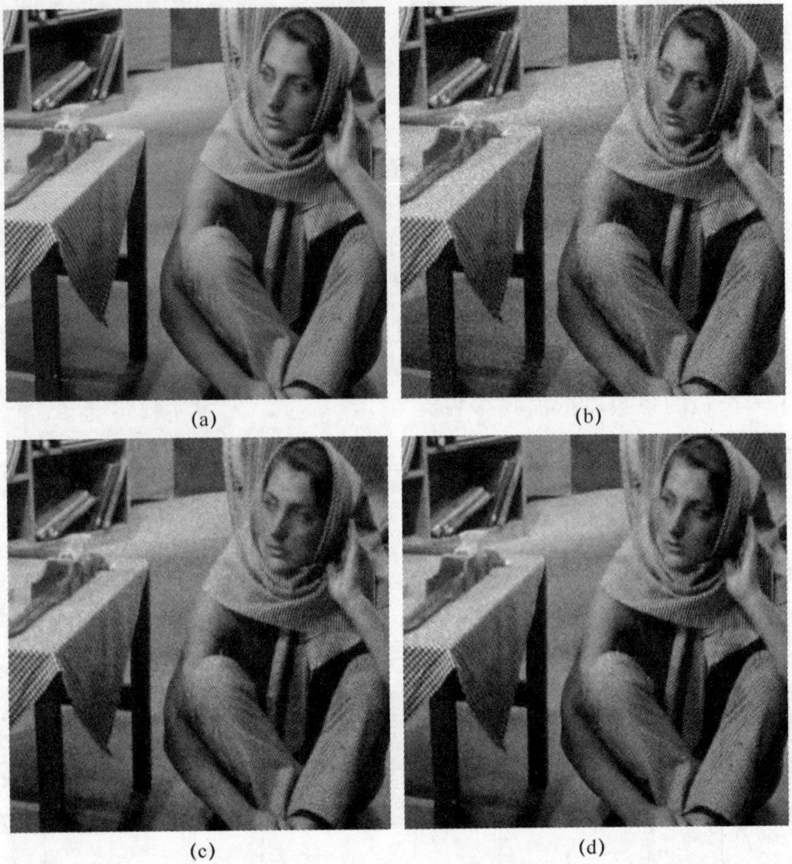

图 14.7　原始图像（a），带噪图像（b）。两个实验的去噪结果为：直接在块上训练，忽略块间的重叠（PSNR=28.36dB）（c）；考虑块间的重叠，利用全局去噪误差来训练收缩曲线（PSNR=29.05dB）（d）

上述基于块的图像去噪算法，其对输入图像的处理十分简单。这种处理方案的另一个优点在于在净化过程中对图像块的处理是非迭代的、局部的，而且是相互独立的。这意味着该算法的硬件实现将大大受益于其并行处理的结构。

还可以考虑各种方法来进一步改进结果，在这其中，最自然的想法就是通过改变字典 $\boldsymbol{A}$ 来优化其性能。但这里将不进行讨论，下一节中将对这种以字典设计为主要目标的图像去噪算法进行介绍。

① 根据 Hel-Or 和 Shaked 在论文中的报告，这个实验的对应结果大约为 30dB。这种不同应与所采用的块的大小、收缩曲线的表示形式和训练数据的多少有关。

14.3.3 字典学习和全局优化

上节描述的局部算法（无论是否使用了收缩曲线学习）都可以通过利用针对图像块的冗余字典，以及利用 OMP 或 BP 代替阈值法来改进。现在我们来系统地讨论这种从本质上得到改进的算法。这与 Aharon 和 Elad 的研究工作很接近。

假设我们对于未知完整图像 $\boldsymbol{y}_0$ 的所有认识仅限于其每个块都符合 $\mathcal{M}(\boldsymbol{A},\epsilon,k_0)$ **稀疏域**模型，则优先考虑这点的 MAP 估计将为

$$\left\{\left\{\hat{\boldsymbol{q}}_k\right\}_{k=1}^{M},\hat{\boldsymbol{y}}\right\}=\arg\min_{\boldsymbol{z},\{\boldsymbol{q}_k\}_k}\lambda\|\boldsymbol{z}-\boldsymbol{y}\|_2^2+\sum_{k=1}^{M}\mu_k\|\boldsymbol{q}_k\|_0+\sum_{k=1}^{M}\|\boldsymbol{A}\boldsymbol{q}_k-\boldsymbol{R}_k\boldsymbol{z}\|_2^2 \tag{14-21}$$

上面的表达式中，第 1 项是全局对数似然比，确定了待处理图像 $\boldsymbol{y}$ 和其（未知的）去噪结果 $\boldsymbol{z}$ 之间的接近程度。第 2 和第 3 项则是图像的先验条件，以确保在重构图像 $\boldsymbol{z}$ 中，在每个位置（共有 k 个）上的大小为 $\sqrt{n}\times\sqrt{n}$ 的局部块 $\boldsymbol{p}_k=\boldsymbol{R}_k\boldsymbol{z}$ 都存在着有限误差的稀疏表示。对于系数 μ_k，由于与位置有关，因此需遵守一系列形如 $\|\boldsymbol{A}\boldsymbol{q}_k-\boldsymbol{p}_k\|_2\leqslant\epsilon$ 的约束。稍后可见，这些系数都不是必要的，将被已知数据代替。

假设字典 $\boldsymbol{A}$ 已知，那么式（14-21）中的惩罚项还有 2 类未知量：每个位置的稀疏表示 $\hat{\boldsymbol{q}}_k$ 和整体的输出图像 $\boldsymbol{z}$。我们没有同时解决这 2 个问题，而是提出了一种次优的方法：块坐标极小化算法（Block-coordinate Minimization Algorithm），该算法的初始值为 $\boldsymbol{z}=\boldsymbol{y}$，随后搜索最优值 $\hat{\boldsymbol{q}}_k$。这样一来，我们可得到 M 个稍小的相互独立的最小化任务，每个只处理一个图像块，即

$$\hat{\boldsymbol{q}}_k=\arg\min_{\boldsymbol{q}}\mu_k\|\boldsymbol{q}\|_0+\|\boldsymbol{A}\boldsymbol{q}-\boldsymbol{p}_k\|_2^2 \tag{14-22}$$

采用 OMP 方法很容易得到这个问题的近似解，每次得到一个原子，当误差 $\|\boldsymbol{A}\boldsymbol{q}-\boldsymbol{p}_k\|_2^2$ 小于 $cn\sigma^2$ 时停止迭代，其中参数 c 为一个预设值。通过这种方式，μ_k 的选择已隐含在其中。因此，这个阶段的工作就和每次对一个大小为 $\sqrt{n}\times\sqrt{n}$ 的块进行滑动窗稀疏编码操作相似。

在得到所有的 $\hat{\boldsymbol{q}}_k$ 后，我们可以固定它们来更新 $\boldsymbol{z}$。回到式（14-21），我们需要解决下式：

$$\hat{\boldsymbol{y}}=\arg\min_{\boldsymbol{z}}\lambda\|\boldsymbol{z}-\boldsymbol{y}\|_2^2+\sum_{k=1}^{M}\|\boldsymbol{A}\hat{\boldsymbol{q}}_k-\boldsymbol{R}_k\boldsymbol{z}\|_2^2 \tag{14-23}$$

这是一个简单的二次项问题，解的闭合形式为

$$\hat{\boldsymbol{y}}=\left(\lambda\boldsymbol{I}+\sum_{k=1}^{M}\boldsymbol{R}_k^{\mathrm{T}}\boldsymbol{R}_k\right)^{-1}\left(\lambda\boldsymbol{y}+\sum_{k=1}^{M}\boldsymbol{R}_k^{\mathrm{T}}\boldsymbol{A}\hat{\boldsymbol{q}}_k\right) \tag{14-24}$$

不要认为这个表达式过于复杂，它实际上只是对去噪后的块进行平均，再通过与原始带噪图像的平均来做一个调整。上式中求逆的矩阵是一个对角矩阵，因此式（14-24）的计算也是逐像素进行的，符合前面描述的滑动窗稀疏编码步骤。

至此，我们已经介绍了要讨论的去噪算法，这个算法采用了小块的稀疏编码，并对输出结果进行平均。然而，如果得到式（14-21）的最小值是我们的目标，那么这个过程将会继续下去。给定更新后的 $\mathbf{z}$，我们可以重复稀疏编码阶段，不过这次是对已经去噪的图像进行处理。之后再进行平均，这样反复进行。这种方法的问题在于所处理的图像中的加性噪声不再是高斯白噪声，OMP 可能不再适用。此外，即使我们想使用 OMP，所用的阈值也是未知的，因为噪声已被部分消除。

上面对去噪方法的改进是建立在 $\boldsymbol{A}$ 已知的假设上。这意味着我们必须构建包含大量干净图像块的库，并用 MOD 或 K-SVD 离线训练字典，再将其应用到上述方案中。下面将给出该方案的一个实验结果。从不同图像中提取超过 100,000 个 8×8 大小的图像块，利用它们训练得到一个 64×256 大小的字典（采用 180 次迭代的 K-SVD）。这个字典如图 14.8 所示。将其应用到上述去噪方案中，设定 c=1.15（如前所述），$\lambda = 0.5$ 时得到的去噪结果如图 14.9 所示，其 PSNR 为 28.93dB。

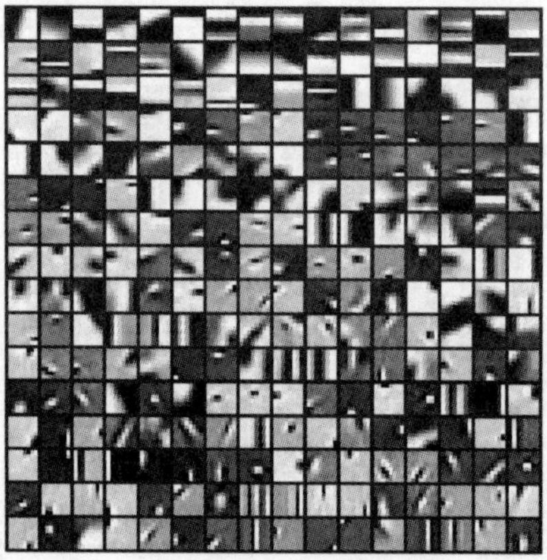

图 14.8　利用一般图像进行全局训练得到的 K-SVD 字典

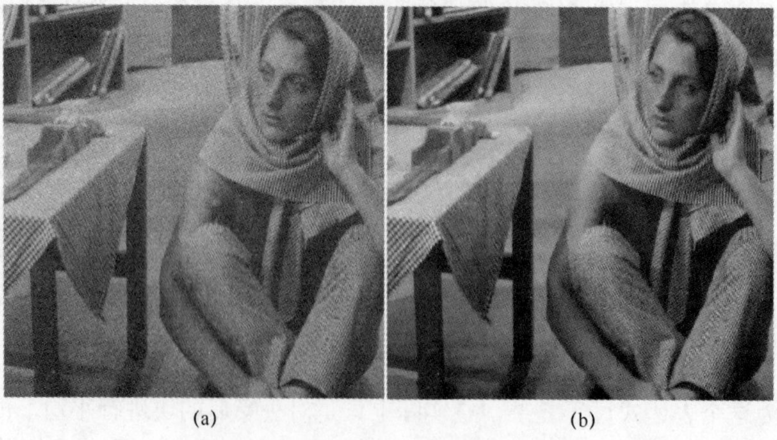

(a)　　　　　　　　　　　　(b)

图 14.9　使用全局训练字典得到的去噪结果（PSNR=28.93dB）

虽然这个方法的效果相当好，但仍然可以改善。一个更有挑战的目标就是令字典自适应于已知图像，即从带噪图像本身训练字典！这样可能会得到更稀疏的表示，以及更有效的去噪策略。字典学习算法的一个有趣特性在于其对于噪声的鲁棒性，这意味着利用带噪图像进行训练可能会得到性能优良、近乎于噪声免疫的字典。

要得到这样一个算法，一个聪明的方法就是回到式（14-21）的 MAP 惩罚函数，来考虑 $\boldsymbol{A}$ 是未知的情况。在采用块坐标松弛方法时，我们先固定 $\boldsymbol{z}=\boldsymbol{y}$，并设法对 $\boldsymbol{A}$ 进行初始化（如，第 12 章所述的冗余 DCT）。

像上面一样，采用带滑动窗的 OMP 来更新图像块的稀疏表示 $\boldsymbol{q}_k$。此后，字典可以用 MOD 或 K-SVD 方法更新。在这 2 个步骤之间进行迭代，将可以得到一个在图像 $\boldsymbol{y}$ 的带噪块上有效操作的字典学习算法。一旦迭代过程收敛（10 轮左右），就能计算出最终的去噪图像，如式（14-24）。这样，我们就将字典学习结合到了实际的去噪过程中。这个方法的效果优于前面的离线训练过程，我们现在对其进行展示。

图 14.10 和图 14.11 给出了这个迭代方法的结果，图中还包括上述全局训练字典的实验结果。图 14.10 显示了初始的（可分离的）冗余 2 维 DCT 字典，和一个经过 15 次 K-SVD 优化迭代后的字典。可以看出迭代后的自适应字典原子中包含了图像 Barbara 里对应的纹理区域，这表明字典能够很好适应感兴趣内容。

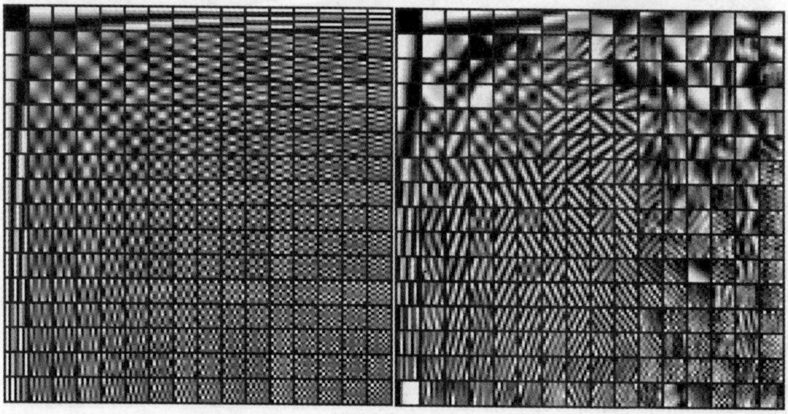

(a)　　　　　　　　(b)

图 14.10　用于 K-SVD 初始化的冗余 DCT 字典（a），以及直接利用带噪图像 Barbara 经过了 15 次迭代训练得到的 K-SVD 字典（b）

仔细观察图 14.10（b）中的 K-SVD 字典，可以看出其中有些原子几乎就是噪声，不包含有意义的内容。从好的方面来说，这表明这些是无用的原子，不会被用于描绘图像块。从坏的方面来说，这些原子将混在表示中，这样噪声也被带入了图像。无论如何，这个结果告诉我们，要使用低冗余度的 $\boldsymbol{A}$，以保持去噪结果的质量，甚至于改善图像的质量。

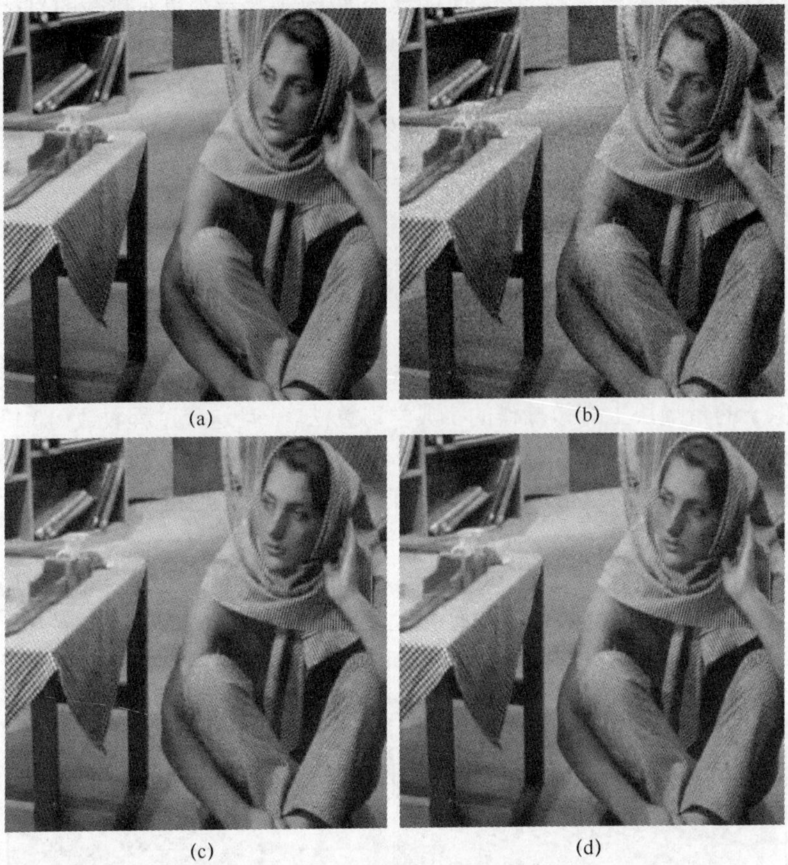

图 14.11 原始图像（a）；带噪图像（b）；一种去噪结果使用初始化可分离的 2 维 DCT 字典（c），PSNR=30.01dB；另一种使用迭代 15 次后的 K-SVD 字典（d），PSNR=30.98dB

图 14.11 为采用这两种字典得到的去噪图像。即使是初始字典也给出了 PSNR=30.01dB 的很好结果。这个结果甚至好于全局训练字典，因为与全局训练字典相比，冗余 DCT 中包含的振荡原子适合 Barbara 中的大块纹理区域。K-SVD 改进字典的去噪结果进一步提高到了 PSNR=30.98dB，结果展现了这个模型的效率以及它对所操作数据的适应性。

附带说一句，我们要提示读者注意到以下的事实：在考虑采用初始的冗余二维 DCT 字典时，得到图 14.11 左边结果的算法十分类似于上一节中讨论过的算法（Hel-Or-Shaked 方法，其前身是更早由 Onur Guleryuz 提出的方法）。实际上，这些方法的不同点在于使用了冗余矩阵 $\boldsymbol{A}$（而不是使用二维 DCT 酉矩阵），以及用 OMP 替代了简单的阈值。我们可以看到，这 2 种改进显著提高了去噪性能，甚至不用再考虑收缩曲线问题。

本节结束前，我们来关注上述 K-SVD 去噪算法的 2 个扩展领域，第 1 个是彩色图像，第 2 个是视频。对于这两个方面，我们不打算深入探讨细节，而是简单介绍适用这些领域的定性考虑。

对彩色图像的处理可以将其从 RGB 空间转换到 YCbCr 空间（或其他能够分离亮度和颜色细节的色彩空间）后进行。在新的域中，K-SVD 去噪可以用于亮度图像，色彩层的滤波则可以简单进行——甚至简单的平滑就可以。Mairal，Elad 和 Sapiro（2008）采用的方法有所不同但性能更好：同样的 K-SVD 去噪算法直接应用于彩色图像，作用在包含 3 个颜色层（R，G，B）的三维块上。这样，训练的字典包含了色彩原子，其他过程与上面描述的一样。为避免色彩失真，对 OMP 中块间距的 ℓ_2 测度进行了小小的改动。图 14.12 显示了这种算法的结果，处理在 6×6×3 大小的块上进行。

(a) (b) (c) (d)

图 14.12 原始图像（a）；带噪图像（b），PSNR＝20.17dB；彩色 K-SVD 去噪结果（c）；PSNR＝30.83dB；去噪图像的一个放大部分（d）

作为帧序列构成的视频，上述的K-SVD去噪算法可以独立地应用于每帧视频。但是，对相邻帧进行联合处理，能够得到更好的结果。一种联合帧间信息的方法就是将整个视频的时-空空间看成一个三维图像来进行处理。这意味着 K-SVD 算法将对小的三维块进行操作，训练字典中的原子也同样是三维块。还可以提出进一步的改进方案，即可以令训练字典自适应于序列中的每一帧。这种情况下，去噪是对每帧顺序执行的（这样得到的是一个在线滤波算法，而不是一个批量操作的去噪模式），而字典则从当前帧和其相邻帧构成的三维块中训练得到。虽然这个算法看起来需要大量的运算，但是其字典可以从前一帧中继承，并且只需经过有限次迭代更新就能适用于当前帧。这样一种算法对于 Garden 序列的处理结果（操作块大小为 5×5×5 像素）如图 14.13 所示。我们必须注意，对于该序列的单帧 K-VSD 去噪性能同比要低 1.8dB。这个算法的更多细节及其性能介绍可见 Protter 和 Elad 的论文（2009）。

(a) (b) (c)

图 14.13 采用 K-SVD 算法对视频去噪。原始的第 10 帧和第 20 帧场景（a）；带噪场景（b）$\sigma=50$，PSNR=14.88dB；去噪结果（c），PSNR=22.80dB

14.3.4 非局部均值（Non–Local Means）算法

上述的 K-VSD 图像去噪建立在对带噪图像的直接学习上。由于图像中有 M 个块，而我们假设 $m \ll M$，因此在这个训练过程中噪声被抑制了，很难影响到产生的字典。

我们可以进一步拓展这个自适应思想，对图像中的每一个区域分别构建自适应的字典。将图像分成几个部分，每个部分分别训练一个不同的字典，这可以得到更好的结果。实际上，按此方式，我们将使用更少的冗余，因为它们已经不再需要。推广到极端情况，我们可以对每一像素在其邻域块内训练出一个字典。但是，这显然将带来运算量的剧增。由此，我们需要探讨能够产生类似效果的简单方法。

假设对于每个像素 k，我们对环绕在其周围 $k \in N(k)$ 的范围内的块进行累加，并将其直接作为字典（不加训练）。该字典的大小为 $n\times m$，其中 $m=|N(k)|$。将其标记为 $\boldsymbol{A}_k$，并假设构造字典时使用的中心块为 $\boldsymbol{p}_k=\boldsymbol{R}_k\boldsymbol{y}$。我们假设在字典 $\boldsymbol{A}_k$ 中有对应的稀疏表示 $\boldsymbol{p}_k$。然而，为改进去噪处理，我们还能够提出一些类似表示并对它们进行适当的加权平均，从而近似 MMSE 估计。这些权重可以用第 11 章所描述的方法得到。这将带来一个变化了的非局部平均（Non-Local-Means，NLM）算法。实际上，如果上述稀疏表示中只包含一个原子，令其系数是归一化的，并且经过平均后我们只取用中间的像素而抛弃其他各点，那么它与 NLM 吻合得非常好。

NLM 算法最初由 Coll，Buades 和 Morel 作为双边滤波器的一个扩展提出来，上面的描述已大大超出原来的构想。NLM 通过对图像 $\boldsymbol{y}$ 进行局部加权平均来去噪，其形式如下：

$$\hat{y}_{ij}=\frac{\sum_{[k,l]\in N(i,j)} w_{ij}[i,j]y[i-k,j-l]}{\sum_{[k,l]\in N(i,j)} w_{ij}[i,j]} \tag{14-25}$$

NLM 算法的成功关键在于加权值的选择。它们由下式计算得到：

$$w_{ij}[k,l]=\exp\left(-\frac{\left\|\boldsymbol{R}_{i,j}\boldsymbol{y}-\boldsymbol{R}_{i-k,j-l}\boldsymbol{y}\right\|_2^2}{2T}\right) \tag{14-26}$$

这样，NLM 就相当于对周围像素的加权平均，其权值与以这两个像素为中心的块间 ℓ_2-距离成反比。这个过程可以迭代进行，以改善其结果。

图 14.14 显示了对 Barbara 图像（如本章其他部分一样，其加性噪声为 $\sigma=20$）采用 NLM 进行去噪的结果。所用的块大小为 7×7 像素，邻域大小为 17×17 像素，$T=200$。所得到的结果为 PSNR＝29.59dB。虽然这并非一定是 NLM 的最优参数集合，但是从这个滤波器中获得最优结果却并不难。

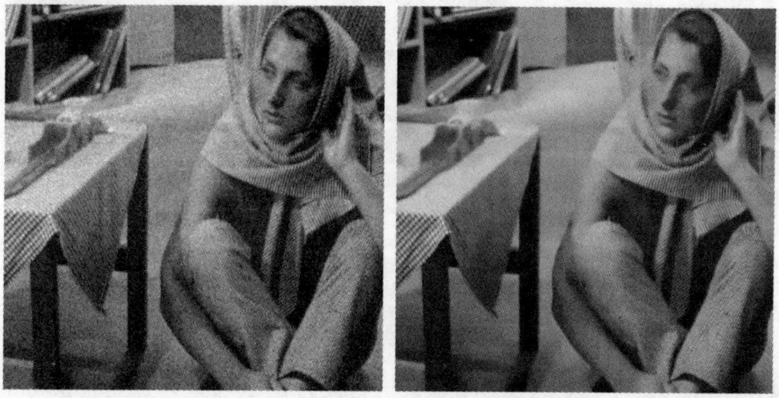

(a) (b)

图 14.14 带噪图像和使用 NLM 滤波器的去噪结果，PSNR=29.59dB

上面把 NLM 算法解释为了稀疏表示和 MMSE 估计的一种极端情况，这种解释将带来更多的可能性和改进。比如对局部字典的改进，增加稀疏表示的原子，使用每个块的全部像素而不仅仅是中心等。

在结束对 NLM 的讨论之前，必须看到这里对这个算法所给的解释并不是唯一的可能。其与其他更经典的图像处理技术间的联系同样可能存在。上面我们还提到 NLM 和双边滤波间的联系。双边滤波器可以认为是 NLM 中使用 1×1 大小的块的特例。这个滤波器也对加权系数增加了一个指数衰减因子，该因子是中心像素与用于平均的像素间的距离函数。正如 Kimmel，Malladi 和 Sochen 所论述的，它与 Beltrami 流图像去噪算法紧密相关。实际上，Spira 等人证明了，双边滤波器就是 Beltrami 算法的一个有效的短时核函数。类似的，也可以将 NLM 算法直接与 Beltrami 结构的某种变化联系起来，其可在不同的特征空间中对图像进行扩散操作，以与使用的块操作相适应。

14.3.5 三维 DCT 收缩：BM3D 去噪

我们最后介绍一个最近由 Dabov，Foi，Katkovnik 和 Egiazarian 提出的算法——块匹配三维（Block-Matching 3D，BM3D）算法，作为使用稀疏表示方法的局部块处理系列算法的结束。这个算法与上面介绍的 NLM 算法以及其他算法有部分相似性。这里不涉及其中的细节，而是集中在其主要思想上。我们注意到至今为止，该算法跻身于图像去噪的最佳算法之列，尽管这里提到的其他算法也相差不大。图 14.15 显示了叠加有 $\sigma = 20$ 加性噪声的 Barbara 图像的去噪结果，PSNR=31.78dB，可以看到，这是本章的最好结果。

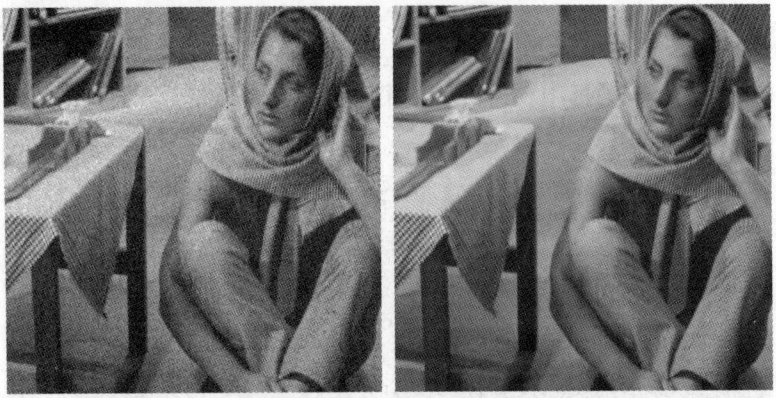

(a) (b)

图 14.15 带噪图像和使用 BM3D 滤波器的去噪结果，PSNR=31.78dB

BM3D 算法对于图像 $\boldsymbol{y}$ 中的每像素进行同样的去噪处理：考虑第 k 像素（对应于特定的位置$[i,j]$），提取以其为中心、大小为 $\sqrt{n}\times\sqrt{n}$ 像素的块 $\boldsymbol{p}_k$。去噪过程开始时，首先在全图中寻找与其相似的块的集合 S_k，相似性由 ℓ_2-范数来测量（块匹配过程）。为减少噪声带来的不利影响，距离计算是对去噪后的块进行的，而去噪由本章前面给出的阈值算法实现。

一旦确定了 $|S_k|$ 个相似的图像块，就可以将它们堆叠成大小为 $\sqrt{n}\times\sqrt{n}\times|S_k|$ 的立方块。在这个立体上采用相同的阈值算法来进行联合去噪，只不过这次采用三维 DCT 变换。其基本想法是，块和空间冗余之间的高相关性可以使得三维 DCT 系数具有很强的稀疏性。在这个（第 2 次）阈值处理后，进行三维 DCT 逆变换，我们将可以得到这些块的干净版本。

这些干净块被放回目标图像的原始位置上，并和那些与之重叠的块进行平均。对每像素重复这个过程，这样每个块可能在不同的图像内容中被清洁数次。重叠块之间采用加权平均，其权值与阈值算法阶段中每个块的非零项个数成反比。按这种方式，在整体方案中越稀疏的块将得到越高的优先权。

尽管与前述的算法不同，这里还是存在着一些明显的联系与相似性。块处理、阈值算法、如同 NLM 的块匹配、重叠块的平均等等，所有这些处理表明 BM3D 算法确实属于同一类的去噪技术。此外，基于我们的认识，提出对这个算法的改进也是很自然的，比如收缩曲线学习，字典学习，等。

如上所述，BM3D 算法属于最好的图像去噪算法之一。但随着图像去噪研究的不断发展，这种看法似乎很快就会过时。实际上，Mairal 等人最近在 K-SVD 去噪算法改进上所做的工作成果就超过了 BM3D 算法。我们在这里介绍该算法，因为它有趣的融合了 K-SVD 和 BM3D 算法。

从 K-SVD 去噪出发，Mairal 等人提出了如下的基本（但至关重要）改变：不对每个块单独进行稀疏编码，而是采用 BM3D 中寻找相似块的思路去构造集 S_k，然后对它们进行联合稀疏编码。联合稀疏处理过程将使得不同的块可以使用相同子集的原子进行分解。之后再将每个块放回原位，并像 BM3D 算法那样进行平均。这个方法通过两个方面的优势提升了其性能：①联合稀疏对原子分解形成了更强的约束；②由于每个块都可能被几个类似的集合 S_k 使用，从而会形成进一步的平均效果。

14.4 参数自动设置的 SURE

在结束本章前，我们来讨论一个对上述算法都无比重要的话题——如何调整不同参数以得到更好的结果。这个任务是否存在自动解决的办法呢？本节我们来讨论 Stein 无偏风险估计器（Stein-Unbiased-Risk-Estimator，SURE），这是一个巧妙的算法，对于某些问题，它能针对上述疑问给出积极的回答。

14.4.1 SURE 的推导

图像处理的许多算法中，都存在着一大堆等待调节的未知系数。举一个本节将陪伴我们的例子，考虑式（14-4）给出的问题，其中参数 T 是未知的。显然这个参数可以通过 $\|\hat{\boldsymbol{y}}-\boldsymbol{y}\|_2 \approx N\sigma^2$ 选择得到，但这不能保证得到最小均方误差（MSE）。给定一个带噪的输入图像，我们能否找到一种自动调节 T 的方法，以便能优化 MSE 得到或逼近**未知的**干净图像呢？乍一看似乎这个任务不可能完成，因为我们无法得到真实的图像 $\boldsymbol{y}_0$。但下面将看到，确实存在着接近解决该问题的方法。

为此，我们引入 Stein 无偏风险估计器（SURE）。在给定估计器（即去噪算法）$\hat{\boldsymbol{y}}=\boldsymbol{h}(\boldsymbol{y},\boldsymbol{\theta})$ 以及测量 $\boldsymbol{y}$ 的基础上，它提供了 MSE 的无偏估计公式。向量 $\boldsymbol{\theta}$ 代表在去噪过程中需要设定的各种参数。

我们在式（14-1）的给定条件下进行操作，其中 $\boldsymbol{v}$ 是方差已知为 σ^2 的高斯白噪声，各项独立同分布。由 Stein 提出的 MSE 估计是一个无偏估计，记作 $\eta(\hat{\boldsymbol{y}},\boldsymbol{y})=\eta(\boldsymbol{h}(\boldsymbol{y},\boldsymbol{\theta}),\boldsymbol{y})$，则有

$$E\left[\eta(\hat{\boldsymbol{y}},\boldsymbol{y})\right]=E\left[\|\hat{\boldsymbol{y}}-\boldsymbol{y}_0\|_2^2\right] \tag{14-27}$$

如果我们知道了用于估计 MSE 的函数 $\eta(\hat{\boldsymbol{y}}, \boldsymbol{y})$，那么既然和 $\boldsymbol{\theta}$ 有关，就可以选择 $\boldsymbol{\theta}$ 的值来最小化该函数，结果就可以得到真正最小的 MSE 值。

我们从 MSE 表达式着手来推导 SURE，同时需记住，我们的目的是得到其最小值，而非其实际值。因此我们可以忽略那些与估计 $\hat{\boldsymbol{y}} = \boldsymbol{h}(\boldsymbol{y}, \boldsymbol{\theta})$ 无关的常数。展开 MSE 表达式，我们得到

$$\begin{aligned} E\left(\|\hat{\boldsymbol{y}} - \boldsymbol{y}_0\|_2^2\right) &= E\left(\|\boldsymbol{h}(\boldsymbol{y}, \boldsymbol{\theta}) - \boldsymbol{y}_0\|_2^2\right) \\ &= E\left(\|\boldsymbol{h}(\boldsymbol{y}, \boldsymbol{\theta})\|_2^2\right) - 2E\left(\boldsymbol{h}(\boldsymbol{y}, \boldsymbol{\theta})^{\mathrm{T}} \boldsymbol{y}_0\right) + \|\boldsymbol{y}_0\|_2^2 \\ &= E\left(\|\boldsymbol{h}(\boldsymbol{y}, \boldsymbol{\theta})\|_2^2\right) - 2E\left(\boldsymbol{h}(\boldsymbol{y}, \boldsymbol{\theta})^{\mathrm{T}} \boldsymbol{y}_0\right) + \text{const} \end{aligned} \tag{14-28}$$

上式中，只有第 2 项是未知量 $\boldsymbol{y}_0$ 的函数，我们对其进行进一步处理。将 $\boldsymbol{y}_0 = \boldsymbol{y} - \boldsymbol{v}$ 代入上式，可得

$$E\left(\boldsymbol{h}(\boldsymbol{y}, \boldsymbol{\theta})^{\mathrm{T}} \boldsymbol{y}_0\right) = E\left(\boldsymbol{h}(\boldsymbol{y}, \boldsymbol{\theta})^{\mathrm{T}} \boldsymbol{y}\right) - E\left(\boldsymbol{h}(\boldsymbol{y}, \boldsymbol{\theta})^{\mathrm{T}} \boldsymbol{v}\right) \tag{14-29}$$

记向量 $\boldsymbol{h}(\boldsymbol{y}, \boldsymbol{\theta})$ 的第 i 个元素为 $h_i(\boldsymbol{y}, \boldsymbol{\theta})$，噪声向量的第 i 个元素为 v_i，得到

$$\begin{aligned} E\left(\boldsymbol{h}(\boldsymbol{y}, \boldsymbol{\theta})^{\mathrm{T}} \boldsymbol{y}_0\right) &= E\left(\boldsymbol{h}(\boldsymbol{y}, \boldsymbol{\theta})^{\mathrm{T}} \boldsymbol{y}\right) - \sum_{i=1}^{N} E\left(h_i(\boldsymbol{y}, \boldsymbol{\theta})^{\mathrm{T}} v_i\right) \\ &= E\left(\boldsymbol{h}(\boldsymbol{y}, \boldsymbol{\theta})^{\mathrm{T}} \boldsymbol{y}\right) - \sum_{i=1}^{N} \int_{-\infty}^{\infty} \frac{1}{\sqrt{2\pi}\sigma} h_i(\boldsymbol{y}, \boldsymbol{\theta}) v_i \exp\left(-\frac{v_i^2}{2\sigma^2}\right) \mathrm{d}v_i \end{aligned} \tag{14-30}$$

现在我们转来处理上式中的最后一个积分项。注意到由于 $y_i = y_i^0 + v_i$，表达式 $h_i(\boldsymbol{y}, \boldsymbol{\theta})$ 还是 v_i 的函数，因此仍然包含在积分项中。我们可以假设 $h_i(\boldsymbol{y}, \boldsymbol{\theta})$ 关于 $\boldsymbol{y}$ 是可微的。使用部分积分法 $\int u(x)\, v'(x)\, \mathrm{d}x = u(x)\, v(x) - \int u'(x)\, v(x)\, \mathrm{d}x$，得到下式

$$\begin{aligned} E(h_i(\boldsymbol{y}, \boldsymbol{\theta}) v_i) &= \frac{1}{\sqrt{2\pi}\sigma} \int_{-\infty}^{\infty} h_i(\boldsymbol{y}, \boldsymbol{\theta}) v_i \exp\left(-\frac{v_i^2}{2\sigma^2}\right) \mathrm{d}v_i \\ &= -\frac{\sigma^2}{\sqrt{2\pi}\sigma} \int_{-\infty}^{\infty} h_i(\boldsymbol{y}, \boldsymbol{\theta}) \left[\frac{\mathrm{d}}{\mathrm{d}v_i} \exp\left(-\frac{v_i^2}{2\sigma^2}\right)\right] \mathrm{d}v_i \\ &= -\frac{\sigma}{\sqrt{2\pi}} \left\{\left[h_i(\boldsymbol{y}, \boldsymbol{\theta}) \exp\left(-\frac{v_i^2}{2\sigma^2}\right)\right]_{-\infty}^{\infty} - \int_{-\infty}^{\infty} \frac{\mathrm{d}}{\mathrm{d}v_i} h_i(\boldsymbol{y}, \boldsymbol{\theta}) \exp\left(-\frac{v_i^2}{2\sigma^2}\right) \mathrm{d}v_i\right\} \end{aligned} \tag{14-31}$$

假设 $\mathrm{abs}(\boldsymbol{h}(\boldsymbol{y}, \boldsymbol{\theta}))$ 是有界的，则式（14-31）的第一项将等于 0，因此可得

$$\begin{aligned} E(h_i(\boldsymbol{y}, \boldsymbol{\theta}) v_i) &= \frac{\sigma}{\sqrt{2\pi}} \int_{-\infty}^{\infty} \frac{\mathrm{d}h_i(\boldsymbol{y}, \boldsymbol{\theta})}{\mathrm{d}y_i} \exp\left(-\frac{v_i^2}{2\sigma^2}\right) \mathrm{d}v_i \\ &= \sigma^2 E\left(\frac{\mathrm{d}h_i(\boldsymbol{y}, \boldsymbol{\theta})}{\mathrm{d}y_i}\right) \end{aligned} \tag{14-32}$$

这里我们使用了事实 $\mathrm{d}y_i / \mathrm{d}v_i = 1$，这意味着

$$\frac{\mathrm{d}h_i(\boldsymbol{y},\boldsymbol{\theta})}{\mathrm{d}v_i}=\frac{\mathrm{d}h_i(\boldsymbol{y},\boldsymbol{\theta})}{\mathrm{d}y_i}\cdot\frac{\mathrm{d}y_i}{\mathrm{d}v_i}=\frac{\mathrm{d}h_i(\boldsymbol{y},\boldsymbol{\theta})}{\mathrm{d}y_i}$$

综合这个结果以及式（14-28）和式（14-30），我们最终得到

$$\begin{aligned}\mathrm{MSE}&=E(\|h(\boldsymbol{y},\boldsymbol{\theta})-\boldsymbol{y}_0\|_2^2)\\&=\mathrm{const}+E[\|h(\boldsymbol{y},\boldsymbol{\theta})\|_2^2]-2E(h(\boldsymbol{y},\boldsymbol{\theta})^{\mathrm{T}}\boldsymbol{y})+2\sigma^2\sum_{i=1}^{N}E\left(\frac{\mathrm{d}h_i(\boldsymbol{y},\boldsymbol{\theta})}{\mathrm{d}y_i}\right)\\&=\mathrm{const}+E\left[\|h(\boldsymbol{y},\boldsymbol{\theta})\|_2^2-2h(\boldsymbol{y},\boldsymbol{\theta})^{\mathrm{T}}\boldsymbol{y}+2\sigma^2\nabla\cdot h(\boldsymbol{y},\boldsymbol{\theta})\right]\end{aligned}\tag{14-33}$$

删除期望值后就得到了对MSE进行无偏估计的表达式，由此可给出SURE公式（与MSE估计相差一个常数）为

$$\eta(\boldsymbol{h}(\boldsymbol{y},\boldsymbol{\theta}),\boldsymbol{y})=\|\boldsymbol{h}(\boldsymbol{y},\boldsymbol{\theta})\|_2^2-2\boldsymbol{h}(\boldsymbol{y},\boldsymbol{\theta})^{\mathrm{T}}\boldsymbol{y}+2\sigma^2\nabla\cdot\boldsymbol{h}(\boldsymbol{y},\boldsymbol{\theta})\tag{14-34}$$

注意，上述推导中使用了如下事实：噪声是服从高斯分布的独立同分布变量，因此所得到的公式只局限于这种条件。Y. C. Eldar 已针对更一般的情况 $\boldsymbol{y}=\boldsymbol{H}\boldsymbol{y}_0+\boldsymbol{v}$ 推广了 SURE，其中 $\boldsymbol{H}$ 为任意的线性算子，$\boldsymbol{v}$ 为指数类噪声（高斯噪声只是其中的一个特例）。

14.4.2 SURE 在全局阈值中的应用示范

为了示范如何使用 SURE 来设定参数，我们考虑 14.2.1 节中介绍并测试过的全局阈值去噪算法。去噪算法由下式给出（参见式（14-4））：

$$\boldsymbol{h}(\boldsymbol{y},\boldsymbol{\theta})=\boldsymbol{h}(\boldsymbol{y},T)=\boldsymbol{A}_2S_T(\boldsymbol{A}_1^{\mathrm{T}}\boldsymbol{y})\tag{14-35}$$

式中：$\boldsymbol{\theta}$ 决定着收缩曲线，我们使用符号 $\boldsymbol{A}_1=\boldsymbol{A}\boldsymbol{W}^{-1}$ 和 $\boldsymbol{A}_2=\boldsymbol{A}\boldsymbol{W}$。此时 $\boldsymbol{\theta}$ 已简化为单一的参数 T，这个算法将由 T 支配，我们将用 SURE 算法来设置它。

对于式（14-34）给出的 SURE 公式，我们需要计算它的散度。下面将使用计算公式 $\nabla\cdot\boldsymbol{h}(\boldsymbol{y},\boldsymbol{\theta})=\mathrm{tr}(\mathrm{d}\boldsymbol{h}(\boldsymbol{y},\boldsymbol{\theta})/\mathrm{d}\boldsymbol{y})$。$\boldsymbol{h}(\boldsymbol{y},\boldsymbol{\theta})$ 关于 $\boldsymbol{y}$ 的导数（表示为雅可比矩阵）为

$$\frac{\mathrm{d}\boldsymbol{h}(\boldsymbol{y},T)}{\mathrm{d}\boldsymbol{y}}=\boldsymbol{A}_2S'_T(\boldsymbol{A}_1^{\mathrm{T}}\boldsymbol{y})\boldsymbol{A}_1^{\mathrm{T}}\tag{14-36}$$

表达式 $S'_T(\boldsymbol{A}_1^{\mathrm{T}}\boldsymbol{y})$ 为一个对角矩阵。其主对角上的元素是收缩曲线在向量 $\boldsymbol{A}_1^{\mathrm{T}}\boldsymbol{y}$ 上的导数。为计算方便，这里我们假定收缩曲线是可导的。为达到这个目的，我们使用一个较大的偶数 k 对硬阈值曲线进行了平滑，即

$$S_T(z)=\frac{z^{k+1}}{z^k+T^k}=z\cdot\frac{\left(\frac{z}{T}\right)^k}{\frac{z}{T}^k+1}$$

$$S'_T(z)=\frac{z^{2k}+(k+1)(zT)^k}{(z^k+T^k)^2}=\frac{\left(\frac{z}{T}\right)^{2k}+(k+1)\left(\frac{z}{T}\right)^k}{\left(\left(\frac{z}{T}\right)^k+1\right)^2}$$

这个函数如图 14.16 所示。

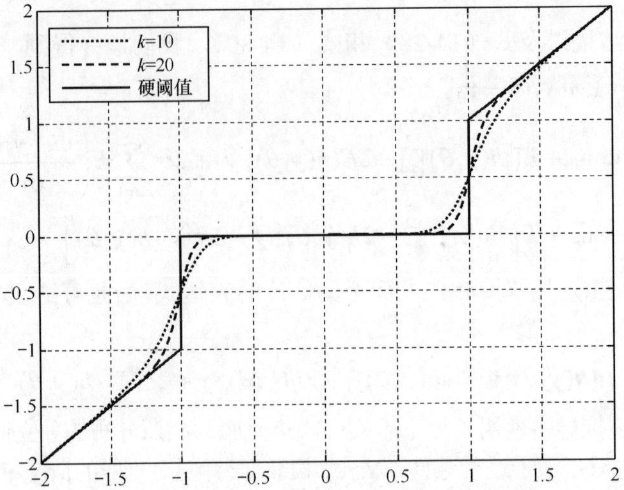

图 14.16 SURE 中使用的平滑后的硬阈值曲线

将这些公式代入式（14-34）的 SURE 公式中，我们得到函数

$$\eta(\boldsymbol{h}(\boldsymbol{y},T),\boldsymbol{y})=\left\|\boldsymbol{A}_2 S_T(\boldsymbol{A}_1^{\mathrm{T}}\boldsymbol{y})\right\|_2^2-2S_T(\boldsymbol{A}_1^{\mathrm{T}}\boldsymbol{y})^{\mathrm{T}}\boldsymbol{A}_2^{\mathrm{T}}\boldsymbol{y}+2\sigma^2\mathrm{tr}(\boldsymbol{A}_2 S_T'(\boldsymbol{A}_1^{\mathrm{T}}\boldsymbol{y})\boldsymbol{A}_1^{\mathrm{T}}) \quad (14\text{-}37)$$

为了确定最优（使上式最小）的 T，我们在可能的值域范围内进行穷举搜索，选择最优值。可以考虑采用更有效的方法，例如黄金分割搜索（因为 MSE 表现得像单模的函数），但这不是这里说明的重点。

针对单一 T 来考虑计算这个公式的复杂度，要从去噪算法开始，首先计算 $\boldsymbol{u}=\boldsymbol{A}_1^{\mathrm{T}}\boldsymbol{y}$，随后是 $\boldsymbol{r}=S_T(\boldsymbol{u})$，最后是 $\hat{\boldsymbol{y}}=\boldsymbol{A}_2\boldsymbol{r}$。式（14-37）的前两项每个都需要再增加 m 次操作（m 是 $\boldsymbol{A}$ 的原子数目）。

至于第 3 项，首先须计算 $\boldsymbol{t}=S_T'(\boldsymbol{u})$，同样需要 m 次操作。利用关系式 $\boldsymbol{A}_1=\boldsymbol{A}\boldsymbol{W}^{-1}$ 和 $\boldsymbol{A}_2=\boldsymbol{A}\boldsymbol{W}$，第 3 项可以简化为

$$\begin{aligned}\mathrm{tr}(\boldsymbol{A}_2 S_T'(\boldsymbol{A}_1^{\mathrm{T}}\boldsymbol{y})\boldsymbol{A}_1^{\mathrm{T}})&=\mathrm{tr}(S_T'(\boldsymbol{A}_1^{\mathrm{T}}\boldsymbol{y})\boldsymbol{A}_1^{\mathrm{T}}\boldsymbol{A}_2)\\&=\mathrm{tr}(S_T'(\boldsymbol{A}_1^{\mathrm{T}}\boldsymbol{y})\boldsymbol{W}^{-1}\boldsymbol{A}^{\mathrm{T}}\boldsymbol{A}\boldsymbol{W})\\&=\mathrm{tr}(\boldsymbol{W}S_T'(\boldsymbol{A}_1^{\mathrm{T}}\boldsymbol{y})\boldsymbol{W}^{-1}\boldsymbol{A}^{\mathrm{T}}\boldsymbol{A})\end{aligned} \quad (14\text{-}38)$$

因为 $S_T'(\boldsymbol{u})$ 是一个对角矩阵，因此左乘 $\boldsymbol{W}$ 和右乘 $\boldsymbol{W}^{-1}$ 可以抵消，得到

$$\mathrm{tr}(\boldsymbol{A}_2 S_T'(\boldsymbol{A}_1^{\mathrm{T}}\boldsymbol{y})\boldsymbol{A}_1^{\mathrm{T}})=\mathrm{tr}(S_T'(\boldsymbol{A}_1^{\mathrm{T}}\boldsymbol{y})\boldsymbol{W}^2) \quad (14\text{-}39)$$

这需要计算原子的范数，以及其与 $S_T'(\boldsymbol{u})$ 之间的元素点乘。这样，预先计算出范数后，为计算该公式还需 m 次操作。对于一个特定的 T 值，整个 SURE 估计过程需要 $4m$ 次的计算量。

图 14.17 中我们将 PSNR 表示成参数 T 的函数，与图 14.1 类似。图中的虚线是通过对干净图像直接求 PSNR 得到。式（14-37）中的 SURE 表达式对应的是连

续曲线，与真实的 PNSR 十分吻合。需注意的是为使得这 2 条曲线相符，需要（在 MSE 域中）对 SURE 加一个常数，本图中就是这样处理的。显然，在这个实验中，选择 SURE 曲线的峰顶，对应的去噪效果最好，似乎我们已经得到了事实真相。但 SURE 并不总是这样，特别是待设置参数的数量很多时。

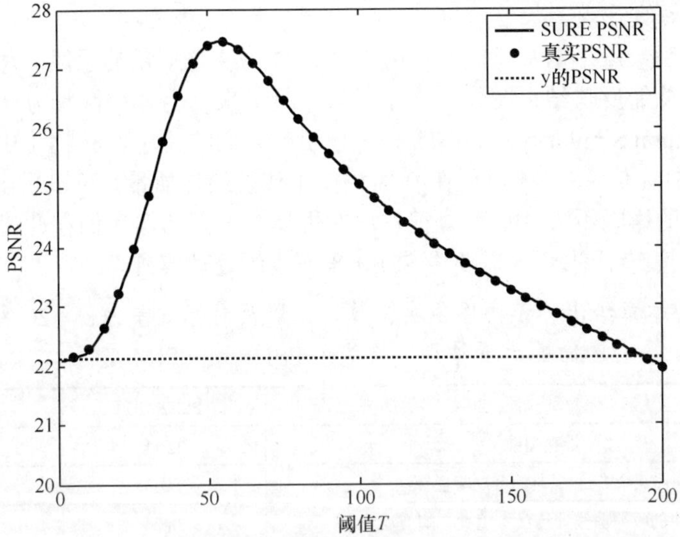

图 14.17　PSNR 作为 T 的函数，同时使用了 SURE 公式和真实值上的直接计算

14.5　总　　结

图像去噪是当前十分热门的一个课题，已有大量的相关著作发表。在 ISI 中用“Topic=((image and (denoise or denoising)) or (image and noise and(removal or filter or clean)))”这样的关键词进行查询会得到 7520 篇论文，其中超过半数为期刊论文。对这些论文发表年份的分析表明，对该问题及相应解决方法的兴趣是逐年递增的。

本章我们仅对这个复杂问题进行了粗浅的讨论，内容仅限于基于**稀疏域**表示的去噪算法，并假设只存在加性高斯白噪声，且只考虑对黑白静态图像进行滤波。虽然这里给出的算法不多，但它们都是最好的一些算法，它们可用来展现稀疏与冗余表示模型的重要性与可行性。

和黑白静态图像一样，我们也对彩色图像或视频的噪声滤除感兴趣。**稀疏域**模型已被用到这些问题中，并推广为前述的一些算法。本章给出了这些推广的典型实例。在文中我们忽略了细节，希望读者可以去查阅这些课题的近期论文。

本章给出了一系列的去噪方法，其输出质量有着自然的排序。表 14.1 列出了这些方法，其顺序是按照对 Barbara 图像去噪的 PSNR 结果排列的。注意，这种排序也不完全正确，因为随着所给参数和作用图像的不同，每种方法的结果也会变化。

单纯关心 PSNR 只能了解这些方法的一个侧面，因为每个方法在计算量和存储量方面也都不同。实际上，与其他方法相比，NLM、BM3D 和 K-SVD 去噪方法的要求更高。对这些方法的快速实现，以及对即快速又有效的去噪算法的探索，仍是当前的研究热点。

最后申明一点：本章我们一直用 PSNR 作为衡量质量的手段。尽管其简单适用，但并不总能反映结果图像的真正质量。近年来，另一种衡量方法——结构相似度（Structural Similarity，SSIM）——已引起人们的关注。表 14.1 中也列出了各种结果的 SSIM 值。SSIM 值域在[0，1]中，1 代表最佳质量。可以看出，测度改变对排列顺序的影响不大。这可以视作：在去噪时（尤其像我们在此讨论的高质量算法），我们没有产生那种需要由 SSIM 来测度的处理痕迹。

表 14.1　本章给出的不同图像去噪算法，以及对标准差为 $\sigma = 20$ 的 Barbara 图像的去噪结果，性能用 PSNR 和 SSIM 度量

算　法	PSNR/dB	SSIM
带噪图像	22.11	0.4771
利用冗余 Harr 字典的全局阈值算法	27.33	0.7842
基于块的收缩曲线训练（不重叠）阈值算法	28.36	0.7881
利用固定字典，基于块的 OMP 去噪算法	28.93	0.8465
基于块的收缩曲线训练（重叠）阈值算法	29.05	0.8375
基于块的非局部均值滤波	29.59	0.8539
利用冗余 DCT，基于块的 OMP 去噪算法	30.01	0.8665
基于块的自适应 K-SVD 去噪算法	30.98	0.8837
基于块的块匹配 3D 收缩去噪算法（BM3D）	31.78	0.9050

延伸阅读

[1] Aharon M, Elad M, Bruckstein A M. K-SVD: An algorithm for designing of overcomplete dictionaries for sparse representation[J]. IEEE Trans. on Signal Processing, 2006, 54(11): 4311-4322.

[2] Benazza-Benyahia A, Pesquet J C. Building robust wavelet estimators for multicomponent images using Steins principle[J]. IEEE Trans. on Image Processing, 2005, 14(11): 1814-1830.

[3] Buades A, Coll B, Morel J M. A review of image denoising algorithms, with a new one[J]. Multiscale Modeling and Simulation, 2005, 4(2): 490-530.

[4] Blu T, Luisier F. The SURE-LET approach to image denoising[J]. IEEE Trans. on Image Processing, 2007, 16(11): 2778-2786.

[5] Cand`es E J, Donoho D L. Recovering edges in ill-posed inverse problems: optimality of curvelet frames[J]. Annals of Statistics, 2000, 30(3): 784-842.

[6] Cand`es E J, Donoho D L. New tight frames of curvelets and optimal representations of objects with piecewise-C2 singularities[J]. Comm. Pure Appl. Math., 2002, 57(2):219-266.

[7] Chang S G, Yu B, Vetterli M. Adaptive wavelet thresholding for image denoising and compression[J]. IEEE Trans. on Image Processing, 2000, 9(9):1532–1546.

[8] Chang S G, Yu B, Vetterli M. Wavelet thresholding for multiple noisy image copies[J]. IEEE Trans. on Image Processing, 2000, 9(9): 1631–1635.

[9] Chang S G, Yu B, Vetterli M. Spatially adaptive wavelet thresholding with context modeling for image denoising[J]. IEEE Trans. on Image Processing, 2000, 9(9): 1522–1530.

[10] Coifman R, Donoho D L. Translation-invariant denoising[R]// Wavelets and Statistics, Lecture Notes in Statistics, Vol. 103. 1995: 120–150.

[11] Dabov K, Foi A, et al. Image denoising by sparse 3D transformdomain collaborative filtering[J]. IEEE Trans. on Image Processing, 2007, 16(8): 2080–2095.

[12] Do M N, Vetterli M. The finite ridgelet transform for image representation[J]. IEEE Trans. on Image Processing, 2003, 12(1):16–28.

[13] Do M N, Vetterli M. Framing pyramids[J]. IEEE Trans. on Signal Processing, 2003, 51(9): 2329–2342.

[14] Do M N, Vetterli M. The contourlet transform: an efficient directional multiresolution image representation[J]. IEEE Trans. Image on Image Processing, 2005, 14(12): 2091–2106.

[15] Donoho D L. De-noising by soft thresholding[J]. IEEE Trans. on Information Theory, 1995, 41(3): 613–627.

[16] Donoho D L, Johnstone I M. Ideal denoising in an orthonormal basis chosen from a library of bases[J]. Comptes Rendus del' Academie des Sciences, Series A, 1994, 319:1317–1322.

[17] Donoho D L, Johnstone I M. Ideal spatial adaptation by wavelet shrinkage[J]. Biometrika, 1994, 81(3): 425–455.

[18] Donoho D L, Johnstone I M. Adapting to unknown smoothness via wavelet shrinkage[J]. J. Amer. Statist. Assoc, 1995, 90(432): 1200–1224.

[19] Donoho D L, Johnstone I M, et al. Wavelet shrinkage asymptopia[J]. Journal of the Royal Statistical Society Series B - Methodological, 1995, 57(2):301–337.

[20] Donoho D L, Johnstone I M. Minimax estimation via wavelet shrinkage[J]. Annals of Statistics, 1998, 26(3):879–921.

[21] Elad M, Aharon M. Image denoising via learned dictionaries and sparse representation[C]//CVPR 2006-International Conference on Computer Vision and pattern Recognition, New-York, June 17–22, 2006.

[22] Elad M, Aharon M. Image denoising via sparse and redundant representations over learned dictionaries[J]. IEEE Trans. on Image Processing, 2006, 15(12):3736–3745

[23] Elad M, Matalon B, Zibulevsky M. Image denoising with shrinkage and redundant representations[C]//CVPR 2006-IEEE Conference on Computer Vision and Pattern Recognition, NY, June 17-22, 2006.

[24] Eldar Y. Generalized SURE for exponential families: applications to regularization[J]. IEEE Trans. on Signal Processing, 2009, 57(2):471–481.

[25] Eslami R, Radha H. The contourlet transform for image de-noising using cycle spinning[C]// Proceedings of Asilomar Conference on Signals, Systems, and Computers, Pacific Grove, CA, November 2003. 2003:1982-1986.

[26] Eslami R, Radha H. Translation-invariant contourlet transform and its application to image denoising[J]. IEEE Trans. on Image Processing, 2006, 15(11):3362–3374.

[27] Guleryuz O G. Nonlinear approximation based image recovery using adaptive sparse reconstructions and iterated denoising - Part I: Theory[J]. IEEE Trans. On Image Processing, 2006, 15(3):539–554.

[28] Guleryuz O G. Nonlinear approximation based image recovery using adaptive sparse reconstructions and iterated denoising - Part II: Adaptive algorithms[J]. IEEE Trans. on Image Processing, 2006, 15(3):555–571.

[29] Guleryuz O G. Weighted averaging for denoising with overcomplete dictionaries[J]. IEEE Trans. on Image Processing, 2007, 16(12):3020-3034.

[30] Lang M, Guo H, Odegard J E. Noise reduction using undecimated discrete wavelet transform[J]. IEEE on Signal Processing Letters, 1996, 3(1):10-12.

[31] Hel-Or Y, Shaked D. A Discriminative approach for Wavelet Shrinkage Denoising[J]. IEEE Trans. on Image Processing, 2008, 17(4):443-457.

[32] Kimmel R, Malladi R, Sochen N. Images as Embedded Maps and Minimal Surfaces: Movies, Color, Texture, and Volumetric Medical Images[J]. International Journal of Computer Vision, 2000, 39(2):111-129.

[33] Mairal J, Bach F, et al. Non-local sparse models for image restoration[C]// International Conference on Computer Vision (ICCV), Tokyo, Japan, 2009.

[34] Mairal J, Elad M, Sapiro G. Sparse representation for color image restoration[J]. IEEE Trans. on Image Processing, 2008, 17(1):53-69.

[35] Mairal J, Sapiro G, Elad M. Learning multiscale sparse representations for image and video restoration[J]. SIAM Multiscale Modeling and Simulation, 2008, 7(1):214-241.

[36] Mallat S, LePennec E. Sparse geometric image representation with bandelets[J]. IEEE Trans. on Image Processing, 2005, 14(4):423-438.

[37] Mallat S, LePennec E. Bandelet image approximation and compression[J]. SIAM Journal of Multiscale Modeling and Simulation, 2005, 4(3):992-1039.

[38] Moulin P, Liu J. Analysis of multiresolution image denoising schemes using generalized Gaussian and complexity priors[J]. IEEE Trans. on Information Theory, 1999, 45(3):909-919.

[39] Pesquet J C, Leporini D. A new wavelet estimator for image denoising[C]// Proc. 6th Int. Conf. on Image Processing and Its Applications, 1997. 1997, 1:249-253.

[40] Portilla J, Strela V, et al. Image denoising using scale mixtures of Gaussians in the wavelet domain[J]. IEEE Trans. on Image Processing, 2003, 12(11):1338-1351.

[41] Protter M, Elad M. Image sequence denoising via sparse and redundant representations[J]. IEEE Trans. on Image Processing, 2009, 18(1):27-36.

[42] Rosman G, Dascal L, Sidi A, Kimmel R. Efficient Beltrami image filtering via vector extrapolation methods[J]. SIAM J. Imaging Sciences, 2009, 2(3):858-878.

[43] Simoncelli E P, Adelson E H. Noise removal via Bayesian wavelet coring[C]// Proceedings of the International Conference on Image Processing, Laussanne, Switzerland, September 1996.

[44] Simoncelli E P, Freeman W T, et al. Shiftable multiscale transforms[J]. IEEE Trans. on Information Theory, 1992, 38(2):587-607.

[45] Sochen N, Kimmel R, Bruckstein A M. Diffusions and confusions in signal and image processing[J]. Journal of Mathematical Imaging and Vision, 2001, 14(3):195-209.

[46] Spira A, Kimmel R, Sochen N. A short time Beltrami kernel for smoothing images and manifolds[J]. IEEE Trans. on Image Processing, 2007, 16(6):1628-1636.

[47] Starck J L, Cand`es E J, Donoho D L. The curvelet transform for image denoising[J]. IEEE Trans. on Image Processing, 2002, 11(6):670-684.

[48] Starck J L, Fadili M J, Murtagh F. The undecimated wavelet decomposition and its reconstruction[J]. IEEE Trans. on Image Processing, 2007, 16(2):297-309.

[49] Stein C M. Estimation of the mean of a multivariate distribution[C]// Proc. Prague Symp. Asymptotic Statist., 1973. 1973:345–381.

[50] Stein C M. Estimation of the mean of a multivariate normal distribution[J]. Ann. Stat., 1981, 9(6):1135–1151.

[51] Vonesch C, Ramani S, Unser M. Recursive risk estimation for non-linear image deconvolution with a wavelet-domain sparsity constraint[C]// the 15th International Conference on Image Processing, (ICIP), October 12–15, 2008. 2008:665–668.

[52] Wang Z, Bovik A.C, et al. Image quality assessment: From error visibility to structural similarity[J]. IEEE Trans. on Image Processing, 2004, 13(4):600–612.

第 15 章　其他应用

15.1　概　　述

本书并不是一本全面介绍图像处理的技术手册，也不准备展现**稀疏域**模型作用于各类常见图像处理应用中的良好表现。事实上上述说法本身就存在问题，因为还有一些图像处理问题与这个模型的联系并没有讨论（可能再也不会讨论了）。

迄今为止，我们讨论了图像的去模糊和去噪，以及使用**稀疏域**模型对特定类图像进行压缩的问题。本章我们继续考虑图像处理中的一些实际应用问题。它们的共同点就是使用**稀疏域**对于问题的解决十分有效。我们首先将讨论 MCA 框架及其在图像内容分离中的应用。我们同样将讨论其在图像空洞填补中的作用，这是图像修复方面的一个问题。MCA 和图像修复都属于高度病态的逆问题，然而使用稀疏和冗余表示的处理效果都很好。图像的尺度放大问题同样如此，这里所指的是在锐度和视觉质量不变的前提下，单幅图像如何进行尺度放大的问题。我们将讨论应用**稀疏域**来解决该问题的几种方法。

在我们开始本章的考察，以便结束本书之前，提请读者关注这样一个有趣的现象：在本章讨论的应用中，将遇到与第 14 章相同的模式，或者对图像整体进行处理，或者对重叠的小块进行处理。实际上，这里将讨论的一些技术与前面所介绍的去噪算法具有十分相同之处，请不必惊讶。

15.2　MCA 图像分离

第 9 章中我们曾介绍过，假设信号的不同成分对应于不同的（并且是可知的）字典，则**稀疏域**模型的一个重要能力是能够将混合信号分解成不同的组成成分。假设所观察到的信号由两个不同的子信号 $\boldsymbol{y}_1$ 和 $\boldsymbol{y}_2$ 以及噪声 $\boldsymbol{v}$ 叠加得到（即 $\boldsymbol{y}=\boldsymbol{y}_1+\boldsymbol{y}_2+\boldsymbol{v}$）。进一步假设 $\boldsymbol{y}_1$ 是采用稀疏模型 $\mathcal{M}_1$（对应字典 $\boldsymbol{A}_1$）产生的，同样，$\boldsymbol{y}_2$ 由稀疏模型 $\mathcal{M}_2 r$（对应字典 $\boldsymbol{A}_2$）产生。求解下述方程：

$$\min_{x_1,x_2}\|\boldsymbol{x}_1\|_0+\|\boldsymbol{x}_2\|_0 \quad \text{s.t.} \quad \|\boldsymbol{y}-\boldsymbol{A}_1\boldsymbol{x}_1-\boldsymbol{A}_2\boldsymbol{x}_2\|_2^2\leqslant\delta \tag{15-1}$$

其结果 $(\boldsymbol{x}_1^\delta,\boldsymbol{x}_2^\delta)$ 将为分离问题给出一个接近合理的解：$\hat{\boldsymbol{y}}_1=\boldsymbol{A}\boldsymbol{x}_1^\delta$，$\hat{\boldsymbol{y}}_2=\boldsymbol{A}\boldsymbol{x}_2^\delta$。参数 δ 取决于噪声能量和稀疏表示信号 $\boldsymbol{y}_1$ 和 $\boldsymbol{y}_2$ 的模型误差。

根据 Jean-Luc Starck 的命名方式，我们将这种分离方法称为形态成分分析（Morphological Component Analysis，MCA）。可以看出，该公式与去噪公式很像：

$$\min_{x}\|\boldsymbol{x}_{\mathrm{a}}\|_0 \text{ s.t. } \|\boldsymbol{y}-\boldsymbol{A}_{\mathrm{a}}\boldsymbol{x}_{\mathrm{a}}\|_2^2 \leqslant \delta \tag{15-2}$$

式中的有效字典为 $\boldsymbol{A}_{\mathrm{a}}=[\boldsymbol{A}_1,\boldsymbol{A}_2]$（这里下标中的“a”代表所有（all）），对应的表示为 $\boldsymbol{x}_{\mathrm{a}}^{\mathrm{T}}=[\boldsymbol{x}_1^{\mathrm{T}},\boldsymbol{x}_2^{\mathrm{T}}]$。

15.2.1 图像 = 卡通 + 纹理

我们能用 MCA 来分解图像的内容吗？图像可以假定为由什么样的成分构成呢？图像处理的早期，人们假设图像由分片光滑的内容（类似于卡通）组成。人们一致认同这种观点，因为按照这种方式，通过对非分片光滑的惩罚，可以规则化图像处理中的逆问题。该共识的进一步发展，就是人们对多种的框架和变换（如曲波、轮廓波）的构思和测试。

现在，另一种非常符合上述模型的共识正在形成，即图像其实是由卡通部分和纹理部分线性混合而成。这表明我们也许可以通过 MCA 将图像分解为卡通和纹理两部分。尽管如此，为达成这个目标，我们还需回答 3 个关键问题：

（1）这种分离的好处是什么？

（2）这两种内容的合适字典是什么？

（3）如何求解式（15-1）的数值解？

先谈第一个问题，通常来讲这种分离的好处在于：通过对不同内容可以采用做了针对性调整的工具，有可能取得更好的图像处理效果。

这种好处的第一个例子就是静态图像的压缩。小波编码算法对于图像中卡通部分的效果很好，但是对于纹理部分预期效果却很差。忽视这一点将导致整体编码性能的折中。而对于不同的部分，如果采用与之匹配的编码，那么结果会更好。就此而言，对纹理的编码不适合采用均方误差（MSE）来衡量。在重建图像时，我们有可能生成一种与原图像相似的纹理，尽管其 MSE 值相差较大，但是其视觉上的差别不大。

可能受益于 MCA 分离的另一个图像应用是去噪。比如，考虑式（14-5）所示的全局图像去噪方法。字典 $\boldsymbol{A}$ 应该包含了对应于卡通内容的部分（例如 Harr），另一个相连的部分则包含了纹理内容。这也许可以解释当仅用 Harr 字典对 Barbara 图像进行全局去噪时，结果为什么不好，原因可能就是由于缺失了纹理字典。

当采用训练字典从全局去噪转为局部去噪时，实际我们已经不自觉地使用了 MCA。这可以从图 14.10（b）看出，整体字典 A 包含了卡通原子（每个原子存在显著的指向性边缘）和纹理原子（周期性内容），意味着该字典已经包含了所需的 2 个部分。尽管如此，需要注意的是，对于分离这一目标而言，去噪工作是顺带的，而且在整个字典 $\boldsymbol{A}$ 中卡通/纹理原子都只是无序混在一起的一些列而已。

还有其他的应用可以从图像分离为卡通和纹理的处理中受益，比如结构性噪声滤除、纹理图像中特定边缘的检测、目标识别、图像内容编辑等。下一节我们将详细讨论图像的修复问题——填充图像丢失的信息——它也受益于这种分离处理。

为了回答上面提出的第 2 个和第 3 个问题（即使用的字典是什么，以及如何数值求解式（15-1）），首先必须选择是对图像全局还是对图像块进行操作。我们从全局性方法开始，将图像作为一个整体考虑，采用和第 14 章一样的结构。

在讨论全局和局部的 MCA 框架之前，我们必须看到，也可以使用其他方法将图像分离为卡通和纹理部分。实际上，Mayer，Vese 和 Osher 在 2002 年首先开始考虑这种分离。他们解决分离任务的方法集中在变分工具上，在处理纹理部分时通过采用对偶范数从而扩展了全变分。这里我们不对其进行详述，但必须意识到，尽管使用的语言和工具大相径庭，但是在分离的变分方程和这里讨论的 MCA 框架之间存在着显著的相似之处。

15.2.2 图像分离的全局 MCA 方法

首先我们对以下问题建模：一幅理想图像 $\boldsymbol{y}_0 \in \mathbf{R}^N$（大小为 $\sqrt{N} \times \sqrt{N}$ 像素）由 2 部分组成——大小相同的卡通图和纹理图，分别表示为 $\boldsymbol{y}_c$ 和 $\boldsymbol{y}_t$。组成的图像 $\boldsymbol{y}_0 = \boldsymbol{y}_c + \boldsymbol{y}_t$ 受到均值为 0，标准差为已知值 σ 的加性高斯白噪声 $\boldsymbol{v}$ 影响。因此，测量图像 $\boldsymbol{y}$ 为

$$\boldsymbol{y} = \boldsymbol{y}_0 + \boldsymbol{v} = \boldsymbol{y}_c + \boldsymbol{y}_t + \boldsymbol{v} \tag{15-3}$$

我们希望设计出一种算法，能重构出 $\boldsymbol{y}_0$ 的两个部分，$\boldsymbol{y}_c$ 和 $\boldsymbol{y}_t$。利用上面的 MCA 公式，我们希望解决下式：

$$\hat{\boldsymbol{x}}_c, \hat{\boldsymbol{x}}_t = \arg\min_{\boldsymbol{x}_c, \boldsymbol{x}_t} \lambda \|\boldsymbol{x}_c\|_1 + \lambda \|\boldsymbol{x}_t\|_1 + \frac{1}{2}\|\boldsymbol{y} - \boldsymbol{A}_c\boldsymbol{x}_c - \boldsymbol{A}_t\boldsymbol{x}_t\|_2^2 \tag{15-4}$$

注意到我们已将式（15-1）中的近似约束替换成惩罚项，并用 ℓ_1-范数代替 ℓ_0-范数，这两点在前面章节中都采用过。需找出的 2 个未知项是 2 个部分的相应表示。一旦计算完成，2 个待估部分可由 $\hat{\boldsymbol{y}}_c = \boldsymbol{A}_c\boldsymbol{x}_c$ 和 $\hat{\boldsymbol{y}}_t = \boldsymbol{A}_t\boldsymbol{x}_t$ 得到。

为能够分别对卡通和纹理内容进行稀疏表示，选取矩阵 $\boldsymbol{A}_c \in \mathbf{R}^{N \times M_c}$ 和 $\boldsymbol{A}_t \in \mathbf{R}^{N \times M_t}$。矩阵 $\boldsymbol{A}_c$ 可以是某种小波，或者是脊波、曲波或轮廓波中的一种，这取决于我们希望在图像中找到什么类型的卡通内容（见后面的例子）。纹理字典 $\boldsymbol{A}_t$ 应包含有振荡原子，如同在 Gabor 变换、全局 DCT 和局部 DCT 中所见的那样[①]。M_c 和 M_t 是 2 个字典中的原子个数，通常满足 $M_c, M_t \gg N$。例如，6 个解析层的曲波字典中 $M_c = 129N$。类似的，作用于 8×8 图像块的局部 DCT，$M_t = 64N$。

从合成模型变为分析模型时，上面的公式可以有另一种表达形式（如第 9 章所述）。假设（仅在此处!!）$\boldsymbol{A}_c$ 和 $\boldsymbol{A}_t$ 是方阵并且可逆，则可以代入 $\hat{\boldsymbol{x}}_c = \boldsymbol{A}_c^{-1}\boldsymbol{y}_c$ 和

① 全局 DCT 是对整个图像进行的标准 DCT 变换。局部 DCT 是对交叠的图像块进行的 DCT 酉变换。这样构成 $\boldsymbol{A}_t$ 的伪逆矩阵，其中 $\boldsymbol{A}_t$ 的原子就是图像所有可能位置上的 DCT 酉矩阵的基函数。

$\hat{\boldsymbol{x}}_t = \boldsymbol{A}_t^{-1}\boldsymbol{y}_t$，从而得到另一种形式的公式来描述我们的问题，即

$$\hat{\boldsymbol{y}}_c, \hat{\boldsymbol{y}}_t = \arg\min_{\boldsymbol{y}_c, \boldsymbol{y}_t} \lambda \|\boldsymbol{T}_c \boldsymbol{y}_c\|_1 + \lambda \|\boldsymbol{T}_t \boldsymbol{y}_t\|_1 + \frac{1}{2}\|\boldsymbol{y} - \boldsymbol{y}_c - \boldsymbol{y}_t\|_2^2 \tag{15-5}$$

这里我们记 $\boldsymbol{T}_c = \boldsymbol{A}_c^{-1}$ 和 $\boldsymbol{T}_t = \boldsymbol{A}_t^{-1}$。

对于字典并非方阵的更一般情况，我们仍可以使用分析公式，其假设由 $\boldsymbol{T}_c = \boldsymbol{A}_c^{+}$ 和 $\boldsymbol{T}_t = \boldsymbol{A}_t^{+}$ 代替。但是，由于与上述的方阵且可逆的假设不符，因此分析公式和合成公式不再相等。分析式（15-5）的一个明显好处就是其未知部分即为我们想要的图像，并且与稀疏表示相比，其维数相对较少（$2N$ 而非 M_c+M_t）。

至于式（15-4）和式（15-5）问题的数值解，可以用多种方法求得。特别是，迭代收缩算法（见第 6 章）可以直接用来求解合成公式（15-4）。例如，第 6 章中介绍的 SSF 算法有如下的迭代更新公式：

$$\hat{\boldsymbol{x}}_a^{k+1} = S_\lambda\left(\frac{1}{c}\boldsymbol{A}_a^{\mathrm{T}}(\boldsymbol{y} - \boldsymbol{A}_a\hat{\boldsymbol{x}}_a^k) + \hat{\boldsymbol{x}}_a^k\right) \tag{15-6}$$

其由式（15-2）中的组合字典和组合表示构成。将其拆分为两个表示的部分，我们得到

$$\begin{aligned}\hat{\boldsymbol{x}}_c^{k+1} &= S_\lambda\left(\frac{1}{c}\boldsymbol{A}_c^{\mathrm{T}}(\boldsymbol{y} - \boldsymbol{A}_c\hat{\boldsymbol{x}}_c^k - \boldsymbol{A}_t\hat{\boldsymbol{x}}_t^k) + \hat{\boldsymbol{x}}_c^k\right)\\ \hat{\boldsymbol{x}}_t^{k+1} &= S_\lambda\left(\frac{1}{c}\boldsymbol{A}_t^{\mathrm{T}}(\boldsymbol{y} - \boldsymbol{A}_c\hat{\boldsymbol{x}}_c^k - \boldsymbol{A}_t\hat{\boldsymbol{x}}_t^k) + \hat{\boldsymbol{x}}_t^k\right)\end{aligned} \tag{15-7}$$

式中 $S_\lambda(\boldsymbol{r})$ 是对 $\boldsymbol{r}$ 采用阈值 λ 进行的元素级软阈值操作，参数 c 的选择必须满足 $c > \lambda_{\max}(\boldsymbol{A}_a^{\mathrm{T}}\boldsymbol{A}_a)$ 的要求①。

式（15-5）的分析公式也可以用类似的方法求解，只需对上述算法进行一些必要的变化。更具体的，假设 2 个字典都是冗余的（$M_c, M_t \geqslant N$）和满秩的，则根据第 9 章所述，可以通过下式将分析形式转换回合成形式，即

$$\begin{aligned}\boldsymbol{x}_c = \boldsymbol{T}_c\boldsymbol{y}_c &\to \boldsymbol{y}_c = \boldsymbol{T}_c^{+}\boldsymbol{x}_c = \boldsymbol{A}_c\boldsymbol{x}_c\\ \boldsymbol{x}_t = \boldsymbol{T}_t\boldsymbol{y}_t &\to \boldsymbol{y}_t = \boldsymbol{T}_t^{+}\boldsymbol{x}_t = \boldsymbol{A}_t\boldsymbol{x}_t\end{aligned} \tag{15-8}$$

这可以得到如下形式的优化问题：

$$\hat{\boldsymbol{x}}_c, \hat{\boldsymbol{x}}_t = \arg\min_{\boldsymbol{x}_c, \boldsymbol{x}_t} \lambda\|\boldsymbol{x}_c\|_1 + \lambda\|\boldsymbol{x}_t\|_1 + \frac{1}{2}\|\boldsymbol{y} - \boldsymbol{A}_c\boldsymbol{x}_c - \boldsymbol{A}_t\boldsymbol{x}_t\|_2^2 \ \text{ s. t. } \ \boldsymbol{T}_c\boldsymbol{A}_c\boldsymbol{x}_c = \boldsymbol{x}_c,\ \boldsymbol{T}_t\boldsymbol{A}_t\boldsymbol{x}_t = \boldsymbol{x}_t \tag{15-9}$$

式中的附加约束是因为从 $\boldsymbol{y}_c$ 到 $\boldsymbol{x}_c$ 的变化中，我们必须要求 $\boldsymbol{x}_c$ 是 $\boldsymbol{T}_c$ 的列扩展，当 $\boldsymbol{y}_t$ 转换到 $\boldsymbol{x}_t$ 时，对 $\boldsymbol{x}_t$ 和 $\boldsymbol{T}_t$ 的要求同样如此。

考察分析式（15-9），由于其中的惩罚项与式（15-4）中的相同，因此可以用

① 对 $\boldsymbol{A}_a$ 进行奇异值分解，很容易看出这个约束等同于 $c > \lambda_{\max}(\boldsymbol{A}_a\boldsymbol{A}_a^{\mathrm{T}}) = \lambda_{\max}(\boldsymbol{A}_c\boldsymbol{A}_c^{\mathrm{T}} + \boldsymbol{A}_t\boldsymbol{A}_t^{\mathrm{T}})$。对于紧框架，我们有 $\boldsymbol{A}_c\boldsymbol{A}_c^{\mathrm{T}} = \boldsymbol{A}_t\boldsymbol{A}_t^{\mathrm{T}} = \boldsymbol{I}$，这表明 c 应该大于 2。

与式（15-7）相同的迭代公式来求解，而这种迭代将导致惩罚项的减小。由此，我们开始如下的更新：

$$
\begin{aligned}
\hat{\boldsymbol{x}}_c^{k+1/2} &= S_\lambda\left(\frac{1}{c}\boldsymbol{A}_c^{\mathrm{T}}(\boldsymbol{y}-\boldsymbol{A}_c\hat{\boldsymbol{x}}_c^k-\boldsymbol{A}_t\hat{\boldsymbol{x}}_t^k)+\hat{\boldsymbol{x}}_c^k\right)\\
\hat{\boldsymbol{x}}_t^{k+1/2} &= S_\lambda\left(\frac{1}{c}\boldsymbol{A}_t^{\mathrm{T}}(\boldsymbol{y}-\boldsymbol{A}_c\hat{\boldsymbol{x}}_c^k-\boldsymbol{A}_t\hat{\boldsymbol{x}}_t^k)+\hat{\boldsymbol{x}}_t^k\right)
\end{aligned}
\tag{15-10}
$$

但是此后必须通过计算下式[①]来对约束进行投影：

$$
\begin{aligned}
\hat{\boldsymbol{x}}_c^{k+1} &= \boldsymbol{T}_c\boldsymbol{A}_c\hat{\boldsymbol{x}}_c^{k+1/2}\\
\hat{\boldsymbol{x}}_t^{k+1} &= \boldsymbol{T}_t\boldsymbol{A}_t\hat{\boldsymbol{x}}_t^{k+1/2}
\end{aligned}
\tag{15-11}
$$

正如我们期望的那样，这个算法确实解决了分析公式，但由于其是稀疏表示，而并非分离的图像构成成分，因此也就失去了其最引人的特色。这里可以通过修改式（15-10）和式（15-11）进行弥补：

$$
\begin{aligned}
\hat{\boldsymbol{y}}_c^{k+1} &= \boldsymbol{A}_c\cdot S_\lambda\left(\frac{1}{c}\boldsymbol{A}_c^{\mathrm{T}}(\boldsymbol{y}-\hat{\boldsymbol{y}}_c^k-\hat{\boldsymbol{y}}_t^k)+\boldsymbol{T}_c\hat{\boldsymbol{y}}_c^k\right)\\
\hat{\boldsymbol{y}}_t^{k+1} &= \boldsymbol{A}_t\cdot S_\lambda\left(\frac{1}{c}\boldsymbol{A}_t^{\mathrm{T}}(\boldsymbol{y}-\hat{\boldsymbol{y}}_c^k-\hat{\boldsymbol{y}}_t^k)+\boldsymbol{T}_t\hat{\boldsymbol{y}}_t^k\right)
\end{aligned}
\tag{15-12}
$$

式中我们使用了式（15-8）中的赋值方法。

现在我们来给出一些用全局分析方案得到的实验结果。这些结果都来自于 Starck，Elad 和 Donoho（IEEE-TIP2004）的研究工作，因此我们不考虑参数设定等细节，而是集中于所呈现的定性结果。我们从一幅合成图像开始。这幅图像由自然场景（这里被认为是卡通部分）、纹理和 $\sigma = 10$ 的加性高斯白噪声 3 部分组成。图 15.1 显示了这幅图像的组成部分。

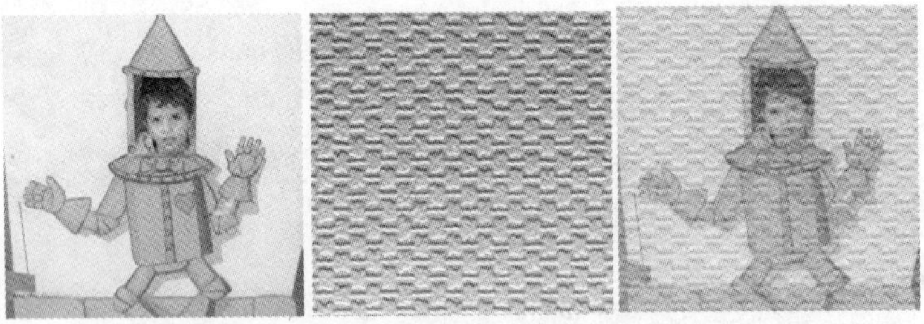

(a) (b) (c)

图 15.1 原始的卡通(a)和纹理(b)部分，待处理的全局图像(c)

该分离所采用的字典，对应于卡通部分选用的是曲波，纹理部分选用的是全局 DCT 变换。首先从图像中减去极低频成分，再将其加入到分离后的卡通部分。

---

① 给定向量 $\boldsymbol{v}$，我们搜寻一个最接近的替代值 $\boldsymbol{u}$ 以满足约束 $\boldsymbol{u}=\boldsymbol{P}\boldsymbol{u}$，这里 $\boldsymbol{P}$ 是一个投影矩阵（方阵，对称，且其特征值为 1 或 0）。用拉格朗日乘子法求解可以得到最优解 $\boldsymbol{u}=\boldsymbol{P}\boldsymbol{v}$。

这样做的原因是 2 个字典存在着明显重叠——两者都考虑了所含的低频成分，并都对其进行了有效的表示。这里，通过先删除这部分内容，就能避免分离的不确定性。同样，之所以随后将该成分加回曲波部分，是因为我们期望看到这些低频成分是属于图像的分段光滑部分的。图 15.2 给出了实验的结果。可以看到，图像的 3 个组成成分（卡通、纹理和噪声）分离得很不错。

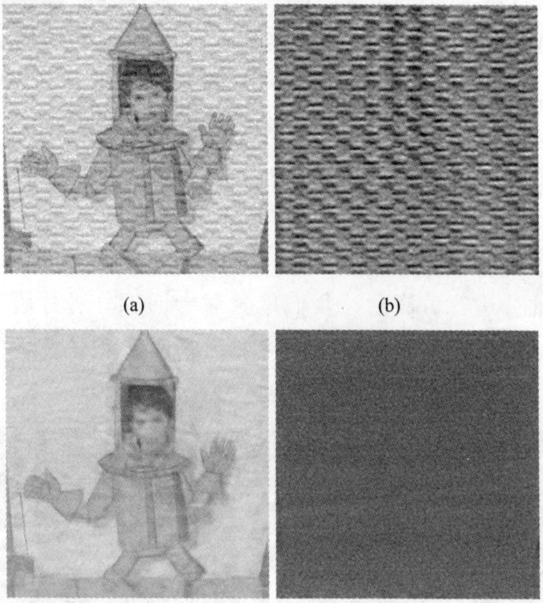

(a) (b) (c) (d)

图 15.2 原始带噪图像(a)，分离的纹理部分(b)，分离的卡通部分(c)，参与的噪声成分(d)

在第 2 个实验中，我们对图像 Barbara 进行了同样的分离。这次我们选择了曲波字典和局部 DCT（32×32 大小的块）字典。图 15.3 显示了原始图像以及分离出的卡通和纹理部分。图 15.4 是对脸部区域的放大。

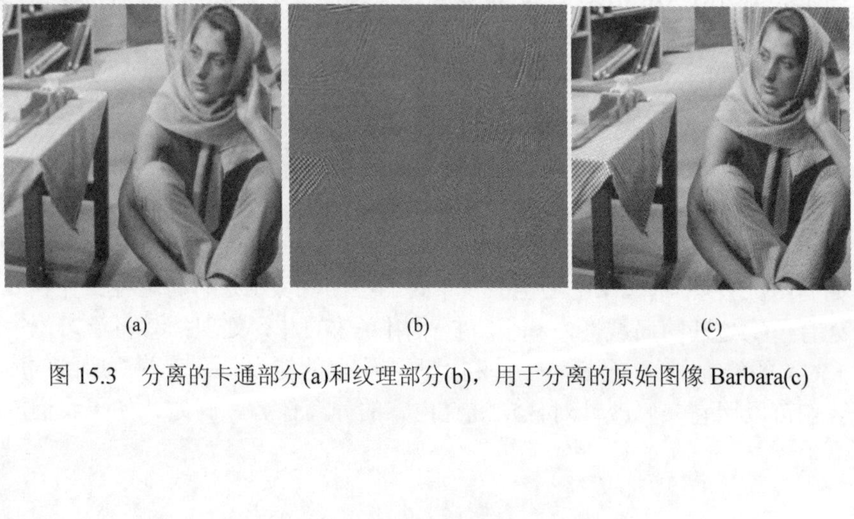

(a) (b) (c)

图 15.3 分离的卡通部分(a)和纹理部分(b)，用于分离的原始图像 Barbara(c)

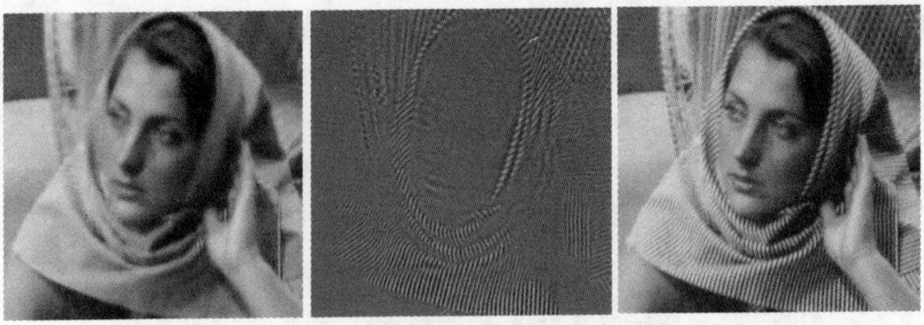

(a) (b) (c)

图 15.4　卡通部分(a)和纹理部分(b)的放大图，原始图像(c)，所有图像都从图 15.3 的结果中获得

实验部分的最后，我们对以上结果进行 2 个简单的操作。第 1 个是图像的边缘检测。对于许多计算机视觉应用而言，这是一个关键步骤。当纹理具有高对比度时，检测出的边缘相对来说更能体现出纹理部分而非卡通部分（尽管其中的信息更多）。在对 2 部分进行分离后，我们单独对卡通部分进行边缘检测，能够得到真实的对象边缘。图 15.5 显示了分别对原始图像和重建卡通部分进行 Canny 边缘检测的结果。

(a) (b)

图 15.5　原始图像检测到的边缘(a)，只对卡通部分检测到的边缘(b)

图 15.6 显示了 GEMINI-OSCIR 设备拍摄到的星系图像。图像数据被白色加性噪声和由设备的电路噪声导致的裂痕（假设即为图中的纹理）所干扰。由于星系图像是各向同性的，因此这里使用各向同性的小波而非曲波来表示卡通部分。由于纹理的结构，这里仍使用全局 DCT。图 15.6 给出了分离结果，从图中可以看出，星系图、纹理扰动以及加性噪声都被成功分离了出来。

15.2.3　图像分离的局部 MCA 方法

如同图像去噪一样，MCA 也能在重叠的小图像块上进行。这种操作模式的直接好处有：①处理的局域性，利于直接采用高效的并行处理；②将学习型字典结合入 MCA 的能力。后一个好处——利用训练字典的能力——有着更广阔的应用前景，我们可以用它来修改针对任意混合内容的分离任务。例如，如果我们能够得到对应每个成分的字典，就可以用 MCA 来分离两个（或更多）混合的纹理。

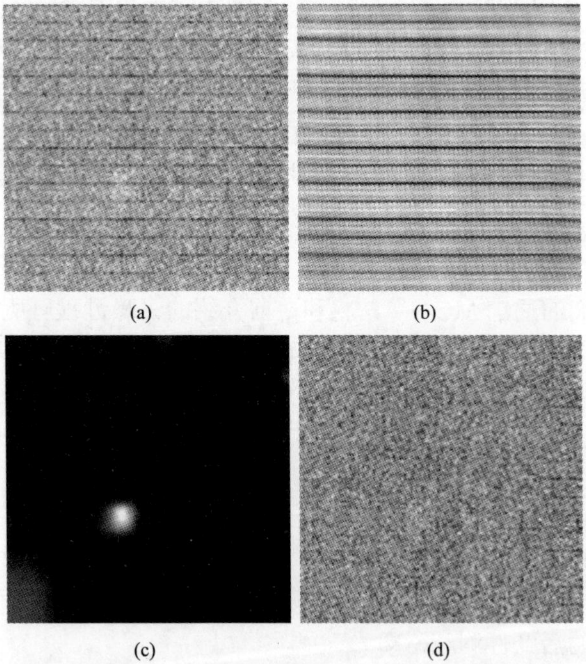

图 15.6　原始 GEMINI 图像(a)，纹理部分(b)，卡通部分(c)，残余噪声(d)

与第 14 章中图像去噪采用的方法类似，将 MCA 转换成局部处理的方法很多。本章我们将探讨其中的一种方法，该方法建立在 K-SVD 去噪算法基础上。如下所见，通过对这个方法的简单扩展，我们就能得到当今最先进的结果。

采用 14.3.3 节的方法，我们首先进行如下假设：未知的混合图像 $\boldsymbol{y}_0=\boldsymbol{y}_c+\boldsymbol{y}_t$ 能够完全表示，是基于以下的事实，即对于其中的任何图像块，$\boldsymbol{R}_k\boldsymbol{y}_0=\boldsymbol{R}_k\boldsymbol{y}_c+\boldsymbol{R}_k\boldsymbol{y}_t$，存在两个稀疏表示向量 $\boldsymbol{q}_c^k$ 和 $\boldsymbol{q}_t^k$，满足下式：

$$\left\|\boldsymbol{R}_k\boldsymbol{y}_c+\boldsymbol{R}_k\boldsymbol{y}_t-\boldsymbol{A}_c\boldsymbol{q}_c^k-\boldsymbol{A}_t\boldsymbol{q}_t^k\right\|_2\leqslant\epsilon \tag{15-13}$$

这里 $\boldsymbol{A}_c$ 和 $\boldsymbol{A}_t$ 是 2 个固定字典。为避免使用这个符号，对此图像块我们暂时使用联合字典 $\boldsymbol{A}_a$ 和对应该块的表示 $\boldsymbol{q}_a^k$。这样，上式可以重写为 $\left\|\boldsymbol{R}_k\boldsymbol{y}_0-\boldsymbol{A}_a\boldsymbol{q}_a^k\right\|_2\leqslant\epsilon$。在全局 MAP 估计中使用这个式子，将得到

$$\left\{\{\hat{\boldsymbol{q}}_a^k\}_{k=1}^N,\hat{\boldsymbol{y}}\right\}=\arg\min_{z,\{\boldsymbol{q}_a^k\}_k}\lambda\|\boldsymbol{z}-\boldsymbol{y}\|_2^2+\sum_{k=1}^N\mu_k\left\|\boldsymbol{q}_a^k\right\|_0+\sum_{k=1}^N\left\|\boldsymbol{A}_a\boldsymbol{q}_a^k-\boldsymbol{R}_k\boldsymbol{z}\right\|_2^2 \tag{15-14}$$

上式中的第 1 项是全局对数似然，用来度量测量图像 $\boldsymbol{y}$ 及其去噪（未知）结果 $\boldsymbol{z}$ 的相似度。第 2 项和第 3 项是图像的先验信息，以确保在构建的图像 $\boldsymbol{z}$ 中，每个位置（用 k 做序号）上大小为 $\sqrt{n}\times\sqrt{n}$ 的块 $\boldsymbol{p}_k=\boldsymbol{R}_k\boldsymbol{z}$ 都存在着有限误的稀疏表示。

式（15-14）描述的是一个去噪问题，并无分离的目的在内。这是很自然的，

因为无论 $\boldsymbol{y}_0$ 本身是否是混合的，它都需要去噪以消除加性噪声；而且 $\boldsymbol{y}_0$ 中的块可以假设通过字典 $\boldsymbol{A}_a$ 实现稀疏表示，这对于有效去噪是充分条件。

由此，我们采用上一章讨论的方法实现上述去噪，首先将字典初始化为冗余的 DCT 矩阵，并在更新的表示 $\{\hat{\boldsymbol{q}}_a^k\}_{k=1}^N$ 和字典 $\boldsymbol{A}_a$ 之间进行迭代。这一系列步骤构成了利用恶化图像自身训练的高效 K-SVD 字典学习过程。通过以上步骤确定稀疏表示和字典后，再通过下式计算出干净图像，就能完成常规的图像去噪处理：

$$\hat{\boldsymbol{y}} = \left[\lambda \boldsymbol{I} + \sum_{k=1}^{N} \boldsymbol{R}_k^{\mathrm{T}} \boldsymbol{R}_k\right]^{-1} \left[\lambda \boldsymbol{y} + \sum_{k=1}^{N} \boldsymbol{R}_k^{\mathrm{T}} \boldsymbol{A}_a \boldsymbol{q}_a^k\right] \tag{15-15}$$

但就在这里，我们的局部 MCA 算法将和之前介绍的去噪过程有所不同。我们的步骤是：①首先将全局字典 $\boldsymbol{A}_a$ 分解为卡通字典和纹理字典；②随后分别使用这 2 个独立的字典来分离图像，完成算法。

训练字典 $\boldsymbol{A}_a$ 中包含了 $\boldsymbol{A}_c$ 和 $\boldsymbol{A}_t$ 的原子，这些原子无序的排列着。我们可以通过全变分测度来鉴别纹理/卡通原子，因为我们设想卡通原子是平滑的或分段平滑的，而纹理原子具有较强的波动。

例如，采用上述算法对加噪（$\sigma = 10$，如同前面的实验）的 Barbara 图像进行 25 次迭代，得到如图 15.7(a)的字典。对于形如 $\sqrt{n} \times \sqrt{n}$ 大小块的原子 $\boldsymbol{a}$，我们采用一个类似于 TV 的活跃性测度，即

$$\text{Activity}(\boldsymbol{a}) = \sum_{i=2}^{n}\sum_{j=1}^{n}\left|a[i,j] - a[i-1,j]\right| + \sum_{i=1}^{n}\sum_{j=2}^{n}\left|a[i,j] - a[i,j-1]\right| \tag{15-16}$$

字典中所有原子的活跃性测度值（对其归一化，使得最大值为 1）如图 15.7(b)所示。可以看出，这个值能够较好地反映出每个原子“纹理性”的“程度”。

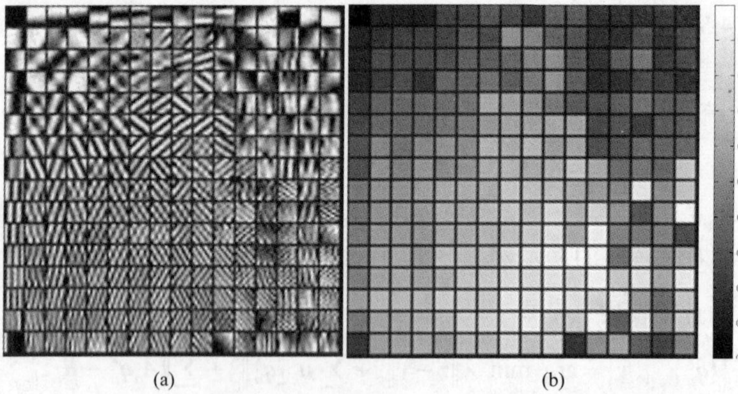

图 15.7 经过 25 次迭代，从带噪 Barbara 图像（$\sigma = 10$）中得到的 K-SVD 字典(a)；每个原子的全变分活跃性测度(b)

图 15.8 中，通过对上面的（归一化后）测度采用阈值 $T=0.27$ 进行分类（为达到最优效果，该值为人工选择。处于阈值之上的块表明是纹理原子），原子分别

分到了纹理字典和卡通字典中。可以看到，在所有256个原子中，只有36个归类于卡通，其他的都是纹理原子。

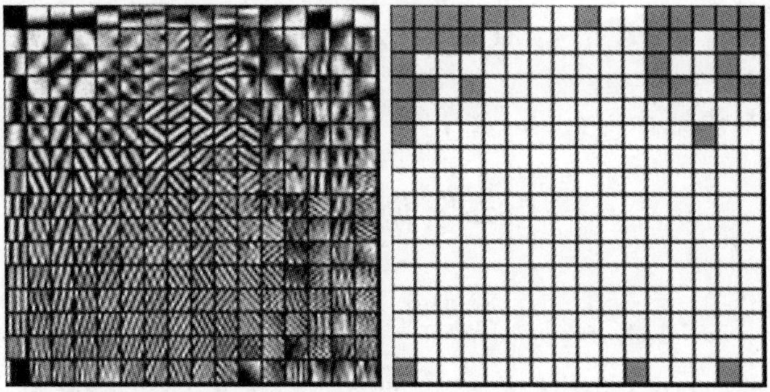

(a) (b)

图 15.8 利用阈值 T=0.27 对 TV 活跃性测度进行分类，
得到的分别映射为显示纹理（白色）和卡通（灰色）的原子

通过将字典 $\boldsymbol{A}_a$ 分离为 $\boldsymbol{A}_c$ 和 $\boldsymbol{A}_t$，我们同样可以得到表示 $\boldsymbol{q}_a^k$ 的相应分离 $\boldsymbol{q}_c^k$ 和 $\boldsymbol{q}_t^k$。这只需简单地将对应于卡通原子的系数分配给卡通部分 $\boldsymbol{q}_c^k$，将对应于纹理原子的系数分配给纹理部分 $\boldsymbol{q}_t^k$。

暂时搁置恢复 $\hat{\boldsymbol{y}}_c$ 和 $\hat{\boldsymbol{y}}_t$ 的需求，我们先来考虑字典的分离。为此，返回式（15-14），定义两个新的未知量 $\boldsymbol{z}_c$ 和 $\boldsymbol{z}_t$，且 $\boldsymbol{z}=\boldsymbol{z}_c+\boldsymbol{z}_t$。为实现分离，我们将 $\left\|\boldsymbol{A}_a\boldsymbol{q}_a^k-\boldsymbol{R}_k\boldsymbol{z}\right\|_2^2$ 改写为

$$\begin{aligned}\left\|\boldsymbol{A}_a\boldsymbol{q}_a^k-\boldsymbol{R}_k\boldsymbol{z}\right\|_2^2&=\left\|\boldsymbol{A}_c\boldsymbol{q}_c^k+\boldsymbol{A}_t\boldsymbol{q}_t^k-\boldsymbol{R}_k\boldsymbol{z}\right\|_2^2\\&=\left\|\boldsymbol{A}_c\boldsymbol{q}_c^k+\boldsymbol{A}_t\boldsymbol{q}_t^k-\boldsymbol{R}_k\boldsymbol{z}_c-\boldsymbol{R}_k\boldsymbol{z}_t\right\|_2^2\\&\approx\left\|\boldsymbol{A}_c\boldsymbol{q}_c^k-\boldsymbol{R}_k\boldsymbol{z}_c\right\|_2^2+\left\|\boldsymbol{A}_t\boldsymbol{q}_t^k-\boldsymbol{R}_k\boldsymbol{z}_t\right\|_2^2\end{aligned}\tag{15-17}$$

最后一行约等于能够成立的原因，是因为我们期望卡通和纹理 2 种表示的误差是不相关的，即

$$(\boldsymbol{A}_c\boldsymbol{q}_c^k-\boldsymbol{R}_k\boldsymbol{z}_c)^{\mathrm{T}}(\boldsymbol{A}_t\boldsymbol{q}_t^k-\boldsymbol{R}_k\boldsymbol{z}_t)\approx 0\tag{15-18}$$

通过这种转换，式（15-14）就变成

$$\{\hat{\boldsymbol{y}}_c,\hat{\boldsymbol{y}}_t\}=\underset{\boldsymbol{z}_c,\boldsymbol{z}_t}{\arg\min}\,\lambda\left\|\boldsymbol{z}_c+\boldsymbol{z}_t-\boldsymbol{y}\right\|_2^2+\sum_{k=1}^{N}\left\|\boldsymbol{A}_c\boldsymbol{q}_c^k-\boldsymbol{R}_k\boldsymbol{z}_c\right\|_2^2+\sum_{k=1}^{N}\left\|\boldsymbol{A}_t\boldsymbol{q}_t^k-\boldsymbol{R}_k\boldsymbol{z}_t\right\|_2^2\tag{15-19}$$

注意，其中关于表示稀疏性的 ℓ_0 项约束已被移删了。这是因为我们现在认为 $\boldsymbol{q}_c^k$ 和 $\boldsymbol{q}_t^k$ 是固定且已知的，我们的目标是恢复 $\boldsymbol{z}_c$ 和 $\boldsymbol{z}_t$。分别对 $\boldsymbol{z}_c$ 和 $\boldsymbol{z}_t$ 求导，得到如下分离结果：

$$\begin{bmatrix}\hat{\boldsymbol{y}}_c\\ \hat{\boldsymbol{y}}_t\end{bmatrix}=\begin{bmatrix}\lambda\boldsymbol{I}+\sum_{k=1}^{N}\boldsymbol{R}_k^{\mathrm{T}}\boldsymbol{R}_k & \lambda\boldsymbol{I}\\ \lambda\boldsymbol{I} & \lambda\boldsymbol{I}+\sum_{k=1}^{N}\boldsymbol{R}_k^{\mathrm{T}}\boldsymbol{R}_k\end{bmatrix}^{-1}\cdot\begin{bmatrix}\lambda\boldsymbol{y}+\sum_{k=1}^{N}\boldsymbol{R}_k^{\mathrm{T}}\boldsymbol{A}_c\boldsymbol{q}_c^k\\ \lambda\boldsymbol{y}+\sum_{k=1}^{N}\boldsymbol{R}_k^{\mathrm{T}}\boldsymbol{A}_t\boldsymbol{q}_t^k\end{bmatrix}\tag{15-20}$$

在$\lambda=0$的极端情况下，解由下式给出：

$$\begin{aligned}\hat{\boldsymbol{y}}_c&=\left[\sum_{k=1}^{N}\boldsymbol{R}_k^{\mathrm{T}}\boldsymbol{R}_k\right]^{-1}\sum_{k=1}^{N}\boldsymbol{R}_k^{\mathrm{T}}\boldsymbol{A}_c\boldsymbol{q}_c^k\\ \hat{\boldsymbol{y}}_t&=\left[\sum_{k=1}^{N}\boldsymbol{R}_k^{\mathrm{T}}\boldsymbol{R}_k\right]^{-1}\sum_{k=1}^{N}\boldsymbol{R}_k^{\mathrm{T}}\boldsymbol{A}_t\boldsymbol{q}_t^k\end{aligned}\tag{15-21}$$

这个结果与式（15-15）给出的去噪结果很相似。在更一般的情况下，利用2×2的块矩阵求逆公式[①]，同时结合之前例子中所有块都是对角的且很容易求逆的事实，上述求逆过程可以很简单。

图15.9展示了Barbara图像在$\lambda=0$这种简单情况下，利用这种局部方法得到的结果。可以看到，分离十分成功，结果可以与上述全局方法的结果相比拟，而且这里无需预先指定两个部分的字典。

(a) (b)

图15.9 分离出的卡通部分(a)和纹理部分(b)，在K-SVD字典上使用局部MCA（$\lambda=0$）

15.3 图像修补和脉冲噪声去除

图像修补指的是对图像中已知部位缺失像素的填充，这种缺失的原因可能是意外刮擦、遮挡，或是出于图像编辑的需要（从场景中移出对象时）。已有大量有关本问题的数字图像处理文献，所用技术多种多样。本节我们将讨论此问题，且更具体地关注基于**稀疏域**模型的图像修补。我们首先集中讨论修补稀疏表示的信号，再讨论到图像。

① 这个公式为$\begin{bmatrix}\boldsymbol{A}&\boldsymbol{B}\\ \boldsymbol{C}&\boldsymbol{D}\end{bmatrix}^{-1}=\begin{bmatrix}\boldsymbol{Q}&-\boldsymbol{QBD}^{-1}\\ -\boldsymbol{D}^{-1}\boldsymbol{CQ}&\boldsymbol{D}^{-1}+\boldsymbol{D}^{-1}\boldsymbol{CQBD}^{-1}\end{bmatrix}$，其中$\boldsymbol{Q}=(\boldsymbol{A}-\boldsymbol{BD}^{-1}\boldsymbol{C})^{-1}$。

15.3.1 稀疏域信号修补——核心原则

设 $\boldsymbol{y}_0 \in \mathbf{R}^n$ 是一个简单的**稀疏域**信号，这表明存在一个稀疏表示向量 $\boldsymbol{x}_0$，$\|\boldsymbol{x}_0\|_0 = k_0$，有 $\boldsymbol{y}_0 = \boldsymbol{A}\boldsymbol{x}_0$。进一步假设测量为 $\boldsymbol{y} = \boldsymbol{M}\boldsymbol{y}_0$，这里 $\boldsymbol{M}$ 是一个退化算子，其作用是从信号中移除 p 个样点。这个矩阵大小为 $(n-p)\times n$，通过从 $n\times n$ 的单位阵中移去与所丢弃样点相对应的 p 行来生成。我们能修复这些丢失的值吗？怎么做呢？

可以将其看作一个如第 9 章所描述的典型逆问题。我们将这个任务表示成为

$$\min_{\boldsymbol{x}} \|\boldsymbol{x}\|_0 \quad \text{s.t.} \quad \boldsymbol{y} = \boldsymbol{M}\boldsymbol{A}\boldsymbol{x} \tag{15-22}$$

我们需要找到解决这个问题的表示 $\hat{\boldsymbol{x}}_0$，那么所恢复（填满）的信号 $\hat{\boldsymbol{y}}_0$ 为 $\boldsymbol{A}\hat{\boldsymbol{x}}_0$。但问题依然存在：为什么可以这样做？

为回答这个问题，我们回到第 2 章中介绍过的最坏情况的分析。假设原始表示 $\boldsymbol{x}_0$ 足够稀疏，即 $k_0 < 0.5\cdot\text{spark}(\boldsymbol{M}\boldsymbol{A})$。此时我们知道，对于线性系统 $\boldsymbol{y} = \boldsymbol{M}\boldsymbol{A}\boldsymbol{x}$ 而言，原始表示 $\boldsymbol{x}_0$ 必然是一个最稀疏的可能解。因此，如果我们能够解决式（15-22）的问题，我们就能得到 $\hat{\boldsymbol{x}}_0 = \boldsymbol{x}_0$。这意味着对原始信号的完美恢复，$\hat{\boldsymbol{y}}_0 = \boldsymbol{y}_0$。因此，只要 $\boldsymbol{x}_0$ 足够稀疏，就可以保证修补能完美地实现。

$\boldsymbol{M}$ 如何影响矩阵 $\boldsymbol{M}\boldsymbol{A}$ 的**稀疏度**呢？这个处理从字典 $\boldsymbol{A}$ 中移除了 p 行，这种改变必然导致**稀疏度**恶化（变小了）。这是因为根据**稀疏度**的定义，在 $\boldsymbol{A}$ 中，每个具有 $\text{spark}(\boldsymbol{A})-1$ 个列的子集都是线性无关的。从 $\boldsymbol{A}$ 中移除任意一行，这些子集的线性关系可能是不受影响的（因此其**稀疏度**没有改变），也可能使得一个或多个子集变得线性相关，导致**稀疏度**的减少。一旦子集变相关了，那么删除其他行也不能让这个子集重新回到不相关状态。因此，作为移除运算参数 p 的函数，$\text{spark}(\boldsymbol{M}\boldsymbol{A})$ 的值是非增的。特别的，我们有 $\text{spark}(\boldsymbol{M}\boldsymbol{A}) \leqslant \text{spark}(\boldsymbol{A})$，这也表明，对于我们的假设 $k_0 < 0.5\cdot\text{spark}(\boldsymbol{M}\boldsymbol{A})$ 意，就意味着 $\boldsymbol{x}_0$ 是原始信号 $\boldsymbol{y}_0$ 最稀疏的表示。

以上是一个简化的修补问题，但它澄清了为什么**稀疏域**信号的修补在理论上是可行的。其核心思想可以这样理解，由于信号 $\boldsymbol{y}_0$ 只有 $2k_0$ 个自由度（原子系数及其权重），我们可以用不到全部 n 个样点来彻底恢复原始信号。极端情况下[①]，可能只需要 $2k_0$ 个样点就足够了，也就是 p 可以高达 $n-2k_0$。

当噪声也同时加到模型和测量上时，实际的修补可以逼近下式的解来完成：

$$\min_{\boldsymbol{x}} \|\boldsymbol{x}\|_0 \quad \text{s.t.} \quad \|\boldsymbol{y} - \boldsymbol{M}\boldsymbol{A}\boldsymbol{x}\|_2 \leqslant \delta \tag{15-23}$$

这里不再考虑稀疏度，但正如第 5 章所见，无论是最坏的情况，还是比较乐观的现实情况，都存在这样的分析来支持这样一个重建算法取得成功。

这个方法实际可行吗？我们将通过一个**基础**实验来回答此问题，这个实验可

---

① 这取决于 $\boldsymbol{A}$ 以及施加其上的效果 $\boldsymbol{M}$。如果 $\text{spark}(\boldsymbol{M}\boldsymbol{A})$ 是满稀疏度($2k_0+1$)的，那么 $2k_0$ 个测量值确实是充分的。

以说明上述简单的指导准则将如何用来合理地恢复所丢失样点。后面我们将还会回到此实验，并通过不同方法来进行改进。我们在 Peppers 图像（256×256 像素大小）上进行此处理，如图 15.10 所示。这个图像被$\sigma = 20$的加性高斯白噪声所污染，然后又在随机位置进行了子采样，导致只有部分样点保留了下来。

图 15.10　用于修补测试的图像 Peppers

我们计划实现的修补将在 8×8 的块上进行，这些块从恶化的图像中取出，且互不交叠。我们采用有 256 个原子的冗余 DCT 字典 $\boldsymbol{A}$（如第 14 章所述），并准备通过式（15-23）的近似解来修复原始图像块。对于每个块都采用 OMP 算法进行处理，其中令$\delta = 1.1 \cdot \sqrt{64 - p \cdot \sigma}$（这里 δ 值应与**存留**样点上的噪声大小成正比）。利用稀疏表示重建每个图像块，并将它们放置回图像区域中，就可以得到最终的修补图像[①]。

图 15.11 显示了修补的结果，其形式是修复像素的 RMSE 值与图像中保留像素数量的函数曲线图。不出所料，这条曲线是下降的，表明剩余的像素越多，恢

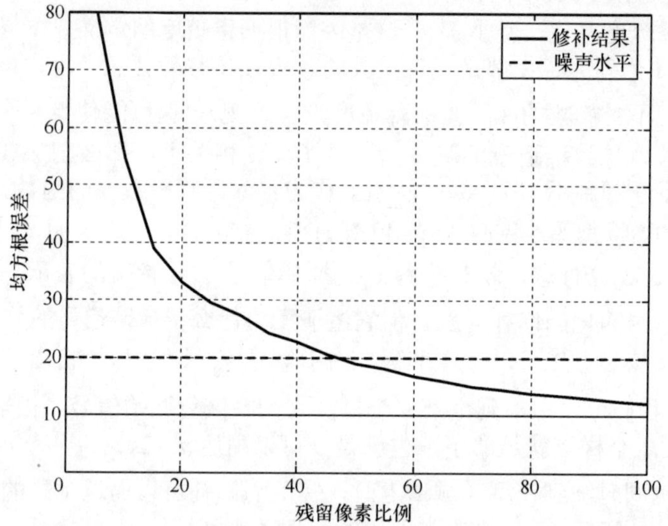

图 15.11　简单修补的结果——使用冗余 DCT 字典对无交叠的块进行的局部操作。图中显示了修补恢复图像中（每像素）的 RMSE 与剩余像素比例的函数关系

复的块质量越好。同时，考虑到噪声的标准差为$\sigma = 20$，这个曲线表明在恢复出丢失像素之外，修补过程在丢失像素少于 50%的情况下还完成了去噪。图 15.12

① 我们还加了一个限制处理，以令结果图像的灰度值在范围[0，255]内。

给出了 3 种测试情况下（分别移除 25%，50%，75%的像素）用上述方法得到的修复图像。利用恢复图像和原始图像求得的 RMSE 值分别为 14.55，19.61 和 29.70 灰度值。

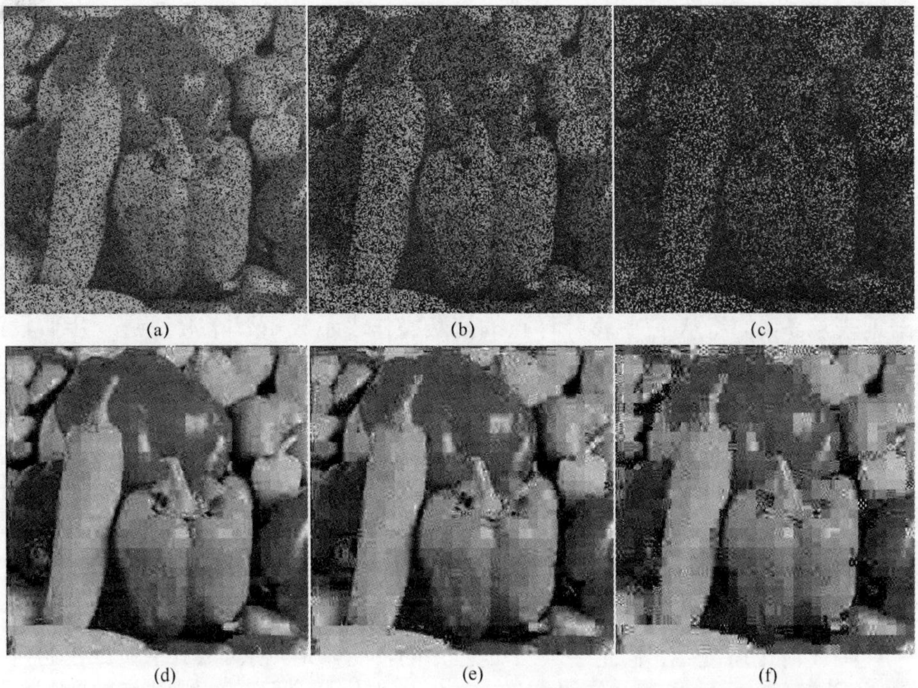

图 15.12 简单修补结果——使用冗余 DCT 字典对无交叠的块进行的局部操作。图中显示给定的图像(a)、(b)、(c)和它们的修补结果(d)、(e)、(f)，分别为缺失 25%像素（RMSE=14.55）(a)、(d)，缺失 50%像素（RMSE=19.61）(b)、(e)和缺失 75%像素（RMSE=29.7）(c)、(f)

上面是一个简单的修补算法，它是上述核心想法的直接应用，并且其结果也是合理的（特别是在丢失图像少于 50%的情况下）。当然，这个方法不仅可以而且也应当能通过多种方法进行改进。我们能修补更复杂的纹理图像吗？我们能应付图像上更大的孔洞吗？我们能模仿局部去噪算法，通过在重叠块上进行操作来提高性能吗？我们能够让字典自适应于图像以及待修补的目标吗？这些问题将伴随我们前往下一节，那里我们将依据前面的各种想法，讨论修复质量更好的局部和全局图像修补算法。

15.3.2 图像修补——局部 K-VSD

图 15.11 和图 15.12 给出了一个简单的图像修补算法的结果，该算法对图像中的各个块进行独立操作，并将操作结果粘贴成完整的图像。如果仍然采用局部操作，我们能不能做得更好呢？图 15.13 表明只需对算法进行微调，就可取得极大的提高：我们不再对不重叠块进行操作，而是在完全重叠的块上进行同样的修补处

理。在结果图像区域内对恢复的块进行平均，可以得到修补图像。可以看到，结果提高了很多，特别是75%的像素缺失的情况下。表15.1总结了这些结果，并与未重叠的结果进行了对比。

表15.1 修补实验的RMSE，分别在有重叠和无重叠的块上进行局部处理，都使用冗余的DCT字典

算法	缺失25%像素的RMSE	缺失50%像素的RMSE	缺失75%像素的RMSE
无交叠	14.55	19.61	29.70
全交叠	9.00	11.55	18.18

让我们用公式来描述图像修补问题，以便顺利推导出上述算法。按照第14章中处理去噪问题的方式，假设未知的完整图像 $\boldsymbol{y}_0$ 中每个块都可以由已知字典 $\boldsymbol{A}$ 来稀疏地表示。我们将从 $\boldsymbol{y}_0$ 中移除样点的掩蔽操作表示成矩型阵 $\boldsymbol{M}$。进一步假设留存的像素被方差为 σ^2 的零均值加性高斯白噪声所污染。这样，MAP估计是

$$\left\{\left\{\hat{\boldsymbol{q}}_k\right\}_{k=1}^{M}, \hat{\boldsymbol{y}}\right\} = \arg\min_{z,\{q_k\}_k} \lambda\|\boldsymbol{Mz}-\boldsymbol{y}\|_2^2 + \sum_k \mu_k\|\boldsymbol{q}_k\|_0 + \sum_k\|\boldsymbol{Aq}_k - \boldsymbol{R}_k\boldsymbol{z}\|_2^2 \tag{15-24}$$

这个表达式与式（14-21）一致，对于留存的像素（表现为乘以掩蔽模版 $\boldsymbol{M}$），需要度量测量图像 $\boldsymbol{y}$ 和未知形式 $\boldsymbol{z}$ 之间的相似度。第2项和第3项是图像的先验信息，以确保在重构图像 $\boldsymbol{z}$ 的每个位置 k 上，大小为 $\sqrt{n}\times\sqrt{n}$ 的块 $\boldsymbol{p}_k=\boldsymbol{R}_k\boldsymbol{z}$ 都存在着有限误差的稀疏表示。

在上述讨论情况中，假定字典 $\boldsymbol{A}$ 是已知的，比如是冗余DCT字典。我们需要同时考虑稀疏表示 $\boldsymbol{q}_k$ 和整体结果图像 $\boldsymbol{z}$，以最小化这个函数。跟以前一样，采用块坐标最小化算法，令初始值为 $\boldsymbol{z}=\boldsymbol{M}^{\mathrm{T}}\boldsymbol{y}$，然后搜寻最佳的 $\hat{\boldsymbol{q}}_k$。但是需注意的是，选择这个初始值后，$\boldsymbol{z}$ 中对应于丢失部分的像素就都将毁去了，这一点必须在对 $\hat{\boldsymbol{q}}_k$ 的评价中考虑进去。这样我们就把最小化任务全部分解成如下形式的小问题：

$$\hat{\boldsymbol{q}}_k = \arg\min_{\boldsymbol{q}}\|\boldsymbol{q}\|_0 \ \text{ s.t. } \|\boldsymbol{M}_k(\boldsymbol{Aq}-\boldsymbol{p}_k)\|_2^2 \leqslant cn_k\sigma^2 \tag{15-25}$$

首先，注意到我们已将式（15-24）中的二次惩罚项转化为约束，这就避免了对参数 μ_k 的选择。同时，块误差 $\boldsymbol{Aq}-\boldsymbol{p}_k$ 的能量只用块中留存的像素进行计算，可以表示为乘以 $\boldsymbol{M}_k=\boldsymbol{R}_k\boldsymbol{M}^{\mathrm{T}}\boldsymbol{M}\boldsymbol{R}_k^{\mathrm{T}}$——对应于第 k 个块的局部掩模。

用于比较的阈值也必须考虑块中留存像素的数量，$n_k=\boldsymbol{1}^{\mathrm{T}}\boldsymbol{M}_k\boldsymbol{1}$。这样，这个阶段就如同滑动窗口稀疏编码阶段，每次都处理一个大小为 $\sqrt{n}\times\sqrt{n}$ 的块，执行如式（15-23）所描述的操作①。

得到所有的 $\hat{\boldsymbol{q}}_k$ 后，我们将其固定，并更新 $\boldsymbol{z}$。返回式（15-24），我们需要求解

$$\boldsymbol{y} = \arg\min_{z} \lambda\|\boldsymbol{Mz}-\boldsymbol{y}\|_2^2 + \sum_k\|\boldsymbol{A}\hat{\boldsymbol{q}}_k - \boldsymbol{R}_k\boldsymbol{z}\|_2^2 \tag{15-26}$$

---

① 这2个问题的公式看起来不同，因为这里的 $\boldsymbol{M}_k$ 是方阵，未知元素都取0，而式（15-23）中的 $\boldsymbol{M}$ 是一个矩形阵，对未知元素采用的是移除处理。抛开这种语义上的不同，这2个公式是一样的。

这将得到

$$\hat{\boldsymbol{y}}=\left(\lambda\boldsymbol{M}^{\mathrm{T}}\boldsymbol{M}+\sum_{k}\boldsymbol{R}_k^{\mathrm{T}}\boldsymbol{R}_k\right)^{-1}\left(\lambda\boldsymbol{M}^{\mathrm{T}}\boldsymbol{y}+\sum_{k}\boldsymbol{R}_k^{\mathrm{T}}\boldsymbol{A}\hat{\boldsymbol{q}}_k\right) \tag{15-27}$$

这个表达式与我们在去噪问题中所提的几乎一样，更特别的是，待求逆的矩阵是对角阵，这为结果图像中的每个像素都引入了归一化因子。对于缺失像素的恢复，这个表达式采用了直接对重建块进行平均的简单方法。对于留存的像素，这个公式也采用了平均的方法，但考虑了为测量值赋予恰当的权重。由此，图 15.13 和表 15.1 中的结果就相当于这个算法中的 λ 设定为 0 时的结果。

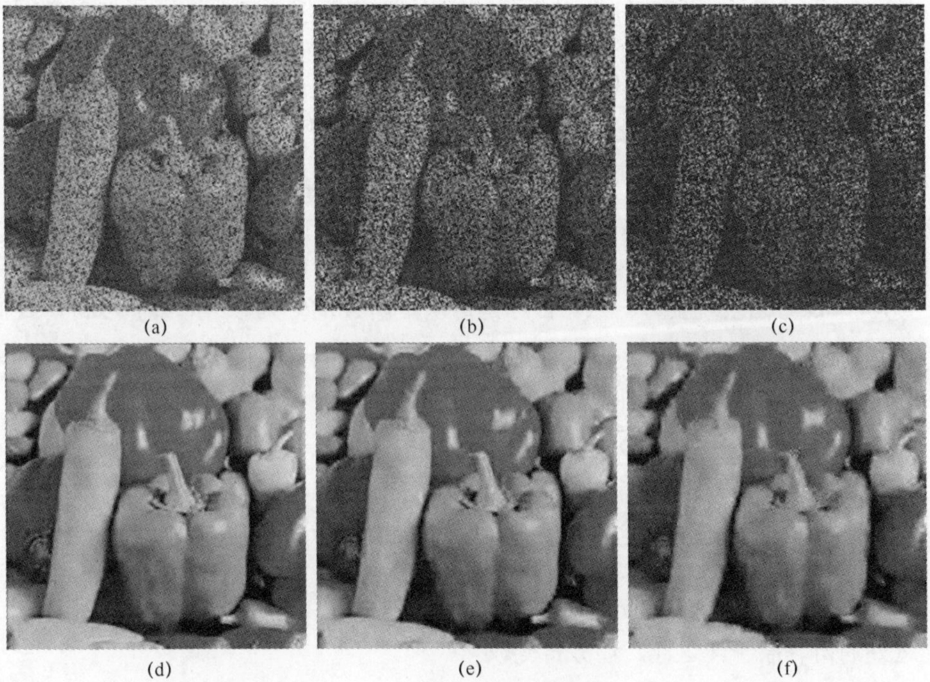

图 15.13　改进的修补结果——使用冗余的 DCT 字典在全交叠图像上进行的局部操作：图中显示给定的图像(a)、(b)、(c)和使用冗余 DCT 字典的修补结果(d)、(e)、(f)，分别为缺失 25%像素（RMSE=9.00）(a)、(d)，缺失 50%像素（RMSE=11.55）(b)、(e)和缺失 75%像素（RMSE=18.18）(c)、(f)

显然，下一步将是使用字典学习方法来使字典自适应于图像。如同第 14 章中的 K-SVD 图像去噪算法，我们给出如下的建议步骤：

（1）我们需从恶化的图像中抽取出所有的重叠块，并基于此进行字典训练。与去噪算法不同的是，这个过程中的稀疏编码和字典更新必须考虑丢弃像素的掩模。

（2）一旦得到了字典，我们必须对每个块进行稀疏编码，并将其放置回图像区域内，对重叠部分求平均，如上所述。

这个算法是对式（15-25）所给 MAP 函数进行最小化，不过这次还考虑了 $\boldsymbol{A}$ 的问题。固定 $\boldsymbol{A}$，我们执行如上所述的稀疏编码。一旦计算出稀疏表示 $\{\hat{\boldsymbol{q}}_k\}_k$，它们

将被固定，同时更新字典，这样可以最小化下式，即

$$\text{Error}(\boldsymbol{A}) = \sum_k \left\| \boldsymbol{M}_k (\boldsymbol{A}\boldsymbol{q}_k - \boldsymbol{p}_k) \right\|_2^2 \tag{15-28}$$

这里可以采用 MOD 或 K-SVD 更新步骤。与第 12 章相比，这里由于存在掩模矩阵，因此 2 种方法都更有挑战，需要更加小心。MOD 步骤可以通过令 Error($\boldsymbol{A}$) 的导数为 0 来实现，如下式表示，即

$$\nabla_A \text{Error}(\boldsymbol{A}) = \sum_k \boldsymbol{M}_k^{\mathrm{T}} \boldsymbol{M}_k (\boldsymbol{A}\boldsymbol{q}_k - \boldsymbol{p}_k) \boldsymbol{q}_k^{\mathrm{T}} = 0 \tag{15-29}$$

从上式中很难得到闭合形式的解析式来更新 $\boldsymbol{A}$ 。利用 Kronecker 积的性质，我们可以使用公式 $\boldsymbol{ABC}=\left(\boldsymbol{C}^{\mathrm{T}} \otimes \boldsymbol{A}\right)\boldsymbol{B}_{CS}$ ，这里 $\boldsymbol{B}_{CS}$ 是将 $\boldsymbol{B}$ 的列按字典顺序排列得到的向量。可得

$$\boldsymbol{A}_{CS} = \left[\sum_k (\boldsymbol{q}_k \boldsymbol{q}_k^{\mathrm{T}}) \otimes (\boldsymbol{M}_k^{\mathrm{T}} \boldsymbol{M}_k) \right]^{-1} \sum_k (\boldsymbol{p}_k \boldsymbol{q}_k^{\mathrm{T}})_{CS} \tag{15-30}$$

在这里，待求逆的矩阵大小为 $mn \times mn$。例如，对于上述实验中大小为 64×256 的字典，这个矩阵的大小为 $2^{14} \times 2^{14}$。大多数情况下，利用这个公式直接推导出 $\boldsymbol{A}$ 几乎不可能。替代的方法就是针对式（15-29）中的梯度采用最速下降算法求解。

K-SVD 方法表现要好一点。目标是每次更新 $\boldsymbol{A}$ 的一列。考虑第 j 列 $\boldsymbol{a}_j$ ，我们将只在使用该原子的图像块 k 上对式（15-28）表达的误差进行计算。将这个集记为 Ω_k ，我们最小化下式，即

$$\begin{aligned} \text{Error}(\boldsymbol{A}) &= \sum_{k \in \Omega_j} \left\| \boldsymbol{M}_k (\boldsymbol{A}\boldsymbol{q}_k - \boldsymbol{p}_k) \right\|_2^2 \\ &= \sum_{k \in \Omega_j} \left\| \boldsymbol{M}_k (\boldsymbol{A}\boldsymbol{q}_k - \boldsymbol{a}_j \boldsymbol{q}_k(j) - \boldsymbol{p}_k) + \boldsymbol{M}_k \boldsymbol{a}_j \boldsymbol{q}_k(j) \right\|_2^2 \end{aligned} \tag{15-31}$$

记 $\boldsymbol{y}_k^j = \boldsymbol{p}_k - \boldsymbol{A}\boldsymbol{q}_k + \boldsymbol{a}_j \boldsymbol{q}_k(j)$ 。这是第 k 个块的表示残差，其中用到了除第 j 列之外的所有原子。这样，任务将变成

$$\min_{\boldsymbol{a}_j, \{\boldsymbol{q}_k(j)\}_{k \in \Omega_j}} \sum_{k \in \Omega_j} \left\| \boldsymbol{M}_k (\boldsymbol{y}_k^j - \boldsymbol{a}_j \boldsymbol{q}_k(j)) \right\|_2^2 \tag{15-32}$$

由于上式可以写成秩为 1 的逼近问题（与 SVD 绑定），一个更简单的方法就是利用几次迭代过程（2 次到 3 次迭代）来交替更新这两个未知量。我们固定 $\{\boldsymbol{q}_k(j)\}_{k \in \Omega_j}$ 并通过下式更新 $\boldsymbol{a}_j$ ：

$$\hat{\boldsymbol{a}}_j = \left[\sum_{k \in \Omega_j} \boldsymbol{M}_k \boldsymbol{q}_k(j)^2 \right]^{-1} \sum_{k \in \Omega_j} \boldsymbol{M}_k \boldsymbol{y}_k^j \boldsymbol{q}_k(j) \tag{15-33}$$

式中我们利用了 $\boldsymbol{M}_k^{\mathrm{T}} \boldsymbol{M}_k = \boldsymbol{M}_k$ 这一事实。对计算得到的向量进行归一化。对于所有的 $k \in \Omega_j$ ，对 $\boldsymbol{q}_k(j)$ 进行以下更新：

$$\hat{\boldsymbol{q}}_k(j) = \left[\boldsymbol{a}_j^{\mathrm{T}} \boldsymbol{M}_k \boldsymbol{a}_j \right]^{-1} \boldsymbol{a}_j^{\mathrm{T}} \boldsymbol{M}_k \boldsymbol{y}_k^j \tag{15-34}$$

表 15.2 给出了在与前面相同的实验中采用这种 K-SVD 算法的结果，算法中进行了 15 次稀疏编码和字典更新的交替。实验结果表明其性能确确实实得到了改进，即使初始字典对于修补任务来说并不理想，最终效果也可以很好。冗余 DCT 似乎对 Peppers 图像也很适合，进一步改进的空间好像已经不大了。

表 15.2　在 Peppers 上采用 K-SVD 修补算法迭代 15 次后的 RMSE。前两行的结果是表 15.1 中的结果，最后一行给出了 K-SVD 的结果，同时考虑了 RMSE 指标和获得的增益（dB）

算　法	缺失 25%像素的 RMSE	缺失 50%像素的 RMSE	缺失 75%像素的 RMSE
DCT：无重叠	14.55	19.61	29.70
DCT：全重叠	9.00	11.55	18.18
K-SVD：全重叠	8.1（0.85dB）	10.05（1.25dB）	17.74（0.15dB）

图 15.14 至图 15.16 给出了类似实验的结果，其对象为 Fingerprint 图像，掩模为雕刻文字。跟前面一样，我们采用了冗余 DCT 字典，得到 RMSE=16.13 灰度值。K-SVD 修补算法经过 15 次迭代之后，性能提升了 2.05dB，达到 RMSE=12.74 灰度值。图 15.14 显示了原始图像，带噪图像（$\sigma = 20$），以及 2 种修补处理的结果。图 15.15 显示了这 2 个结果的绝对误差图。图 15.16 显示了这 2 个误差的直方图，表明相对于初始的算法，K-SVD 的误差更集中于原点附近。

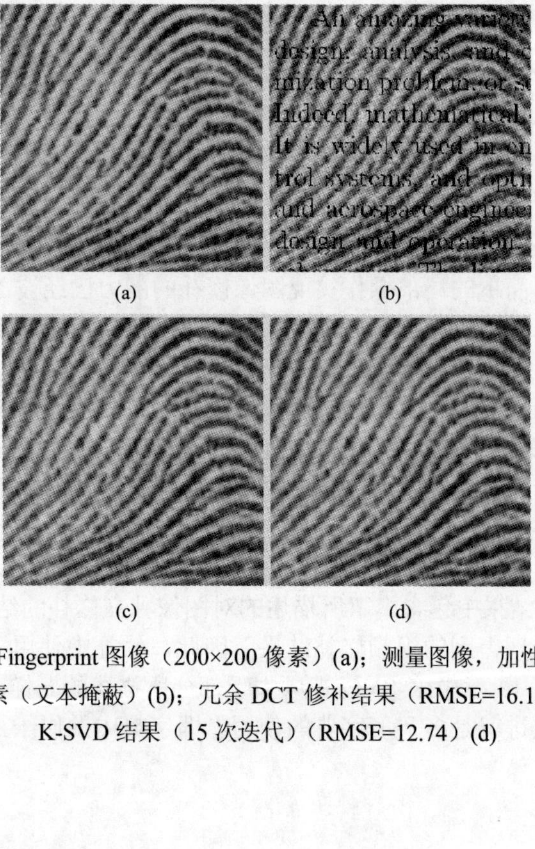

图 15.14　原始的 Fingerprint 图像（200×200 像素）(a)；测量图像，加性噪声（$\sigma = 20$），缺失像素（文本掩蔽）(b)；冗余 DCT 修补结果（RMSE=16.13）(c)；K-SVD 结果（15 次迭代）（RMSE=12.74）(d)

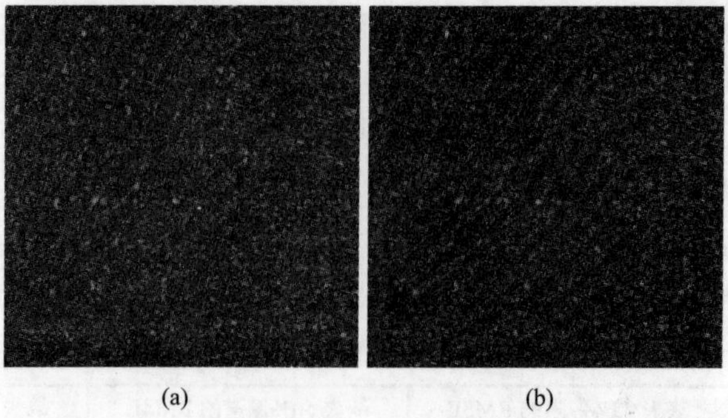

图 15.15　冗余 DCT 的绝对误差(a)，K-SVD 的绝对误差(b)

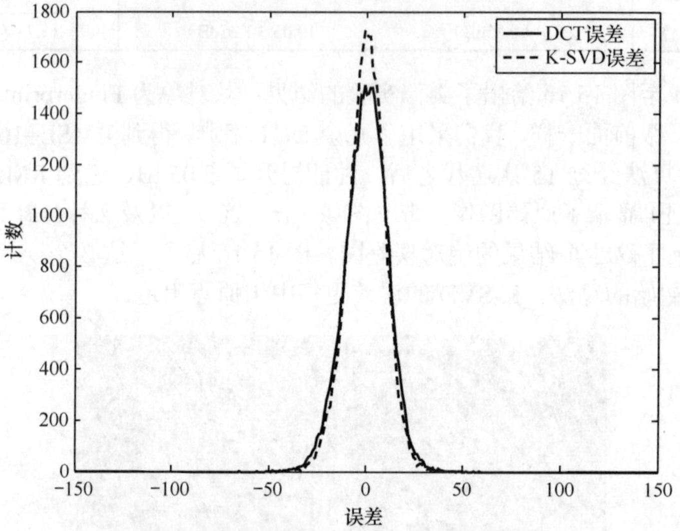

图 15.16　两个误差图像的直方图——冗余 DCT 和 K-SVD

上述这种利用简单的局部操作实现图像修补的能力已经被 Mairal 等人扩展到了视频和彩色图像中。这里给出 2 个例子以展示其效果，感兴趣的读者可以去进一步查看 Mairal，Elad 以及 Sapiro 等人的论文。

图 15.17 显示了对彩色图像进行修补的结果。文字代表缺失的像素，采用 K-SVD 方法修补复原。这个实验中所用的块是三维的（大小为 9×9×3，块的大小应能够填补孔洞），每个块包含 3 个颜色层。这也意味着训练的字典含有色彩原子。

图 15.18 显示了视频修补的结果。对 Table-Tennis 序列（图像大小为 240×352 像素）随机擦除其 80%的像素。图中显示了 5 帧原始序列画面，被破坏的画面，以及恢复的结果。结果中包含本章所描述的对图像独立修补的结果，以及时–空块按三维图像进行处理得到的视频修补结果。因此，修补中使用了三维块，字典在帧之间传播，与第 14 章中 K-SVD 视频去噪部分所描述的一样。这个实验中需介绍的另一个重要改进就是多尺度字典的使用，即字典中的原子是在几个尺度上进行构造的。

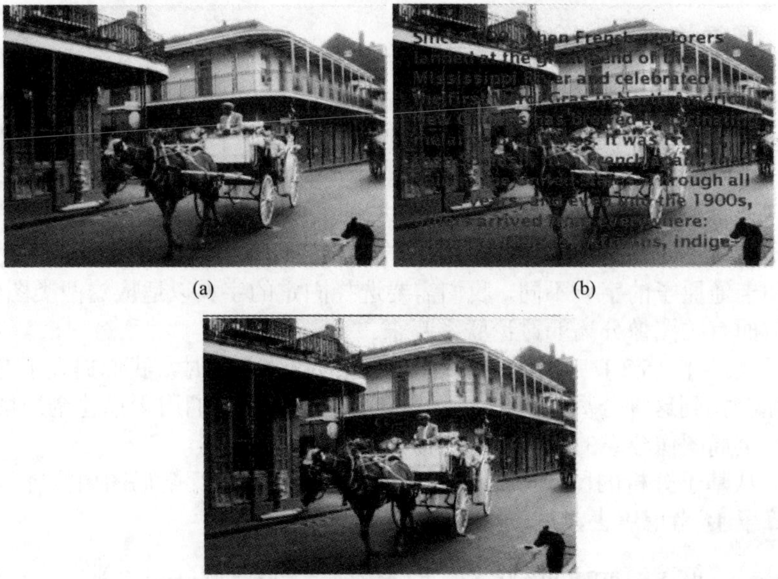

(a) (b)

(c)

图 15.17　使用局部 K-SVD 算法，考虑颜色信息的图像修补结果（来源于 Mairal，Elad 和 Sapiro（2008）的论文）。原始图像(a)；毁坏的图像，文字部分表示缺失的像素(b)；修补的图像（PSNR=32.45dB）(c)

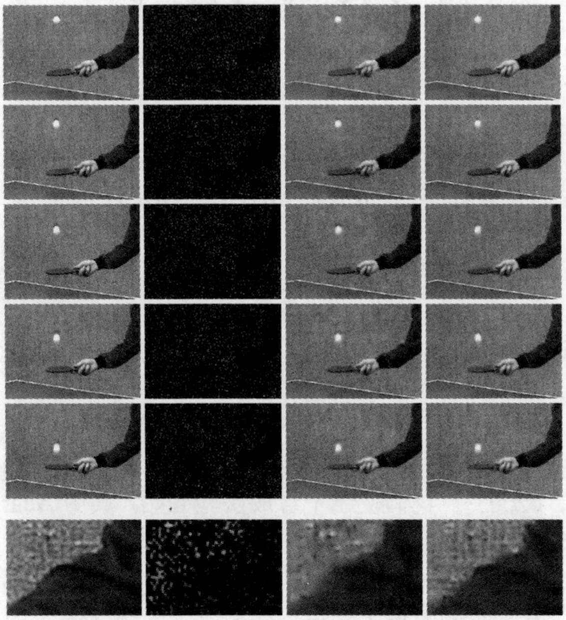

图 15.18　利用多尺度 K-SVD 视频修补方法对 table-tennis 视频序列的 5 帧图像进行修补的结果。每行对应 1 帧，从左至右依次为：原始帧，缺失 80%像素的同 1 帧，每帧分别使用图像修补算法得到的结果（PSNR=24.38dB），利用视频 K-SVD 修补算法得到的结果（PSNR=28.49dB）。最后 1 行是最后 1 帧的放大

15.3.3 图像修补——全局 MCA

上一节中，我们在小图像块上处理修补问题。和图像去噪或图像分离任务一样，这也可以用全局操作算法来实现，即直接处理整个图像。本节将对此进行简要介绍，并给出几个典型结果予以说明。

采用全局处理方式的一个重要好处，就是可以处理图像中的大孔洞。下面，我们将不再进行字典训练，而采用固定的字典。这也意味着，与训练同时包含纹理原子和卡通原子的字典不同，我们需要选择固定的字典以适应这两类图像内容。这又和前面有关图像分离的讨论联系起来。

实际上，在 15.2.1 节中讨论纹理和卡通两部分分离时，我们提到了在图像修补中可能会找到这种分离的用处。下面将可以看到，我们用于描述全局修补算法的框架与全局图像分离的框架十分类似，只需稍加修改。

我们从基于分析的图像分离公式（15-5）入手来进行全局图像修补。在其中将掩模算子 $\boldsymbol{M}$ 考虑进去，修改得到下面的目标表达式：

$$\hat{\boldsymbol{y}}_c, \hat{\boldsymbol{y}}_t = \arg\min_{\boldsymbol{y}_c, \boldsymbol{y}_t} \lambda \|\boldsymbol{T}_c \boldsymbol{y}_c\|_1 + \lambda \|\boldsymbol{T}_t \boldsymbol{y}_t\|_1 + \frac{1}{2}\|\boldsymbol{y} - \boldsymbol{M}(\boldsymbol{y}_c + \boldsymbol{y}_t)\|_2^2 \tag{15-35}$$

类似于对合成公式（15-9）所做的变换，我们给出如下交替优化的问题：

$$\hat{\boldsymbol{x}}_c, \hat{\boldsymbol{x}}_t = \arg\min_{\boldsymbol{x}_c, \boldsymbol{x}_t} \lambda \|\boldsymbol{x}_c\|_1 + \lambda \|\boldsymbol{x}_t\|_1 + \frac{1}{2}\|\boldsymbol{y} - \boldsymbol{M}\boldsymbol{A}_c \boldsymbol{x}_c - \boldsymbol{M}\boldsymbol{A}_t \boldsymbol{x}_t)\|_2^2 \quad \text{s. t.} \quad \boldsymbol{T}_c \boldsymbol{A}_c \boldsymbol{x}_c = \boldsymbol{x}_c,\ \boldsymbol{T}_t \boldsymbol{A}_t \boldsymbol{x}_t = \boldsymbol{x}_t \tag{15-36}$$

上式与式（15-9）的唯一不同就在于出现了掩模算子。这样，对类似数值算法进行稍微的修改就能求解式（15-36）。在 SSF 公式中出现的 $\boldsymbol{A}_c$（或 $\boldsymbol{A}_t$）都将由 $\boldsymbol{M}\boldsymbol{A}_c$（或 $\boldsymbol{M}\boldsymbol{A}_t$）来代替。有

$$\hat{\boldsymbol{x}}_c^{k+\frac{1}{2}} = S_\lambda\left(\frac{1}{c}\boldsymbol{A}_c^{\mathrm{T}}\boldsymbol{M}^{\mathrm{T}}(\boldsymbol{y} - \boldsymbol{M}\boldsymbol{A}_c\hat{\boldsymbol{x}}_c^k - \boldsymbol{M}\boldsymbol{A}_t\hat{\boldsymbol{x}}_t^k) + \hat{\boldsymbol{x}}_c^k\right)$$

$$\hat{\boldsymbol{x}}_t^{k+\frac{1}{2}} = S_\lambda\left(\frac{1}{c}\boldsymbol{A}_t^{\mathrm{T}}\boldsymbol{M}^{\mathrm{T}}(\boldsymbol{y} - \boldsymbol{M}\boldsymbol{A}_c\hat{\boldsymbol{x}}_c^k - \boldsymbol{M}\boldsymbol{A}_t\hat{\boldsymbol{x}}_t^k) + \hat{\boldsymbol{x}}_t^k\right)$$

这里并没有涉及到随后的投影步骤，因为它是在完整的表示向量之上进行的操作，即

$$\hat{\boldsymbol{x}}_c^{k+1} = \boldsymbol{T}_c\boldsymbol{A}_c\hat{\boldsymbol{x}}_c^{k+\frac{1}{2}} \qquad \hat{\boldsymbol{x}}_t^{k+1} = \boldsymbol{T}_t\boldsymbol{A}_t\hat{\boldsymbol{x}}_t^{k+\frac{1}{2}}$$

现在我们给出几个全局修补方法的实验结果，它们摘自 Elad，Starck，Querre 和 Donoho 的论文（2005）。我们从一个合成实验开始，其中 Adar 图像由纹理和卡通 2 部分组合而成。图 15.19 给出了 2 种数据缺失情况下的 Adar 图像。采用曲波和全局 DCT 字典的全局修补方法的结果也在此图中一并给出。2 个结果中都没有原来孔洞的痕迹，并且看起来近乎完美。

图 15.20 给出了一个类似实验的结果，这里留存的图像像素被零均值的高斯白噪声（$\sigma = 20$）所污染。可以看出，残差几乎没有什么特征，这意味着噪声被成功消除，同时也没有破坏卡通图像中真实的纹理内容。

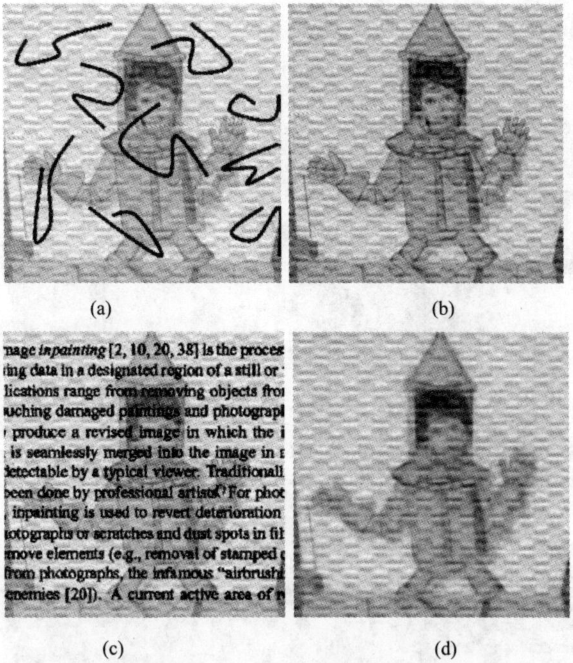

图 15.19　2 个合成的 Adar 图像(a)和(c)，同时包含了卡通和纹理部分，也存在缺失像素。全局修补的结果为(b)和(d)

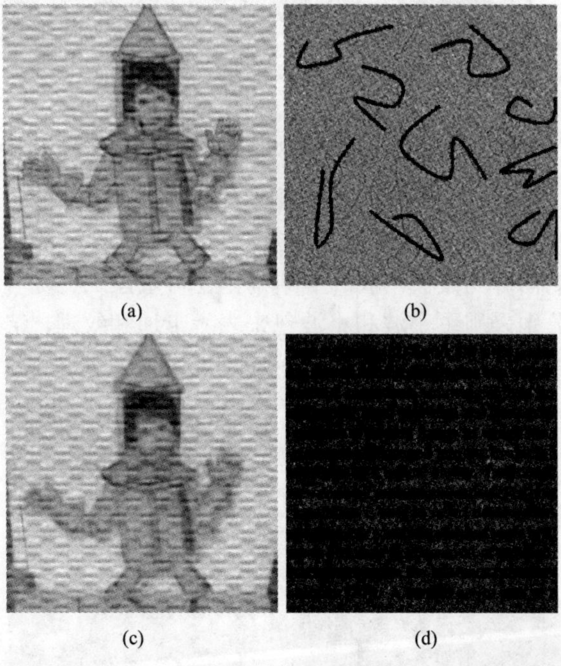

图 15.20　两类像素缺失掩蔽模板下的全局修补结果——曲线(a)、(b)和文字(c)、(d)，都包含了加性噪声。(a)、(c)为修补结果，(b)、(d)为残差

图 15.21 中的实验与图 15.19 类似，但是实验对象是 Barbara 图像，该图像是卡通与纹理的混合。这里使用的全局修补方法对卡通部分采用了 Haar 小波，用同级分解的 Harr 小波包来表示纹理。我们又一次看到了缺失像素被近乎完美地恢复的效果。

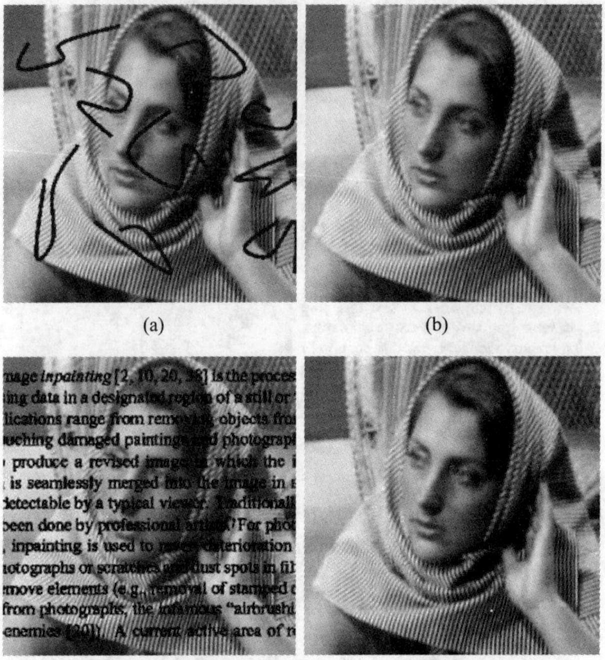

(a) (b)

(c) (d)

图 15.21　受两种缺失像素模板掩蔽的 Barbara 图像(a)、(c)。全局修补算法的结果在(b)、(d)图中给出

图 15.22 给出了 Barbara 图像以及缺失像素比例分别为 20%、50%、80%的三种随机缺损图像的修补结果。模板的非结构化使得重建工作更容易。跟前面一样，这里的修补方法分别采用了小波和小波包来表示卡通和纹理，结果也同样很自然，没有人工痕迹。

(a) (b)

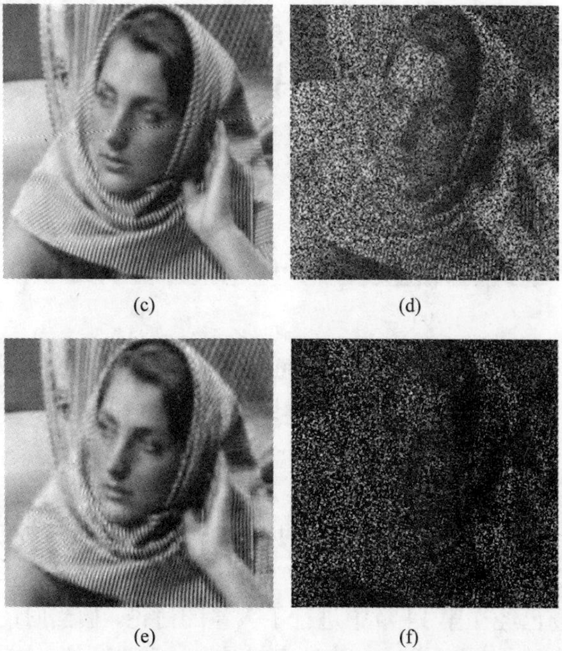

图 15.22　缺失 20%，50%和 80%像素的 3 幅 Barbara 图像(b)、(d)、(f)以及它们的全局修补结果(a)、(c)、(e)

本节的最后一幅图是图 15.23，该图展示了在 Barbara 图像上的一个类似实验，但这次实验的图像上面分别有 9 个大小为 8×8 像素、16×16 像素、32×32 像素的孔洞。相比于随机掩蔽模板，填补大孔洞是一个挑战。我们可以看到，随着缺失像素的孔洞加大，正如预期的一样，恢复效果下降，必须对结果进行平滑。

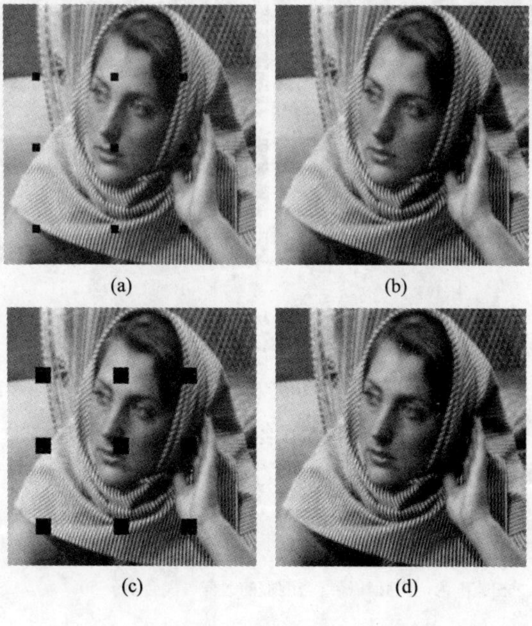

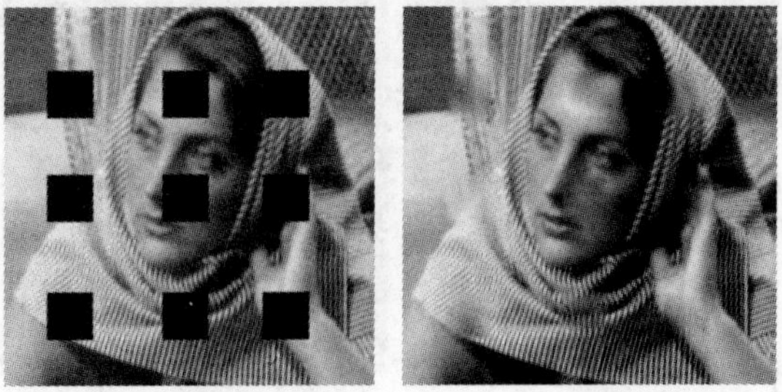

(e) (f)

图 15.23 三种缺失像素模式的 Barbara 图像(a)、(c)、(e)，分别缺失 9 块大小为 8×8 像素、16×16 像素，32×32 像素的图像块，全局修补结果(b)、(d)、(f)

15.3.4 脉冲噪声滤除

我们引出另一个相关的应用——脉冲噪声消除，以此来结束对图像修补问题的讨论。本节的目的就是展示上述修补算法在这类噪声消除问题上的能力。

去噪这个论题已经在第 14 章中进行了大量的讨论，但当时的重点在于加性高斯白噪声。图像中经常遇到的另一种噪声就是脉冲噪声，此时图像中的部分像素被很大的正向或负向偏离值所破坏。图 15.24 给出了原始的 Peppers 图像以及受这种噪声影响的图像。这里，10%的像素（位置随机）被破坏。这些像素的灰度值①在原始值上被加上或减去了 50。此时我们就看到了图像中对应于噪声的亮点和暗点。这种噪声通常称为**椒盐**噪声，是因为其看起来好像在图像上洒满了胡椒和盐粒。

(a) (b)

图 15.24 原始 Peppers 图像和带噪图像，其中 10%的像素被脉冲噪声污染

通常用中值滤波器就可以很好地处理椒盐噪声，其中每像素的值都被其小邻域内像素值的中间值所取代。图 15.25(d)给出了这种滤波的结果，可以清楚看出其效果明显，RMSE 为 7.42 灰度值。这里的中值滤波器采用了 3×3 邻域——采用更

① 最终的灰度值限制在[0,255]范围内，因此其最终灰度值的改变可能会小于 50。

大或更小的邻域时实验结果将变坏。

问题在于：我们能做得比中值滤波器更好吗？如果我们知道了噪声像素的位置，我们就可以将这个去噪问题看成对缺失像素进行修补的问题了。本节我们准备说明这种去噪方法。

图 15.25　原始 Peppers 图像(a)，带噪图像(b)，用估计的掩蔽模板覆盖原始图像的结果(c)，得到的 3 个去噪结果①中值滤波（RMSE=7.42）(d)；②只对用估计的掩蔽模板检测出的样点进行中值滤波（RMSE=6.52）(e)；③使用估计的掩蔽模板进行冗余 DCT 修补（RMSE=5.86）(f)

我们可以通过对噪声图像和中值滤波结果的比较来定位被恶化的像素，差异大的地方归类为噪声。图 15.25(c)展示了阈值为 27 灰度值的评估模板。这个阈值通过经验选取，效果良好。图像中有 6554 个被恶化的像素，通过这个模板找出了

6298 像素，其中只有 5221 像素是真正的带噪像素。未被检出的像素对应于偏差较小的带噪像素，或噪声不明显的像素点（如边缘像素等）。

采用估计模板，我们可以继续进行修补处理，将它们当作缺失像素进行恢复。图 15.25 中给出了使用冗余 DCT 字典的局部修补算法结果(f)。采用 OMP 算法进行稀疏编码，误差阈值较小（$\sigma = 5$）。一旦完成，只有缺失的像素被替换，其他的被认为是原来的像素而保持不变。这个方法的 RMSE 为 5.86，显然好于中值滤波的结果。

如果估计模板确实可靠，我们也可以只对受破坏的像素进行中值滤波，从而利用它改善中值滤波的效果。这个结果显示在图 15.25(e)，其 RMSE 为 6.52。虽然有所提高，但显然修补方法依然更好一些。图 15.26 给出了上面讨论的 3 种去噪方法（中值滤波，模板中值滤波，基于修补的方法）的绝对误差图。我们再一次看到修补方法可以得到最小的误差。

我们注意到有关脉冲噪声消除方法的相关文献众多，如变分法（Variational Method）、异化中值（Diverse Median）和顺序滤波（Order-filtering）方法等。文献也提供了更精细更可靠的恶化像素位置估计方法。本节我们将讨论限制在基本思想和算法上，仅聚焦于修补算法在解决这个问题的能力上。

15.4 图像的尺度放大

本章最后，我们来讨论图像的尺度放大问题，文献中常称为“超分辨率重建”[①]。我们的目的是上采样单张图像，以得到更锐利的结果。这项任务可以作为逆问题提出，因为所给的低分辨率图像可以被认为是一张原始的高分辨率图像经过模糊、降采样和噪声叠加等处理的结果。

对于图像尺度放大问题，文献中已提供了各种各样的方法，从简单的线性空间不变内插（双线性、双三次内插、Lanczos）到各种空间的自适应滤波器和非线性滤波器。也有基于**稀疏域**的解决算法，这里我们将这些算法分为全局的和局部的。本章我们主要关注 Yang 等人提出的算法，这个算法主要对局部块进行操作。在对 Yang 的工作进行讨论的同时，我们也会介绍几种能改善结果的重要变化。

15.4.1 问题建模

首先来描述问题模型。给定的低分辨率图像 $\boldsymbol{z}_l$ 是由高分辨率图像 $\boldsymbol{y}_h$ 产生的，即

$$\boldsymbol{z}_l = \boldsymbol{SHy}_h + \boldsymbol{v} \tag{15-37}$$

式中 $\boldsymbol{H}$ 和 $\boldsymbol{S}$ 分别是模糊和降采样算子。可以假设降采样算子 $\boldsymbol{S}$ 以整数因子进行抽

① 这里的“超分辨率重建”术语可能会带来混淆，因为其也被用于表明对几幅低分辨率图像进行融合以获取高分辨率图像的过程。这里我们指的是只使用一张图像来进行尺度放大的过程。

取。向量 $\boldsymbol{v}$ 是均值为零的加性高斯白噪声，标准差已知为 σ。

为了避免由于 $\boldsymbol{z}_l$ 和 $\boldsymbol{y}_h$ 分辨率不同而带来的复杂性，我们之后都将假设，图像 $\boldsymbol{z}_l$ 经过直接补上缺少的行/列这样简单的内插，恢复到跟 $\boldsymbol{y}_h$ 同样的大小，这个尺度放大后的图像用 $\boldsymbol{y}_l$ 表示为

$$\boldsymbol{y}_l = \boldsymbol{QSHy}_h + \boldsymbol{Qv} = \boldsymbol{L}^{\text{all}}\boldsymbol{y}_h + \tilde{\boldsymbol{v}} \tag{15-38}$$

式中算子 $\boldsymbol{Q}$ 代表内插上采样运算。我们的目标是处理 $\boldsymbol{y}_l$，得到结果 $\hat{\boldsymbol{y}}_h$，使其尽可能接近原始的高分辨率图像 $\boldsymbol{y}_h$。

我们将要进行的处理是在从 $\boldsymbol{y}_l$ 中选出的图像块上进行的，目的是在 $\boldsymbol{y}_h$ 中估计出对应的图像块。令 $\boldsymbol{p}_k^h = \boldsymbol{R}_k \boldsymbol{y}_h \in \mathbf{R}^n$ 是大小为 $\sqrt{n} \times \sqrt{n}$ 的高分辨率图像块，由算子 $\boldsymbol{R}_k$ 从图像 $\boldsymbol{y}_h$ 的位置 k 处提取出来。我们假定所考虑的位置 k，只是低分辨率图像 $\boldsymbol{y}_l$ 中以真实像素为中心的位置（不是那些通过内插填补上的像素）。以后我们记这些像素点的集合为 Ω。

现在是采用**稀疏域**模型的时候了：我们进一步假设 $\boldsymbol{p}_k^h$ 可以在字典 $\boldsymbol{A}_h \in \mathbf{R}^{n \times m}$ 上由 $\boldsymbol{q} \in \mathbf{R}^m$ 稀疏地表示，也就是 $\boldsymbol{p}_k^h = \boldsymbol{A}_h \boldsymbol{q}$，其中 $\|\boldsymbol{q}\|_0 << n$。

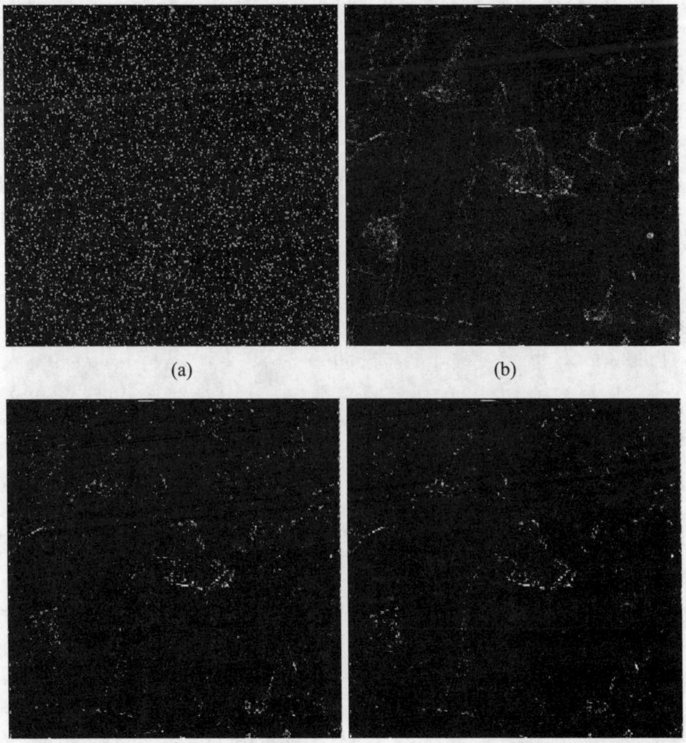

(a)　　(b)

(c)　　(d)

图 15.26　原始图像与其他图像的绝对误差图

(a)带噪图像；(b)中值滤波结果；(c)掩蔽中值滤波结果；(d)修补结果。

考虑对应的低分辨率图像块 $\boldsymbol{p}_k^l = \boldsymbol{R}_k \boldsymbol{y}_l$，其是从 $\boldsymbol{y}_l$ 中相同的位置 k 提取的[①]，大小同样为 $\sqrt{n} \times \sqrt{n}$。由于算子 $\boldsymbol{L}^{\text{all}} = \boldsymbol{QSH}$ 把高分辨率图像 $\boldsymbol{y}_h$ 变成了低分辨率图像 $\boldsymbol{y}_l$，我们可以假设 $\boldsymbol{p}_k^l = \boldsymbol{L}\boldsymbol{p}_k^h + \tilde{\boldsymbol{v}}_k$，其中局部算子 $\boldsymbol{L}$ 是 $\boldsymbol{L}^{\text{all}}$ 的一部分，$\tilde{\boldsymbol{v}}_k$ 是该图像块中的加性噪声。注意 $\boldsymbol{L}$ 是空间独立的算子，因为我们只考虑 $\boldsymbol{y}_l$ 中 $k \in \Omega$ 的位置。

由于假设 $\boldsymbol{p}_k^h = \boldsymbol{A}_h \boldsymbol{q}$，给这个等式两边乘上 $\boldsymbol{L}$ 可以得到

$$\boldsymbol{L}\boldsymbol{p}_k^h = \boldsymbol{L}\boldsymbol{A}_h \boldsymbol{q} \tag{15-39}$$

引入高分辨率图像块与低分辨率图像块之间的关系式 $\boldsymbol{p}_k^l = \boldsymbol{L}\boldsymbol{p}_k^h + \tilde{\boldsymbol{v}}_k$，有

$$\boldsymbol{L}\boldsymbol{A}_h \boldsymbol{q} = \boldsymbol{L}\boldsymbol{p}_k^h = \boldsymbol{p}_k^l - \tilde{\boldsymbol{v}}_k \tag{15-40}$$

这意味着

$$\left\| \boldsymbol{p}_k^l - \boldsymbol{L}\boldsymbol{A}_h \boldsymbol{q} \right\|_2 \leqslant \epsilon \tag{15-41}$$

式中 ϵ 与 $\tilde{\boldsymbol{v}}$ 的噪声功率 σ 相关。

由以上推导得到的关键是：低分辨率的图像块应该能够在高效的字典 $\boldsymbol{A}_l = \boldsymbol{L}\boldsymbol{A}_h$ 上利用同样的稀疏向量 $\boldsymbol{q}$ 进行表示，其中误差 ε_l 是受限的。这意味着对一个给定的低分辨率图像块 $\boldsymbol{p}_k^l$，我们总可以找到它的稀疏表示向量 $\boldsymbol{q}$，并能够用字典 $\boldsymbol{A}_h$ 与其做简单的乘法来完成 $\boldsymbol{p}_k^h$ 的恢复。这是 Yang 等人图像尺度放大算法的核心思想，我们将对其进行讨论。

15.4.2 超分辨率算法

我们要给出的尺度放大算法包含了训练的过程，其由下面步骤组成：

（1）图像块对的构建：对于由给定的高分辨率和低分辨率训练图像对构成的集合 $\{\boldsymbol{y}_h^j, \boldsymbol{y}_l^j\}_j$，我们提取匹配的图像块对 $P = \{\boldsymbol{p}_k^h, \boldsymbol{p}_k^l\}_j$ 来构造训练集。每对图像块都经过预处理，去除了 $\boldsymbol{p}_k^h$ 中的低频分量，并提取 $\boldsymbol{p}_k^l$ 的特征。

（2）字典训练：对低分辨率图像块训练字典 $\boldsymbol{A}_l$，这样可以稀疏表示低分辨率图像块。对高分辨率图像块构造相应的字典 $\boldsymbol{A}_h$，以使其能够与 $\boldsymbol{A}_l$ 匹配。

以上训练是离线进行的，产生 2 个字典 $\boldsymbol{A}_l$ 和 $\boldsymbol{A}_h$，用于超分辨率重建。

给定一幅低分辨率测试图像 $\boldsymbol{y}_l$ 进行尺度放大（请注意 $\boldsymbol{y}_l$ 是已经经过内插恢复到目标大小的图像，我们要做的就是进行空间非线性滤波来使其锐化），我们从每一个位置 $k \in \Omega$ 处提取预处理的图像块 $\boldsymbol{p}_k^l$，使用训练过的字典 $\boldsymbol{A}_l$ 对其进行稀疏编码。找到的表示 $\boldsymbol{q}_k$ 用于与 $\boldsymbol{A}_h$ 相乘以重建高分辨率图像块。现在我们详细地描述以上过程。

15.4.2.1 训练阶段

训练阶段中，首先收集几幅高分辨率图像实例 $\{\boldsymbol{y}_h^j\}_j$。每幅图像都经过模糊和

---

① 我们假设 $\boldsymbol{p}_k^l$ 和 $\boldsymbol{p}_k^h$ 以相同的像素为中心。

下采样，下采样因子为 s。这样可以形成相应的低分辨率图像 $\{z_l^j\}_j$，随后通过尺度放大恢复到原始的大小，也就是 $\{y_l^j\}_j$。因此有

$$y_l^j = L_{\text{all}} y_h^j + \tilde{v}^j$$

需要重点指出的是在训练和测试阶段中用的是相同的算子 L_{all}。

下一步进行预处理。我们将预处理应用于整幅图像，然后提取出图像块，而不是抽取出小图像块后再进行处理。这样可以避免由于图像块尺寸较小带来的边界问题①。

对高分辨率图像的预处理包括去除低频分量的工作。这可以通过计算差值图像 $e_h^j = y_h^j - y_l^j$ 完成。这么做的原因，是希望把训练聚焦在低分辨率与相应高分辨率图像块中边缘、纹理等关系的刻画上。对于低分辨率图像的预处理，可以采用 K 个高通滤波器，目的是提取出与高频内容相应的局部特征。这样每个低分辨率图像 y_l^j 可以得到 K 个滤波滤波图像，$f_k \otimes y_l^j$，其中 $i = 1,2,\cdots,K$（$\otimes$表示卷积）。

通过上述两步预处理后，我们已准备好提取局部图像块，并构成数据集 $P = \{p_k^h, p_k^l\}_k$。只考虑位置 $k \in \Omega$，我们从高分辨率图像 e_h^j 中提取大小为 $\sqrt{n} \times \sqrt{n}$ 像素的图像块。在同样的位置从滤波后的图像 $f_k \otimes y_l^j$（低分辨率图像）中提取出同样大小（$\sqrt{n} \times \sqrt{n}$ 像素）的对应低分辨率图像块。这样，每组相应的 K 个低分辨率图像块就可组合成一个长度为 nK 的向量 $\tilde{p}_k^l$。注意图像块的大小至少应为 $s \times s$ 像素，这样才能覆盖住相应的高分辨率图像。如果图像块更大一些，那么重叠部分可以改善重建的图像。

进入字典学习前的最后一步是降低低分辨率图像块 $\{\tilde{p}_k^l\}_k$ 的维数。我们对这些向量使用主成分分析（Principal-Component-Analysis，PCA）算法，寻找能够投影这些图像块的子空间，并且其保留的能量平均能达到 99.9%。这样做的原因是由于我们知道低分辨率图像块并不能占据整个 nK 空间，因为它们是由低分辨率图像 z_l^j 中大小为 $\sqrt{n}/s \times \sqrt{n}/s$ 像素的图像块通过 K 个线性滤波器滤波构造得到的。尺度放大和滤波不应该增加结果图像块的维数。通过这样的降维，我们期望能在后续的训练和超分辨重构算法中降低计算量。我们用 $B \in \mathbf{R}^{n_l \times nK}$ 表示把图像块 $\tilde{p}_k^l$ 变换到简化特征向量的投影算子，有 $p_k^l = B\tilde{p}_k^l \in \mathbf{R}^{n_l}$。

回到训练阶段的字典学习部分，我们从低分辨率训练图像块 $\{p_k^l\}_k$ 开始。对这些图像块采用常规的 MOD 或者 K-SVD 训练过程，可以得到字典 $A_l \in \mathbf{R}^{n_l \times m}$。在学习过程中，对每一个样本利用 OMP 方法，使用固定数量 L 的原子进行稀疏编码。作为一个训练的副产品，我们可以得到与训练图像块 p_k^l 相对应的稀疏表示向量 q_k。

---

① 由于模糊和尺度放大带来的空间扩展，y_l 中大小为 $\sqrt{n} \times \sqrt{n}$ 像素的图像块应该与 y_h 中更大的图像块相对应。但若我们只关注从 y_h 中预测出目标图像块的中心部分，那么这种附加的像素“带”可以被忽略。

在构造 $\boldsymbol{A}_l$ 之后，我们开始构造高分辨率字典。注意我们的目的是通过利用 $\boldsymbol{p}_k^h \approx \boldsymbol{A}_h \boldsymbol{q}_k$ 近似的方法来恢复高分辨率图像块 $\boldsymbol{p}_k^h$，也就是说，将所找到的低分辨率图像块的稀疏表示向量乘以高分辨率字典。这样，我们需寻找一个字典 $\boldsymbol{A}_h$，以便尽可能精确地近似。由此我们定义该字典为下面问题的解：

$$\begin{aligned}\boldsymbol{A}_h &= \arg\min_{\boldsymbol{A}_h} \sum_k \left\| \boldsymbol{p}_k^h - \boldsymbol{A}_h \boldsymbol{q}_k \right\|_2^2 \\ &= \arg\min_{\boldsymbol{A}_h} \sum_k \left\| \boldsymbol{P}_h - \boldsymbol{A}_h \boldsymbol{Q} \right\|_F^2\end{aligned} \tag{15-42}$$

式中，我们利用高分辨率图像块 $\{\boldsymbol{p}_k^h\}_k$ 作为列构造了矩阵 $\boldsymbol{P}_h$，同样，$\{\boldsymbol{q}_k\}_k$ 作为列构造了 $\boldsymbol{Q}$。上述问题的解为

$$\boldsymbol{A}_h = \boldsymbol{P}_h \boldsymbol{Q}^+ = \boldsymbol{P}_h \boldsymbol{Q}^{\mathrm{T}} (\boldsymbol{Q}\boldsymbol{Q}^{\mathrm{T}})^{-1} \tag{15-43}$$

应该注意到，上面的方法忽略了高分辨率图像重叠的情况，因此需要设计一个更好的训练方法来计算 $\boldsymbol{A}_h$。记住，（在测试过程中）最终高分辨率图像是通过将图像块放好，并将重叠部分进行平均来构成，我们应该优化 $\boldsymbol{A}_h$ 以便构造的图像尽可能接近原始图像。用公式形式表达，使用与 14.3 节一样的处理方法，图像 $\boldsymbol{y}_h^j$ 的构造公式为

$$\hat{\boldsymbol{y}}_h^j = \boldsymbol{y}_l^j + \left[\sum_{k \in \Omega} \boldsymbol{R}_k^{\mathrm{T}} \boldsymbol{R}_k \right]^{-1} \left[\sum_{k \in \Omega} \boldsymbol{R}_k^{\mathrm{T}} \boldsymbol{A}_h \boldsymbol{q}_k \right] \tag{15-44}$$

这样，很自然地将如下优化任务的解定义为最优的字典 $\boldsymbol{A}_h$：

$$\begin{aligned}\boldsymbol{A}_h &= \arg\min_{\boldsymbol{A}_h} \sum_k \left\| \boldsymbol{y}_h^j - \boldsymbol{y}_l^j - \hat{\boldsymbol{y}}_h^j \right\|_2^2 \\ &= \arg\min_{\boldsymbol{A}_h} \sum_k \left\| \boldsymbol{y}_h^j - \boldsymbol{y}_l^j - \left[\sum_{k \in \Omega} \boldsymbol{R}_k^{\mathrm{T}} \boldsymbol{R}_k \right]^{-1} \left[\sum_{k \in \Omega} \boldsymbol{R}_k^{\mathrm{T}} \boldsymbol{A}_h \boldsymbol{q}_k \right] \right\|_2^2\end{aligned} \tag{15-45}$$

在误差计算中出现 $\boldsymbol{y}_l^j$ 的原因，是因为 $\boldsymbol{P}_h$ 中的图像块是由差分图像 $\boldsymbol{e}_h^j = \boldsymbol{y}_h^j - \boldsymbol{y}_l^j$ 构造的，这也意味着为了构造图像 $\hat{\boldsymbol{y}}_h^j$，我们得恢复这些低频分量。

虽然这个最小化任务很耗时，但它应该能获得更好的输出质量。这里我们不再讨论这个任务，在下面的实验中我们将采用更简单的方法得到 $\boldsymbol{A}_h$。

现在，超分辨率算法的训练阶段宣告结束。

15.4.2.2 测试阶段：按比例放大图像

给定一幅用于尺度放大的待测低分辨率图像 $\boldsymbol{z}_l$。假定它是由高分辨率图像 $\boldsymbol{y}_h$ 通过模糊和尺度缩小（如同训练中使用的方法）操作得到的。以下是超分辨率图像重建算法的步骤：

（1）使用双三次内插，按因子 s 将图像放大，得到图像 $\boldsymbol{y}_l$。

（2）使用相同的 K 个高通滤波器对图像 $\boldsymbol{y}_l$ 进行滤波，这些滤波器与训练阶段

中的特征提取时使用的滤波器相同，由此得到 $f_k \otimes \boldsymbol{y}_l$。

（3）在这 K 幅图像中 $k \in \Omega$ 的位置上提取图像块，每个块大小为 $\sqrt{n} \times \sqrt{n}$。相同位置上的 K 个图像块连接形成图像块向量 $\tilde{\boldsymbol{p}}_k^l$，这样可以得到向量集 $\{\tilde{\boldsymbol{p}}_k^l\}_k$。

（4）将向量集 $\{\tilde{\boldsymbol{p}}_k^l\}_k$ 乘上映射因子 $\boldsymbol{B}$ 以降维，得到新向量集 $\{\boldsymbol{p}_k^l\}_k$ 中，每个向量长度为 n_l(约为30)。

（5）对向量集 $\{\boldsymbol{p}_k^l\}_k$ 应用 OMP 算法，为它的表示分配 L 个原子，并找到稀疏表示向量 $\{\boldsymbol{q}_k\}_k$。

（6）向量集 $\{\boldsymbol{q}_k\}_k$ 乘上高分辨率的字典 $\boldsymbol{A}_h$，得到逼近的高分辨率图像块 $\{\boldsymbol{A}_h\boldsymbol{q}_k\}_k = \{\tilde{\boldsymbol{p}}_k^h\}_k$。

（7）重建最终的高分辨率图像块，先将 $\tilde{\boldsymbol{p}}_k^h$ 放置在正确的位置，对重叠部分求均值，然后加上 $\boldsymbol{y}_l$。

以上步骤用公式表示如下：

$$\hat{\boldsymbol{y}}_h = \boldsymbol{y}_l + \left[\sum_{k\in\Omega} \boldsymbol{R}_k^{\mathrm{T}} \boldsymbol{R}_k\right]^{-1} \sum_{k\in\Omega} \boldsymbol{R}_k^{\mathrm{T}} \hat{\boldsymbol{p}}_k^h \tag{15-46}$$

15.4.3 尺度放大结果

我们通过两个实验来验证上述的图像尺度放大算法。

第一个实验应用于打印文本的图像。训练图像（从 PDF 文档上抓屏得到）如图 15.27 所示——注意，这里只用了一幅图做训练用，如果想改进结果就要用更多的图来训练。这个实验中的全局算子 $\boldsymbol{L}_{\mathrm{all}}$ 按如下方式实现，首先用 1 维的滤波器[1，3，4，3，1]/12 分别在水平和垂直方向模糊高分辨率图像 $\boldsymbol{y}_h^j$，然后以因子 s=3 对图像进行下采样。这样，下采样过得到的图像 $\boldsymbol{z}_l$ 是原来图像的 1/9。图像 $\boldsymbol{y}_l^{\cdot}$ 由 $\boldsymbol{z}_l$ 双三次内插恢复到原来尺寸得到。

使用 4 个滤波器在水平和垂直方向计算一阶和二阶导数，以从低分辨率图像中提取特征。$\boldsymbol{f}_1 = [1,-1] = \boldsymbol{f}_2^{\mathrm{T}}$，$\boldsymbol{f}_3 = [1,-2,1] = \boldsymbol{f}_4^{\mathrm{T}}$。这些滤波器仅作用于采样得到的像素上①。图像块大小为 $n = 9$，PCA 的结果使特征维数从 $4 \times 81 = 324$ 下降到 $n_l \approx 30$。字典训练过程使用 K-SVD 算法迭代 40 次，其中字典有 $m = 1000$ 个原子，每个图像块用 $L = 3$ 个原子进行表示。

测试图像（一幅不同的图像，从另外的页面上抓屏，尺度相同）如图 15.28。这个图给出了原始测试图像和有待放大的缩小版本。尺度放大后的图像如图 15.29 所示，很明显，结果比双三次内插的结果好得多，提高了 2.27dB。

---

① 这意味着我们或者先对 $\boldsymbol{z}_l$ 滤波然后内插，或者利用形如 $\boldsymbol{f}_1 = [0,0,1,0,0,-1] = \boldsymbol{f}_2^{\mathrm{T}}$，$\boldsymbol{f}_3 = [1,0,0,-2,0,0,-1] = \boldsymbol{f}_4^{\mathrm{T}}$ 这样的补零滤波器对 $\boldsymbol{y}_l$ 进行滤波。

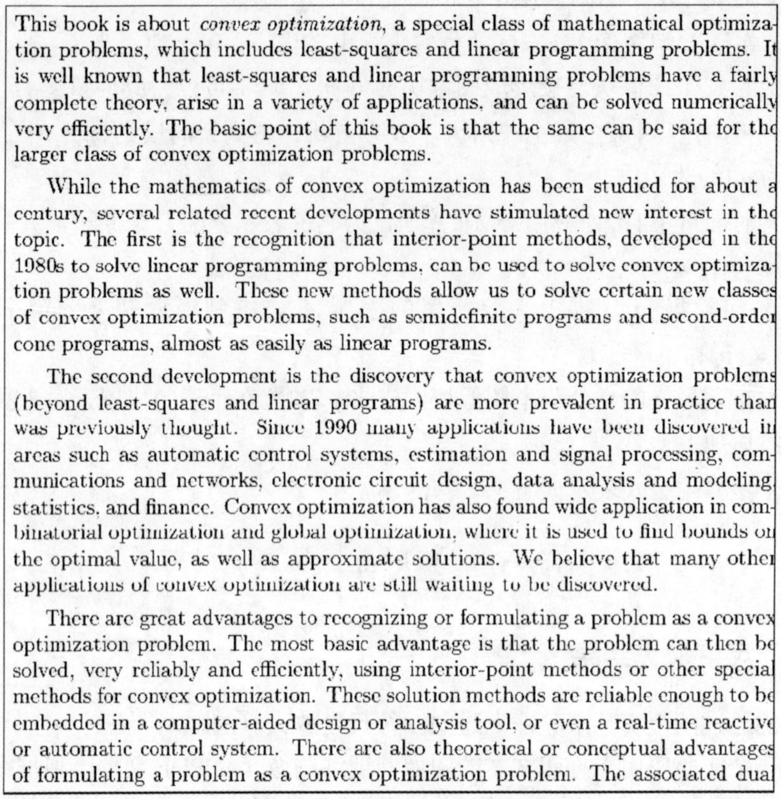

This book is about *convex optimization*, a special class of mathematical optimiza-
tion problems, which includes least-squares and linear programming problems. It
is well known that least-squares and linear programming problems have a fairly
complete theory, arise in a variety of applications, and can be solved numerically
very efficiently. The basic point of this book is that the same can be said for the
larger class of convex optimization problems.

While the mathematics of convex optimization has been studied for about a
century, several related recent developments have stimulated new interest in the
topic. The first is the recognition that interior-point methods, developed in the
1980s to solve linear programming problems, can be used to solve convex optimiza-
tion problems as well. These new methods allow us to solve certain new classes
of convex optimization problems, such as semidefinite programs and second-order
cone programs, almost as easily as linear programs.

The second development is the discovery that convex optimization problems
(beyond least-squares and linear programs) are more prevalent in practice than
was previously thought. Since 1990 many applications have been discovered in
areas such as automatic control systems, estimation and signal processing, com-
munications and networks, electronic circuit design, data analysis and modeling,
statistics, and finance. Convex optimization has also found wide application in com-
binatorial optimization and global optimization, where it is used to find bounds on
the optimal value, as well as approximate solutions. We believe that many other
applications of convex optimization are still waiting to be discovered.

There are great advantages to recognizing or formulating a problem as a convex
optimization problem. The most basic advantage is that the problem can then be
solved, very reliably and efficiently, using interior-point methods or other special
methods for convex optimization. These solution methods are reliable enough to be
embedded in a computer-aided design or analysis tool, or even a real-time reactive
or automatic control system. There are also theoretical or conceptual advantages
of formulating a problem as a convex optimization problem. The associated dual

图 15.27　第 1 个实验：图像尺度放大算法的训练图像。这个图像大小为 717×717 像素，提供了 54289 个训练配对块

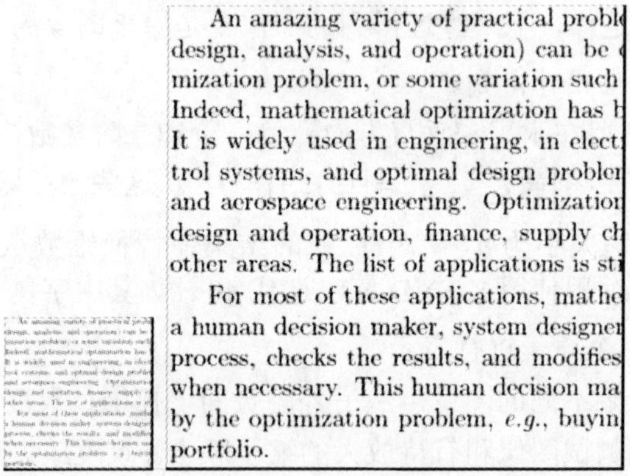

An amazing variety of practical probl
design, analysis, and operation) can be
mization problem, or some variation such
Indeed, mathematical optimization has b
It is widely used in engineering, in elect
trol systems, and optimal design probler
and aerospace engineering. Optimizatior
design and operation, finance, supply ch
other areas. The list of applications is sti

For most of these applications, mathe
a human decision maker, system designer
process, checks the results, and modifies
when necessary. This human decision ma
by the optimization problem, *e.g.*, buyin
portfolio.

(a)　　　(b)

图 15.28　第 1 个实验：待放大的测试图像 z_l (a)，它的原始高分辨率版本(b)。图像 z_l 大小为 120×120 像素，提供了 12996 个可以计算的块

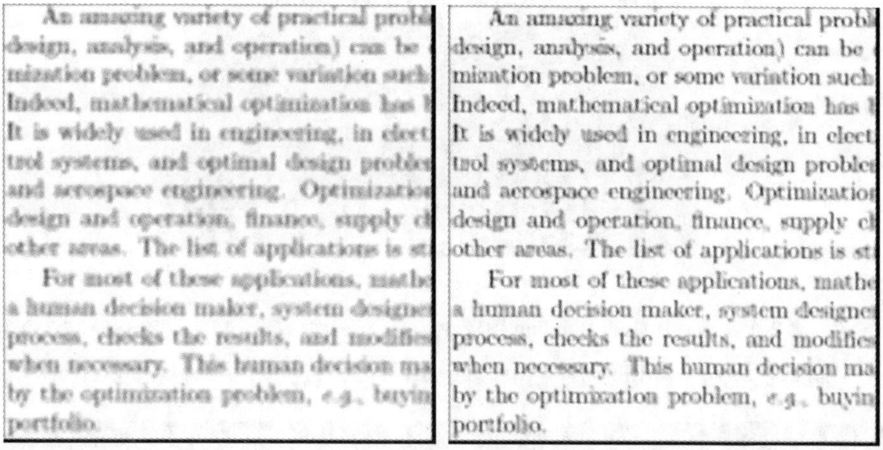

(a)   (b)

图 15.29　第 1 个实验：尺度放大结果——使用双三次内插放大的图像 y_l（RMSE=47.06）(a)；
算法处理结果 $\hat{y}_h$（RMSE=36.22）(b)

第 2 个实验针对 Building 图像。原始图像 y_h 大小为 800×800 像素，使用可分离滤波器 $[1,2,1]/4$（水平和垂直方向）对此图像滤波，然后以因子 $s=2$ 进行下采样，得到大小为 400×400 像素的图像 z_l。

在本实验中，我们还是使用相同的这幅图来训练字典，以因子 $s=2$ 做进一步的下采样，得到大小为 200×200 像素的图像 z_{ll}。图像对 $\{z_l, z_{ll}\}$ 用于训练，我们期待它们两个之间的关系能用于 z_l 到 y_h 之间。

从低分辨率图像中提取特征使用同样的 4 个滤波器，这次的维数缩减到 $n_l \approx 42$。训练数据中包含了 37636 对低分辨率和高分辨率图像对用于建模。字典训练的参数保持不变（40 次 K-SVD 算法迭代，$m=1000$ 个原子的字典，每个表示使用 $L=3$ 个原子）。

图 15.30 绘出了原始图像 y_h，双三次内插尺度放大的图像 y_l 和尺度放大得到的图像 $\hat{y}_h$。两个结果之间的差值是 3.32dB，而且为了看清楚这些差别所在，图中还提供了两幅图像的差值图像 $|\hat{y}_h - y_h|$。图 15.31 是分别从 y_h，y_l 和 $\hat{y}_h$ 中提取出的大小为 100×100 像素的局部，可以更好地展示图像尺度放大算法获得的视觉增益。

(a)   (b)

(c) (d)

图 15.30　第 2 个实验：原始的 Building 图像 $\boldsymbol{y}_h$(a)；双三次内插图像 $\boldsymbol{y}_l$（RMSE=12.78）(c)；算法结果 $\hat{\boldsymbol{y}}_h$（RMSE=8.72）(d)；差异图像 $\left|\hat{\boldsymbol{y}}_h - \boldsymbol{y}_h\right|$，幅度限制为 5 以内(b)

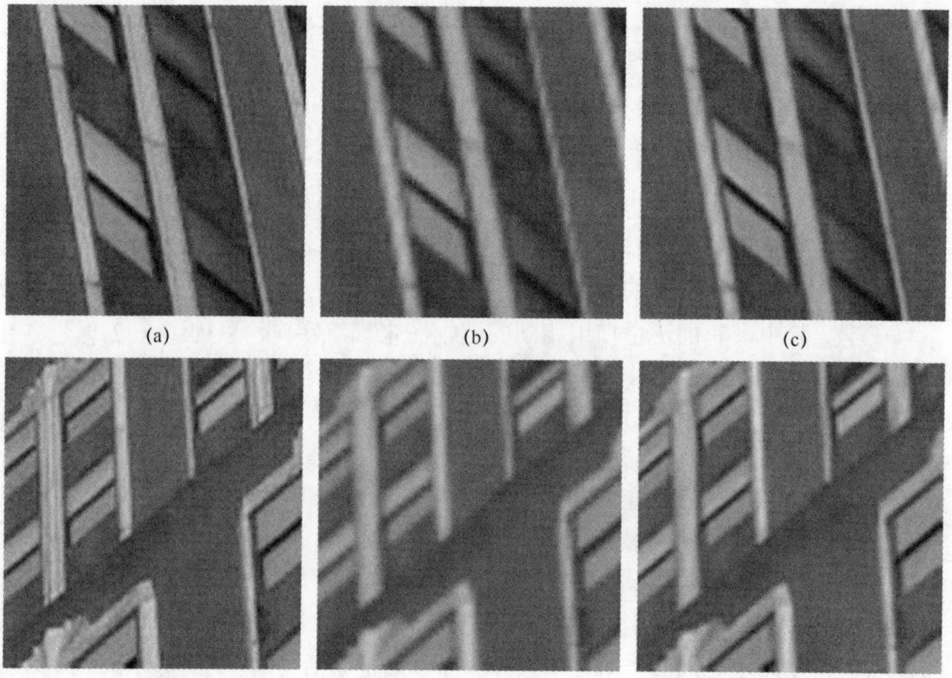

(a) (b) (c)

(d) (e) (f)

图 15.31　第二个实验：图像的局部，分别为原始 Building 图像 $\boldsymbol{y}_h$(a)、(d)，双三次内插图像 $\boldsymbol{y}_l$(b)、(e)，算法结果 $\hat{\boldsymbol{y}}_h$(c)、(f)。注意到原始部分展现出一些压缩后的人工痕迹，在尺度放大结果中并没有出现

15.4.4　图像尺度放大：小结

有很多图像尺度放大同时保持边缘和细节不变的方法。本章中我们仅介绍了一种这样的算法，来展示如何使用稀疏表示模型和字典学习实现这个目标。介绍的算法基于 Yang 等人提出的方法，改动了一点。这个方法虽然相对简单些，但与双三次内插相比给出了明显的改善。算法对一组对应的低分辨率和高分辨率字典

进行训练，使用了训练图像以及待处理图像的低分辨率版本。

有多种进一步增强算法输出质量的改进方法值得考虑。比如 Yang 等人提出的后向投影方法：构造的图像 $\hat{\boldsymbol{y}}_h$ 不再需要满足约束 $\boldsymbol{L}_{all}\hat{\boldsymbol{y}}_h a \approx \boldsymbol{y}_l$，代之以将结果 $\hat{\boldsymbol{y}}_h$ 投影到这个约束上。另一种选择是将重叠块 $\hat{\boldsymbol{p}}_k^h$ 更好地结合起来。可以对输入的块 $\boldsymbol{p}_k^l$ 依次进行这种操作，当执行稀疏编码的 $\boldsymbol{q}_k$ 计算时，增加一个新构造块 $\hat{\boldsymbol{p}}_k^h$ 和已计算块之间的距离惩罚项。

15.5 总　　结

本章中，我们将**稀疏域**模型作为同样的工具，展现了 3 种不同的图像处理应用。每个问题都可以用全局或局部表示模型解决，而且不同算法之间很类似。

在本章和之前的章节里，我们已经看到了从核心的**稀疏域**模型到解决实际图像处理问题的转变。从理论到实践的发展既不直接也不平凡，因为如何使模型联系实际还有很多问题要考虑。因此，在图像处理中应用此模型是一种艺术创作，本章中我们看到了这种创作的几个成功范例。

到此为止，我们就结束了这本书技术部分的内容，但是请注意，在图像处理的其他应用中使用**稀疏域**模型的研究工作还在继续。比如图像和视频压缩、多模态（比如：视频-音频）处理、图像分割、图像目标检测、图像融合、从一组图像进行超分辨率重建等等的研究主题，都可能受益于**稀疏域**模型。可以满怀信心地说，在不久的将来，沿着所描述的方向，更多的见解和成果将涌现出来。

延 伸 阅 读

[1] Abreu E, Lightstone M, et al. A new efficient approach for the removal of impulse noise from highly corrupted images[J]. IEEE Trans. on Image Processing, 1996, 5(6):1012-1025.

[2] Abrial P, Moudden Y, et al. Morphological component analysis and inpainting on the sphere: Application in physics and astrophysics[J]. Journal of Fourier Analysis and Applications (JFAA), special issue on "Analysis on the Sphere", 2007, 13(6):729-748.

[3] Aharon M, Elad M, Bruckstein A M. The K-SVD: An algorithm for designing of overcomplete dictionaries for sparse representation[J]. IEEE Trans. On Signal Processing, 2006, 54(11):4311-4322.

[4] Antonini M, Barlaud M, et al. Image coding using wavelet transform[J]. IEEE Trans. on Image Processing, 1992, 1(2):205-220.

[5] Aujol J, Aubert G, et al. Image decomposition: Application to textured images and SAR images[R]// INRIA Project ARIANA, Sophia Antipolis, France, Tech. Rep. ISRN I3S/RR- 2003-01-FR, 2003.

[6] Aujol J, Chambolle A. Dual norms and image decomposition models[R]// INRIA Project ARIANA, Sophia Antipolis, France, Tech. Rep. ISRN 5130, 2004.

[7] Aujol J, Matei B. Structure and texture compression[R]// INRIA Project ARIANA, Sophia Antipolis, France, Tech. Rep. ISRN I3S/RR-2004-02-FR, 2004.

[8] Bertalmio M, Sapiro G, et al. Image in-painting[C]// Proc. 27th Annu. Conf. Computer Graphics and Interactive Techniques, 2000. 2000:417-424.

[9] Bertalmio M, Vese L, et al. Simultaneous structure and texture image inpainting[J]. IEEE Trans. on Image Processing, 2003, 12(8):882-889.

[10] Bertozzi A L, Bertalmio M, Sapiro G. NavierStokes fluid dynamics and image and video inpainting[C]//CVPR 2001 -IEEE Computer Vision and Pattern Recognition, 2001.

[11] Bobin J, Moudden Y, et al. SZ and CMB reconstruction using GMCA[J]. Statistical Methodology, 2008, 5(4):307-317.

[12] Bobin J, Moudden Y, Starck J L, et al. Morphological diversity and source separation[J]. IEEE Signal Processing Letters, 2006, 13(7) : 409-412.

[13] Bobin J, Starck J L, et al. Sparsity, morphological diversity and blind source separation[J]. IEEE Trans. on Image Processing, 2007, 16(11):2662-2674.

[14] Bobin J, Starck J L, et al. Morphological component analysis: an adaptive thresholding strategy[J]. IEEE Trans. on Image Processing, 2007, 16(11):2675-2681.

[15] Cand`es E J, Guo F. New multiscale transforms, minimum total variation synthesis: Applications to edge-preserving image reconstruction[J]. Signal Processing, 2002, 82(5):1516-1543.

[16] Caselles V, Sapiro G, et al. Filling-in by joint interpolation of vector fields and grey levels[J]. IEEE Trans. on Image Processing, 2001, 10(8):1200-1211.

[17] Chan T, Shen J. Local inpainting models and TV inpainting[J]. SIAM J. Applied Mathematics, 2001, 62(3):1019-1043.

[18] Chen T T, Ma K K, Chen L H. Tri-state median filter for image denoising[J]. IEEE Trans.on Image Processing, 1999, 8(12):1834-1838.

[19] Coifman R, Majid F. Adapted waveform analysis and denoising[C]// Progress in Wavelet Analysis and Applications, Frontiers ed., Y. Meyer and S. Roques, Eds., 1993:63-76.

[20] Criminisi A, Perez P, Toyama K. Object removal by exemplar based inpainting[C]//CVPR 2003 - IEEE Computer Vision and Pattern Recognition, Madison, WI, June 2003.

[21] De Bonet J S. Multiresolution sampling procedure for analysis and synthesis of texture images[C]// Proceedings of SIGGRAPH, 1997.

[22] Efros A A, Leung T K. Texture synthesis by non-parametric sampling[C]// International Conference on Computer Vision, Corfu, Greece, September 1999. 1999:1033-1038.

[23] Elad M, Aharon M. Image denoising via learned dictionaries and sparse representation[C]// CVPR 2006 - IEEE Computer Vision and Pattern Recognition, New-York, June 17-22, 2006.

[24] Elad M, Aharon M. Image denoising via sparse and redundant representations over learned dictionaries[J]. IEEE Trans. on Image Processing, 2006, 15(12):3736-3745.

[25] Elad M, Starck J L, et al. Simultaneous cartoon and texture image inpainting using morphological component analysis (MCA)[J]. Journal on Applied and Comp. Harmonic Analysis, 2005, 19(3):340-358.

[26] Eng H L, Ma K K. Noise adaptive soft-switching median filter[J]. IEEE Trans.on Image Processing, 2001, 10(2):242-251.

[27] Fadili M J, Starck J L, Murtagh F. Inpainting and zooming using sparse representations[J]. The Computer Journal, 2009, 52(1):64-79.

[28] Gilboa G, Sochen N, Zeevi Y Y. Texture preserving variational denoising using an adaptive fidelity term[C]// Proc.

VLSM. Nice, France. 2003:137–144.

[29] Guleryuz O G. Nonlinear approximation based image recovery using adaptive sparse reconstructions and iterated denoising - Part I: Theory[J]. IEEE Trans. On Image Processing, 2006, 15(3):539–554.

[30] Guleryuz O G. Nonlinear approximation based image recovery using adaptive sparse reconstructions and iterated denoising - Part II: Adaptive algorithms[J]. IEEE Trans. on Image Processing, 2006, 15(3):555–571.

[31] Mairal J, Bach F, et al. Discriminative learned dictionaries for local image analysis[C]// CVPR 2008- IEEE Conference on Computer Vision and Pattern Recognition, Anchorage, Alaska, USA, 2008.

[32] Mairal J, Elad M, Sapiro G. Sparse representation for color image restoration[J]. IEEE Trans. on Image Processing, 2008, 17(1):53–69.

[33] Mairal J, Leordeanu M, et al. Discriminative sparse image models for class-specific edge detection and image interpretation[C]// European Conference on Computer Vision (ECCV), Marseille, France, 2008.

[34] Mairal J, Sapiro G, Elad M. Learning multiscale sparse representations for image and video restoration[J]. SIAM Multiscale Modeling and Simulation, 2008, 7(1):214–241.

[35] Malgouyres F. Minimizing the total variation under a general convex constraint for image restoration[J]. IEEE Trans. on Image Processing, 2002, 11(12):1450–1456.

[36] Meyer F, Averbuch A, Coifman R. Multilayered image representation: Application to image compression[J]. IEEE Trans. on Image Processing, 2002, 11(9):1072–1080.

[37] Meyer Y. Oscillating patterns in image processing and non linear evolution equations[R]// Univ. Lecture Ser., vol. 22. AMS, 2002.

[38] Nikolova M. A variational approach to remove outliers and impulse noise[J]. Journal Of Mathematical Imaging And Vision, 2004, 20(1-2):99–120.

[39] Peyr´e G, Fadili J, Starck J L. Learning the morphological diversity[J]. SIAM Journal on Imaging Sciences, 2010, 3(3):646–669.

[40] Rudin L, Osher S, Fatemi E. Nonlinear total variation noise removal algorithm[J]. Phys. D, 1992, 60(1-4):259–268.

[41] Said A, Pearlman W. A new, fast, and efficient image codec based on set partitioning in hierarchial trees[J]. IEEE Trans. on Circuits Systems for Video Technology, 1996, 6(3):243–250.

[42] Shapiro J. Embedded image coding using zerotrees of wavelet coefficients[J]. IEEE Trans. on Signal Processing, 1993, 41(12):3445–3462.

[43] Shoham N, Elad M. Alternating KSVD-denoising for texture separation[C]// The IEEE 25-th Convention of Electrical and Electronics Engineers in Israel, Eilat, Israel, December, 2008.

[44] Starck J L, Cand`es E J, Donoho D. The curvelet transform for image denoising[J]. IEEE Trans. on Image Processing, 2002, 11(6):131–141.

[45] Starck J L, Donoho D, Cand`es E J. Very high quality image restoration[C]// the 9th SPIE Conf. Signal and Image Processing: Wavelet Applications in Signal and Image Processing. A. Laine A, Unser M, Aldroubi A, Eds., San Diego, CA, August 2001.

[46] Starck J L, Elad M, Donoho D L. Image decomposition via the combination of sparse representations and a variational approach[J]. IEEE Trans. on Image Processing, 2005, 14(10):1570–1582.

[47] Starck J L, Elad M, Donoho D L. Redundant multiscale transforms and their application for morphological component analysis[J]. Journal of Advances in Imaging and Electron Physics, 2004, 132:287–348.

[48] Starck J L, Murtagh F. Astronomical Image and Data Analysis[M]. New York: Springer-Verlag, 2002.

[49] Starck J L, Murtagh F, Bijaoui A. Image Processing and data analysis: The multiscale approach[M]. Cambridge, U.K.: Cambridge Univ. Press, 1998.

[50] Starck J L, Nguyen M, Murtagh F. Wavelets and curvelets for image deconvolution: A combined approach[J]. Signal Processing, 2003, 83(10):2279–2283.

[51] Steidl G, Weickert J, et al. On the equivalence of soft wavelet shrinkage, total variation diffusion, total variation regularization, and sides[R]. Dept. Math., Univ. Bremen, Germany, Tech. Rep. 26, 2003.

[52] Vese L, Osher S. Modeling textures with total variation minimization and oscillating patterns in image processing[J]. Journal of Scientific Computing, 2003, 19(1-3):553–577.

[53] Vetterli M. Wavelets, approximation, and compression[J]. IEEE Signal Processing Magazine, 2001, 18(5):59–73.

[54] Yang J, Wright J, et al. Image super-resolution as sparse representation of raw image patches[C]// CVPR 2008 - IEEE Computer Vision and Pattern Recognition, Anchorage, Alaska, June 24-26, 2008.

[55] Yang J, Wright J, et al. Image super-resolution via sparse representation[J]. IEEE Trans. on Image Processing, 2010, 19(11):2861–2873.

[56] Zibulevsky M, Pearlmutter B A. Blind source separation by sparse decomposition in a signal dictionary[J]. Neural Computation, 2001, 13(4):863–882.

第16章 尾　声

16.1 全书关注的是什么?

图像处理领域给应用数学家们提供了非同寻常的广阔天地，在这里抽象的数学概念与应用甚至产品之间的距离并不遥远。这可以用于解释两种现象：很多数学家都活跃在这个领域，以及这个领域过去20年的研究一直被数学所主导。稀疏和冗余表示建模的活跃也正是这两个趋势的一种表现。

本书探讨了信号和图像稀疏表示的概念。尽管通常来说，稀疏表示是个很难定义的问题，同时也不是个计算可行的目标，本书还是给出了最近一系列的数学成果，可以证明在一定的情况下，稀疏表示能够得到具有唯一性、稳定性和计算可行性等性质，这是令人鼓舞的结果。

在以上结论的启发下，本书讨论了如何用其来对信号和图像构建出令人心动且资源丰富的模型。我们已经展现了在实际图像处理中稀疏表示模型的几个潜在应用，并列举了能够说明技术发展水平的例子。更确切的，像图像去噪、图像锐化、人脸图像压缩、图像修补和图像尺度放大等问题，都得益于这个模型。

16.2 还缺少什么?

本书远称不上完整。还有很多与稀疏表示相关的理论、数值问题和应用课题，有的已经具有丰富的成果，本书并没有讨论。其中包括联合稀疏（Joint-sparsity），压缩感知（Compressed-sensing）、低秩矩阵填充（Low-rank Completion）、非负矩阵分解（Non-negative Matrix Factorization）、非负稀疏编码（Non-negative Sparse Coding）、盲源分离（Blind Source Separation）、多模态稀疏表示（Multi-modal Sparse Representation）、与小波理论的关系等。

另外，最近我们已经看到，在此模型基础上有越来越多的应用获得了成功，它们已经超出了本书中讨论的图像处理领域。其中包括了机器学习、计算机视觉、模式识别、无线通信、语音处理、脑研究（主要研究人类的视觉系统）、地球科学的逆问题、MRI成像、纠错编码等众多任务。

在以上所遗漏的已有知识之外，本书在内容的阐述上同样存在一些不完善，亦是未知之处。虽然本书希望围绕**稀疏域**相关的知识为读者给出流畅而又诱人的理解视角，但依然有很多关键问题有待继续研究。例如：

（1）在信号/图像处理中使用**稀疏域**模型的一个基本问题，就是模型对这种信号的适用性。本书（以及其中记载的研究中）采用的方法是“试试看”式的经验主义解答。需要做更多的工作来仔细研究**稀疏域**模型和其他模型之间的联系，例如 Markov 随机场、PCA 及其推广等等。也许更有挑战的目标是刻画出适用**稀疏域**模型的信号——信源类型。

（2）另一个基本问题是关于**稀疏域**模型中存在的缺陷。例如，模型忽略了稀疏表示中原子间存在的相关性。缺陷的另一个表现是并不能从模型中合成出合理的信号——例如，随机生成一个各项独立同分布的稀疏向量 $\boldsymbol{x}$，将其乘以字典，并不能得到一幅自然图像，即使这个字典对于图像来说质量很好。期待模型扩展得能够更好地匹配真实数据，这种扩展将有可能令应用的性能提升一个层次。

其他需要研究解决的基本问题包括非最坏测量情况下（与互相关和 RIP 相对立）的追踪技术分析，多尺度字典学习方法的发展，字典学习算法的性能保证，字典冗余度的合理设置，等等。可以预期，接下来的几年里将针对这些问题展开研究。

16.3 结 束 语

尽管上面指出了本书中存在的不完善和遗漏之处，本书还是为这个领域提供了整合过的重要视角，也为那些遗漏部分的（可能）建立奠定了基础。由于稀疏和冗余表示领域研究活动的活跃性和扩展性，我们认为是时候回顾过去二十多年的进展，并对其进行清晰总结，以帮助我们理解今天的立足之处，并有助于合理规划该领域今后的研究。这就是本书的途径。

很可能在不久的将来会有其他书籍，可以更好地论述本书中忽略的部分，以及新出现的研究方案。实际上，也许本书的第 2 版就会这么做。让我们拭目以待。

符 号

（按书中首次出现的顺序）

第 1 章	
n	信号（向量）的维数
m	字典（矩阵）中原子（列）的个数
$\mathbf{R}$	实数
$\mathbf{R}^n$	n 维欧氏实向量空间
$\mathbf{R}^{n\times m}$	大小为 $n\times m$ 的实矩阵欧氏空间
$\boldsymbol{A},\boldsymbol{b}$	线性系统 $\boldsymbol{Ax}=\boldsymbol{b}$ 的元素
$\boldsymbol{A}^{\mathrm{T}}$	矩阵 $\boldsymbol{A}$ 的转置
$\boldsymbol{A}^{-1}$	矩阵 $\boldsymbol{A}$ 的逆
$\boldsymbol{A}^{+}$	矩阵 $\boldsymbol{A}$ 的 Moore-Penrose 伪逆
$J(\boldsymbol{x})$	惩罚函数
$\mathcal{L}$	拉格朗日函数
Ω 或 C	集合
$\\|\boldsymbol{x}\\|_p^p$	向量 $\boldsymbol{x}$ ℓ_p-范数的 p 次幂
$\\|\boldsymbol{x}\\|_2^2$	ℓ_2-范数的平方，向量 $\boldsymbol{x}$ 各项的平方和
$\\|\boldsymbol{x}\\|_1$	ℓ_1-范数，向量 $\boldsymbol{x}$ 各项的绝对值累加和
$\\|\boldsymbol{x}\\|_\infty$	ℓ_∞-范数，向量 $\boldsymbol{x}$ 各项的最大绝对值
$\\|\boldsymbol{x}\\|_{w\ell_p}$	弱 ℓ_p-范数
$\\|\boldsymbol{x}\\|_0$	ℓ_0-范数，向量 $\boldsymbol{x}$ 非零项的个数
(P_1)	求解线性系统最小 ℓ_1-解的问题
(P_p)	求解线性系统最小 ℓ_p-解的问题
(P_0)	求解线性系统最稀疏解的问题
第 2 章	
$\boldsymbol{\Psi},\boldsymbol{\Phi}$	酉矩阵
$\boldsymbol{x}_{\boldsymbol{\Psi}},\boldsymbol{x}_{\boldsymbol{\Phi}}$	双正交情况下稀疏表示的两个部分
$\boldsymbol{I}$	单位阵

$\boldsymbol{F}$	傅里叶矩阵
$\mu(\boldsymbol{A})$	矩阵 $\boldsymbol{A}$ 的互相关
$\text{rank}(\boldsymbol{A})$	矩阵 $\boldsymbol{A}$ 的秩
$\text{spark}(\boldsymbol{A})$	矩阵 $\boldsymbol{A}$ 的稀疏度，即线性相关的最小列数
$\boldsymbol{G}$	Gram 矩阵
$\mu_1(\boldsymbol{A})$	Tropp 关于矩阵 $\boldsymbol{A}$ 的 babel 函数
$\boldsymbol{U\Sigma V}^{\mathrm{T}}$	矩阵的奇异值分解
第 3 章	
$\boldsymbol{A}_s$	矩阵 $\boldsymbol{A}$ 内包含集合 s 中的列的部分
$\boldsymbol{a}_k$	$\boldsymbol{A}$ 中的第 k 个列
$\boldsymbol{r}^k$	第 k 步迭代的残差向量
S^k	第 k 步迭代中估计的支撑集
$\delta(\boldsymbol{A})$	OMP 中的通用衰减因子
S	$\boldsymbol{x}$ 的支持（活跃）集合
$\boldsymbol{W}$	对角加权矩阵
$\boldsymbol{X}$	在主对角线上包含 $\lvert\boldsymbol{x}\rvert^q$ 的对角阵
第 4 章	
k_0	势——表示中的非零元素个数
$\boldsymbol{x}_{\boldsymbol{\Psi}}, \boldsymbol{x}_{\boldsymbol{\Phi}}$	双正交情况中表示的两个部分
k_p, k_q	双正交情况下向量 $\boldsymbol{x}_{\boldsymbol{\Psi}}, \boldsymbol{x}_{\boldsymbol{\Phi}}$ 中的非零项个数
C	向量集
$x_{\min}$	$\boldsymbol{x}$ 的最小绝对值项
$x_{\max}$	$\boldsymbol{x}$ 的最大绝对值项
第 5 章	
(P_0^{ϵ})	求解线性系统最稀疏 ϵ-近似解的问题
ϵ, δ	允许误差
$\boldsymbol{v}, \boldsymbol{e}$	噪声或干扰向量
σ_s	矩阵的第 s 个奇异值
$\text{Spark}_{\eta}(\boldsymbol{A})$	矩阵 $\boldsymbol{A}$ 中（按奇异值考虑）满足最多偏离线性相关 η 的最小列数
δ_s	RIP 常数
$\lambda_{\min}(\boldsymbol{A})$	$\boldsymbol{A}$ 的最小奇异值
$\lambda_{\max}(\boldsymbol{A})$	$\boldsymbol{A}$ 的最大奇异值
(P_1^{ϵ})	求解线性系统最小 ℓ_1-范数的 ϵ-近似解问题
(Q_1^{λ})	(P_1^{ϵ}) 的变化形式，利用惩罚项替代约束

λ	对稀疏性惩罚项加权的系数
∂f	f 的次梯度
σ	随机噪声的标准差
第 6 章	
$\rho(\boldsymbol{x})$	可分离的稀疏惩罚项
$S_{\rho,\lambda}(\boldsymbol{x})$	$\boldsymbol{x}$ 上基于元素的收缩，形状由 ρ 指定，阈值由 λ 指定
$d(\boldsymbol{x}_1,\boldsymbol{x}_2)$	向量 $\boldsymbol{x}_1$ 和 $\boldsymbol{x}_2$ 的距离
$\mathrm{diag}(\boldsymbol{A})$	方阵 $\boldsymbol{A}$ 的对角线
$\boldsymbol{P}$	投影算子
第 7 章	
$N_{\boldsymbol{\Psi}},N_{\boldsymbol{\Phi}}$	在 Candes 和 Romberg 的结果中使用的符号，与 k_p,k_q 相同
$P(\text{event})$	事件 event 的概率
第 8 章	
(P_{DS}^{λ})	Danzig 选择器优化问题
θ_{s_1,s_2}	约束正交常数
第 9 章	
$\mathcal{Y}$	样本信号集合
$P(\boldsymbol{y})$	信号 $\boldsymbol{y}$ 的先验概率
$\hat{P}(\boldsymbol{y})$	信号 $\boldsymbol{y}$ 的先验概率估计值
$\mathcal{M}_{\boldsymbol{A},k_0,\alpha,\epsilon}$	稀疏域模型
$\Omega_{y_0}^{\delta}$	包含 $\boldsymbol{y}_0$ δ 邻域的集合
$\boldsymbol{c}$	邻域的中心向量，按均值计算得到
$\boldsymbol{Q}_{y_0}$	$\boldsymbol{y}_0$ 可允许子空间的投影矩阵
$\boldsymbol{T}$	分析算子（变换）
μ_{true}	$\mathbf{R}^n$ 中高概率信号的相对容积
μ_{model}	在模型基础上，$\mathbf{R}^n$ 中高概率信号的相对容积
第 10 章	
$\boldsymbol{H}$	线性退化算子（例如模糊）
$\hat{\boldsymbol{y}}$	测量信号
$\hat{\boldsymbol{x}}$	估计表示
第 11 章	
$P_s(\|s\|)$	势 $\|s\|$ 的概率密度函数
$P_X(x)$	表示向量 $\boldsymbol{x}$ 的概率密度函数

$\boldsymbol{R}_1, \boldsymbol{R}_2$	稀疏表示向量的随机生成器
σ_x	表示向量 $\boldsymbol{x}$ 的非零元素方差
σ_e	向量 $\boldsymbol{e}$ 的噪声项方差
$\hat{\boldsymbol{x}}^{\text{MAP}}$	最大后验概率估计
$\hat{\boldsymbol{x}}^{\text{MMSE}}$	最小均方误差估计
$\hat{\boldsymbol{x}}^{\text{oracle}}$	oracle 估计（即正确的支撑集已知）
$P(\boldsymbol{x} \mid \boldsymbol{y})$	给定 $\boldsymbol{y}$，关于 $\boldsymbol{x}$ 的条件概率
$E(\text{expression})$	随机表示 expression 的期望值
$\boldsymbol{x}_s$	向量 $\boldsymbol{x}$ 的非零部分
q_s	MMSE 估计中不同解的相对加权值
$\det(\boldsymbol{A})$	矩阵 $\boldsymbol{A}$ 的行列式
第 12 章	
$\boldsymbol{Y}$	信号样点作为列构成的矩阵
$\boldsymbol{X}$	表示向量作为列构成的矩阵
$\boldsymbol{E}_j$	信号表示误差作为列构成的矩阵，不包含第 j 个原子
$\otimes$	张量积，Kronecker 积
$\boldsymbol{A}_0$	固定字典
$\boldsymbol{Z}$	包含字典原子的稀疏表示的矩阵
$\text{tr}(\boldsymbol{A})$	矩阵 $\boldsymbol{A}$ 的迹
$\boldsymbol{R}_k$	图像在位置 k 处的块提取算子
第 13 章	
B	比特预案
P	图像中的像素个数
n	块的大小
m	码本（或字典）的大小
$\boldsymbol{h}_k$	第 k 个位置的解块效应滤波器
$\boldsymbol{e}_k$	从图像中提取第 k 个像素的选择向量
第 14 章	
$\boldsymbol{y}_0$	大小为 N 的理想图像
$\hat{\boldsymbol{y}}$	（去噪后的）估计图像
$\hat{\boldsymbol{x}}$	估计的图像表示
$\boldsymbol{p}_{i,j}$	从位置 $[i, j]$ 处提取到的图像小块
$\boldsymbol{q}_{i,j}$	块 $\boldsymbol{p}_{i,j}$ 对应的稀疏表示
$\tilde{\boldsymbol{q}}_{i,j}, \hat{\boldsymbol{q}}_{i,j}$	$\boldsymbol{p}_{i,j}$ 的稀疏表示估计值

$\boldsymbol{c}$	定义收缩函数形状的系数
θ	去噪算法的控制参数集
$h(\boldsymbol{y},\theta)$	去噪公式/算法
$\eta(\hat{\boldsymbol{y}},\boldsymbol{y})$	MSE 的无偏估计器
第 15 章	
$\boldsymbol{y}_c$	图像的卡通部分
$\boldsymbol{y}_t$	图像的纹理部分
$\hat{\boldsymbol{y}}_c$	图像卡通部分的估计
$\hat{\boldsymbol{y}}_t$	图像纹理部分的估计
M_c, M_t	卡通和纹理字典中各自原子的个数
$\boldsymbol{T}_c, \boldsymbol{A}_c$	卡通部分的分析/合成算子
$\boldsymbol{T}_t, \boldsymbol{A}_t$	纹理部分的分析/合成算子
$\boldsymbol{A}_a$	全局字典，包含了 $\boldsymbol{A}_c$ 和 $\boldsymbol{A}_t$
$\boldsymbol{q}_c, \boldsymbol{q}_t$	图像块对应的卡通和纹理稀疏表示向量
$\boldsymbol{M}$	描述了信号/图像中残余样点的掩模矩阵
$\boldsymbol{S}$	抽取算子
$\boldsymbol{Q}$	内插算子
$\boldsymbol{y}_h$	理想的高分辨图像
$\boldsymbol{z}_l$	$\boldsymbol{y}_h$ 经过模糊、抽取处理的带噪图像
$\boldsymbol{y}_l$	$\boldsymbol{z}_l$ 的内插图像
$\boldsymbol{e}_h$	$\boldsymbol{y}_l$ 和 $\boldsymbol{y}_h$ 之间的差异图像
$\boldsymbol{L}_{\text{all}}$	联系 $\boldsymbol{y}_l$ 与 $\boldsymbol{y}_h$ 的全局算子
$\boldsymbol{A}_l$	低分辨率特征的字典
$\boldsymbol{A}_h$	相对于 $\boldsymbol{A}_l$，针对高分辨率内容的字典
f_k	用于提取特征的导数滤波器
$P=\left\{p_k^h, p_k^l\right\}$	高分辨率和低分辨率块的训练集合
$\boldsymbol{B}$	低分辨率块特征的降维投影算子

首字母缩略词（字母序）

2D	Two Dimensional	二维
BCR	Block Coordinate Relaxation	块坐标松弛
BM3D	Block-Matching and 3D filtering	块匹配三维滤波
BP	Basis Pursuit	基追踪
BPDN	Basis Pursuit Denoising	基追踪去噪
B/W	Black and white	黑白
CD	Coordinate Descent	坐标下降
CG	Conjugate Gradient	共轭梯度
CMB	Cosmic Microwave Background	宇宙微波背景辐射
CoSaMP	Compressive Sampling Matching Pursuit	压缩采样匹配追踪
CS	Compressed Sensing	压缩感知
DCT	Discrete Cosine Transform	离散余弦变换
DS	Danzig Selector	Danzig 选择器
ERC	Exact Recovery Condition	精确恢复条件
FFT	Fast Fourier Transform	快速傅里叶变换
FOCUSS	Focal Under-determined System Solver	局灶欠定系统求解方法
GSM	Gaussian Scale Mixture	高斯尺度混合
ICA	Independent Component Analysis	独立分量分析
IID	Independent and Identically Distributed	独立同分布
IRLS	Iterated Reweighed Least Squares	迭代重加权最小二乘
ISNR	Improvement Signal to Noise Ratio	改进信噪比
JPEG	Joint Photographic Experts Group	联合图像专家组
KLT	Karhunen Loeve Transform	KL 变换
K-SVD	K times Singular Value Decomposition	K-奇异值分解
K-Means	K times Mean computation	K-均值计算
LARS	Least Angle Regression	最小角度回归
LASSO	Least Absolute Shrinkage and Selection Operator	套索回归操作
LP	Linear Programming	线性规划

LS	Least Squares	最小二乘
MAP	Maximum A'posteriori Probability	最大后验概率
MCA	Morphological Component Analysis	形态成分分析
MMSE	Minimum Mean-Squared-Error	最小均方误差
MOD	Method of Optimal Directions	优化方向法
MP	Matching Pursuit	匹配追踪
MRF	Markov Random Field	Markov 随机场
MRI	Magnetic Resonance Imaging	磁共振成像
MSE	Mean Squared Error	均方误差
NLM	Non Local Means	非局部均值
NP	Non Polynomial	非多项式
OMP	Orthogonal Matching Pursuit	正交匹配追踪
PCA	Principal Component Analysis	主成分分析
PCD	Parallel Coordinate Relaxation	并行坐标松弛
PDF	Probability Density Function	概率密度函数
PSNR	Peak Signal to Noise Ratio	峰值信噪比
QP	Quadratic Programming	二次规划
RIP(RIC)	Restricted Isometry Property（Condition）	约束等距性质（条件）
RMSE	Root Mean Squared Error	均方根
ROP	Restricted Orthogonality Property	约束正交性质
SESOP	Sequential Subspace Optimization	序列子空间优化
SNR	Signal to Noise Ratio	信噪比
SSF	Separable Surrogate Functionals	可分离替代函数
SSIM	Structural Similarity	结构相似性
StOMP	Stage-wise Orthogonal Matching Pursuit	分步正交匹配追踪
SURE	Stein Unbiased Risk Estimator	Stein 似然无偏代价估计
TV	Total Variation	全变分
SVD	Singular Value Decomposition	奇异值分解
VQ	Vector Quantization	向量量化